天然
生物活性物质

林标声　主编

化学工业出版社

·北京·

图书在版编目（CIP）数据

天然生物活性物质/林标声主编 . —北京：化学工业
出版社，2022.11
ISBN 978-7-122-42118-0

Ⅰ.①天…　Ⅱ.①林…　Ⅲ.①天然有机化合物-生物
活性-研究　Ⅳ.①O629

中国版本图书馆 CIP 数据核字（2022）第 164131 号

责任编辑：邵桂林　　　　　　　　　装帧设计：韩　飞
责任校对：王　静

出版发行：化学工业出版社（北京市东城区青年湖南街 13 号　邮政编码 100011）
印　　装：三河市延风印装有限公司
787mm×1092mm　1/16　印张 17¾　字数 422 千字　2023 年 1 月北京第 1 版第 1 次印刷

购书咨询：010-64518888　　　　　　　售后服务：010-64518899
网　　址：http://www.cip.com.cn
凡购买本书，如有缺损质量问题，本社销售中心负责调换。

定　　价：88.00 元

编写人员名单

主　　编　林标声

副 主 编　邱龙新　洪燕萍

　　　　　魏福安　郑世仲

编写人员（按姓名笔画排序）

华宝玉（龙岩学院）

邱丰艳（龙岩学院）

邱龙新（龙岩学院）

何玉琴（龙岩学院）

林标声（龙岩学院）

郑世仲（宁德师范学院）

洪燕萍（龙岩学院）

翁长仁（龙岩学院）

魏福安（厦门安则益化学科技有限公司）

前 言

人类利用生物资源的历史源远流长。生物资源对人类的生存、多种疾病的治疗作用在几千年的人类发展过程中已得到印证。然而，生物资源中的有效成分和效用如何，尚缺乏精确可靠的科学依据。近十年来，人类生物高新技术的不断发展，使生物资源的开发与利用更加广泛，并进一步阐明了其生物活性。已有的科学方法和不断发展的生物高新技术应用于生物资源的开发中，使生物资源中的有效成分在医药品、功能食品、保健品、化妆品等各领域的应用得到更深层次的发展。

作者结合多年来生物资源开发与利用的科研、教学与生产实践经验，收集了近年来国内外生物资源开发中的提取、分离及应用的最新技术及研究进展，对每一类生物资源来源的活性物质详细介绍了其分类与结构，理化性质及生物学性，提取、分离、纯化、鉴定的方法及典型代表化合物的开发及利用。

全书共十一章，包括绪论、天然生物活性物质制备技术、多糖生物资源开发与利用、天然萜类化合物的开发与利用、甾体类化合物的开发与利用、天然黄酮类化合物的开发与利用、天然生物碱的开发与利用、天然醌类化合物的开发与利用、苯丙素类化合物的开发与利用、其他天然生物活性成分的开发与利用、天然生物活性物质的研究与开发。本书不仅可作为生物技术及相关专业师生的教学用书，还可为进行天然生物活性物质研究开发及利用的工作人员提供参考。

参加本书的编写人员为：林标声，第一、二、三、五、六、十、十一章；邱龙新，第一、二、十一章；洪燕萍，第二、四章；魏福安，第一、十一章；翁长仁，第三、九章；邱丰艳，第五章；华宝玉，第七章；郑世仲，第八章；何玉琴，第十章。

本书的编写得到龙岩学院"2021年校级应用型教材建设"立项资助。

由于编者学术水平、能力和实践经验有限，书中难免会有一些不当之处，敬请读者给予批评指正。

编者

2022年9月

目录

第六章　天然黄酮类化合物的开发与利用　　135

第七章　天然生物碱的开发与利用　　164

第十一章　天然生物活性物质的研究与开发 257

第一章

绪 论

第一节 概述

一、天然生物活性物质

生物活性物质，也称之为生理活性物质，即具有生物活性的化合物，是指对生命现象具有影响的微量或少量的物质，包括多糖、萜类、甾醇类、生物碱、肽类、核酸、蛋白质、氨基酸、苷类、油脂、植物色素、酶和维生素等。

天然生物活性物质是指通过精细化工、生物化学技术，从天然原料（如动植物、微生物、矿物质等）中提取分离出的具有独特功能和生物活性的化合物。已经被人们熟知的天然活性物质大多存在于自然界中的药材、花果树木及人们日常食用的蔬菜、水果中，以绿色植物为主。近年来，海洋生物中发现了大量天然活性物质的存在，更是引起了人们对天然生物活性物质的新一轮研究热潮。

二、天然生物活性物质的发展历史

我国土地辽阔，天然资源十分丰富，无论是天然植物、动物、海洋生物还是微生物，都有着种类多、分布广的优势。而我国研究及应用天然活性物质有悠久的历史，早在公元前100年《淮南子·万毕出》《神农本草经》及16世纪《本草纲目》中就有从中草药（苍术、茵陈等）提取活性物质及应用等的详细记述。从历史上看，天然生物活性物质随着生产发展和科学进步大致经历了三个时期，即传统的本草学时期、近代药物学分离时期和现代的天然活性物质新时期。

（一）传统的本草学学时期

"神农尝百草"和"药食同源"是中国古代熟知的药物起源传说。在远古时代，人们为了生存而在寻找食物的同时，也发现了许多有特殊作用的植物可以用来防治疾病，因此有了"药食同源"之说。由于远古时期还未出现文字，这些知识只能师承口授，有了文字之后便逐渐记录下来，出现了医药书籍。天然活性成分药物在植物药中占大多数，所以记载这些药物的书籍便称为"本草"。虽然这些本草大都已失传，但历代文献多有引用。其中，《神农本草经》为现存的最早的中药学著作；《雷公炮炙论》为我国最早的制药专著；《新修本草》是第一部官修药典性本草；《海药本草》为我国第一部海药专著；《图经本草》是我国现存最早版刻本草图谱；《本草纲目》则是我国古代最伟大的本草巨著，被称为"古代中国百科全书"。我国历史上一共留下 400 多部本草典籍，历代本草著作年代、作者、内容简介见表 1-1。

表 1-1　我国古代有重要影响力的本草著作

书名	成书年代	作者	简介
神农本草经	西汉(公元 1～2 世纪)	不明	中国中医药的第一次系统总结，全书共计收录了 365 种药物，分为上、中、下三类，每类以药性和主治为主。提出药物有"寒、热、温、凉四气"，"酸、咸、甘、苦、辛五味"
雷公炮炙论	南北朝(宋)(公元 500 年)	雷敩	共 3 卷，分为药物加工与药物炮制两大部分。原载药物 300 种，每药先述药材性状及与易混品种区别要点，别其真伪优劣，是中药鉴定学之重要文献
本草经集注	南北朗(梁)(公元 502—536 年)	陶弘景	共 7 卷，载药 730 种，以药物自然属性分类。分为玉石、草木、虫兽、果、菜、米食，有名未用七类，每类之中仍分三品，记载了药物的性味、产地、采集、形态、鉴别等内容，对药物的产地、采集时间、炮制、用量、服法、药品真伪等与疗效的关系，均有所论述
新修本草(唐本草)	唐(公元 659 年)	苏敏等 23 人	共 54 卷，载药 850 种，新增药 114 种，其中有不少外国输入的药物，如安息香、血竭等
食疗本草	唐(公元 713—741 年)	孟诜、张鼎增	仅存 26 味药物，3 卷，共载文 227 条，涉及 260 种食疗品，诸品名下，注明药性(温、平、寒、冷)，不载其味。正文述功效、禁忌及单方，间或论及形态、修治、产地等。首载菠薐、胡荽、莙荙、鳜鱼等食蔬。尤以动物脏器疗法与藻菌类食疗作用之记载引人注目
本草拾遗	唐(公元 738 年)	陈藏器	共 10 卷，载药 692 种，为《唐本草》未收载药物。各药有性味、功效、生长环境、形态、产地和混淆品种考证等记载。根据药效提出宣、通、补、泄、轻、重、燥、湿、滑、涩等 10 种分类
海药本草	唐代末年　五代前蜀(约公元 900 年)	李珣	6 卷，含药 124 种，香药记载较多，对介绍国外输入的药物知识和补遗中国本草方面做出了贡献。本书对药物的气味和主治也都有许多新的发现，同时修正了过去本草书中的一些错误
本草图经	宋(1061 年)	苏颂等	共 20 卷，载药 983 种。为我国最早药物墨线图，所附 900 多幅药图是中国现存最早版刻本草图谱。该书引用了以前文献 200 多种，集历代药物学著作和中国药物普查之大成，记载了 300 多种药用植物和 70 多种药用动物或其副产品，以及大量重要的化学物质，记述了食盐、钢铁、水银、白银、汞化合物、铝化合物等多种物质的制备。对历史地理、自然地理、经济地理等方面也有记述

续表

书名	成书年代	作者	简介
本草纲目	明(1596 年)	李时珍	共 52 卷,载药 1892 种,新增药 374 种,附药图 1109 幅,附方 11096 条。全书按药物属性建立分类系统,为药物分类的先驱,集明以前本草学说的大成
本草纲目拾遗	清(1765 年)	赵学敏	共 10 卷,载药 921 种。其中《本草纲目》未记载的药物有 716 种,新增药有西洋参、太子参、冬虫夏草等,以及一些外来药品,如金鸡纳(喹啉)、日精油、香草、臭草等
植物名实图考长篇	清(1848 年)	吴其濬	共 22 卷,收载植物药 838 种,搜集各书中有关植物药的资料编写而成,共 38 卷,载植物 1714 种。是根据著者经验辨别形色气味,摹绘成图,附以考证,以求名实相符。本书为植物学名著,其中很多名词与今相同,为今所用

(二)近代药物学分离时期

1840 年鸦片战争以后,中国沦为半殖民地半封建的社会,国外医药学大量传入我国,此时天然活性物质的发展开始从"本草学"变成了本草中分离天然药物的"药物学"。

从天然药物中分离其中所含有机化学成分,国外文献最早的记载是瑞典药师、化学家舍勒(K. W. schelle)于 1769 年将酒石酸氢钾转化为钙盐,再用硫酸分解成酒石酸。随后,不断有科学家 1776 年从葡萄汁中提取酒石酸,1770 年从柠檬汁中提取柠檬酸,1775 年从尿中提取尿酸和尿素,1805 年从鸦片中提取吗啡,1820 年从金鸡纳树皮中提取奎宁等。18 世纪初至 19 世纪末是天然有机化合物初建时期,此时主要通过简单的蒸馏装置和原始的结晶、萃取和升华方法从天然药物中分离活性成分,技术简单、设备简陋。

20 世纪初至 50 年代,随着分离、提取、纯化技术的不断进步,蒸馏、精馏装置,各种色谱(吸附和分配色谱)、离子交换、电泳和电渗分离技术等的出现,用于分离、提取、纯化天然产物。红外、紫外、X-衍射、核磁共振等分析测试手段与化学反应相结合开始用于分子结构的鉴定,大大缩短了从天然药物中分离的时间,提高了效率。

(三)现代的天然活性物质新时期

20 世纪 70 年代末,天然活性物质成分研究进入全面飞跃发展的时期。各种分离技术与先进仪器配套联用,过去只能分离含量高的天然产物,现在可以达到微量及超微量。如 1970 年美国 Mitchell 从 40kg 花粉中分离出 40mg 植物激素(H)(含量仅百万分之一)。

20 世纪 80 年代至今是天然药物化学进入高速发展的全盛时期,出现了各式各样提取分离技术,如气相色谱、离子交换色谱、反相色谱、高效液相色谱、圆二色谱、膜分离、超临界萃取等。在天然活性成分结构鉴定中,核磁、质谱、2D-NMR 谱、HRMS、反应 MS、X-单品衍射等高效精密设备与计算机联用,做到了简便、灵敏、高效、准确、超微量,样品仅需毫克级,可在数分钟乃至数小时就可完成鉴定。

近年来我国广泛应用现代设备及新技术，有力地促进了天然生物活性物质研究的步伐。20 世纪 80 年代从天然药物中发现新的天然化合物已有 800 多个，90 年代每年研究发现 100 多个新的天然化合物。我国科学家还通过中草药研究阐明了许多中草药的有效成分，创造了一批新药。如今我国的天然药物化学研究已逐步转向微量、有生物活性与有应用前景化合物的研究，许多研究工作的水平已达到或接近世界先进水平。

三、天然生物活性物质材料鉴定

天然生物活性物质材料鉴定是确定生物材料质量优劣，寻找、扩大和发展新的生物材料及其活性成分资源的一项重要工作，直接关系到生物活性物质各项研究工作结论的正确与错误及临床疗效的好坏。生物材料的鉴定包括两个方面：一是材料的真伪，二是质量的高低。生物材料的真伪是对品种的真假而言，因为中国传统生物资源历史悠久，用于临床的大多是野生资源，在长期的进化中会发生各种各样的变异，从而造成资源混乱。在人工种植过程中，由于缺乏有效的鉴定，造成了很大的损失，更需要有真实可靠的资源保证。

（一）来源鉴定

应用分类学知识．对天然活性物质材料来源进行鉴定，确定正确的学名，以保证在应用中品种正确无误。一般按照如下顺序进行：观察材料形态，尤其注意根、茎、叶、花和果实等部位的观察，然后查阅全国性或地方性的中草药书籍和图鉴，加以分析对照，以进行正确鉴定。我国通过多次药源普查和品种整理研究，使一些常用天然活性物质材料品种和多基源、全国使用的主流情况得到清查，如丹参、防风、大黄、诃子、秦皮、黄芪、钩藤、贝母、辛夷、厚朴、党参等。

（二）性状鉴定

即用眼观、手摸、鼻闻、口尝、水试、火试等十分简便的方法，来鉴别天然活性物质材料的外观性状，一般包括形状、大小、颜色、表面特征、质地、折断面、气味等多项内容。它具有简单、易行、迅速的特点。除了观察样品外，也需要核对标本和文献。仅适用于较为完整的动植物药材，在很大程度也是一种经验的总结。且材料的外观性状易受多种因素的影响，可能发生变异，造成鉴定结果的不准确。性状鉴定主要用于定性，是目前解决真伪的主要手段，有的还能初步反映质量好坏，即品质的优劣程度，如木瓜、乌梅越酸质量越好，这与它的有机酸含量高有关。

（三）显微鉴定

显微鉴定是利用显微镜来观察天然活性物质材料的组织结构、细胞形状以及内含物的特征，用以鉴定材料的真伪和纯度，甚至品质。当材料的外形不易鉴定或药材破碎时较为常用。利用显微技术对比鉴定，对绝大多数天然活性物质材料来源行之有效，特别是在类似品、混淆品、外形相似或一些同属近缘植物的区别上尤其重要。如贵重药材荫香、牛黄、羚羊角的显微鉴别；对正品珍珠经磨片显微鉴定研究，会发现珍珠结构环及珍珠虹光环，而伪品则具平行排列的结构，或具有棱柱结构，这为珍珠的鉴定提供了可靠的依据。

（四）理化鉴定

利用某些物理、化学或者仪器分析方法，鉴定天然活性物质材料的真实性、纯度和品质优劣程度。该方法的依据是材料中所含的主要化学成分或有效成分的有无和含量的高低以及有害物质的有无等。色谱鉴别、光谱及波谱鉴别构成理化鉴别的重要内容，对天然药物的质量鉴定也开辟了广阔的前景，如用高效薄层扫描测定三黄片、香连片等14种天然药物中小檗碱的含量，高效液相色谱法鉴定冠心苏合丸，裂解-气相色谱法对六味地黄丸进行定性分析等均取得了较好的效果。

（五）分子鉴定

分子生物学的发展使人们能从干燥药材中提取DNA。以DNA多态性为基础，根据不同种属间药材DNA的变异情况，揭示其亲缘关系，从而对生药和合成生药的中成药及其基源进行真伪优劣鉴定。由于DNA分析技术是针对生物的遗传物质进行鉴别，其结果不受环境因素、样品形态和材料来源的影响，因此这项技术为天然生物活性物质材料来源的鉴定提供了更加准确可靠的手段。DNA指纹图谱技术是利用分子生物学技术从不同生物样品中人工合成的DNA片段的大小、数目因不同的生物而异的原理进行的。DNA指纹图谱技术主要包括随机扩增多态DNA（RAPD）、限制性片段长度多态性（RFLP）等技术。RAPD、RFLP等方法具有灵敏度高、操作简便快速等优点，其中20世纪90年代发展起来的RAPD技术在某些材料的基源鉴定、品种资源分析及其地理品系、栽培品系的质量评价方面已有了许多研究报道。例如在人参属、乌梢蛇及其混淆品、天花粉及其类似品等许多天然生物活性物质材料的鉴定中取得了可靠的结果。

四、天然生物活性物质的开发利用情况

目前，天然活性物质的开发与应用已形成热潮并发展迅猛，天然活性物质的研究成果已在食品、医药等很多方面广泛应用。

（一）天然活性物质在食品行业的开发利用

近年来，我国食品天然活性物质提取产品的生产得到了大力发展，有机酸中柠檬酸的产量居世界前列，工艺和技术都位于世界先进水平；乳酸、苹果酸的新工艺也已开发成功；氨基酸中赖氨酸和谷氨酸的生产工艺和产品在世界上都有一定优势；微生物法生产丙烯酰胺已成功地实现了工业化生产，已建成了万吨级工业化生产装置，且总体水平达到国际领先水平；黄原胶生产在发酵设备、分离及成本等产业化方面也取得了突破性的进展；酶制剂、单细胞蛋白、纤维素酶、胡萝卜素等产品的生产开发也日益成熟，取得了阶段性的成果。

（二）天然活性物质在医药行业的开发利用

天然活性物质的研究成果已广泛应用于医药业，为保障人类健康提供了许多天然药物，由于天然活性物质结构新颖、疗效高、副作用小，所以它们始终是制药工业中新药研究的主要源泉之一。目前国际上常用的分离难度较大的一些植物药，如治高血压的利血平、抗癌药长春新碱、子宫收缩药麦角新碱、治小儿麻痹后遗症的加兰他敏、强心药西地兰与地高辛等，已批量生产。我国首先研制成新药并用于临床的抗癌药羟喜树碱、抗白血病药高三尖杉酯碱亦已生产。我国科学家通过对中草药的研究阐明了许多中草药的有效成分，创制了一批我国特有的新药，如黄连素已成为常用的治疗胃肠道炎症的良药，中药延胡索的有效成分延胡索乙素（四氢巴马汀）已成为止疼镇静药物。古代用作麻醉药的麻沸汤，它因含有对大脑有显著镇静作用的东莨菪碱而可用作麻醉前用药。从栝楼根新鲜汁水中分离到的结晶天花粉蛋白已用于中期孕妇引产，与前列腺素等合用可用于抗早孕。从民间引产药芫花根中分离到有效成分芫花甲酯。棉酚是我国科学家发现的新型男性不育化合物。而新型抗疟疾新药青蒿素及其类似物则已引起国际重视，并在 2015 年获得了诺贝尔生理学或医学奖。其他如治冠心病常用中药丹参的有效成分之一为丹参酮，将它转化成磺酸钠即成水溶性较强的药物，已制成针剂用于治疗心绞痛、改善心电图。治疗慢性迁延性肝炎的是垂盆草苷、五味子素等。

（三）天然活性物质与海洋资源开发利用

21 世纪是海洋世纪，海洋中各种资源丰富，不仅有石油天然气等工业必需的原料和燃料，而且拥有世界最大的生物资源库。在过去的几十年间，有 6000 多种海洋天然产物被发现，其中有重要生物活性并已申请专利的新化合物有 200 多种。在已发现的这些化合物中，不仅包括陆地生物中已存在的各种化学类型，并且还存在很多独特的新颖化学结构类型，尤其重要的是从海洋生物中发现了一系列高效低毒的抗肿瘤化合物，其中有些已进行临床前或临床研究阶段，与来源于陆生植物的 15 万种天然产物相比，海洋天然产物至今才 1 万多种，因此海洋天然产物具有极大的潜力等待研究开发。

按照化学结构分类，海洋天然产物有多糖、多肽、皂苷、生物碱、萜类、醌类、甾类、卤化物、含硫杂环、含氮杂环、核苷、蛋白质等。目前已进入临床应用或临床试验的海洋天然药物有以海绵尿苷为先导化合物研制开发的阿糖胞苷（治疗白血病）、源于海绵的萜类抗炎物质 Manolide 以及作用机制与紫杉醇类似的抗肿瘤物质圆皮海绵内酯等。

据统计，已知的海洋生物大约有 30 万种，而且这些已知种类可能仅仅只占所有海洋生物种类的一小部分，海洋生物所具有的这种物种多样性构成了抗肿瘤天然药物资源化学多样性的基础。同时，海洋环境具有高盐、高压、低温、寡营养等迥异于陆地环境的特点，故海洋生物也随之产生了与陆地生物不同的代谢途径和机体防御机制。因此，从海洋生物及其代谢产物中筛选和提取具有特异化学结构的天然活性物质成为抗肿瘤药物开发的重要来源。

目前从海洋生物中已分离获得数百种海洋活性物质，国际上批准上市的海洋药物有 14 种，我国有 6 种，分别是藻酸双酯钠、甘糖酯、海豚毒素、多烯康、角鲨烯、烟酸甘露醇酯。此外，还开发出了"健"字号的海洋药物 10 多种，如海力特、降糖宁、肾海康胶囊等。另外，其他一些海洋保健食品、用品、新材料等的开发，也取得了可喜的成果，至 2020 年，卫健委批准的国产海洋保健食品已达 200 多种，占全部保健食品数量比例超过 10％。所有这些都标志着我国海洋活性物质研究的重大进步。

第二节　天然生物活性物质资源

自然界中，生物体内各种生化基本物质是丰富多彩的。我国最新资料表明，植物中的生物活性物质有 11146 种，动物有 1581 种，还有微生物、海洋生物及其他待开发的生物资源。

天然生物活性物质按主要化学结构类型可以分为多糖类、萜类与挥发油类、黄酮类、生物碱类、醌/酮类、苯丙素类、脂肪油类、甾醇类，还包括一些不易归类的结构较为简单或比较复杂的化合物。

部分天然生物活性物质及功能如表 1-2 所示。

表 1-2　部分天然生物活性物质及其功能

活性物质		来源	功能
多糖类	纤维素	许多植物、蔬菜和粗加工的谷类	调整肠道微生态、刺激肠道蠕动、增加饱腹感
	几丁质	虾、蟹	人造皮肤、防龋齿、防上呼吸道感染
	硫酸软骨素	猪喉软骨	预防和治疗因链霉素引起的听觉障碍、偏头痛、神经痛、风湿痛、肝炎
	肝素	猪小肠黏膜	抗凝血、血栓、动脉硬化、防冻疮
萜类与挥发油类	类胡萝卜素	胡萝卜、红薯、南瓜	阻止癌细胞生长的抗氧化剂、减轻动脉硬化
	番茄红素	番茄、红葡萄柚	有助于抗癌的抗氧化剂、治疗前列腺炎
	植物固醇	番茄、山药、茄子、南瓜、大豆、全谷	抑制胆固醇的吸收
	人参皂苷	人参	补元气、强身健体
甾体类	强心苷	洋地黄、黄花夹竹桃、百合等	治疗心功能不全
	薯蓣皂苷	穿龙薯蓣、蒺藜	杀昆虫、抗须癣毛癣菌等真菌
	熊去氧胆酸	棕熊胆汁	降血脂、镇痉、抗惊厥
黄酮类	芦丁	槐花	治疗高血压、抗氧化、保健食品
	银杏叶黄酮	银杏叶	预防老年性痴呆病、保健食品
生物碱类	吗啡	鸦片	麻醉、镇痛作用
	可卡因	古柯、鸦片	局部麻醉药、血管收缩剂
	长春新碱	长春花	抗肿瘤
醌/酮类	密花醌	朱砂	抗原虫、抗滴虫
	紫草素	紫草	抗菌、抗炎、抗癌
	丹参酮	丹参	抗菌、抗扩张冠状动脉作用
	大黄素	大黄	抗菌、抗炎

续表

	活性物质	来源	功能
苯丙素类	绿原酸	金银花	抗菌、抗病毒
	当归内酯	当归、川芎	抗肿瘤、调节免疫功能
	异紫杉脂素	中国紫杉	抗肿瘤、抗骨质疏松
脂肪油类	亚麻酸	许多叶类蔬菜、种子,尤其是亚麻子	抗炎症、防心血管硬化
其他类型重要物质	氨基酸类 L-半胱氨酸	毛发	解毒、防止肝坏死、升高白细胞
	蛋白质类 胰岛素	糖尿病药物	牛、羊、猪胰脏
	人血丙种球蛋白	健康人胎盘血	预防麻疹、病毒肝炎、丙种球蛋白缺乏症
	酶类 透明质酸酶	脑积水、消肿、药物扩散剂、减肥剂	牛、羊睾丸
	激素类 促肾上腺皮质激素	猪、牛、羊脑	治疗风湿性关节炎、气喘药物
	酚类 儿茶素	绿茶、浆果	与降低胃肠癌发病率有关,可能有助于免疫系统、降低胆固醇水平

一、多糖类

多糖是单糖的聚合物,一般将 10 个以上的单糖聚合物才称为多糖。根据多糖的残基不同,可将多糖分为普通多糖、酸性多糖、氨基多糖、络合多糖、改性多糖等。根据组成单糖的类型又可分为均一多糖和杂多糖。

最常见的多糖为淀粉、纤维素、糖原。各单糖常通过 α-1,4、α-1,6 和 β-1,4 糖苷键连接组成多糖,可以连成直链,也可以形成支链。其中,直链一般以 α-1,4(如淀粉)和 β-1,4(如纤维素)糖苷键连接;支链在分支点处通过 α-1,6(如糖原)糖苷键与主链链接。

20 世纪 70 年代,人们对膳食纤维给予了极大的关注,并认识到多糖对人体健康是不可缺乏的,甚至把多糖称为"第七大营养素"。近年来,由于多糖表现出了一些重要的生理活性,引起了人们研究的热潮,如某些糖链携带生物信息在细胞表面的分子识别中起着决定性的作用,多糖还表现出抗癌、降血糖、降胆固醇、抗凝血、免疫调节作用等。

二、萜类与挥发油类

萜类是最大的一类天然植物活性物质,是指以异戊二烯聚合而成的一系列化合物及其衍生物,至今已从植物中分离出超过 2 万种。萜类化合物根据分子中异戊二烯单位互相连接的方式及单元数目不同,分为单萜、半倍萜、二萜、三萜及多萜等。萜类成分的生物活性是多方面的,如抗肿瘤活性、抗菌消炎活性、抗疟活性、抗生育活性、驱虫和杀虫活性、神经系统作用、促进肝细胞再生活性、增强免疫功能、扩张冠状动脉、降血压血脂活性等。

挥发油又称精油，是一类在常温下能挥发、可随水蒸气蒸馏、与水不相混的油状液体的总称。大多数挥发油具有芳香气味，是混合物，基本组成为脂肪族、芳香族和萜类化合物。挥发油是一类重要的活性成分，具有芳香开窍、发散解表、祛风除湿、理气止痛、清热解毒、活血化瘀、解暑祛秽、祛寒温里、杀虫抗菌等作用，如薄荷油祛风健胃、柴胡油退热、当归油镇痛、茵陈蒿油抗霉菌、土荆芥油驱肠虫等。近年来还发现某些挥发油具抑制肿瘤作用，如莪术油具有抗卵巢癌作用。

三、甾体类

甾体具有甾核，即具有环戊烷多氢菲碳骨架的化合物群的总称，其分子母体结构中都含有环戊烷骈多氢菲碳骨架。几乎所有的生物都能生物合成甾类化合物，它是天然物质中最广泛出现的成分之一。天然甾体化合物种类很多、结构复杂、数量庞大、生物活性广泛，是一类重要的天然有机化合物。据 C_{17} 链不同，其可以分为胆酸类、强心苷、甾醇和昆虫变态激素、C_{21} 甾体类、甾体皂苷和甾体生物碱等。

甾体类化合物是一类具有显著生理活性、广泛存在于生物体组织内的一类重要物质，在动植物生命过程中发挥着极为重要的作用。近年来，甾体化合物的应用涉及保健、节育、医药、农业、畜牧业等多方面，对动植物的生命活动起着重要的作用。临床上，如从我国特有药用植物黄山药中提取的 8 种甾体皂苷，广泛应用于治疗和预防冠心病、心绞痛、心肌缺血、心律失常等心血管疾病，具有疗效确切、作用快而持久、毒副作用小等特点。

四、黄酮类

黄酮是一类具有 C_6-C_3-C_6 基本母核的天然化合物，其中 C_3 部分可以是脂链，也可以与 C_6 部分形成六元或五元氧杂环。根据 C_3 部分的成环、氧化和取代方式的差别，黄酮又可分为黄酮类、黄酮醇类、异黄酮、查尔酮、橙酮、花青素及上述各类的二氢氧化物。

黄酮为天然色素，大多以糖苷形式存在，广泛分布于各种植物，既可作为花瓣中花色苷的辅助色素，也是许多高等植物叶子的色素物质。目前已发现的黄酮类化合物达5000多种，20%以上植物药物中含有黄酮类化合物成分。黄酮及其化合物具有较多的酚羟基团，表现出很强的清除自由基活性，还具有抗微生物或酶活性、抗发炎、肝解毒效果及一些雌激素效果等。如槲皮素，可抑制蛋白激酶C、脂质氧合酶，从而在预防癌症及心血管疾病方面具有潜在的应用前景。此外，还有一些类黄酮化合物已成功应用于某些疾病的治疗，如芦丁已是一种毛细血管脆性及静脉曲张状态的治疗药物。

五、生物碱类

生物碱是一类具有复杂氮杂环结构的含氮有机化合物，有似碱的性质，氮素多包含在环内，有显著的生物活性，是生物活性中重要的有效成分之一。已知生物碱种类很多，约在 10000 种，应用于临床的约 80 多种。生物碱大多呈碱性反应。但也有呈中性反应的，如秋水仙碱；也有呈酸性反应的，如茶碱和可可豆碱；也有呈两性反应的，如吗啡和槟榔碱。

生物碱具环状结构，难溶于水，与酸可以形成盐，有一定的旋光性和吸收光谱，大多有苦味，有些味极苦而辛辣，还有些有刺激唇舌的焦灼感。呈无色结晶状，少数为液体。生物碱有几千种，由不同的氨基酸或其直接衍生物合成而来，是次级代谢物之一，对生物机体有毒性或强烈的生理作用。很多生物碱化合物已广泛被用作药物，如阿托品（含颠茄碱）、可卡因、吗啡以及长春新碱。一些生物碱具有很强的毒性，如毒芹碱和番木鳖碱；也有一些生物碱是致幻剂，如可卡因。

六、醌/酮类

醌/酮类天然活性成分与苯丙素或黄酮类相比相对较少。

醌类化合物是一大类色素物质，主要是指分子内具有不饱和环二酮结构（醌式结构）的物质，其色泽绝大多数为黄、橙、红、紫等，历史上其作为天然染料在染料工业中占有重要地位。近年来，醌类作为中药的生理活性成分或药性成分已越来越多地被发现，至今已明确了至少 1000 多种结构。醌类可分为苯醌类、萘醌类、菲醌和蒽醌类，通常具有一定的刺激性，在生物体内既有游离形式的化合物存在，也有与糖基相结合的结合态存在。

酮类指羰基与两烃基相连的化合物，一般泛指很多含羰基的化合物，在结构母体难以归类时，可暂纳于此。据分子中烃基的不同，酮可分脂肪酮、脂环酮、芳香酮、饱和酮和不饱和酮。芳香酮的羰基直接连在芳香环上，按羰基数目又可分为一元酮、二元酮和多元酮。羰基嵌在环内的，称为环内酮，酮分子间不能形成氢键，其沸点低于相应的醇，但羰基氧能和水分子形成氢键，所以低碳数酮（低级酮）溶于水。低级酮是液体，具有令人愉快的气味，高碳数酮（高级酮）是固体。

七、苯丙素类

苯丙素是天然存在的一类苯环与三个直链碳连接（C6-C3 基团）构成的化合物。一般具有苯酚结构，是酚性物质。在生物合成上，这类化合物多数由莽草酸通过苯丙氨酸和酪氨酸等芳香氨基酸，经脱氨、羟基化等一系列反应形成。

苯丙素类化合物包括简单苯丙素、香豆素、木脂素和木质素类、黄酮类等，这类成分中不少具有较强的生物活性。

八、脂肪油类

油脂是烃的衍生物，是一种特殊的酯，自然界中的油脂是多种物质的混合物。油脂类天然活性成分种类很多，不少油脂成分都具有很强的生理活性，是新药开发的重要目标，如多不饱和脂肪酸系列中的物质亚油酸、α-亚麻酸、γ-亚麻酸、花生四烯酸、二十二碳六烯酸（DHA）、二十五碳五烯酸（EPA）等，这些成分均具有降血脂、抗衰老等活性。此外，亚油酸在人体内可转化为花生四烯酸和 γ-亚麻酸，花生四烯酸为前列腺素的前体物质，前列腺素广泛地参与机体代谢调控；a-亚麻酸在脱氢酶和碳链延长酶作用下可合成 DHA 和 EPA，DHA 则对脑细胞的形成和生长起重要作用，EPA 有改善血脂、抗血栓形成、抗炎、调节免疫等作用。

九、鞣质类

鞣质类又称单宁或鞣酸，结构复杂，是由没子酸（或其聚合物）的葡萄糖（或其他多元酚）酯、黄烷醇及其衍生物的聚合物，以及两者共同组成的一类结构复杂的植物多元酚类化合物。鞣质在植物中广泛分布，尤以树皮中为多，具有收敛、止血、抗菌作用，由于其能与生兽皮中的蛋白质结合生成致密而柔韧、不腐败又难以透水的皮革，故被称为鞣质。

鞣质广泛存在于植物中，世界上含鞣质的植物共 87 科 600 多种，我国含鞣质植物有300 多种，约 70% 以上的中草药均含有含鞣质类化合物。近年来的研究表明，鞣质具有抗细菌或抗病毒活性、抗氧化活性、抗突变或抗癌活性、酶抑制活性、抗发炎以及预防心血管疾病等作用。

十、皂苷类

皂苷（Saponin）是苷元为三萜或螺旋甾烷类化合物的一类糖苷，主要分布于陆地高等植物中，也少量存在于海星和海参等海洋生物中；含有皂苷的植物有豆科、蔷薇科、葫芦科、苋科等，动物有海参和海星。许多中草药如人参、远志、桔梗、甘草、知母和柴胡等的主要有效成分都含有皂苷。皂苷对机体有双向调节作用，抗疲劳、抗衰老、促进记忆、保护心血管系统等，某些皂苷（如人参皂苷 Rh_2）还具有抗癌作用。

根据皂苷水解后生成苷元的结构，可分为三萜皂苷与甾体皂苷两大类。皂苷由皂苷配基与糖、糖醛酸或其他有机酸组成。组成皂苷的糖常见的有 D-葡萄糖、L-鼠李糖、D-半乳糖、L-阿拉伯糖、L-木糖。

思考题

1. 生活中大家遇到哪些常见药品是来自于中药生物技术开发的，并举例说明这些中药中含有哪些天然生物活性物质成分？

2. 选择一种常见的具有重要利用价值的天然生物活性物质，请你设计其产业化开发的思路和方法。

参考文献

［1］ 常景玲. 天然生物活性物质及其制备技术［M］. 郑州：河南科学技术出版社，2007.

［2］ 刘建文，贾伟. 生物资源中活性物质的开发与利用［M］. 北京：化学工业出版社，2005.

［3］ 唐传核 . 植物生物活性物质［M］. 北京：化学工业出版社，2005.

［4］ 谭仁祥，孟军才，陈道峰，等 . 植物成分分析［M］. 北京：科学出版社，2004.

［5］ 汪茂田 . 天然有机化合物提取分离与结构鉴定［M］. 北京：化学工业出版社，2004.

［6］ 吴立军 . 天然药物化学 . 6 版［M］. 北京：人民卫生出版社，2011.

［7］ 杨宏健，徐一新 . 天然药物化学 . 2 版［M］. 北京：科学出版社，2015.

［8］ 赵鹏 . 植物活性物质关键技术研究［M］. 北京：北京理工大学出版社，2018.

［9］ 赵玉英 . 天然药物化学［M］. 北京：北京大学医学出版社，2012.

第二章

天然生物活性物质制备技术

第一节　概述

　　天然生物活性物质所含组分十分复杂，有效成分往往不明确，或者含量极低，既有生物活性物质，又有无效物质和有毒物质。天然活性物质在其制备过程中，如何通过科学合理的工艺使得有效成分得以最大量的保留，如何保证所提取的物质安全有效是研究的主要问题。

　　一般天然生物活性物质提取工艺大致可以分为以下几个过程：原材料的选择与品种鉴定、原材料有效成分的预实验、原材料的预处理、有效活性成分的分离提取、有效活性成分的纯化、有效成分的产品原料的保存。

　　天然生物活性物质来源多样，其中植物药来源中占大多数。长期以来，植物药材中存在着大量的"同名异物"和"同物异名"现象。因此，对天然生物活性物质提取的原材料进行品种鉴定是基源问题，通过对这些药材进行品种鉴定后有利于建立规范化的质量标准以及寻找和扩大新药源。总体来说，主要遵循的原则为：选择有效成分含量高的新鲜材料；来源丰富易得；制造工艺简单易行；成本比较低；综合利用价值高，经济效益好等。

　　药材中成分复杂，每种药材可能都含有多种不同类型的天然活性成分，且各种部分所含有效成分也各不相同，如人参含有各种皂苷、多种氨基酸、挥发油类、糖类和维生素类等，而60％上的人参皂苷存在于人参的侧根中。因此，在选定目标提取药材后将其系统地分为几个部位类别（如根部、茎部、叶部等），再根据各成分极性的不同利用显色反应或沉淀反应，或结合纸层析、薄板色谱，定性判断各部分中可能含有的化合物类型，作为下一步药材预处理及有效成分提取的依据。

　　药材的预处理一般都经过除杂、洗涤、切割、干燥、粉碎的过程，具体可分为动物、植物和微生物材料的预处理。对于动物组织，必须选择有效成分含量丰富的脏器、组织为原料，并先进行绞碎、匀浆、去脂肪、去皮筋等处理。植物的根、茎、叶、果实样品，对于刚采回的新鲜样品，一般要经过净化、杀青、烘干或风干一系列前处理。①净化：从产地采回的新鲜样品常常沾有泥土等杂质，应用柔软湿布擦干净，勿用水冲洗（大量样品的提取除外）。②杀青：为使样品的化学成分不发生转变或损耗，需及时中止样品中酶的活性，将样品在105℃的烘箱中杀青15～20min。③烘干：样品经过杀青之后，可自然风干，也可立即降低烘箱温度，维持在70～80℃直到样品烘干为止，一般8～12h。微生物样品的预处理，随着科学技术的发展，大多数自然界存在的有机物都可以通过微生物发酵获得，尤其是蛋白质、酶、核酸等物质。又因为微生物具有种类多、繁殖快、容易培养、代谢能力强等特点，若从微生物发酵液中提取，第一步就是对发酵液进行预处理，以改变发酵液的物理性质，提高从悬浮液中分离固形物的速度，提高固形物分离器的效率；尽可能使产物转入处理后的某一相中（多数是液相）；取出发酵液中部分杂质，以利于后续各步骤的操作。

天然生物活性物质的提取必须考虑成本、收益和经济效益，因而在进行天然生物活性物质提取实验研究时，可以从各种已有的植物化学提取分离流程和各种已有的生产工艺流程出发，按照大生产的要求进行研究。然后结合被提取天然活性成分的结构及其理化性质，以这些提取材料为依据进行实验设计，按照大生产的要求进行研究，按生产的可行性、经济性和科学性进行选择、提高和改进。最后要找到一个比较经济、合理和满意的结果，而绝不能不加研究和考察，机械地搬用已有的植物的提取分离流程。

天然活性物质的分离纯化一般都是在液相中进行，故分离方法主要根据物质的分配系数、分子量、离子电荷性质及数量和外界环境条件的差别等因素为基础，每一种方法在特定条件下发挥作用。分离纯化的早期，由于提取液中的成分复杂、目的物浓度较低、与目的物理化性质相似的杂质多，所以不宜选择分辨能力较高的纯化方法。所以早期分离纯化用萃取、沉淀、吸附等一些分辨力低的方法较为有利，这些方法负荷能力大、分离量多兼有分离提纯和浓缩作用，为进一步分离纯化创造了良好的基础。在安排分离纯化方法顺序时，还要考虑到有利于减少工序、提高效率，如在盐析后采取吸附法，必然会因离子过多而影响吸附效果，如增加透析除盐，则使操作大大复杂化。如倒过来进行，先吸附、后盐析就比较合理。在分离操作的后期必须注意避免产品的损失，主要损失途径是器皿的吸附、操作过程中样品液体的残留、空气的氧化和某些事先无法了解的因素等。每一个分离纯化步骤的好坏，除了从分辨能力和重现性两方面考虑外，还要注意方法本身的回收率，特别是制备某些含量很少的物质时，回收率的高低十分重要。一个天然活性成分的制备物是否纯，常以"均一性"表示。均一性是指所获得的制备物只具有一种完全相同的成分，需经过数种方法的验证才能确定。常用的纯度的鉴定方法很多，包括生物功能测定法、熔点法、结晶法、溶解度法、电泳法、离心沉降分析法、免疫学方法、各种色谱法以及质谱法等。

天然活性成分如蛋白质、酶、核酸等生物大分子提取后容易失活，因而寻找一种成本低廉、简单易行又能降低活性损失的有效保存方法十分必要。常采用的保存方法一般为干制法，控制操作环境和卫生条件严格，多在低温环境下进行，包括低温冷风干燥、真空冷冻干燥、微波真空冷冻干燥、盐干燥等，有时候还加入一些半胱氨酸、二巯基乙醇、还原型谷胱甘肽等，防止所提取的活性物质氧化，或者加入一些金属螯合剂保持提取活性物质的稳定性。

天然活性物质的提取、分离与纯化，不是每个产物的制备都要完整地具备以上几个阶段，也不是每个阶段都截然分开。如溶解和沉淀是经常交替使用的方法，贯彻整个提取分离过程；许多提取分离过程就包含着样品纯化；分离纯化过程的各种方法及先后顺序也是根据不同的分离材料进行多样选择。但不论哪个阶段、哪种提取分离方法，都必须注意在实际过程中要保护所制备产物的完整性及生物活性，防止变性和降解的发生。整个纯化过程时间尽可能短，工艺过程中尽量少使用试剂，工艺和技术必须高效、高收率、易操作，对设备要求低、能耗低，且具有较高安全性。

天然活性物质提取分离方法很多，按形成的先后顺序和应用的普遍程度可分为传统技术和现代技术。传统技术是指出现比较早、技术较成熟、已经得到普遍应用的传统方法，往往不需要特殊的仪器。而近年来随着现代科技的发展，一些以现代先进的仪器为基础或新发展起来的新技术、新方法不断涌现，这些现代技术的应用，使得天然生物活性物质的提取、分离效率更高。本章将对这些提取、分离、纯化技术的基本原理、操作技术及实际应用进行比较详细的阐述。

第二节　天然生物活性物质的提取

一、溶剂提取法

（一）定义

溶剂提取法，指根据天然生物活性物质中各种成分在溶剂中的溶解性质，选用对活性成分溶解度大，对不需要溶出成分溶解度小的溶剂，将有效成分从活性物质组织内溶解出来的方法，此方法利用了相似相溶原理。

（二）提取溶剂

用溶剂提取活性成分时，选择适宜的溶剂是关键，溶剂选择合适就能顺利地把有效成分提取出来。适宜的溶剂应符合以下要求：①对目标成分溶解性大，对共存杂质溶解性小，即提取物纯度高、杂质少；②不与目标成分起化学反应，且提取速度快；③价廉、易得、易回收、安全低毒。

溶剂提取法中溶剂可分为水、亲水性和亲脂性有机溶剂；被溶解物质也有亲水性及亲脂性之分。溶质在溶剂当中的溶解遵循相似相溶的原理，亲水性的化学成分易溶于水或亲水性的有机溶剂中，亲脂性的成分易溶于亲脂性的有机溶剂中。

1. 水

水是一种强的极性溶剂。水作溶剂经济易得，溶解范围广。天然产物中亲水性的成分，如生物碱盐类、苷类、有机酸盐、鞣质、蛋白质、多糖、色素以及酶和少量的挥发油都能被水浸出，其缺点是浸出范围广，选择性差，容易浸出大量无效的成分，给制剂、滤过带来困难，制剂色泽欠佳，易霉变、不易贮存。

2. 亲水性的有机溶剂

亲水性的有机溶剂也就是一般所说的与水能混溶的有机溶剂，如乙醇（酒精）、甲醇、丙酮等，以乙醇最常用。

乙醇的溶解性能比较好，对天然植物细胞的穿透能力较强。亲水性的成分除蛋白质、黏液质、果胶、淀粉和部分多糖等外，大多能在乙醇中溶解。难溶于水的亲脂性成分，在乙醇中的溶解度也较大。还可以根据被提取物质的性质，采用不同浓度的乙醇进行提取。用乙醇提取比用水量较少，提取时间短，溶解出的水溶性杂质也少。

3. 亲脂性的有机溶剂

亲脂性的有机溶剂，即与水不能混溶的有机溶剂，如石油醚、苯、氯仿、乙醚、乙酸乙酯、二氯乙烷等。这些溶剂的选择性能强，不能或不容易提出亲水性杂质。但这类溶剂挥发性大，多易燃（氯仿除外），一般有毒，价格较贵，设备要求较高，且它们透入植物组织的能力较弱，往往需要长时间反复提取才能提取完全。如果天然植物中含有较多的水分，用这类溶剂就很难浸出其有效成分，因此，大量提取天然植物原料时，直接应用这类溶剂有一定的局限性。特别是氯仿，由于其价格较贵，一般仅用于提、纯精制有效成分。

（三）提取方法

常用的提取方法分为冷提取和热提取，其中冷提取法包括浸渍法和渗滤法；热提取法包括煎煮法、回流提取法和连续回流提取法

1. 浸渍法

浸渍法是将原料用适当的溶剂在常温或温热（40～80℃）条件下浸泡一定时间，浸出有效成分的一种方法。根据温度条件的不同，可分为冷浸法和温浸法。具体操作时取一定量的天然药物粗粉装入适宜容器中，加入适量的溶剂（如乙醇、稀醇或水），溶剂的用量以能浸没天然药物稍有过量为度，密闭，并经常搅拌或振摇。浸渍24h以上，滤过。此操作可重复两次，合并浸出液，用适宜方法浓缩后即得提取物。

此法操作方便，简单易行，但提取时间长，浸出溶剂用量大，往往浸出效率低，不易完全浸出，因此不适合有效成分含量低的原料，一般用于有效成分遇热易破坏及含淀粉、果胶、树胶等多糖物质较多的原料提取。

2. 渗滤法

渗滤法是原料粗粉湿润膨胀后装入渗滤器内，顶部用纱布覆盖，压紧，浸提溶剂连续地从渗滤器的上部加入（液面超出原料1/3），溶剂渗过原料层往下流动过程中将有效成分浸出的一种方法。操作过程中不断加入新溶剂，可以连续收集浸提液。

由于原料不断与新溶剂或含有低浓度提取物的溶剂接触，始终保持一定的浓度差，属于动态浸出，因此浸提效果要比浸渍法高。不经过滤处理可直接收集渗滤液，可省去过滤操作。渗滤溶剂利用率高，有效成分浸出完全，可直接收集浸出液。适用于贵重药材、毒性药材及高浓度制剂；也可用于有效成分含量较低的药材提取。但对新鲜及易膨胀的药材、无组织结构的药材不宜选用。该法常用不同浓度的乙醇或白酒做溶剂，故应防止溶剂挥发损失。

3. 煎煮法

是我国中医中药最早使用的传统的提取方法。是将天然植物用水加热煮沸提取，在提

取过程中大部分成分可被不同程度地提取出来。煎煮法需加水加热煎煮，适用于能溶于水且遇热稳定成分的提取，但是对于挥发性成分及加热易被破坏的成分不宜使用。

煎煮法所用容器一般为陶器、砂罐或铜制、搪瓷器皿，不宜用铁锅，以免药液变色。直火加热时最好时常搅拌，以免局部药材受热太高，容易焦糊。

煎煮法操作简单，提取效率高于冷浸法，但煎煮液黏稠，滤过困难，且杂质较多，易发生霉变。

4. 回流提取法

回流提取法是为保持溶剂与原料持续的接触，通过加热提取液，使溶剂受热蒸发，经冷凝后变为液体流回提取器，如此反复至提取比较完全的一种热提取方法。

因为溶剂能循环使用，回流法较渗漉法的溶剂消耗量少；回流提取法提取效率较高，但受热时间长，适用于对热稳定的化学成分的提取。

5. 连续回流提取法

连续回流提取法是在回流提取法的基础上加以改进，用少量溶剂进行连续循环回流提取，将有效成分提取完全的方法。实验室常用的提取器是索氏提取器。

连续回流提取法的优点是以较少的溶剂一次加入便可将有效成分提取完全，效率较高。但该提取器容量较小，故只适于少量原料的提取。大量提取可根据此原理设计类似装置。连续提取法提取液受热时间长，因此对受热易分解或者遇热不稳定易变化的成分不宜用。

（四）影响提取的因素

溶剂提取法的关键在于选择合适的溶剂和提取方法，但是提取过程中，原料的粉碎度、提取时间、提取温度、溶剂用量和浓度差等因素也能影响提取效率。

1. 粉碎度

一般来讲，原料粉碎度越高，粉末越细，提取过程中的溶解、渗透、扩散越快，提取效率越高。但是，粉末过细，粉末颗粒表面积大，吸附作用增强反而影响扩散速度。而且，若原料含蛋白质、多糖成分多时，粉碎过细，这些成分溶出过多，提取液就会更黏稠，甚至产生胶冻现象，影响其他操作。原料的粉碎度与选用的提取溶剂及植物部位有关，水提或原料为根茎时常选用粗粉及薄片，有机溶剂提取或原料为全草、叶类、花类、果实时可选用较细的粉。

2. 提取时间

要根据原料和需要提取成分的性质、提取方法等选用合理的提取时间。一般而言，提取时间越长，提取越完全。但时间过长，无用杂质成分也随着浸提出来。如果用热水加热提取，一般以 0.5～1h 为宜，最多不超过 3h，用乙醇加热回流提取，每次 1～2h 为宜，其他有机溶剂可适当延长一点时间。

3. 提取温度

一般来讲，较高温度提取的效率较高，较低温度提取的杂质较少。因为温度增高，有效成分溶解、扩散、渗透的速度会加快，所以提取效率也会增高。但是温度不能过高，温度过高，有些成分易被破坏，同时杂质含量增多。所以，应根据实际情况选取合适的温度。

4. 溶剂用量和浓度差

溶剂用量一般为原料的 6～10 倍。溶剂用量多，浓缩费时；溶剂用量少，提取率低或提取次数多。

浓度差是原料组织内的浓度与外周溶液的浓度差异。浓度差越大，扩散推动力越大，越有利于提高提取效率。在提取过程中不断搅拌或更换新溶剂或采取流动溶剂的提取方法，可以增大扩散原料组织中有效成分的浓度差，以提高提取效果。所以回流提取法最好，浸渍法最差。

二、水蒸气蒸馏法

水蒸气蒸馏法是指将含有挥发性成分的植物材料与水共蒸馏，使挥发性成分随水蒸气一并馏出，经冷凝分取挥发性成分的浸提方法。通常用于植物性天然香料的提取，其流程、设备、操作等方面的技术都比较成熟，成本低而产量大，设备及操作都比较简单。但水蒸气蒸馏法需要将原料加热，不适用于化学性质不稳定组分的提取。

水蒸气蒸馏法只适用于具有挥发性的，能随水蒸气蒸馏而不被破坏，与水不发生反应，且难溶或不溶于水的成分的提取。此类成分的沸点多在 100℃ 以上，与水不相混溶或仅微溶，并在 100℃ 左右有一定的蒸气压。当与水在一起加热时，其蒸气压和水的蒸气压总和为一个大气压时，液体就开始沸腾，水蒸气将挥发性物质一并带出。例如中草药中的挥发油，某些小分子生物碱——麻黄碱、槟榔碱，以及某些小分子的酚类物质——牡丹酚等，都可应用本法提取。有些挥发性成分在水中的溶解度稍大些，常将蒸馏液再次蒸馏，在最先蒸馏出的部分，分出挥发油层，或在蒸馏液水层经盐析法并用低沸点溶剂将成分提取出来。例如玫瑰油、原白头翁素等的制备多采用此法。

三、升华法

升华指固体物质受热直接气化，遇冷后又凝固为固体化合物的相变过程。天然生物活性物质中有一些成分具有升华的性质，故可利用升华法直接将天然生物活性物质提取出来。

升华法适用于具有升华性的成分的提取，如游离的醌类成分（大黄中的游离蒽醌）、小分子的游离香豆素等，以及属于生物碱的咖啡因，属于有机酸的水杨酸、苯甲酸，属于单萜的樟脑等。升华得到的产品有较高的纯度，这种方法特别适用于纯化易潮解或与溶剂一起分解的物质。

四、超声波提取

超声波是一种在弹性介质中的机械振荡的电磁波，频率为 20kHz～50MHz，具有频率高、方向性好、穿透力强、能量集中等特性。

天然植物药用成分大多为细胞内产物，提取时大多需要将细胞破碎，而现有的机械或化学方法有时难以取得理想的破碎效果。研究表明，利用超声波产生的强烈振动、强烈的空化效应、高的加速度、搅拌作用等，都可加速药物有效成分进入溶剂，从而提高了提取率，缩短了提取时间，节约了溶剂，并且免去了高温对提取成分的影响。

（一）基本原理

超声波提取技术是利用超声波（频率＞20kHz）具有的机械效应、空化效应及热效应，通过增大介质分子的运动速度，增大介质的穿透力，使药物组织内部的温度瞬间升高，加速有效成分的溶出以提取中药有效成分的技术。超声波提取具有不需加热、溶剂用量少、药物有效成分的提取率高的特点。

（二）超声波技术在天然生物活性物质提取方面的应用

与水煎煮法对比，采用超声波法对黄芩的提取结果表明，超声波法提取时间明显缩短，黄芩苷的提取率升高；超声波提取 10min、20min、40min、60min 均比煎煮法提取 3h 的提取率高。

应用超声波法对槐米中主要有效成分芦丁的提取结果表明，超声波处理槐米 30min 所得芦丁的提取率比热碱法提取率高 47.56%；与浸泡法相比，超声波提取 40min，芦丁得率为 22.53%，而浸泡 48h 得率只有 12.23%。

五、微波萃取

微波是一种非电离的电磁辐射，被辐射物质的极性分子在微波电磁场中可快速转向并定向排列，由此产生的撕裂和相互摩擦将引起物质发热，即将电能转化为热能，从而产生强烈的热效应。因此，微波加热过程实质上是介质分子获得微波能并转化为热能的过程。

（一）基本原理

微波萃取指在天然药物有效成分的提取过程中（或提取的前处理）加入微波场，利用微波场的特点来强化有效成分浸出的新型提取技术。利用吸收微波能力的差异可使基体物质的某些区域或萃取体系中的某些组分被选择性加热，从而使被萃取物质从基体或体系中分离出来，进入到介电常数较小、微波吸收能力相对较差的萃取剂中。

（二）微波萃取的工艺流程

微波萃取的工艺流程：原料预处理→萃取溶剂与样品混合→微波萃取→冷却→过滤→滤液→萃取溶剂与萃取组分分离→萃取组分。

原料预处理：与其他萃取方法一样，样品在微波萃取之前一般要粉碎，以增大萃取溶剂与样品的接触面积，提高萃取效率。

萃取溶剂的选择：萃取溶剂的选择包括萃取溶剂的种类、组成和体积。对于萃取溶剂的选择应该考虑以下几个方面：溶剂必须对微波透明或半透明，但应具有一定的极性；溶剂对分离成分有较强的溶解能力；溶剂对萃取成分的后续工作干扰较少。此外，还应考虑萃取溶剂的沸点。一般常用的萃取溶剂有正己烷、二氯甲烷、甲醇、乙醇等。

微波辐射条件的选择：微波辐射条件包括微波辐射频率、功率和辐射时间，它们对萃取效率具有一定的影响。不同的萃取目的采用不同微波辐射条件，针对不同的萃取原料，常研究三者对萃取率的影响，以选择最佳的工艺条件。例如，从迷迭香和薄荷叶中萃取精油时，在其他条件不变的情况下，微波辐射功率从200W增加到640W时，精油的萃取率相应增加，但不成正比关系。

微波萃取温度的选择：高压下萃取溶剂沸点升高，微波萃取可以达到常压下萃取溶剂所达不到的萃取温度，这样既可以提高萃取率又不至于使萃取目的物分解。一般提高萃取温度，萃取目的物回收率也相应升高。

（三）微波提取在应用中应注意的几个问题

微波对不同的植物细胞或组织有不同的作用，对细胞内产物的释放也有一定的选择性。因此应根据产物的特性及其在细胞内所处的位置的不同，选择不同的处理方式。

微波提取仅适用于对热稳定的产物，如生物碱、黄酮、苷类等，而对于热敏感的物质如蛋白质、多肽等，微波加热能导致这些成分的变性，甚至失活。

由微波加热原理可知，微波提取要求被处理的物料具有良好的吸水性，否则细胞难以吸收足够的微波将自身击破，使其内容物难以释放出来。

微波萃取技术在中药中的应用，大多在实验室中进行，工业化生产还不太普及，但微波萃取技术的工程放大问题已受到重视，这将推动微波萃取技术在工业化中的应用。

六、酶法提取

天然植物的细胞壁由纤维素构成，其中植物的有效成分往往被包裹在细胞壁内。酶提取法就是利用纤维素酶、果胶酶、蛋白酶等，破坏植物的细胞壁，以促使植物有效成分最大限度溶解、分离出的一种方法。在酶提取法的提取工艺中，酶的选择、酶浓度、pH值、酶解温度、酶解时间都会影响植物提取物的提取率。

（一）基本原理

酶法的基本原理是选用合适的酶将中草药中的杂质（如淀粉、果胶、蛋白质等）予以分解除去，最大限度地提取中草药有效成分。目前，用于中药提取方面研究较多的是纤维素酶，大部分中药材的细胞壁是由纤维素构成，植物的有效成分往往包裹在细胞壁内。纤维素则是由β-D-葡萄糖以$1,4$-β葡萄糖苷键连接，用纤维素酶酶解可以破坏葡萄糖苷键，使植物细胞壁破坏，有利于对有效成分的提取。

（二）酶法提取的应用

从茶叶中提取茶多酚。将植物精提复合酶SPE-007（纤维二糖酶）用$1:10$倍量水溶解，恒温40℃，活化$5\sim10$min。将茶叶55℃浸泡10min，恒温至$50\sim55$℃下加入$0.5\%\sim1.0\%$ SPE-007，用HCl调节pH $4.5\sim5.0$，缓慢搅拌$2\sim3$h，过滤得提取物。

　　酶提法优点：①可以软化植物细胞壁，使有效成分最大限度溶出，提高收率；对茶叶进行复合酶法提取，茶多酚提取率可达98％以上；酶解法提取的茶多酚中儿茶素相对含量较沸水提取的高出9％～10％。②酶法提取茶多酚及多糖提取率高，且茶多酚的主要活性成分——儿茶素氧化损失少，原料茶叶不需粉碎；③节省时间，降低成本。

第三节　天然生物活性物质的分离纯化

　　中药或天然药物中的生物活性物质经过提取后，进一步的分离纯化对于获得其高品质的终端产品至关重要。要进一步将这些复杂的混合物进行分离，主要依据有以下几点：依据碱性强弱不同，利用梯度pH值萃取法进行分离；依据极性大小不同，利用吸附或分配原理进行分离；依据分子中某些特殊结构，利用金属盐配位化合能力不同等特点进行分离；依据分子大小不同，利用葡萄糖凝胶分子筛或膜技术进行分离。传统的分离纯化方法，如纸层析、薄层层析、溶剂萃取法、溶剂沉淀法、结晶法、柱层析等在保留有效成分、去除无效成分方面作用依然显著。目前混合物分离所用方法较多的是柱层析，并用薄层层析来摸索柱层析的条件以及检验各种成分按什么顺序从柱中洗脱出来。

一、纸层析

　　纸层析是指以纸为载体的色谱法，属分配色谱，是以滤纸作为支持剂，用一定的溶剂系统展开而达到分离分析目的方法。纸层析的固定相一般为纸纤维上吸附的水分，流动相为不与水相溶的有机溶剂。

　　纸层析法的一般操作流程：将待试样品溶于适当溶剂，点样于滤纸一端，挑选适当的溶剂系统作为流动相置于一个密闭的缸内，然后将滤纸吊放在缸内，使滤纸被流动相的蒸气所饱和，流动相从点样的一端通过毛细现象向另一端展开，在此过程中各组分逐渐得到分离。展开完毕后，取出滤纸，干燥，待溶剂挥发后，用显色剂或其他适宜方法确定斑点位置。根据组分移动距离（R_f值）与已知样比较，进行定性。R_f值等于物质移动的距离除以溶剂移动的距离。

　　在纸层析中，分离是在滤纸上进行的，因此滤纸的选择很重要，是影响分离效果的重要因素之一。常用的国产滤纸有新华纸厂生产的各种色谱用滤纸，国外产的多用华德门（Whatman）滤纸。需要注意的是，不同厂家、型号的滤纸，由于生产方式与条件不尽相同，吸收水分量不完全相同，有时pH值也可能不同，因此按同一条件分离，同一组分的移动情况即R_f值也会不完全相等，有时还可能有较大差别。所以，在用纸层析进行定性鉴别时，应尽量将样品与已知标准品在同一张滤纸上进行展开，然后比较其R_f值，这样可避免由于纸的来源不同而引起的差异。

　　纸层析的优点是便于保存，操作简便，对亲水性成分（如酚类、氨基酸）分离较好，便于分离、检识含量较少的黄酮及黄酮苷类化合物，缺点是费时。

二、薄层层析

薄层层析法是有机化合物纯化最快、最容易和最常用的方法，具有分离速度快、处理量大等优点。薄层色谱的操作方法是将适宜的吸附剂均匀地涂布于平面如玻璃板上，形成薄层，把待分析的样品点加到薄层上，然后用合适的溶剂展开而达到分离、鉴定的目的。其原理与柱色谱基本类似。

薄层层析常用的吸附剂有硅胶 G、硅胶 GF、氧化铝、硅藻土等。其中硅胶和氧化铝由于吸附性能好，适用于各类成分的分离，应用最广。展开剂主要使用低沸点的有机溶剂，一般分析纯和化学纯即可。选择的原则主要根据样品的极性及溶解度。

薄层色谱不仅已成为分离鉴定中草药有效成分的常用方法之一，而且在分析化学，药物分析，染料、农药、贵金属等的分离鉴定等各个领域均得到广泛的应用。

三、溶剂萃取

溶剂萃取是利用溶剂将物质从另一种溶液中提取出来的方法，这两种溶剂不能互溶或只部分互溶，能形成便于分离的两相。在溶剂萃取中，被提取的溶液称为料液，其中欲提取的物质（产物）称为溶质，用以萃取的溶剂称为萃取剂。经过接触分离后，大部分溶质转移到萃取剂中，得到的溶液称为萃取液，而被萃取出溶质的料液称为萃余液。由于萃取法具有传质速度快、分离效率高、比蒸馏法能耗低、便于连续操作和实现自动控制等优点，所以在一定程度上应用相当普遍。

天然生物活性物质萃取分离物质的操作步骤是：把用来萃取（提取）的天然生物活性物质（溶质）的溶剂加入盛有溶液的分液漏斗后，立即充分振荡，使溶质充分转溶到加入的溶剂中，然后静置分液漏斗。待液体分层后，再进行分液。如要获得溶质，可把溶剂蒸馏除去，就能得到纯净的溶质。

（一）分配系数

根据物理化学中的分配定律，在一定的温度和压力下，当体系达到平衡时，溶质在两项中的浓度比为一常数 K，此常数称为分配系数。

$$K = C_1 / C_2$$

其中，C_1 和 C_2 分别为溶质在萃取相和萃余相中的浓度，K 是萃取后溶质在两相中的分配系数，K 值越大，表示萃取越完全。

物质在萃取剂和原溶液中的溶解度差别越大，K 值越大，萃取分离效果越好。当 $K \geqslant 100$ 时，所用萃取剂的体积与原溶液体积大致相等时，一次简单萃取可将 99% 以上的该物质萃取至萃取剂中，但这种情况往往很少。K 值取决于温度、溶剂和被萃取物的性质，而与组分的最初浓度、组分与溶剂的质量无关。

萃取过程的分离效果主要表现为被分离物质的萃取率和分离纯度。萃取率为萃取液中被萃取的物质与原溶液中该物质的溶质的量之比。萃取率越高，表示萃取过程的分离效果越好。

（二）影响萃取效果的因素

影响分离效果的主要因素包括：萃取剂、被萃取的物质在萃取剂与原样品溶液两相之间的平衡关系（主要表现为被萃取物质在萃取剂与原样品溶液两相中的溶解度差别）、在萃取过程中两相之间的接触情况。被萃取物质在一定的条件下，主要决定于萃取剂的选择和萃取次数。

1. 萃取溶剂的选择

萃取剂对萃取效果的影响很大，萃取溶剂选择的主要依据是被萃取的物质的性质，相似相溶原理是萃取剂选择的基本规则。选择萃取溶剂时还应考虑以下几个方面。

（1）分配系数 被分离物质在萃取剂和原溶液之间的分配系数是选择萃取剂首先应考虑的问题（可以根据被分离物质在萃取剂和原溶液中的溶解度来做大致判断）。分配系数 K 大，表示被萃取组分在萃取相的组成高（被萃取物质在萃取剂中的溶解度大），萃取剂用量小，溶质容易被萃取出来。

（2）密度 在液-液萃取中两相间应保持一定的密度差，以利于两相的分层。

（3）界面张力 萃取体系的界面张力较大时，细小的液滴比较容易聚集，有利于两相的分离，但界面张力过大，液体不易分散，难以使两相很好地混合；界面张力过小时，液体易分散，但易产生乳化现象使两相难以分离。因此，应从界面张力对两相混合与分层的影响综合考虑，一般不宜选择界面张力过小的萃取剂。

（4）黏度 萃取剂黏度低，有利于两相的混合与分层，因而黏度低的萃取剂对萃取有利。

（5）其他萃取剂 应有良好的化学稳定性，不易分解和聚合。一般选择低沸点溶剂，以利于萃取剂容易与溶质分离和回收，且毒性应尽可能低，此外，价格、易燃易爆性、购买难度等都应加以考虑。

常用的萃取溶剂有石油醚、二氯甲烷、氯仿、四氯化碳、乙醚及正丁醇等。如果在水溶液中的有效成分是不溶于水的亲脂性物质，一般多用亲脂性有机溶剂，如苯、石油醚做萃取剂。

较易溶于水的甾体、黄酮等物质用氯仿、乙醚、二氯甲烷等进行萃取；偏于亲水性的物质，在亲脂性溶剂中难溶解，就用弱亲脂性溶剂，如乙酸乙酯、丁醇、水饱和的正丁醇等。混合溶剂的萃取效果常比单一溶剂好得多。乙醚-苯、氯仿-乙酸乙酯都是良好的混合溶剂，也可以在氯仿、乙醚中加入适量的乙醇或甲醇制成亲水性较大的混合溶剂来萃取亲水性成分。一般有机溶剂亲水性越大，与水两相萃取时的效果就越不好，因为亲水性大的有机溶剂能使较多的亲水性杂质伴随而出。当从水相萃取有机物时，向水溶液中加入无机盐能显著提高萃取效率，这是由于加入无机盐后降低了被提取组分在水中的溶解度，从而使被提取组分在两相的分配系数发生了变化。对于酸性萃取物常向水溶液中加入硫酸铵，对于中性和碱性物质应向水溶液中加入氯化钠。

2. 萃取次数的影响

根据分配定律，当萃取剂用量一定时，萃取次数越大，溶液中被萃取物的总量则越小，萃取效果就越好，操作时可将全部萃取剂分为多次萃取比一次全部用完萃取效果好。但当萃取总量不变时，萃取次数增加，每次萃取剂的用量就要减小，当萃取次数达到或超过 5 时，萃取次数与每次萃取时萃取剂的用量这两种因素的影响几乎抵消，再增加萃取次数，溶液中被萃取物的总量变化很小。所以一般同体积溶剂分 3～5 次萃取即可。

（三）溶剂萃取的应用

溶剂萃取是天然有机化合物分离中常用的分离方法。如果已经知道要得到的目的化合物的结构时，可以直接根据相似相溶原理和有关萃取剂选择的规律，去选择一种合适的萃取剂把目的化合物萃取出来。

当对一种天然生物活性物质进行系统分离分析时，往往不知道化合物的结构，而其植物浸提液常是含有极性差别很大的有机化合物的混合物，如果直接用结晶、柱层析等分离方法无法分离，这时一般先用不同极性的有机溶剂萃取。把植物提取物分成不同极性范围的部分（部位分离），然后再对每一部位进行逐步分离分析。

一般常用的萃取分离溶剂为：小极性溶剂石油醚、苯、环己烷等；中极性溶剂氯仿、乙醚、乙酸乙酯等；大极性溶剂正丁醇、水饱和正丁醇、乙醇等。常用的部位分离法有三部位法如石油醚（小极性）、氯仿（中极性）、正丁醇（大极性），还有四部位法，如苯（小极性）、氯仿（中小极性）、乙酸乙酯（中大极性）、水饱和正丁醇（大极性）。在具体应用中，可以根据情况选择分段数目和每一段所用的萃取剂。

四、溶剂沉淀

溶剂沉淀是在天然有机化合物（如蛋白质、酶、多糖、核酸等）水溶液中加入有机溶剂（如乙醇、丙酮等）后，显著降低待分离物质的溶解度从而将其沉淀析出的一种方法。其机理在于溶质（待分离物质）在溶液中化学势发生变化造成溶解度的下降。其优点在于选择性好、分辨率高，因为一种有机化合物往往只能在某一溶剂狭窄的浓度范围内沉淀，溶剂易除去回收，但条件控制不当容易使分离物质（如蛋白质）变性。

（一）溶剂选择及其添加量

选择合适的溶剂是溶剂沉淀的关键，溶剂必须是能与水相混溶的有机溶剂，如甲醇、乙醇、丙醇、丙酮等，其中乙醇最为常用，能沉淀蛋白质、核酸、核苷酸、多糖、果胶和氨基酸等化合物，且安全性最高。同时，不同的有机化合物沉淀所需要的溶剂浓度有不同的要求，使用不同浓度的同一种溶剂，往往可以在混合溶液中起到分级沉淀的效果。

（二）溶剂沉淀的几个主要类型

按使用的溶剂不同，溶剂沉淀可分为盐析沉淀、有机溶剂沉淀、沉淀剂沉淀、等电点沉淀和变性沉淀。

1. 盐析沉淀

在较低浓度的盐溶液中，酶和蛋白质的溶解度随盐浓度升高而增大，这称之为盐溶。当盐浓度增大至一定程度后，酶和蛋白质的溶解度又开始下降直至沉淀析出，这称为盐析。其原理在于中性盐离子对蛋白质分子表面活性基团及水活度的影响结果。蛋白质类化合物的盐析沉淀手段通常有两种：一种是在固定蛋白质溶液的 pH 值与温度的前提下，添加盐来调节溶液离子强度以达到沉淀蛋白的目的，此法常用于蛋白质粗制品的分级沉淀和酶制剂的制备等。另一种是在一定的离子强度下，调节溶液的 pH 值或温度以达到沉淀蛋白质的目的，此法适用于蛋白质的提纯精制以及饱和结晶等。

在盐析沉淀条件中，中性盐的合理选择至关重要，根据离子促变序列，多价盐类的盐析效果比单价的效果好，阴离子效果比阳离子好。顺序大致如下：柠檬酸根＞酒石酸根＞PO_4^{3-}＞F^-＞IO_3^-＞SO_4^{2-}＞醋酸根＞$B_2O_3^-$＞Cl^-＞ClO^-＞Br^-＞NO_3^-＞ClO^-＞I^-＞SCN^-；Th^{4+}＞Al^{3+}＞H^+＞Ba^{2+}＞Sr^{2+}＞Ca^{2+}；Mg^{2+}＞Cs^+＞Pb^+＞NH_4^+＞K^+＞Na^+＞Li^+。

在蛋白质溶液中，一般以硫酸铵、硫酸钠应用最广，选择中性盐时注意添加盐的浓度，避免杂质带来干扰或对蛋白质的毒害。影响盐析效果的因素有蛋白质浓度、盐类、离子类型、离子浓度、pH 值、温度等。使用带金属离子的盐类时，可考虑添加一定量的金属螯合剂如 EDTA 等。

蛋白质或酶等物质经盐析沉淀分离后，产品夹带盐分，需脱盐处理。常用的脱盐处理方法有透析法、超滤法、电渗析法和葡萄糖凝胶过滤法等。

盐析是最早使用的生化分离技术之一，由于易产生共沉作用，故其分辨率不是很高，但配合其他手段完全能达到很好的分离效果。由于成本低，操作安全简单，对许多生物活性物质具有很好的稳定作用，常用于蛋白质、酶、多肽、多糖、核酸等物质的分离纯化。

2. 有机溶剂沉淀

向天然生物活性物质水溶液里加入一定量亲水性有机溶剂，降低溶剂的溶解度，使其沉淀析出的分离纯化方法称为有机溶剂沉淀法。其机理为亲水性有机溶剂加入溶液后降低了介质的介电常数，溶质分子之间的静电引力增加，聚集形成沉淀。另一个原因是水溶性有机溶剂本身的水合作用降低了自由水的浓度，压缩了亲水溶质分子表面原有水化层的厚度，降低了它的亲水性，导致脱水凝集。

沉淀用有机溶剂的选择主要考虑的因素包括：介电常数小，沉淀作用强；对生物分子的变性作用小；毒性小，挥发性适中；沉淀用溶剂一般需能与水无限混溶。通常最常用的沉淀有机溶剂是乙醇和丙酮。其中，乙醇由于沉淀作用强、沸点适中、无毒等优点，广泛用于沉淀蛋白质、核酸、多糖等生物高分子及氨基酸。丙酮沉淀作用大于乙醇，用丙酮代替乙醇作沉淀剂一般可以减少用量 1/4～1/3；但由于沸点较低、挥发损失大、对肝脏有一定毒性、着火点低等缺点，应用不如乙醇广泛。

水提醇沉法是常用的多糖提取工艺。它是利用多糖溶于水或酸、碱、盐溶液而不溶于醇、醚、丙酮等有机溶剂的特点，从不同材料中进行提取。提取时一般先将原料物质脱脂与脱游离色素，然后用水或稀酸、稀碱或稀盐溶液进行提取，提取液经浓缩后即以数倍的甲醇或乙醇沉淀析出得粗多糖。

有机溶剂沉析技术经常用于蛋白质、酶、多糖和核酸等生物大分子的沉析分离。与盐析法相比，有机溶剂沉淀法的优点是分辨率高，不用脱盐，过滤容易；所使用的乙醇等有机溶剂易挥发；沉淀物与母液间的密度差较大，分离较为容易。主要缺点是有机溶剂的加入容易使蛋白质变性，因此操作条件应严加控制；采用大量有机溶剂，成本较高；有机溶剂一般易燃易爆，具有一定的危险性。

3. 沉淀剂沉淀

添加某种化合物与天然生物活性物质溶液中的待分离物质生成难溶性的复合物，从而从溶液中沉淀析出的方法，称为沉淀剂沉淀，添加的化合物称为沉淀剂。沉淀剂沉淀分离主要有金属离子沉淀法、阴离子沉淀法、非离子型聚合物沉淀法以及均相沉淀法等，其中金属离子沉淀法用得较多。

根据金属离子与蛋白质的相互作用关系，将金属离子分成以下三类：与氨基等含氮化合物以及含氮杂环化合物强烈结合的金属离子有 Mn^{2+}、Fe^{2+}、Co^{2+}、Ni^{2+}、Cu^{2+}、Zn^{2+} 和 Cd^{2+} 等。与羧酸结合而不与含氮化合物结合的金属离子有 Ca^{2+}、Mg^{2+}、Pb^{2+} 和 Ba^{2+} 等。与巯基化合物强烈结合的金属离子有 Hg^+、Ag^+ 和 Pb^{2+} 等。

金属离子沉淀分离效果除与金属离子的种类、蛋白质的性质、离子化程度以及相互结合的位置等因素有关外，还与沉淀的复合物的溶解度与溶液的介电常数相关，介电常数减小则溶解度降低。一般而言，金属离子浓度调节在 0.02mol/L 左右。浓度过高，易引起共沉淀，并且产生的静电力可能影响蛋白质的二、三、四级空间结构，引起蛋白质变性。复合物中金属离子的去除，可通过与 H_2S 形成硫化物去除或添加螯合剂 EDTA 去除。

金属离子沉淀、分离天然生物活性物质已有广泛的应用，如锌盐可用于沉淀杆菌肽和胰岛素，$CaCO_3$ 用来沉析乳酸、枸橼酸、人血清蛋白等。此外，该技术还能用来除去杂质。

4. 等电点沉淀

等电点沉淀分离法主要是利用天然生物活性物质的两性电解质分子在电中性时溶解度最低，不同的两性电解质具有不同的等电点而进行分离的一种方法。如蛋白质、酶，以及氨基酸等两性电解质，当其整体电荷为中性时，溶解度最小；控制不同的等电点，就能将不同的天然生物活性物质电解质分离。

在天然生物活性物质产品的分离纯化过程中，常利用两性物质，如氨基酸、蛋白质、多肽、酶、核酸等具有不同等电点的特性来进行产品的分离纯化，如大豆分离蛋白的提取。

大豆蛋白质在 pH4.5 左右达到等电点，此时其溶解度最低形成沉淀，利用这个性质来提取大豆分离蛋白，使大豆分离蛋白从提取液中聚沉下来，与其他可溶性物质分离。大豆分离蛋白不是在所有酸性条件下都沉淀，只有在等电点附近才沉淀，当 pH 调太低时溶解度反而升高，到 pH2.0 时，已沉淀的蛋白质就会几乎全部重新溶解，因此必须严格掌握酸沉所需的 pH，才能有满意的效果。

5. 变性沉淀

变性沉淀是利用天然生物活性物质中的生物大分子（如蛋白质）在变性后溶解度降低而从溶液中沉淀析出，当然轻度变性的蛋白质不一定沉淀出来。变性后蛋白质能恢复原来结构与功能的过程称为可逆变性，反之称为不可逆变性。引起蛋白质变性的因素包括温度、pH 值以及其他化学因素，能引起蛋白质变性的化学试剂有甲酸、乙酸、二氯乙酸、三氯乙酸等酸类；甲醇、乙醇、甘油等醇类；甲酰胺、N-甲基乙酰胺等酰胺类；以及二脲、盐酸胍、氯仿、酚等，还有表面活性剂如十二烷基磺酸钠（SDS）等，另外，一些酶也会使蛋白质变性。

五、结晶

结晶是提纯固体化合物的一种重要方法，它适用于产品与杂质性质差别较大、产品中杂质含量小于 5％的体系。固体有机物在溶剂中的溶解度与温度有密切关系，一般是温度升高溶解度增大。若把固体物质溶解在热的溶剂中达到饱和，冷却时由于溶解度降低，溶液变成过饱和而析出结晶。一般地讲，一个固体达到了一定纯度，在一定条件下，就会出现结晶。利用溶剂对被提纯物质及杂质的溶解度不同，可以使被提纯物质从过饱和溶液中析出，而让杂质全部或大部分仍留在溶液中（或被过滤出去）从而达到提纯目的。一般能结晶的物质大部分是比较纯的化合物，有时结晶也是混合物，即使这样，也还是可以和不结晶的部分分开。

在天然生物活性物质提取分离时，有时找到合适的溶剂进行提取，提取液稍一浓缩就有结晶析出。例如用乙醇将橘皮回流提取橙皮苷，在连续回流提取时就有橙皮苷结晶析出。但一般提取所得到的往往是糖浆状、半固体或固体粉末，所以从粗产物直接结晶是不适宜的，必须先采用其他方法进行初步提纯，例如萃取、水蒸气蒸馏、减压蒸馏等。然后再结晶提纯。

结晶法分离精制的关键是正确选择溶剂和选择结晶的条件。结晶分离法操作方便，所用仪器简单，是获得高纯度天然活性生物成分的重要方法。

六、柱层析

柱层析，又称柱色谱分离，是利用层析柱将混合物各组分分离开来的操作过程。柱层析是层析技术中的一类，依据其作用原理又可分为吸附柱层析、分配柱层析和离子交换柱层析等。其中以吸附柱层析应用最广，其基本流程均为：预处理→上样→吸附→洗脱→收集洗脱液→回收、浓缩→干燥→成品。

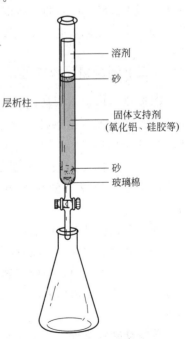

图 2-1　硅胶、氧化铝柱层析分离流程图

（一）硅胶、氧化铝柱层析

该法能分离毫克量级到百克量级的物质，应用范围最广，主要适于分离异黄酮、二氢黄酮、二氢黄酮醇及高度甲基化（或乙醚化）的黄酮及黄酮醇类。少数情况下，在加水去活化后也可用于分离极性较大的化合物，如多羟基黄酮醇及其苷类等。分离黄酮苷元时，可用氯仿-甲醇混合溶剂作移动相；分离黄酮苷时，可用氯仿-甲醇-水或乙酸乙酯-丙酮-水作移动相（图 2-1）。

1. 原理

根据物质在硅胶上的吸附力不同而得到分离，一般情况下极性较大的物质易被硅胶吸附，极性较弱的物质不易被硅胶吸附，整个层析过程即吸附、解吸、再吸附、再解吸过程。

2. 流动相

极性小的用乙酸乙酯：石油醚系统；极性较大的用甲醇：氯仿系统；极性大的用甲醇：水：正丁醇：醋酸系统；拖尾可以加入少量氨水或冰醋酸。

3. 吸附剂

硅胶和氧化铝为最常用的吸附剂。硅胶是一种中等极性的酸性吸附剂，适用于中性或酸性成分的层析；同时硅胶又是一种弱酸性阳离子交换剂，其表面上的硅醇基能释放弱酸性的氢离子，当遇到较强的碱性化合物，则可因离子交换反应而吸附碱性化合物。氧化铝有弱碱性，主要用于碱性或中性亲脂性成分的分离，如生物碱、甾、萜类等成分；对于生物碱类的分离颇为理想。但是碱性氧化铝不宜用于醛、酮、酸、内酯等类型化合物的分离。

4. 被分离物质的性质

被分离的物质与吸附剂、洗脱剂共同构成吸附层析中的三个要素，彼此紧密相连。在指定的吸附剂与洗脱剂的条件下，各个成分的分离情况直接与被分离物质的结构与性质有关。对极性吸附剂而言，成分的极性大，吸附性强。如对于 C-27 甾体皂苷元类成分，能因其分子中羟基数目的多少而获得分离。将混合皂苷元溶于含有 5％氯仿的苯中，加于氧化铝的吸附柱上，采用合适溶剂进行梯度洗脱分离。如改用吸附性较弱的硅酸镁以替代氧化铝，由于硅酸镁的吸附性较弱，洗脱剂的极性需相应降低，亦即采用苯或含 5％氯仿的苯，即可将一元羟基皂苷元从吸附剂上洗脱下来。

（二）葡聚糖凝胶柱层析

凝胶是一些具有立体网状结构和一定孔径的高分子化合物。凝胶层析又称分子排阻层析或凝胶过滤，是以被分离物质的分子量差异为基础的一种层析分离技术，这一技术为纯化蛋白质等生物大分子提供了一种非常温和的分离方法。层析的固定相载体是凝胶颗粒，目前应用较广的是具有各种孔径范围的葡聚糖凝胶和琼脂糖凝胶。其中，葡聚糖凝胶具有良好的化学稳定性，是目前天然生物活性物质产品制备中最常用的凝胶。

葡聚糖凝胶是由直链葡聚糖分子和交联剂 3-氯 1,2-环氧丙烷交联而成的具有多孔网状结构的高分子化合物。凝胶颗粒中网孔的大小可通过调节葡聚糖和交联剂的比例来控制，交联度越大，网孔结构越紧密；交联度越小，网孔结构就越疏松，网孔的大小决定了被分离物质能够自由出入凝胶内部的分子量范围。可分离的分子量范围从几百到几十万不等。

葡聚糖凝胶层析，是使待分离物质通过葡聚糖凝胶层析柱，各个组分由于分子量不相同，在凝胶柱上受到的阻滞作用不同，而在层析柱中以不同的速度移动。分子量大于允许进入凝胶网孔范围的物质完全被凝胶排阻，不能进入凝胶颗粒内部，阻滞作用小，随着溶剂在凝胶颗粒之间流动，因此流程短，而先流出层析柱；分子量小的物质可完全进入凝胶颗粒的网孔内，阻滞作用大，流程延长，而最后从层析柱中流出。若被分离物的分子量介于完全排阻和完全进入网孔物质的分子量之间，则在两者之间从柱中流出，由此就可以达到分离目的（图 2-2）。

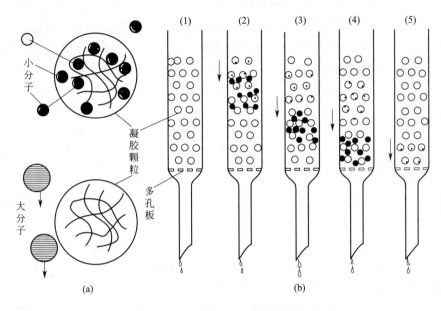

图 2-2 葡聚糖凝胶层析原理

葡聚糖凝胶柱层析中应用最为广泛的葡聚糖凝胶是 Sephadex LH20，其为一种由葡聚糖 G-25 羟丙基化加工而成的葡聚糖，属于分子筛凝胶，尤其适用于天然产物在有机溶剂中的纯化，如黄酮类化合物、类固醇、萜类、脂类以及小分子多肽等。Sephadex LH20 的分离原理主要有两方面：以凝胶过滤作用为主，兼具反相分配的作用（在反相溶剂中）。因为凝胶过滤作用，所以大分子化合物保留弱，先被洗脱下来，小分子化合物保留强，最后出柱。如果使用反相溶剂洗脱，Sephadex LH20 对化合物还起反相分配的作用，所以极性大的化合物保留弱，先被洗脱下来，极性小的化合物保留强，后出柱。如果使用正相溶剂洗脱，主要靠凝胶过滤作用来分离。如使用葡聚糖凝胶 Sephadex LH20 分离黄酮苷时，分子筛起主要作用，决定化合物洗脱先后顺序的是分子量的大小，分子量大的先洗脱下来；当分离黄酮苷元时，主要为吸附作用，分离的顺序取决于游离酚羟基的数目，游离酚羟基越多，越难洗脱。

（三）聚酰胺柱层析

聚酰胺是一类结构中含有重复单位酰胺键（—CO—NH—）的高分子聚合物，酰胺基团上的 O、N 原子在酸性介质中结合质子而带正电荷，以静电引力形成吸附溶液中的阴离子，故可与酚类、酸类、醌类、黄酮类等富含酚羟基的化合物形成氢键而被吸附，与不能形成氢键的化合物分离。因此，对于分离黄酮类化合物来说，聚酰胺是较为理想的吸附剂，可用于分离各种类型的黄酮类化合物，包括黄酮苷及黄酮苷元、查尔酮与二氢黄酮等，如可用于葛根中提取葛根黄酮、银杏叶中提取银杏黄酮、人参中提取人参皂苷、甘草中提取甘草皂苷、甜菜菊中提取甜菜苷等。

对于黄酮类和多酚类化合物，因为其富含酚羟基，可通过分子中的酚羟基与聚酰胺分子中的酰胺基形成氢键缔合产生吸附。影响聚酰胺吸附能力的因素主要有：①与黄酮类化合物分子能形成氢键的基团数目多少有关，能形成氢键的基团数目越多则吸附力越强；②与形成氢键基团的位置有关，如所处位置易于形成分子内氢键，则吸附能力减小；③分子内芳香化程度越高，共轭双键越多，则吸附力越强；④不同类型黄酮类化合物，被吸附强弱顺序为：黄酮醇＞黄酮＞二氢黄酮醇＞异黄酮；⑤与溶剂介质有关。在水中形成氢键的能力强，吸附强，在有机溶剂中则较弱，在酸性溶剂中强，碱性溶剂中最弱，因此各种溶剂在聚酰胺柱上的洗脱能力由弱至强的顺序为：水＜甲醇或乙醇（浓度由低到高）＜丙酮＜稀氢氧化钠水溶液或氨水＜甲酰胺＜二甲基甲酰胺＜尿素水溶液。

（四）大孔树脂柱层析

大孔吸附树脂是近 10 年来发展起来的一类有机高分子聚合物吸附剂，不含交换基团，具有大孔结构，也是一种亲脂性物质，具有物化稳定性高、吸附选择性好、不受无机物存在的影响、再生简便、解吸条件温和、使用周期长、易于构成闭路循环、节省费用等优点，广泛应用于天然生物活性物质的分离纯化，如皂苷、黄酮、生物碱等大分子化合物的提取分离。

大孔树脂是大孔径的高分子分离材料，天然生物活性物质成分在大孔树脂上的吸附是大孔树脂与有效成分形成以范德华力和氢键为主的分子间作用力的结果。大孔树脂依据其聚合物的单体组成不同，可以分成非极性和极性两大类。非极性吸附树脂适合从极性溶液中（如水溶液）中吸附非极性物质。中等极性树脂可从极性溶液中吸附非极性物质，还能从非极性溶液中吸附极性物质。目前常用的国产大孔树脂型号、性能及厂家见表 2-1。

表 2-1　国产大孔树脂型号、性能及厂家

型号	性能	厂家
D-101	非极性	天津晶莹提取树脂有限责任公司
D-201	弱极性	天津晶莹提取树脂有限责任公司
D-301	极性	天津晶莹提取树脂有限责任公司
HPD-100	非极性	河北沧州宝恩化工有限公司
HPD-300	弱极性	河北沧州宝恩化工有限公司
HPD-600	极性	河北沧州宝恩化工有限公司
X-5	非极性	南开大学化工厂
AB-8	弱极性	南开大学化工厂
NKA-9	极性	南开大学化工厂

大孔树脂分离天然生物活性成分树脂的选择：①脂溶性成分包括甾体类、二萜、三萜、黄酮、木脂素、香豆素、生物碱等，应选择非极性或弱极性的树脂，如 D101、AB-8、HPD100 等；②皂苷和生物碱苷类成分，应选择弱极性或极性树脂，如 D201、

D301、HPD300、HPD600、AB-8、NKA-9 等；③黄酮苷、蒽醌苷、木脂素苷、香豆素苷等，应选择合成原料中加有甲基丙烯酸甲酯或丙烯氰的树脂，如 D201、D301、HPD600、NKA-9 等；④环烯醚萜苷类成分，应选择极性树脂，如 D301、HPD600、NKA-9 等。

大孔树脂的分离规律：分子量相似的成分，极性越小，吸附能力越强，则越难洗脱下来；极性越大，吸附能力越弱，则越容易洗脱下来。对于极性相似的成分，分子量越大，越容易洗脱下来。

第四节　新技术新方法在天然生物活性物质开发中的应用

近年来，从经典的分离纯化方法中又发展出了许多新的技术手段，这些新技术和方法的应用，使得生物活性物质的制备效率更高。

一、分子蒸馏技术

（一）定义及应用

分子蒸馏又称短程蒸馏，是一种在高真空度下（绝压 0.133Pa）进行分离操作的连续蒸馏过程。由于在分子蒸馏过程中待分离组分在远低于常压沸点的温度下挥发，且蒸馏压强低，各组分在受热情况下停留时间很短、分离程度高。因而能大大降低高沸点物料的分离成本，极好地保护了热敏物料的特点品质。因而，分子蒸馏技术已成为天然生物活性物质提取分离目的产物最温和的蒸馏方法，特别适合于高沸点、热敏性、黏度大的天然生物活性物质材料的提取分离，如可用于提取合成天然维生素 A、维生素 E，制取氨基酸及葡萄糖衍生物等。分子蒸馏和超临界 CO_2 流体萃取联用还可用于提取分离中药天然活性成分，特别是挥发油等极性物质。

（二）基本原理

根据分子运动理论，液体混合物受热后分子运动会加剧，当接收到足够能量时，就会从液面逸出成为气相分子。随着液面上方气相分子的增加，有一部分气相分子就会返回液相。在外界条件保持恒定的情况下，最终会达到分子运动的动态平衡，从宏观上看即达到了平衡。

分子蒸馏是一种特殊的液-液分离技术，它不同于传统蒸馏依靠沸点差分离原理，而是靠不同物质分子运动平均自由程的差别实现分离。当液体混合物沿加热板流动并被加热，轻、重分子会逸出液面而进入气相，由于轻、重分子的自由程不同，因此，不同物质的分子从液面逸出后移动距离不同，若能恰当地设置一块冷凝板，则轻分子达到冷凝板被冷凝排出，而重分子达不到冷凝板随混合液排出。这样，达到物质分离的目的（图 2-3）。

分子蒸馏用于生物天然活性物质的提取应满足两个条件：①轻、重分子的平均自由程必须要有差异，且差异越大越好；②蒸发面与冷凝面间距必须小于轻分子的平均自

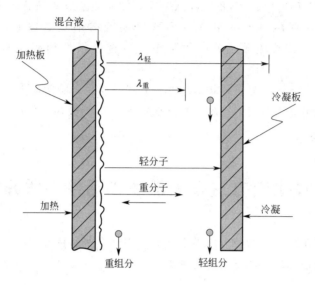

图 2-3　分子蒸馏原理图

由程。

（三）技术特点、优势和局限性

操作温度低：分子蒸馏是靠不同物质的分子运动平均自由程的差别进行分离的，其在分离过程中，蒸气分子一旦由液相中逸出（挥发）就可实现分离，而并非达到沸腾状态。因此，分子蒸馏是在远离沸点下进行操作的。

蒸气压强低：由分子运动平均自由程公式可知，要想获得足够大的平均自由程，必须通过降低蒸馏压强来获得，一般为 10^{-1} Pa 数量级（最低为 10^{-3} Pa 数量级）。

受热时间短：鉴于分子蒸馏是基于不同物质分子运动平均自由程的差别而实现分离，因而装置中加热面与冷凝面的间距要小于轻分子的运动平均自由程（即间距很小），这样，由液面逸出的轻分子几乎未发生碰撞即达到冷凝面，所以受热时间很短。

不可逆性：普通蒸馏是蒸发与冷凝的可逆过程，液相和气相间可以形成互相平衡状态。而分子蒸馏过程中，从蒸发表面逸出的分子直接飞射到冷凝面上，中间不与其它分子发生碰撞，理论上没有返回蒸发面的可能性，所以分子蒸馏是不可逆的。

没有沸腾鼓泡现象：普通蒸馏有鼓泡、沸腾现象，分子蒸馏是液层表面上的自由蒸发，在低压力下进行，液体中无溶解的空气，因此在蒸馏过程中不能使整个液体沸腾，没有鼓泡现象。

分离程度及产品收率高：分子蒸馏常用来分离常规蒸馏难以分离的物质，而且就两种方法均能分的物质而言，分子蒸馏的分离程度更高。

无毒、无害、无污染、无残留：可得到纯净安全的产物，且操作工艺简单，设备少。

由于分子蒸馏要求在高真空下进行分离，所需要的设备成本高、结构复杂，设计技术要求高，相应的配套设备也多，一次性投资过大，国内尚未见大规模应用。分子蒸馏受设备结构和加热面积的限制，设备体积比常规蒸馏设备体积大，在大规模生产应用中有不少困难。

二、超临界流体萃取

（一）定义

1879年，美国二位学者 Hannay 和 Hogarth 发现超临界乙醇流体对无机盐固体具有显著的溶解能力。1954年 Zosol 用实验的方法证实了二氧化碳超临界萃取可以萃取油料中的油脂。1973年及1978年第一次和第二次能源危机后，超临界二氧化碳的特殊溶解能力才又重新受到工业界的重视。1978年后，欧洲陆续建立以超临界二氧化碳作为萃取剂的萃取提纯技术，以处理食品工厂中数以千万吨计的产品，例如以超临界二氧化碳去除咖啡豆中的咖啡因，以及从啤酒花苦味花中萃取出可放在啤酒内的啤酒香气成分。近30多年来，超临界流体萃取技术逐渐引起人们的极大兴趣，才得以迅速发展成为一种新型物质分离、精制技术。

任何物质随着温度和压力的变化，都会相应地呈现出固态、液态、气态三种相态。三态之间相互转化的温度和压力称为三相点，除三相点外，分子量不太大的稳定物质还存在一个临界点。临界点由临界温度、临界压力和临界密度构成，当把处于气-液平衡的物质升温升压时，热膨胀引起液体密度减少，压力升高使气液两相的界面消失，成为均相体系，这一点成为临界点。高于临界温度和临界压力的区域称为超临界区，处于超临界区域时，气液界面消失，体系性质均一，既不是气体也不是液体，呈流体状态，故称为超临界流体。纯物质都具有超临界状态，具有普遍性。超临界流体具有液体的溶解能力又具有气体的扩散和传质能力，其密度类似液体，因而溶剂化能力很强，密度越大溶解性能越好；黏度接近于气体，具有很好的传递性能和运动速度；扩散系数比气体小，但比液体高1～2个数量级，具有很强的渗透能力。

（二）超临界 CO_2 流体萃取

虽然超临界流体的溶剂效应普遍存在，但实际上需要考虑溶解度、选择性、临界点数据以及化学反应的可能性等一系列因素，而以 CO_2 应用最为合适。

1. 超临界 CO_2 流体萃取的优点

CO_2 的临界温度接近于室温，适合于热敏性物质，完整保留生物活性，而且能把高沸点、低挥发度、易热解的物质分离出来。

CO_2 的临界压力（7.38MPa）适中，目前工业水平易达到。

CO_2 的临界密度是常用超临界溶剂中最高的（合成氟化物除外），即溶解能力较好。

CO_2 无毒、无味、不燃、不腐蚀、价廉，易于精制和回收，无污染。

2. 超临界 CO_2 流体萃取的局限性

二氧化碳是一种非极性溶剂，适合萃取亲脂性化合物，对脂溶性成分溶解能力较强而对水溶性成分溶解能力较低；设备造价较高而导致产品成本中的设备折旧费比例过大；更换产品时清洗设备较困难。

对于极性大、分子量太大的物质，超临界CO_2流体萃取时需要升高系统的压力或加入适宜的夹带剂。但升高压力对于某些溶解度对温度、压力变化不够敏感的物质效果并不理想，且提高了对设备的要求，增加了使用成本；而蒸除夹带剂时又会导致易挥发成分的损失及氧化等。

3. 夹带剂

在超临界CO_2流体萃取过程中，由于二氧化碳对极性较强的物质溶解能力不足，为增加二氧化碳流体的溶解性能，通常在其中加入少量极性溶剂，以增加其溶解能力，这种溶剂称为夹带剂（Entrainer），也称为共溶剂或修饰剂（Cosolvent, Modifier）。夹带剂通常是有机溶剂，它可以是某一种纯物质，也可以是两种或多种物质的混合物。夹带剂的加入可以大大提高难溶化合物的溶解度，提高萃取效率，降低萃取时间。

在天然生物活性物质提取中，常用的夹带剂有水、乙醇、甲醇、丙酮、乙酸乙酯等 17 种，其中乙醇是最常用的一种。虽然乙醇的极性不如甲醇，但乙醇无毒且易与二氧化碳混合，在天然生物活性物质的超临界CO_2流体萃取中成了最为广泛使用的夹带剂。

水也可以作为夹带剂，1999 年，中国台湾学者 Ling 和巴西学者 Saldana 等人在研究中发现，样品中含有约 10％的湿度时，可以大大提高萃取率；1987 年日本学者 Miyachi 等人用水做夹带剂，成功地萃取了木酚素和黄酮类化合物。实验还发现，水和甲醇及水和乙醇的混合溶液做夹带剂时，比单纯用甲醇和乙醇的效果好，可能是由于水能增加夹带剂的极性，更有利于极性化合物的提取。

夹带剂加入萃取系统的方式通常有三种，①最简单、最经济的方法是萃取前将夹带剂直接注入样品中，但该方法重现性差；②准备另一泵注入夹带剂，该方法准确度高、重现性好；③直接将夹带剂与液体二氧化碳在钢瓶中预混。

4. 基本工艺流程

超临界流体萃取系统的组成包括：溶剂压缩机（即高压泵），萃取器，温度、压力控制系统，分离器和吸收器。其他辅助设备包括：辅助泵、阀门、背压调节器、流量计、热量回收器等（图 2-4）。超临界CO_2流体萃取的工艺流程一般是由萃取（CO_2溶解组分）和分离（CO_2和组分的分离）两步组成。萃取步骤，超临界流体将所需组分从原料中萃取出来；分离步骤通过改变某个参数，使萃取组分与超临界流体分离，从而得到所需的组分并可使萃取剂循环使用。

（三）超临界CO_2流体萃取技术在中药有效成分提取中的应用

超临界CO_2流体萃取技术用于中草药有效成分的提取分离是目前医药领域最广泛的应用之一。目前已有大量论文报道了直接利用纯 SCF-CO_2 萃取中草药中的活性成分，涉及的中草药或天然植物在百种以上。超临界CO_2流体萃取能够用于挥发油、生物碱类、香豆素和木脂素类、黄酮类、萜类、多糖和苷类、醌类等多种有效成分的提取。超临界CO_2流体萃取技术有多种优点，对于稀有中药材中有效成分的提取应用优势尤

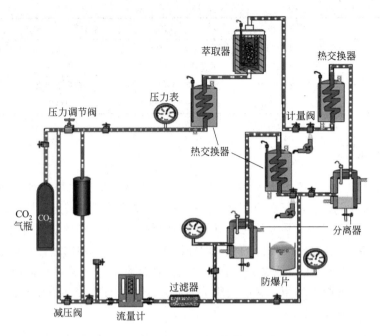

图 2-4　超临界 CO_2 流体萃取系统

为明显。如传统提取薏苡仁油常采用丙酮溶剂法，存在着溶剂残留、效率低等缺点，采用超临界 CO_2 流体萃取可以极大地提高提油率，由传统的 5% 提高到 13%；以 80% 乙醇为夹带剂，在 30MPa 萃取压力、50℃ 萃取温度下，可从红薯叶中萃取总黄酮的得率为 6.25%。再如利用临界 CO_2 萃取与高速逆流色谱联用技术在压力为 35MPa、温度为 40℃ 的条件下，用超临界 CO_2 流体萃取穿山龙中的薯蓣皂苷元，具有速度快、收率高、提取完全等优点。使用夹带剂的超临界 CO_2 流体萃取技术用于中草药有效成分的提取见表 2-2。

表 2-2　超临界 CO_2 流体萃取技术在中草药提取中的应用

原料	萃取条件	萃取溶剂	萃取物(活性成分)	收率/%
云南红豆杉	50℃，32MPa	SCF-CO_2＋95%乙醇	紫杉醇	3.56
穿心莲	40℃，25MPa	SCF-CO_2＋95%乙醇	穿心莲内酯	19.79
丹参	65℃，35MPa	SCF-CO_2＋95%乙醇	脱水穿心莲内酯	12.27
草珊瑚	40℃，20MPa	SCF-CO_2＋95%乙醇	浸膏	2.32
黄山药	55℃，29MPa	SCF-CO_2＋95%乙醇	薯蓣皂素	5.78
白芍	65℃，30MPa	SCF-CO_2＋95%乙醇	芍药苷	2.50
秋水仙根	40℃，35MPa	SCF-CO_2＋95%乙醇	秋水仙碱	0.15
光菇子	45℃，10MPa	SCF-CO_2＋76%乙醇	秋水仙碱	0.59
柴胡	65℃，30MPa	SCF-CO_2＋60%乙醇	柴胡皂苷	3.06
益母草	70℃，30MPa	SCF-CO_2＋95%乙醇	生物碱	6.50
藏雪灵芝	50℃，32MPa	SCF-CO_2＋乙醇	皂苷	2.46
甘草	40℃，35MPa	SCF-CO_2＋水＋乙醇	甘草素	6.00

续表

原料	萃取条件	萃取溶剂	萃取物(活性成分)	收率/%
何首乌	70℃,42MPa	$SCF\text{-}CO_2$＋0.4mL 甲醇	蒽醌类	0.26
川芎	60℃,25.3MPa	$SCF\text{-}CO_2$＋10％甲醇	川芎嗪	1.08
五味子	60℃,25.3MPa	$SCF\text{-}CO_2$＋10％甲醇	五味子甲素	0.40
荜茇	70℃,38.5MPa	$SCF\text{-}CO_2$＋甲醇	胡椒碱	3.00

三、半仿生提取

半仿生提取法（SBE 法）是近几年提出的新方法。它是从生物药剂学的角度，将整体药物研究法与分子药物研究法相结合，模拟口服药物经胃肠道转运吸收的环境，采用活性指导下的导向分离方法；是经消化道口服给药的制剂设计的一种新的提取工艺。

半仿生提取法具体是将提取液的酸碱度加以生理模仿，分别用近似胃和肠道的酸碱水溶液煎煮 2～3 次的新的中药提取法。既考虑到活性混合成分，又以单体成分为指标，不仅充分发挥混合物的综合作用，又能利用单体成分控制制剂质量，已对多个复方进行了研究，结果证明了 SBE 法最佳。

（一）基本原理

由于传统给药都是口服给药，要经历胃（酸性环境）、小肠（（碱性环境），只有经历这些环境后仍能溶出的才可能是起药效的成分。而在这些环境中不能有效溶出的可能为无效成分。半仿生提取法模拟口服给药及药物经胃肠转运的基本过程来进行提取，这样提取出的化学成分一定包含有效成分，而未提取出的就是无效成分。

SBE 法提取新技术的工艺条件要适合工业化生产的实际，不可能完全与人体条件相同，仅"半仿生"而已，故称"SBE 法"。例如：SBE 法是在常压下提取，与体温差别很大，胃肠道中有多种酶与细菌作用，而"SBE 法"不另加酶，因为煎煮温度下可使酶失活。又因该方法是模仿口服药物在胃肠道的转运过程，采用选定 pH 的酸性水和碱性水依次连续提取，其目的是提取含指标成分高的"活性混合物"，它与纯化学观点的"酸碱性"不是等同的。酸碱法是针对单体成分的溶解度与酸碱度有关的性质，在溶液中加入适量酸或碱，调节 pH 至一定范围，其目的是使单位体成分溶解或析出。

（二）半仿生提取的特点

一是提取过程符合中医配伍和临床用药的特点和口服药物在胃肠道转运吸收的特点。二是在具体工艺选择上，既考虑活性混合成分又以单体成分作指标，这样不仅能充分发挥混合物的综合作用，又能利用单体成分控制中药制剂的质量。三是半仿生提取效率高，不改变中药、方剂原有的功能和主治，减少有效成分的损失，缩短生产周期，降低生产成本。

（三）半仿生提取的应用

在对多个单味中药和复方制剂的研究中，半仿生提取法已经显示出较大的优势和广泛的应用前景。

黄柏（*Phellodendron chinense Schneid*）为常用中药，其性寒，味苦，具清热燥湿、泻火解毒等功效，常用于湿热泄痢、黄疸、白带以及热痹、热淋等症。现代研究表明，黄柏含小笔碱等生物碱类化学成分，是黄柏抗菌、收敛、消炎的有效成分。半仿生提取法提取黄柏的有效成分小檗碱、总生物碱、干浸膏量等，可获得良好的提取效果。具体流程为：精确称取经 10～20 目粉碎的黄柏粗粉 25g，先用药材量 10 倍的水、1moL/L 盐酸调 pH 值为 1.0 进行煎煮 2h，获得滤液。将第一次煎煮后的药材再分别用 10 倍量水、饱和氢氧化钙调 pH 值为 7.0 和 8 倍量水、饱和氢氧化钙调 pH 值为 10.0 进行第二次、第三次煎煮 1h，合并三次滤液。最终可获得小檗碱 9.046mg/g、总生物碱 12.929mg/g，干膏得率为 0.3466mg/g，显著高于三次煎煮均仅用水而未进行 pH 调节的得率。

芍甘止痛颗粒剂，以芍药苷、甘草次酸为指标物，其药材以 pH2 的水作第一煎，继以 pH8 的水作第二煎，"半仿生提取法"较常水煎煮法芍药苷和甘草次酸总量显著提高。"半仿生提取法"与常水煎煮法制得的芍甘止痛颗粒对离体兔肠平滑肌的抑制作用和巴豆油致小鼠耳郭炎症的抗炎作用，前者显著强于后者。

四、加速溶剂萃取法

加速溶剂萃取或加压液体萃取是在较高的温度（50～200℃）和压力（10.3～20.6MPa）下用有机溶剂萃取固体或半固体的自动化方法。该方法的优点是有机溶剂用量少、快速、基质影响小、回收率高和重现性好。

加速溶剂萃取法利用在萃取剂沸点以上的高温高压条件下萃取样品，加快了溶质从样品基体上的解吸和溶解过程，一次用样品量为 1～100g 所需溶剂仅为样品量的 1.2～1.5 倍。因此不但减少了溶剂用量而且缩短了萃取时间，并且可在萃取池中加入净化剂净化萃取液，简化了步骤和大大减少了样品分析时间。加速溶剂萃取法与其他提取方法的比较见表 2-3。

表 2-3　加速溶剂萃取法与其他提取方法的比较

提取技术	样品大小/g	提取溶剂体积/mL	溶剂/样品数	平均提取时间
索氏提取	1～100	300～500	16～30	4～48h
超声提取	30	300～400	10～13	0.5～1h
微波提取	5	30	6	0.5～1h
加速提取	1～100	15～45	1.2～1.5	12～20min

五、膜分离技术

膜分离技术是近几十年来发展起来的分离技术，是以选择性透过膜为分离介质，借助于外界能量或化学位差（如压力差、浓度差、电位差等）的推动，通过天然或人工制备的具有选择透过性膜的渗透作用，实现对两组分或多组分混合的气体或液体进行分离、分级、提纯和富集的技术。

（一）特点

与蒸馏、萃取、沉淀分离等传统的分离技术相比，膜分离技术具有的特点为：

① 适用于天然生物活性物质中热敏性物质的分离浓缩，可代替蒸馏、萃取、蒸发、吸附等化工操作单元，在维生素C的制备、氨基酸和多肽的分离等领域中得到广泛应用。

② 操作过程简单、无相变、分离系数大、节能、高效、无二次污染，可在常温下连续操作、可直接放大、可专一配膜。

③ 分离不耗用有机溶剂（尤其是乙醇），可以缩短生产周期、降低有效成分的损失，且减少环境污染。

④ 分离选择性高，选择合适的膜材料进行过滤可以截留中药提取液中的鞣质、淀粉、树脂和一些蛋白质，而且不损失有效成分，可提高制剂的质量。

⑤ 适用范围广，从热原、细菌等固体微粒的去除到溶液中有机物和无机物的分离均可使用。

⑥ 可实现连续化和自动化操作，易与其他生产过程匹配，满足天然生物活性物质现代化生产的要求。

（二）分类和特征

在天然生物活性物质分离领域，按分离功能划分，膜分离技术的类型主要有微滤、超滤、纳滤和反渗透等，几种膜分离技术的特征见表2-4。

表 2-4　几种主要膜分离技术的特征

分离技术	微滤	超滤	纳滤	反渗透
膜类型	多孔膜	非对称膜	非对称膜或复合物	非对称膜或复合物
膜孔径	$\geqslant 0.1\mu m$	$10\sim100nm$	$1\sim10nm$	$\leqslant1nm$
分离的目的	大分子物质的分级	溶剂脱有机组分，脱色，纯化，浓缩	溶质溶液脱离	溶剂脱溶质
驱动力	压力差约 0.1MPa	压力差 0.1～1.0MPa	压力差 0.5～1.5MPa	压力差 1.0～10MPa
透过组分	小分子溶质	溶剂、低价小分子溶质	小分子溶质	溶剂
截留组分	悬浮物颗粒	胶体和超过截留分子量的分子	有机物	溶质、盐
分离原理	筛分	筛分	筛分	溶解扩散
主要应用	无菌过滤、细胞收集、去除细菌和病毒	去除菌丝、病毒、热源；大分子溶液的分离。浓缩、纯化和回收，如蛋白质、酶和多肽	药物的纯化、浓缩脱盐和回收	药物的纯化、浓缩和回收；无菌水的制备

（三）微滤膜的应用

微滤介于常规过滤和超滤之间，通常截留粒径大于 $0.05\mu m$ 的微粒，多采用对称微孔膜，主要用于药液的澄清，实现固态微粒、胶体粒子等与水溶性成分分离。到目前为止，国内外商品化的微孔膜约有13类，总计400多种。

微滤膜材料分有机材料和无机材料两类。有机材料有纤维素酯类、聚砜、聚丙烯等，无机材料包括金属、陶瓷、金属氧化物、玻璃、沸石等。与有机膜相比，无机膜具有化学性质稳定、耐高温、抗污染性强、易清洗、机械强度高等优点，近年来发展迅速。

研究表明，采用陶瓷微滤膜过滤技术处理银杏水解液，通过对膜处理前后的物料特性进行比较，表明微滤既可减少用常规方法不易去除的脂类物质，又不会造成透过液中可溶性固形物过度损失，表明膜微滤用于银杏水解液的分离精制具有一定意义。

（四）超滤膜的应用

超滤膜技术是 20 世纪六七十年代发展起来的一种膜分离技术。超滤是一种具有分子水平的薄膜过滤手段，它用特殊的超滤膜为分离介质，以膜两侧的压力差为推动力，将不同分子量的溶质进行选择性分离。与传统方法相比，超滤过程不发生相变化，操作条件温和，有利于保持生物活性组分的生理活性，减少环境污染，缩短生产周期，提高分离效率。

例如，银杏叶中黄酮类化合物的提取过程及工艺，使用超滤膜分离技术对粗提的产品进行精制，超滤前提取物中黄酮质量分数为 5.96％，超滤后产品中黄酮质量分数达到 33.99％，表明超滤技术用于分离纯化银杏黄酮类物质效果理想。

（五）超滤膜的应用

纳滤膜是 20 世纪 80 年代末期问世的一种新型液体分离膜，具有两个显著特征：①其截留分子质量介于反渗透膜和超滤膜之间，约为 200～2000Da；②纳滤膜因其表面分离层由聚电解质所构成，对无机盐有一定的截留率。

纳滤膜由于截留分子量介于超滤与反渗透之间，因此对低分子量有机物和盐的分离有很好的效果，并具有不影响分离物质生物活性、节能、无公害等特点，越来越广泛地被应用于医药工业中的各种分离、精制和浓缩过程。

例如，纳滤膜浓缩金银花、夏枯草、甘草等制备而成的凉茶中草药提取液，有利于提升产品的收率和质量，中草药提取液固形物从 1.5％～2.0％ 达到了 15％。纳滤浓缩前后风味没有变化，同时降低了成本，减少了废水排放。滤膜通量受料液浓度、操作温度、操作压力等因素的影响，降低料液浓度、提高温度、提高压力可以提高膜的通量。

（六）反渗透膜的应用

利用反渗透法可以使溶液中的溶剂和溶质分离，溶液不断地增浓，达到浓缩的目的，反渗透浓缩在常温下进行，能耗小，易保持产品的肪有风味。在天然有机化合物的分离中主要用于果汁浓缩，果胶、蛋白质的回收，蛋白质和糖的分离，中草药提取液的浓缩等。反渗透法在常温下操作，需用微滤作为前处理，能同时进行脱盐，除去细菌、热原等，并且与传统的蒸馏法相比，能耗降低、设备简单、操作方便。如将反渗透法用于果汁、果酒的浓缩，可保证维生素等营养成分不受破坏以及挥发质不损失，并保留其原有的风味。在酒类的生产中，反渗透可用于降低果酒的酒精浓度或将果酒浓缩，也可使正常啤酒（含醇量4％）的乙醇含量更低。在茶饮料的生产中，采用反渗透技术可对红茶液进行浓缩，使茶中可溶性固形物、多酚类和咖啡碱的浓缩倍数达

6.5 倍。

（七）滤膜的集成联用技术

膜技术与其他技术集成联用，可充分发挥各自的优势，这将是 21 世纪新技术研究开发的一个重要方向。

如将微滤和大孔吸附树脂集成联用精制苦参水提液中总黄酮，并与醇沉和大孔吸附树脂联用的结果作比较。结果表明，微滤-大孔吸附树脂法联用处理的苦参水提液中总黄酮的吸附率及除杂效果优于醇沉-大孔吸附树脂法，且工艺操作简单、生产周期短，可以有效地除杂，保留有效成分。

六、高效液相色谱法

高效液相色谱（HPLC）法是以经典液相柱色谱为基础，引入了气相色谱的理论和实验方法，流动性改为高压输送，采用颗粒极细的高效固定相及在线检测等手段发展而成的柱色谱分离技术。高效液相色谱对样品的适用性广、选择性高、分离效能高、分析速度快，不受分析对象挥发性和热稳定性的限制，适合用于热稳定性差的化合物以及具有生物活性的物质的分离（如生物体内的蛋白质、多肽、核酸等），因而弥补了气相色谱法的不足。

与经典柱色谱原理相同，高效液相色谱是由液体流动相将被分离混合物带入色谱柱中，根据各组分在固定相及流动相中吸附能力、分配系数、离子交换作用或分子尺寸大小的差异来进行分离。不同天然生物活性物质组分在高效液相色谱过程中的分离情况，首先取决于各组分在两相间的分配系数、吸附能力、亲和力等是否有差异。其次，当不同组分在色谱柱中运动时，谱带随柱长展宽，分离情况与两相之间的扩散系数、固定相粒度的大小、柱的填充情况以及流动相的流速等有关。与经典柱色谱相比，由于使用了高压输液泵、高灵敏度检测器和高效固定相，高效液相色谱提高了柱效率，降低了检出限，缩短了分析时间。

（一）高效液相色谱的分类

HPLC 发展早期，其填料常用固体吸附剂作固定相，这种色谱称液-固吸附色谱；另一类填料常采用在固相载体上涂上一层固定液作为固定相（其代替物是键合填料），这种色谱是液-液分离色谱。

所谓反相色谱或正相色谱，其叫法是根据填料和流动相的相对极性来区别。流动相极性弱于固定相的液相色谱叫正相色谱。如以硅胶为吸附剂、有机溶剂为流动相的吸附色谱中，由于硅胶表面大量硅羟基的存在，其极性强于流动相，故是正相色谱。流动相极性强于固定相的液相色谱叫反相色谱。如以有机溶剂加水作流动相，以烷基苯基键合相填料作固定相的色谱就是反相色谱。反相高效液相色谱是应用最多的一类高效液相色谱法。当样品组分不是离子型化合物，优先选用反相高效色谱来进行分离。反相高效色谱体系选择顺序：首先选柱子，再选流动相，然后再考虑检测器、温度、洗脱方式、进样量等条件。

（二）高效液相色谱在天然生物活性物质分离中的应用

采用 HPLC 不仅能从天然产物中分离得到高纯度的化合物单体，而且产率高、速度快、操作简便、便于收集。随着中药提取分离技术的普及应用，将高效液相色谱与其他技术联用，将会实现各种技术的优劣互补。作为一种高效的分离纯化技术，HPLC 将在天然生物活性物质的分离中具有很广阔的发展与应用前景。

其中，运用 HPLC 分离黄酮类化合物的报道较多。有人对 18 种黄酮及黄酮苷类化合物在 C_8、C_{18}、CN 三种固定相上的梯度洗脱，反相高效液相色谱法分离作了研究。结果表明，C_{18} 柱基本可以对植物黄酮苷元和配基实现分离，但它对极性大的苷部分洗脱出峰快，分离效果不太理想。而 C_8 填料极性介于 C_{18} 和 CN 二者之间，对黄酮苷类的分离比较理想，峰形和分离度也最好。

七、生物转化技术

生物转化，也称生物催化，是利用植物离体培养细胞或器官，动物、微生物及细胞器等生物体系对外源底物进行结构修饰而获得有价值产物的生理生化反应，其本质是利用生物体系本身所产生的酶对外源化合物进行的酶催化反应。天然生物活性物质的生物转化涉及生物技术中基因工程、发酵工程、酶工程、细胞工程等多领域内容，它利用生物转化技术，将天然活性化合物进行合成与结构修饰，形成新的化合物，具有反应选择性强、条件温和、副产物少、环保和后处理简单等一般传统炮制方法所不能比拟的优点。生物转化技术为天然活性物质人工资源的开发提供了有效途径，可进行传统化学合成所不能或很难进行的化学反应；为天然生物活性物质合成和结构修饰与设计提供了新的工具，为以天然活性成分为先导发现新药物提供了新的思路与方法。

生物转化技术在天然生物活性物质中的开发与应用中可分为传统生物转化技术和现代生物转化技术，其中传统生物转化技术分为两类，第一类药材与面粉混合发酵，如六神曲、半夏曲；第二类药材直接进行发酵，如红曲、淡豆豉、百药煎等。而现代生物转化技术分为：酶发酵技术、组织发酵技术、植物细胞培养、微生物转化技术、双向固体发酵技术等。

（一）酶发酵技术

酶发酵技术是利用酶所具有的生物催化功能，改变天然生物物质原料物理化学性质，将其转化生成有用物质的一门技术。酶发酵技术是现代生物转化技术中的重要组成部分，在中药创新研发过程中具有举足轻重的作用。例如，β-葡萄糖苷酶成功地将牛蒡子苷转化成了牛蒡子苷元，具有抗病毒、抗肿瘤等功效；单宁酶转化没食子酸单宁生成没食子酸和葡萄糖，从而发挥抗病毒、抗肿瘤等功效；酶法转化中药黄芩并提取黄芩的有效成分，大大提高了黄芩素和汉黄芩素等苷元的含量。

（二）组织发酵技术

药物进入体内后，一般都要经过组织器官的转化才能发挥治疗作用，由此而衍生的将动物组织当作催化媒介的一种生物转化技术称为组织发酵技术。例如，有研究者利用志愿者的粪便进行了人肠内菌丛培养及其对延胡索甲素和延胡索乙素的生物转化，结果延胡索所含生物碱类化合物能良好地吸收进入体循环，为确定延胡索的有效成分及其效应物质提供了人肠吸收方面的科学理论依据。

（三）植物细胞培养技术

在离体条件下，将愈伤组织细胞或其他易分散的组织细胞置于特定液体培养基中进行振荡培养，并以扩繁后的细胞体为媒介进行目标代谢产物的合成或转化，以达到提高天然生物活性成分含量或增加新的物质基础等目的的一项技术称为植物细胞培养技术。例如，1984 年日本的 Mitsui 石化公司利用紫草的细胞培养技术生产紫草宁，扩大了规模，提高了产物最终质量浓度。又如，将海巴戟天细胞进行体外培养，并对培养基进行优化，海巴戟天悬浮细胞的生长速率明显加快，蒽醌含量增加，实验结果为中药的细胞培养提供重要参考。再如，将水杨酸和硝酸银配伍诱导，实现了植物细胞培养中诱导子之间的协同作用，提高了发酵产物紫杉醇浓度，比两个诱导子单独作用时获得紫杉醇最高含量之和还高出 50%。实践表明，植物细胞培养这项技术将在生产有价值的植物天然成分方面发挥越来越大的作用，并且可以实现天然植物成分的大规模发酵生产。

（四）微生物转化技术

微生物转化技术是利用微生物在代谢过程中产生的某种或者某一系列的物质能够对相应的中药成分进行加工修饰，起到增效减毒、产生活性成分等作用的一项生物转化技术。例如，利用酵母菌液体发酵的方法发酵艾叶水提物，结果表明艾叶发酵物对组胺具有拮抗作用，能致豚鼠离体小肠平滑肌收缩，对未来指导临床有着重要意义。又如，利用酵母菌发酵大黄后，测定其发酵品中的结合蒽醌的含量较原有含量有所降低，缓和了大黄的泻下作用；再如，利用朱红栓菌发酵马钱子，能达到对有毒药材马钱子"去毒"与"存效"并重的目的。

（五）双向固体发酵技术

双向性固体发酵是在现代科技条件严密控制下，用有益的药用真菌发酵具有活性成分的中药材（称为药性基质），它除能提供真菌所需营养外，同时因真菌酶的作用，分解转化药性基质的组织成分，使原有的成分（含活性成分）转化，形成新成分，从而具有新的性味功能。因此发酵具有"双向性"。这项新型固体发酵技术可以增效和扩用。药性菌质可能比发酵菌的子实体或药性基质（药材）自身有更好的药理与临床效果。与一般固体发酵的药用菌质比较，药性菌质因成分变化或具有较多新成分而扩展了新用途。现在研究发现某些具有毒副作用的中药材经特定菌种发酵后可能缓解其毒性。例如，将马钱子作为药性基质，运用双向性固体发酵技术，使其被灵芝、槐耳、猴头等20 种真菌发酵，在对多菌株发酵后的马钱子基质的急性毒性研究中，发现基质的毒性已显著下降，其对小鼠一次性灌胃给药的 LD_{50} 数值比未发酵基质的测定数值增加了16.6%。又如，采用大型食药兼用菌，对西洋参进行固体发酵，并测定了发酵产物稀有成分人参皂苷 CK、人参皂苷 Rh2、人参皂苷 Rg3 的含量，其含量较西洋参药材提高了几倍至十几倍。

思考题

1. 天然药物有效成分提取方法有几种？采用这些方法提取的依据是什么？
2. 分离天然化合物的主要依据有哪些？
3. 什么是超临界流体萃取，简述其技术的基本特点及应用情况。
4. 膜分离技术在天然生物活性物质提取中的应用有哪些？
5. 简述生物转化技术在天然生物活性物质开发中的应用。

参考文献

[1] 白雪洁，彭坤．生物分离与提纯［M］．北京：中国医药科技出版社，2021.
[2] 常景玲．天然生物活性物质及其制备技术［M］．郑州：河南科学技术出版社，2007.
[3] 刘建文，贾伟．生物资源中活性物质的开发与利用［M］．北京：化学工业出版社，2005.
[4] 罗芳．生物化工及膜分离技术分析［J］．中国现代中药，2019，46（5）：87-88.
[5] 欧阳平凯，胡永红，姚忠．生物分离原理及技术［M］．北京：化学工业出版社，2019.
[6] 潘明，徐轶婷，王世宽，等．利用生物转化技术改良中药材品质［J］．安徽农业科学，2010（9）：4589-4591，4609.
[7] 邱海龙，陈建伟，李祥．生物转化技术在中药研究中的应用［J］．中国现代中药，2012，14（2）：3-7，18.
[8] 邱玉华．生物分离与纯化技术［M］．北京：化学工业出版社，2017.
[9] 屈锋，吕雪飞．生物分离分析教程［M］．北京：化学工业出版社，2020.
[10] 夏伦祝，汪永忠，高家荣．超临界萃取与药学研究［M］．北京：化学工业出版社，2017.
[11] 辛秀兰．生物分离与纯化技术［M］．北京：科学出版社，2019.
[12] 徐静．天然产物化学［M］．北京：化学工业出版社，2021.
[13] 徐瑞东，曾青兰．生物分离与纯化技术［M］．北京：中国轻工业出版社，2021.
[14] 许春平，陈芝飞，席高磊，等．中药多糖提取技术及应用［M］．北京：中国轻工业出版社，2021.
[15] 汪茂田．天然有机化合物提取分离与结构鉴定［M］．北京：化学工业出版社，2004.
[16] 王海峰，张俊霞．生物分离与纯化技术［M］．北京：中国轻工业出版社，2021.
[17] 王志祥，李红娟，万水昌，等．微波萃取技术及其在中药有效成分提取中的应用［J］．时珍国医国药，2007，18（5）：1245-1247.
[18] 于旭霞．生物化工及膜分离技术研究［J］．当代化工研究，2021（19）：63-64.
[19] 赵鹏．植物活性物质关键技术研究［M］．北京：北京理工大学出版社，2018.

第三章

多糖生物资源的
开发与利用

第一节　概述

多糖是自然界含量最丰富的物质之一，亦称多聚糖，是由 10 个以上单糖以糖苷键连接形成的多聚化合物，通常构成多糖的单糖都在 100 个以上，多的可高达数万个。多糖分子量大已失去如甜味和还原性等一般单糖的性质，在水里不能形成真溶液，只能形成胶体溶液。多糖因为分子式较长、是单糖的多聚体、没有机会形成自己的还原性基团，所以都不是还原糖。

多糖广泛存在于植物、微生物的细胞壁和动物细胞膜中，是构成生命的四大基本物质之一，具有多种生物活性。如：肽聚糖和纤维素是构成动植物细胞壁的组成成分，糖原和淀粉是动植物储藏的养分。有的多糖具有特殊的生物活性，像人体中的肝素有抗凝血作用，肺炎球菌细胞壁中的多糖有抗原作用。近年发现一些含氮的单糖也具有降血糖作用，在有些天然药物中多糖甚至是主要有效成分之一，如人参、灵芝、黄芪、枸杞、香菇、茯苓等。事实证明许多天然药物活性与糖及其衍生物有着密切的关系，尤其是糖与非糖物质结合成的苷不少具有生理活性。随着对多糖生物活性研究的深入，多糖的生物活性机理、功效因子会更加明确，它的应用领域也将会更加拓宽。

第二节　多糖的分类与结构

一、多糖的分类

多糖按其来源可分为植物多糖、动物多糖、微生物多糖和其他来源的多糖。如植物多糖有淀粉、纤维素、多聚糖、果胶、当归多糖、枸杞多糖等；动物多糖有肝素、硫酸软骨

44

素、透明质酸、猪胎盘脂多糖等；微生物多糖有香菇多糖、茯苓多糖、银耳多糖、猪苓多糖、云芝多糖等；其他来源的多糖如有从海洋、湖泊生物体内分离、纯化得到的甲壳素（壳多糖、几丁质）、螺旋藻多糖等。

多糖按在生物体内按功能可分为结构多糖、储藏多糖和生物活性多糖三类。结构多糖是生物体的结构组成部分如植物细胞壁的纤维素、半纤维素甲壳类动物甲壳的甲壳素（壳多糖）及细菌细胞壁的肽聚糖等，该类多糖分子呈直链型，大多不溶于水。储藏多糖是生物体的营养和能量储备，如植物中的淀粉、动物体内的糖原等，该类多糖多数为支链型，可溶于热水形成胶体溶液。生物活性多糖具有更复杂的生物活性功能，如黏多糖、香菇多糖等在生物体内起着重要的作用。有些结构多糖和储存多糖也可以同时属于生物活性多糖，本章着重介绍生物活性多糖。

按组成多糖也可分为均多糖和杂多糖两类。由相同的单糖以糖苷键连接形成的多糖称均多糖，如淀粉、纤维素及糖原等；由两种或几种不同的单糖以糖苷键连接形成的多糖称杂多糖，如果胶、硫酸软骨素、肝素等的糖部分。杂多糖的种类和数量远多于均多糖，具有生物活性的多糖绝大多数是杂多糖。

均多糖的分子中只有一种单糖，可用一个单糖残基为通式表示其组成结构，如葡聚糖通式为 $(C_6H_{10}O_5)_n$。杂多糖中不同单糖连接组成重复单元，重复单元之间聚合组成杂多糖。杂多糖则常用它的重复单元表示其组成结构，如果胶是由半乳糖、半乳糖醛酸、阿拉伯糖、醋酸及甲醇等几类物质混合组成的高分子量糖，具有胶体特性。

常见的动物杂多糖，如属于氨基多糖类的肝素、硫酸软骨素、硫酸角质素、硫酸皮肤素等的糖部分水解后可产生两类或两类以上的己糖衍生物，如各种糖醛酸及氨基己糖，各单糖残基之间亦借 α-或 β-糖苷键相连，分子大小差异较大，分子量可由几千至几百万。由于富含酸性基团而具有酸性，又因极性基团多亲水性强，所以在水溶液中黏度大故曾称为酸性黏多糖。黏多糖借共价键与蛋白质相连形成复杂的含糖化合物称蛋白聚糖，蛋白聚糖广泛存在于动物结缔组织、软骨及皮肤等组织中起到润滑、保护、支持、黏合等作用。

二、多糖的组成

通常组成多糖的单糖和糖醛酸有以下几种：

（1）己糖　主要有 D-葡萄糖、D-甘露糖、D-果糖、D-半乳糖。少数为 L-半乳糖、D-艾杜糖、L-阿卓糖。

（2）戊糖　最重要的是 D-木糖。

（3）其他单糖　除己糖、戊糖外，近年来发现多糖中含稀有的脱水糖、二脱氧糖、庚糖、辛糖等。

（4）己糖醛酸　主要有 D-葡萄糖醛酸、D-半乳糖醛酸、D-甘露糖醛酸、L-古罗糖醛酸、L-艾杜糖醛酸等。

三、多糖的结构

对多糖的结构研究虽远不及蛋白质及核酸，其结构分类与蛋白质的结构分类基本相同，也可分为一级结构与高级结构。而高级结构又可分为二级、三级及四级结构。具有生物活性的多糖其活性不但与立体结构有关，也存在活性中心，而且还与它所结合的蛋白质、色素、金属离子等有关。由于构成多糖的单糖种类比氨基酸多，连接的位点也多，所以确定具有多分支杂多糖结构的生物活性多糖的结构要远比确定蛋白质或核酸的结构困难得多。

（一）多糖的一级结构

多糖的一级结构是指糖基的组成、排列顺序、相邻糖基的连接方式、糖链有无分支、分支的位置与长短等。主要包括单糖基的构型（L 型或 D 型）、异头物的构型（α 型或 β 型）、糖基环化方式（五元环或六元环）、有无分支、糖基上多个羟基是否被取代（如氨基、硫酸基、磷酸基、酰基等取代）、相邻单糖基糖苷键相连的位置、单糖基相邻的顺序等。

多糖的一级结构复杂，糖基上可连接一些功能团，如磷酸基团、硫酸基、甲基化基团等。

（二）多糖的高级结构

多糖的高级结构是在一级结构的基础上各侧链通过非共价键相互结合而形成的复杂高级结构，多糖的高级结构（即构象）决定于其一级结构，其结构层次可分为二级、三级、四级结构。

1. 二级结构

多糖的二级结构通常指多糖的骨架的形状，即多糖骨架链内以氢键结合所形成的各种聚合体。二级结构一般只关系到多糖分子的主链构象，不涉及侧链的空间排布，例如纤维素分子是锯齿形带状，直链淀粉空心螺旋状。在多糖链中糖环的几何形状几乎是硬性的，各个单糖残基绕糖苷键旋转，而相对定位可决定多糖的整体构象。

2. 三级结构

多糖链一级结构的重复顺序由于糖单位的羟基、羧基、氨基以及硫酸基之间的非共价相互作用，导致在二级结构的基础上进一步卷曲或折叠，或者是两链双螺旋排列而形成的一定构象，即多糖的三级结构。

3. 四级结构

多糖的四级结构是相同或不同多糖链的协同结合而形成的聚集体，也即亚单位现象，多糖的内部基团有相互作用，如何形成不同的氢键构成特定的高级结构。

四、植物生物活性多糖

植物多糖包括淀粉、纤维素、多聚糖、果胶等。植物多糖来源广泛，不同种的植物多糖的分子构成及分子量各不相同，从几万到百万以上，主要成分为葡萄糖、果糖、半乳糖、阿拉伯糖、木糖、鼠李糖、岩藻糖、甘露糖、糖醛酸等。植物生物活性多糖的主要组成存在差异，分别由几种不同种类的单糖以一定的比例聚合而成，以杂多糖为主。

（一）淀粉

淀粉广泛存在于植物体内，是葡萄糖的高聚物，约由 73% 以上的胶淀粉（支链淀粉）和 27% 以下的糖淀粉（直链淀粉）组成。糖淀粉是 $1\alpha{\rightarrow}4$ 糖苷键连接的 D-葡聚糖，聚合度为 $300{\sim}350$；胶淀粉聚合度为 3000 左右，也是 $1\alpha{\rightarrow}4$ 葡聚糖，但有 $1\alpha{\rightarrow}6$ 葡聚糖的分支链，平均支链长为 25 个葡萄糖单位。淀粉受淀粉酶的作用依次水解成糊精、麦芽糖、葡萄糖。胶淀粉酶解后除生成 $1\alpha{\rightarrow}4$ 麦芽糖外还可得到 $1\alpha{\rightarrow}4$ 异麦芽糖。

（二）纤维素

纤维素是由 $3000{\sim}5000$ 个分子的 D-葡萄糖通过 $1\beta{\rightarrow}4$ 糖苷键连接聚合而成的直链葡聚糖分子，结构呈直线状，具有一定的强度和刚性，是植物细胞壁的主要组成成分，不易被稀酸或碱水解。高等动物体内没有可水解纤维素的酶存在，故其不能被人类或食肉动物消化利用，但某些微生物、原生动物、蛇类和反刍动物可消化利用纤维素。

（三）半纤维素

半纤维素是一类不溶于水，但能被稀碱溶解的酸性多糖，是植物的支持组织。半纤维素主要包括木聚糖、甘露聚糖、半乳聚糖以及由两种以上糖组成的杂多糖（如葡萄甘露聚糖、阿拉伯半乳聚糖等）。半纤维素的糖支链上多连有糖醛酸，故为酸性多糖。

（四）果聚糖

果聚糖在高等植物及微生物中均有存在。菊淀粉是一类广泛存在于菊科植物的果聚糖，其聚合度为 35 左右，可用于肾清除率的测定。

（五）黏液质

黏液质是植物种子、果实、根、茎和海藻中存在的一类黏多糖，其在植物中的主要作用是保持水分，如车前种子中的车前子胶昆布或海藻中的褐藻酸等。

（六）树胶

树胶是植物受伤或被毒菌类侵袭后的分泌物，干后呈半透明块状物，如阿拉伯树胶和西黄蓍胶。

五、动物生物活性多糖

随着动物多糖所具有的多种生物活性逐渐被研究证实，人们对动物多糖的关注度日渐提高。大多数动物类药材既具有重要的药理作用，又具有丰富的营养价值。动物源多糖具有提高机体免疫力、抗氧化、抗疲劳、降血脂、抗肿瘤和保肝等药理作用。

（一）肝素

肝素是一种含有硫酸酯的多糖，含硫量 9.0%～12.9%，分子量 5000～15000。肝素分子结构可用一个四糖重复单位表示，四糖单位由两种二糖单元 A 和 B 聚合而成，属于一种高度硫酸酯化的右旋多糖（图 3-1）。其中的 A 为 L-艾杜糖醛酸和 D-葡萄糖胺通过 $1\alpha\rightarrow4$ 糖苷键连接而成，B 为 D-葡萄糖醛酸和 D-葡萄糖胺通过过 $1\beta\rightarrow4$ 糖苷键连接而成，其糖链上通常还接有丝氨酸或小分子肽。肝素具有很强的抗凝血作用，其钠盐主要用于预防和治疗血栓。

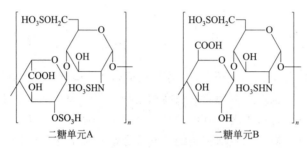

二糖单元A　　二糖单元B

图 3-1　肝素分子结构

（二）硫酸软骨素

硫酸软骨素是从动物的软骨组织中得到的酸性黏多糖，有 A、B、C、D、E、F、H 等多种。其中 A 是软骨的主要成分，由 D-葡萄糖醛酸 $1\beta\rightarrow3$ 糖苷键和 4-硫酸酯乙酰 D-半乳糖胺 $1\beta\rightarrow4$ 糖苷键相间连接而成（图 3-2），当 C_6-羟基被硫酸酯化后则称为软骨素 C。

（三）透明质酸

透明质酸是以 D-葡萄糖醛酸和 N-乙酰胺基葡萄糖通过 $1\beta\rightarrow3$ 糖苷键连接的二糖，为重复单位通过 $1\beta\rightarrow4$ 糖苷键相互连接而成（图 3-3），是皮肤等组织中的酸性黏多糖，其分子量可达几百万。透明质酸广泛存在于动物的各种组织中，在哺乳动物体内以玻璃体、脐带和关节滑液中的含量为最高，鸡冠中的含量与关节滑液相似。

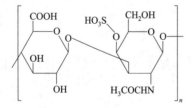

图 3-2　软骨素 A 分子结构　　　　图 3-3　透明质酸分子结构

（四）甲壳素

甲壳素是组成甲壳类昆虫外壳的多糖，其构造和稳定性与纤维素类似，是由 N-乙酰

葡萄糖胺以 $1\beta\rightarrow4$ 糖苷键连接成直线状结构（图 3-4），大多在水中不溶，对稀酸和稀碱都稳定。甲壳素经浓碱处理可得脱乙酰甲壳素。

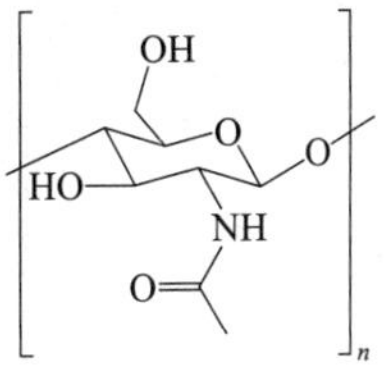

图 3-4　甲壳素分子结构

六、真菌生物活性多糖

真菌多糖是从真菌子实体、菌丝体、发酵液中分离出的能够控制细胞分裂、分化调节细胞生长衰老的一类活性多糖。20 世纪 70 年代以后，真菌学家和药物学家们研究发现多糖及糖复合物参与和介导了细胞各种生命现象的调节，特别是免疫功能的调节。这些多糖尤其是高等多糖不仅具有增强机体免疫功能及抗肿瘤等药理作用，而且几乎没有毒性，所以受到愈来愈多的国内外药理学家、生物学家和化学家们的青睐。目前所开发出的高等真菌类免疫调节剂的主要成分是细胞多糖，如猪苓多糖、茯苓多糖、虫草多糖、灵芝多糖等。

（一）猪苓多糖

猪苓多糖是从多孔菌科真菌猪苓（*Polyporus umbellatus*）中提得，以 $1\beta\rightarrow3$、$1\beta\rightarrow4$、$1\beta\rightarrow6$ 糖苷键结合的葡聚糖，支链在 C_3 和 C_6 位上。药理实验证明猪苓多糖具有抗肿瘤转移和调节机体细胞免疫功能的作用，此外，对慢性肝炎也有较好的疗效。

（二）茯苓多糖

茯苓多糖由多孔菌科真菌茯苓（*Poria cocos*）中提得，为具有 $1\beta\rightarrow6$ 吡喃葡萄糖为支链的 $1\beta\rightarrow3$ 聚糖。茯苓多糖本身无抗肿瘤活性，若切断其所含的 $1\beta\rightarrow6$ 吡喃葡萄糖支链成为单纯的 $1\beta\rightarrow3$ 葡聚糖（茯苓次聚糖），则对小鼠肉瘤 S-180 的抑制率达到 96.88%。此外若茯苓多糖进行羧甲基化或者硫酸酯化改造，其抗肿瘤活性明显提升。

（三）虫草多糖

虫草多糖是由甘露糖、虫草素、腺苷、半乳糖、阿拉伯糖、木糖精、葡萄糖、岩藻糖组成的多聚糖，但是目前对虫草多糖结构组成至今尚无定论，尚有待进一步深入研究。虫草多糖分子量为 43000，单糖组成比例为甘露糖：半乳糖：葡萄糖＝10.3：3.6：1，含少量蛋白，为有高度分支结构的杂多糖。单糖比例不同的虫草个体间差异较大，即使同种虫草也会因培养条件不同和采收时间的差异其多糖组成也不尽相同。虫草多糖以 $\beta(1\rightarrow2)$ 连接的甘露糖为主干，支链由较大量的 $\beta(1\rightarrow6)$ 半乳糖和 $\beta(1\rightarrow2)$ 呋喃半乳糖构成，分别连接在主干的 0-4 和 0-6 上。

（四）灵芝多糖

灵芝多糖是从多孔菌科真菌赤芝（*Ganoderma lucidum*）中提得的 20 多种多糖，包括葡聚糖、杂多糖及肽多糖，其基本分子结构如图 3-5 所示。

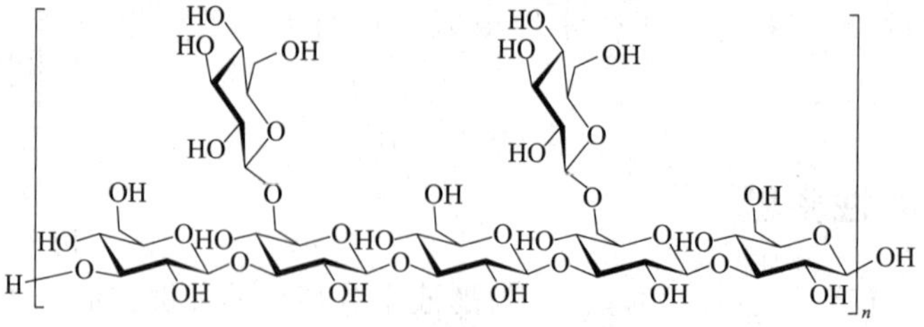

图 3-5 灵芝多糖分子结构

灵芝多糖的葡聚糖中大部分为 β 葡聚糖，少数为 α 葡聚糖，而 β 葡聚糖是其发挥活性的主要成分。灵芝多糖是以 $\beta\text{-}(1{\rightarrow}3)\beta\text{-}(1{\rightarrow}6)$ 连接或者以 $\beta\text{-}(1{\rightarrow}3)\beta\text{-}(1{\rightarrow}4)$ 连接的且分子量在 1×10^4 以上才有生物活性，分枝度高的多糖具有很高的抑癌活性。

第三节　多糖的理化性质及生物学活性

一、多糖的溶解性

多糖类物质由于其分子中含有大量的极性基团，因此对于水分子具有较大的亲和力；但是一般多糖的分子量相当大，其疏水性也随之增大；因此分子量较小、分支程度低的多糖类在水中有一定的溶解度，加热情况下更容易溶解；而分子量大、分支程度高的多糖类在水中溶解度低。

正是由于多糖类物质对于水的亲和性，导致多糖类化合物在食品中具有限制水分流动的能力；而又由于其分子量较大，不会显著降低水的冰点。

二、多糖溶液的黏度与稳定性

正是由于多糖在溶解性能上的特殊性，导致了多糖类化合物的水溶液具有比较大的黏度甚至形成凝胶。

多糖溶液具有黏度的本质原因是：多糖分子在溶液中以无规线团的形式存在，其紧密程度与单糖的组成和连接形式有关；当这样的分子在溶液中旋转时需要占有大量的空间，这时分子间彼此碰撞的概率提高，分子间的摩擦力增大，因此具有很高的黏度。甚至浓度很低时也有很高的黏度。

当多糖分子的结构情况有差别时，其水溶液的黏度也有明显的不同。高度支链的多糖分子比具有相同分子量的直链多糖分子占有的空间体积小得多，因而相互碰撞的概率也要低得多，溶液的黏度也较低；带电荷的多糖分子由于同种电荷之间的静电斥力，导致链伸展、链长增加，溶液的黏度大大增加。

大多数亲水胶体溶液的黏度随着温度的提高而降低，这是因为温度提高导致水的流动性增加；而黄原胶是一个例外，其在 $0\sim100^{\circ}\mathrm{C}$ 内黏度保持基本不变。

多糖形成的胶状溶液其稳定性与分子结构有较大的关系。不带电荷的直链多糖由于形成胶体溶液后分子间可以通过氢键而相互结合，随着时间的延长，缔合程度越来越大，因此在重力的作用下就可以沉淀或形成分子结晶。支链多糖胶体溶液也会因分子凝聚而变得不稳定，但速度较慢；带电荷的多糖由于分子间相同电荷的斥力，其胶状溶液具有相当高的稳定性。食品中常用的海藻酸钠、黄原胶及卡拉胶等即属于这样的多糖类化合物。

三、多糖的水解

多糖的水解指在一定条件下，糖苷键断裂，多糖转化为低聚糖或单糖的反应过程。多糖水解的条件主要包括酶促水解和酸碱催化水解。

（一）酶促水解

一些多糖酶促水解的常见处理对象、酶种类、意义总结如表 3-1 所示。

表 3-1　多糖的酶促水解

多糖	所用酶	得到产物	应用条件	应用意义
淀粉	淀粉酶（来自大麦芽或微生物）	麦芽糖、葡萄糖	温度：50～95℃ pH5.5～7.5	生产糖浆和改善食品感观性质
纤维素	纤维素酶（包括内切酶、外切酶及葡萄苷酶）	短的纤维素链、纤维二糖及葡萄糖	温度：30～60℃ pH4.5～6.5	生产膳食纤维、葡聚糖浆及提高果汁榨汁率和澄清度
半纤维素	半纤维素酶（L-阿拉伯聚糖酶、L-半乳聚糖酶、L-甘露聚糖酶、L-木聚糖酶）	半乳糖、木糖、阿拉伯糖、甘露糖及其它单糖	温度：30～60℃ pH4.5～6.5	提高食品质量
果胶	果胶酶（有内源和商品之分）	主要为半乳糖醛酸，有少量半乳糖、阿拉伯糖等	温度：30～60℃ pH3.0～6.0	植物质地软化及水果榨汁和澄清

（二）酸碱催化水解

1. 酸水解

盐酸、硫酸和三氟乙酸是水解多糖常用的酸，其中三氟乙酸是在多糖水解尤其是结构分析中应用最为广泛的一种酸。三氟乙酸氧化性不强，对多糖的破坏小，而且带有强电负性的—CF 基团，吸引更多氢离子，催化促进多糖的水解。三氟乙酸比无机酸好，因为有机酸有足够的挥发性，水解后可用冷冻干燥法或减压蒸馏除去，避免了传统的中和步骤和硫酸水解炭化的问题。但其毒性大，也具有一定的局限性。三氟乙酸主要用于水解植物细胞壁多糖、糖胺聚糖和糖蛋白，广泛应用于多糖组分分析中。

从影响因素来看酸水解主要是对中性多糖起作用，其它糖不一定起作用；温度提高，酸催化速度大大提高；α-糖苷键比 β-糖苷键水解容易；多糖的结晶区较难水解。

2. 碱水解

果胶在碱性条件下的水解属于此种类型（反应机理如见 3-6）。果胶的转消性水解属于碱催化的苷键断裂过程，本质是碱帮助半缩醛羟基形成的苷键发生断裂，类似于醚碱的反应，碱的帮助作用主要体现在亲核取代。

果胶的这种水解被用在食品加工中的去皮过程。

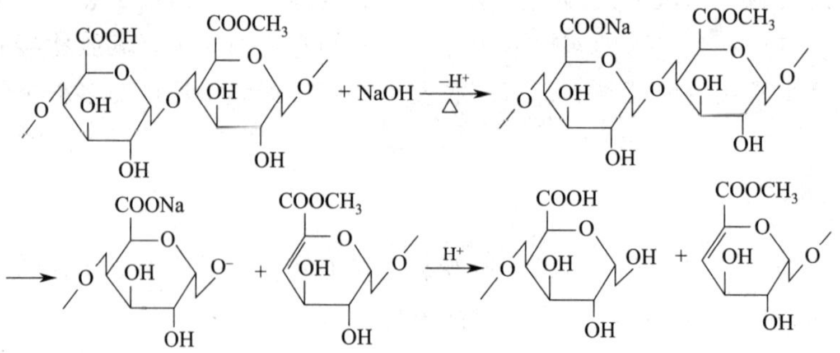

图 3-6　多糖的转消性水解

四、多糖的检识

1. 棕色环试验法（苯酚-硫酸法）

苯酚-硫酸试剂可与多糖中的戊糖、己糖中的醛酸起显色反应。测试时，在样品溶液中加入 3 滴 5％苯酚，摇匀，再沿壁加几滴浓硫酸，发现有棕色环出现，这正是糖类化合物的特征。

2. 蒽酮-硫酸法

多糖类化合物与浓硫酸反应会脱水成糠醛及其衍生物，然后与蒽酮缩合变成绿色物质。用样品配成 50g/L 左右的溶液，取 1mL 试样溶液，加蒽酮试剂 4mL，此时样品颜色由无色变为绿色，证明样品是多糖类化合物。

3. 成脎反应

取少许样品溶液加数滴浓盐酸，在沸水浴加热 10min，让其水解后装入试管中，然后加入 0.5mL 的 15％醋酸钠和 0.5mL 的 10％苯肼置入沸水浴中加热并不断振荡，观察脎结晶的生成速度和时间。如果样品先出现淡黄色结晶，后逐步以黄色结晶出现，则说明样品为多糖化合物。

五、多糖的生物学活性

多糖的生物学功能是多种多样的，除众所周知的多糖在生物体内有的是贮存物质、有的是结构支持物、有的有水合机械保护作用等外，随着对糖类在生命现象中重要性的认识不断加深，发现生物多糖可以携带巨大的信息量，而成为参与生命现象中形形色色作用的基础。不论是作为生物体通讯识别的信息分子还是细胞间的识别，无不与糖链有关。

近年来，大量研究表明多糖具有免疫调节、降血糖、降血脂、抗肿瘤、抗病毒、抗氧化、抗衰老、抗凝血、抗溃疡、防辐射等多种生物学功能。

1. 提高免疫力功能

活性多糖对免疫系统有重要的调节作用，主要表现为免疫增强或刺激作用。经药理活性试验表现出能刺激或提高机体免疫功能、有激活或提高巨噬细胞的吞噬能力的活性多糖主要有人参多糖、黄芪多糖、香菇多糖、当归多糖、猴头菌多糖、党参多糖、刺五加多糖、灵芝多糖、银耳多糖等。

例如灵芝多糖不仅能增强正常小鼠的细胞免疫和体液免疫及非特异性反应，还能拮抗免疫抑制剂、抗肿瘤药、应激和衰老所致的免疫功能水平低下，使之恢复到正常水平。

2. 抗肿瘤功能

活性多糖主要的抗癌作用是通过增强宿主免疫功能或对肿瘤细胞呈细胞毒作用，以抑制肿瘤生长，它最大的优点是毒副作用少，对正常细胞影响很小，并且活性多糖与化疗药物有协同作用。能显著抑制肿瘤生长的多糖有香菇多糖、裂褶菌多糖、茯苓多糖等。另外银耳多糖、灵芝多糖、冬虫夏草多糖、海带多糖、中华猕猴桃多糖等都有一定的抗肿瘤活性。

3. 抗病毒功能

活性多糖还能应用于治疗多种免疫疾病如慢性病毒性肝炎和某些耐药细菌或病毒引起的慢性疾病。多糖通过类似的免疫调节机制增强宿主免疫能力，以抵抗病原体的侵袭。如香菇多糖对孢状口炎病毒引起的小鼠脑炎有显著的治疗和预防作用，甘草多糖对多种病毒均有明显的抑制作用。

4. 抗感染功能

活性多糖主要通过提高宿主免疫功能和直接杀菌、抗病毒协同作用，达到抗感染目的。悬浮于体液中的游离多糖可竞争性结合病原体，从而阻止其与健康细胞的结合，达到抗感染的目的。例如黄芪多糖能显著抑制结核杆菌、中华猕猴桃多糖对大肠杆菌有抑制作用、红藻多糖对治疗感冒有良好作用。

5. 抗溃疡功能

胃肠黏液中含有糖蛋白和黏多糖，它们的存在可以阻止胃酸、胃蛋白酶等与胃肠黏膜接触，并能与细菌结合，阻止细菌与胃黏膜上的多糖受体相吸附。角叉菜胶是治疗胃和十二指肠溃疡的良药，人参果胶、糊精、红藻类多糖等都有较好的抗消化性溃疡作用。

6. 降血糖功能

从人参中提出的多糖可使四氧嘧啶糖尿病小鼠血糖下降。从知母中提取的四种多糖，给正常小鼠注射后，动物血糖随剂量加大而明显下降。具有降血糖活性的多糖还有乌头多糖、麻黄多糖、甘蔗多糖、山药和野山药多糖等。

7. 降血脂和凝血功能

化学结构与肝素类似的活性多糖，能促进脂蛋白、脂肪酸释放，使血液中大分子的脂质分解成小分子，因而对血脂过多引起的血清浑浊有澄清作用，也能降低血胆固醇含量。降血脂多糖有海带多糖、褐藻多糖、甘蔗多糖等。肝素有抗凝血、抗血栓、抗动脉粥样硬化等活性。

8. 似肾上腺皮质激素和促肾上腺皮质激素功能

从荧光假单胞菌（*Pseudomonas fluorescens*）菌体提取得到的一种复合多糖——促皮质糖，具有类皮质激素和促皮质激素的作用，可直接作用于下丘脑，促进垂体释放促皮质激素和改善肾上腺皮质功能，临床上用于急、慢性风湿性关节炎。

第四节　多糖的提取、分离、纯化及鉴定

一、多糖的提取

天然多糖主要是从自然界中的植物或农副产品中提取分离而得到的，常用的提取方法有热水浸提法、酸浸提法、碱浸提法、酶法等，其中前三种为化学方法，酶法为生物方法。

多糖是极性大分子化合物，一般植物多糖提取多采取热水浸提法。在提取多糖之前，首先要根据多糖的存有方式及提取部位的不同，决定在提取之前是否作预处理。微生物细胞内多糖和动物多糖因其细胞或组织外大多有脂质包围，一般需先加入醇或醚实行回流脱脂，释放多糖，然后依多糖性质（如酸碱性、胞内或胞壁多糖）再将脱脂后的残渣采用以水为主体的溶剂（冷水、热水、稀盐或稀碱水，或热的稀盐或稀碱水）等提取。溶剂性质、浸提温度、时间等均影响提取效果。现在，提取多糖还多采用酶法，常用的酶有纤维素酶、果胶酶、蛋白酶及其复合酶。

（一）热水浸提法

热水浸提法是多糖提取的传统方法，用水作为溶剂浸取多糖，温度一般控制在 $50 \sim 90℃$，在恒温水浴上回流浸提 $2 \sim 4h$，过滤后得滤液和滤渣。再用水在相同条件下将滤渣反复浸取 $3 \sim 5$ 次，最后合并滤液，将其在恒温水浴上浓缩使绝大部分水挥发除去，然后边搅拌边加体积相当于余下溶液 $2 \sim 5$ 倍的 95% 乙醇，多糖呈絮状沉淀析出，而大部分蛋白质和其他成分保留在溶液中，离心分离（$3000 \sim 6000r/min$）$20min$ 左右，用适量丙酮或乙醚洗涤脱水，然后进行真空干燥或直接冷冻干燥即得到粗多糖。此法操作简便，但由于水作为溶剂难以完全溶出其中的多糖物质，所以需要多次浸提，操作时间长，收率低，对于易溶于水的多糖，如水溶性螺旋藻多糖不宜用热水浸提法。

（二）酸浸提法

该法的浸提过程是在酸性条件下完成的，实际操作过程如下：向原料中加盐酸溶液使其最终浓度为 $0.3mol/L$，然后置于 $90℃$ 恒温水浴中浸提 $1 \sim 4h$，用碱中和后过滤，滤渣加盐酸溶液反复浸提 $2 \sim 3$ 次，最后合并滤液、浓缩，用 95% 乙醇沉淀、分离、洗涤脱水、干燥，得粗多糖。

（三）碱浸提法

向原料中加氢氧化钠溶液使其最终浓度为 $0.5mol/L$，然后置于室温或 $90℃$ 恒温水浴中浸提 $1 \sim 4h$，用酸中和后过滤，滤渣加氢氧化钠溶液反复浸提 $2 \sim 3$ 次，最后合并滤液、浓缩、用 95% 乙醇沉淀、分离、洗涤脱水、干燥得粗多糖。酸浸提法和碱浸提法由于稀酸、稀碱在浓度因子难以控制的情况下，容易使部分多糖发生水解，从而破坏多糖的活性

结构，减少多糖得率。

（四）酶法

酶法从原理上不同于前面三种方法，该法是先用蛋白酶分解除去大部分蛋白质，然后再从溶液中浸提多糖。其实施过程如下：按原料∶水＝1∶（10～20）的比例配成溶液，调整适当的 pH，加入 10～30g/L 蛋白酶或复合酶制剂，置于 50～60℃水浴中溶解 1～3h，然后过滤、浓缩，用 95％乙醇沉淀、分离、洗涤脱水，干燥得粗多糖。此种方法可以使浓缩工艺和后续的脱蛋白工艺操作变得简易、省时，提高粗多糖的得率和蛋白质脱除率。

（五）其他方法

1. 超声波提取法

这种方法是利用超声波对细胞组织的破碎作用来提高糖类在提取液中的溶解度和浸出率，从而有利于提高糖的提取率。操作时，先将原料放入浸提液中，经超声波处理一段时间后过滤，即得糖类提取液。

2. 超临界萃取法

利用 CO_2 等气体在超临界的条件下呈现出特殊的液相特性，来提取原料中的糖类物质。这种方法对物质活性的保存率很高，但成本较高，目前大多用于价值较高的成分的提取。

二、多糖的分离

采用以上方法提取的多糖中常含有无机盐、大分子蛋白质、木质素、色素及醇不溶的小分子有机物等杂质，必须分别除去，将这些杂质除去的过程，一般称为多糖的分离。工业化生产中一般采取透析法、离子交换、凝胶过滤或超滤法除去这些杂质。对于大分子杂质，可用酶法，乙醇、丙酮溶剂沉淀法或络合物法除去。

（一）脱蛋白质

因为原料组成中均含有一定量的蛋白质，所以在多糖的提取工艺中，脱除蛋白质是分离多糖的重要步骤。常用的方法有 Sevag 法、三氟三氯乙烷法、三氯乙酸法、酶法或酶法与 Sevag 法结合、等电点沉淀法。

1. Sevag 法

利用蛋白质在氯仿中变性的特点，用氯仿∶戊醇＝5∶1 或 4∶1 的二元溶剂体系按 1∶5 加入多糖提取液中，混合物经剧烈振摇后离心，蛋白质与氯仿-戊醇生成凝胶物而分离，分去水层和溶剂层交界处的变性蛋白质。此法条件温和，但是效率不高，一般要脱除 5 次左右方可除尽蛋白质。酶法或酶法与 Sevag 法结合，用蛋白酶将蛋白质水解，再通过透析、凝胶过滤或超滤除去，是当前认为较好的脱蛋白质的方法。

2. 三氟三氯乙烷法

将三氟三氯乙烷按1∶1的比例加到多糖提取液中，在低温下搅拌约10min，离心得上层水层，水层继续用上述方法处理几次即得去蛋白纯化后的多糖溶液。此法效率高，但因溶剂沸点低、易挥发，不能大量使用。

3. 三氯乙酸法

利用三氯乙酸沉淀蛋白质的原理，用3%~30%三氯乙酸，在低温下搅拌加入多糖提取液中，直至溶液不再继续混浊为止离心弃沉淀，即可达到脱蛋白的目的。存在于溶液中的三氯乙酸经中和后，通过透析或超滤等方法除去。此法较为剧烈，会破坏含呋喃糖残基的多糖，但效率高、操作简单，植物多糖多采用此法。

4. 等电点沉淀法

逐步调节粗糖溶液pH至酸性（pH2~5），能够有效除去绝大多数酸性蛋白质。其优点是适合于工业化生产，为防止酸性条件下某些基团或糖苷键被破坏，宜在低温下实行。

（二）脱色

对于植物多糖可能会含有酚类化合物而颜色较深，而从动物和微生物等中提取的多糖也会带有不同深浅的颜色，对多糖实行脱色处理可使多糖的应用范围更加广泛。常用的脱色方法有离子交换法、氧化法、金属络合物法、吸附法（纤维素、硅藻土、活性炭等）。一般情况下，能够用活性炭处理脱色，但活性炭会吸附多糖，造成多糖损失。DEAE-纤维素是当前最常用的脱色方法，通过离子交换柱不但达到脱色目的，而且能够实行多糖的分离。H_2O_2作为一种氧化脱色剂，浓度不宜过高且在低温下使用，否则会引起多糖的降解。

三、多糖的纯化

上述经过脱蛋白、脱色和去除小分子杂质的提取液是含多种组分的多糖混合物，即多分散性的。其不均一性表现在化学组成、聚合度、分子形状等的不同。要得到单一的多糖组分，还需要实行纯化。通常采取的纯化方法有以下几种。

（一）分级沉淀法

利用不同分子量的多糖在不同浓度低级醇或低级酮中溶解性不同的原理，逐步提升溶液中醇或酮的浓度，使不同组分的多糖依分子量由大至小的顺序分级沉淀可达到纯化的目的。

（二）季铵盐沉淀法

根据长链季铵盐能与酸性多糖形成不溶性多糖化合物的特性，分离酸性和中性多糖常用的季铵盐是十六烷基三甲基溴化铵（CTAB）及其碱（CTA-OH）和十六烷基吡啶（CPC）。实验时应严格控制多糖混合物的pH值小于9且无硼砂存在，否则中性多糖也会沉淀出来。通常 CTAB 或 CPC 水溶液的浓度为 $1\% \sim 10\%$，在搅拌下滴加于 $0.1\% \sim 1\%$ 的多糖溶液中，这时酸性多糖即能从中性多糖中沉淀出来。根据形成的沉淀能溶于不同的盐溶液、酸溶液和有机溶剂中的性质，使多糖游离出来。

（三）离子交换层析法

不同多糖分子电荷密度不同，与离子交换剂中的离子或某些基团发生电性结合。其亲和力随多糖结构与电离性质而异，一般随着分子中酸性基团的增加而增强，线状分子、分子量较大的多糖亲和力较强，支链多糖较直链多糖更易吸收。常用的离子交换剂有树脂类、纤维素类和葡聚糖类。阴离子交换柱层析法适用于各种酸性、中性多糖和糖胺聚糖的分离纯化。在 pH6.0 时，酸性多糖能吸附于交换介质上，中性多糖不能吸附，然后用 pH 相同但离子强度不同的缓冲溶液将酸性强弱不同的酸性多糖分别洗脱下来，但如果柱子为碱性，则中性多糖也能吸附。但中性多糖不能与硼砂形成络合物，所以可将柱子处理成硼砂型的，用不同浓度的硼砂溶液洗脱，也能将不同的中性多糖分离开来。检测手段一般采用苯酚-硫酸法，也常用 LKB 柱层析系统，用比旋光度、示差折光及紫外检测器，各组分的峰位自动记录，分离效果好且方便。

（四）凝胶柱层析

常用的凝胶有葡聚糖凝胶、琼脂糖凝胶以及丙烯葡聚糖凝胶。以不同浓度的盐溶液和缓冲液作为洗脱剂，其离子浓度不低于 $0.02mol/L$，通过凝胶柱层析多糖可分为不同分子大小的糖。本法除实行多糖分级外，还能够用于小分子杂质的去除，或者在乙醇沉淀法实行分级后，再根据分子大小进一步分级。

（五）盐析法

根据不同多糖在不同盐浓度中具有不同溶解度的性质，加入不同盐析剂使不同多糖逐步析出，常用的盐析剂有 NaCl、KCl 和 $(NH_4)_2SO_4$ 等，其中以 $(NH_4)_2SO_4$ 效果最佳。

（六）其他方法

利用不同多糖分子大小、形状及电荷不同而在电场作用下达到分离目的的制备性电泳，分离效果较好。用已知超滤膜分离不同形状与分子量大小的多糖的超滤法，以多糖与抗血清产生选择性沉淀为原理的亲和层析法，以及具有快速高效特点的制备型高效液相层析法，已有效应用于小规模纯品制备中。此外，多糖的分级纯化方法还有冻融分级和超速离心等方法。

四、多糖的纯度检验和结构分析

气相色谱（GC）、液相色谱（HPLC）、毛细管电泳法（CE）常用于多糖的单糖组分分析，甲基化、高碘酸氧化和 smith 降解、乙酰解、核磁共振、质谱等可用于分析多糖的糖苷键类型及连接方式，而多糖高级结构的分析主要采用物理方法，如 X 射线纤维衍射法、电镜法等。

（一）产品的纯度检查

1. 玻璃纤维纸电泳法

取 Waterman GF/C 玻璃纤维纸剪切成 2cm×20cm 规格，样品另点在 1cm×10cm 玻璃纤维纸条上。然后将此样品纸条紧贴在基线处，使样品下渗至电泳纸条上，移去样品纸条，电压＝400V，t＝20min，缓冲剂为 25mmol/L 硼酸缓冲液（pH9.3）。取出纸条，自然晾干，喷对氨基酸苯甲醚硫酸盐，100℃、15min，样品中出现单个紫红色斑点即为纯多糖。

2. 聚丙烯酰胺凝胶电泳法

聚丙烯酰胺凝胶浓度为 75g/L，缓冲液为 Tris-甘氨酸缓冲液（pH8.3）。样品浓度为 30g/L，每管进样 30μL，电压 110V，电流每管约 1mA，电泳 1.5～2h，用阿利新蓝 8GX 染色，出现单一区带即为纯多糖。

3. HPLC 法

检测条件为：色谱柱 UltrahydrogelTMLinear，流动相 0.8mol/L $NaNO_3$ 溶液，流速 0.8mol/min，根据出峰情况判定样品纯度。

（二）多糖的结构分析

在确认所得多糖为单一组分后，便可进行结构分析，已使用的分析手段主要有物理方法和化学方法。

1. 物理方法

（1）GC 和 GC-MS 联用方法　用于测出多糖的组成及各单糖之间的摩尔比，此法要求所测样品具有一定的挥发性，因此待测样品多需制备成硅烷衍生物和乙酰化衍生物等。

（2）核磁共振光谱（NMR）法　用于确定多糖结构半糖苷键的构型以及重复结构中单糖的数目。一般用 ^{1}HNMR 图测定简单多糖，^{13}CNMR 测定复杂的多糖，因为后者的化学位移较宽些。

（3）紫外光谱法　在 260～280m 处用于检测多糖中是否含有蛋白质、核酸、多肽类。

（4）红外光谱法　用于确定吡喃糖的糖苷键构型及其他官能团。在 500～4000cm^{-1} 区间内对多糖进行红外光谱扫描，一般多糖类物质的特征吸收峰为：3440cm^{-1} 处为 OH 的吸收峰；2935cm^{-1} 处为 C—H 的伸缩振动的吸收峰；1510～1670cm^{-1} 之间的吸收峰为 C＝O 的振动峰；1410cm^{-1} 处为 CH 的弯曲振动吸收峰；1090cm^{-1} 处为吡喃环结构的 CO 的吸收峰。

2. 化学方法

以酸水解法应用最多，它可分为完全水解法和部分酸水解法，用于鉴定多糖中单糖组分或多糖中的低聚糖。其他化学方法有过碘酸氧化、Smith 降解、甲基化反应、碱降解等化学降解法，用于多糖结构中糖苷键的类型、单糖之间连接部位的确定等。但在使用时，通常需要物理方法和化学方法结合起来，才能完成多糖的结构测定。

第五节　典型多糖生物资源的开发及利用

一、香菇多糖资源的开发及利用

（一）香菇多糖概述

香菇（*Lentinula edodes*）又叫香菌、香蕈，隶属于层菌纲伞菌目口蘑科香菇属。香菇香气浓郁、味道鲜美、营养丰富、保健作用显著，因此素有"山珍之王"之称，是我国和日本传统重要的食用菌，深受消费者的喜爱。香菇多糖是从优质香菇子实体或菌丝体中提取的有效活性成分，是香菇生物活性的主要有效成分，是一种宿主免疫增强剂，可以促进人体抗体形成、增强免疫功能，既有效又无毒副作用，被认为是当今世界上最好的免疫促进剂之一，已被中国、日本等多个国家制作成药品，广泛应用于肿瘤等临床适应症。

（二）香菇多糖的理化性质和结构

香菇多糖为白色粉末状固体，大多为酸性多糖，其水溶液呈透明黏稠状，对光和热稳定，溶于水、稀碱，尤其易溶于热水，不溶于乙醇、丙酮、乙酸乙酯、乙醚等有机溶剂。香菇多糖在水中最大溶解度为 3mg/ml，水溶液呈柠檬黄色，透明，pH5.0，α-萘酚反应为阳性（有紫色环生成）。香菇多糖能溶解于 0.5mol/L NaOH 溶液中，溶解度可达 50～100mg/mL，不溶于甲醇、乙醇、丙酮等有机溶剂。香菇多糖具有吸湿性，在相对湿度为 92.5% 的 25℃室温环境中放置 15d，吸水量可达 40%。因此，香菇多糖应保存在干燥状态下。

有关香菇多糖成分和结构的报道甚多，但已明确结构与免疫活性关系的只有分子量为 $(6.0～9.5)×10^4$ 的 β-葡聚糖。β-葡聚糖中香菇多糖一级结构为具有 β-D（1→3）连接的吡喃葡聚糖主链，在主链中葡萄糖的 C_6 位上含有支点（每 5 个 D-葡萄糖有 2 个支点），其上连接的侧链是由 β-D（1→6）键和 β-D（1→3）键相连的 D-葡萄糖聚合体组成，在侧链上也含有少数内部 β-D（1→6）键，整个结构呈梳状（图 3-7）。

（三）香菇多糖的提取、分离、纯化

目前，香菇多糖的提取方法多基于其溶于热水、稀碱和不溶于乙醇的性质，进行热水抽提、乙醇沉淀分离，此过程应避免在强酸、碱溶液中进行，否则极易造成多糖中糖苷键断裂及构象变化。常用的分离纯化方法大致经过热水浸提、乙醇沉淀、透析及柱层析等步骤。

热水浸提-乙醇沉淀法：将香菇发酵液过滤，滤渣（菌丝体）于 95～100℃下烘干、粉碎成粉末。取 30g 粉末加入 600mL 水中，96～100℃水浴 2.5h，4000r/min 离心 10min 分钟，收集上清液，再重复 1 次，合并 2 次的离心上清液，加 3 倍体积的无水乙醇混匀，

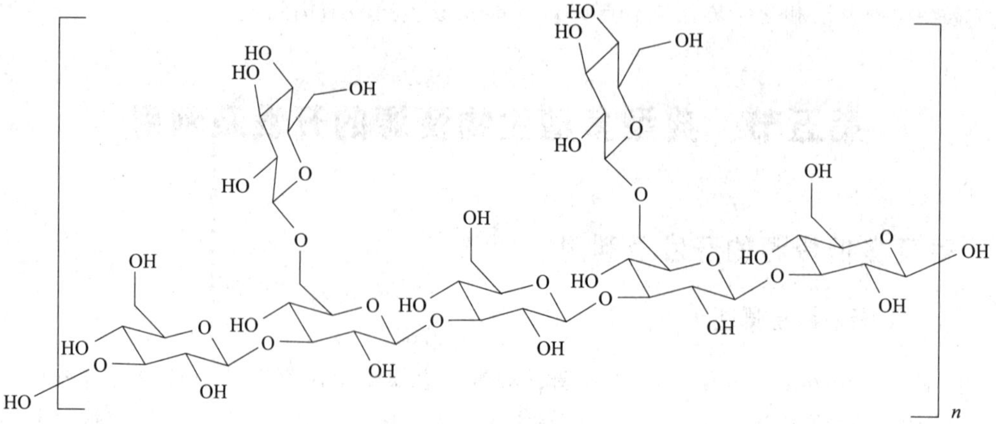

图 3-7　香菇多糖分子结构

静置过夜。弃上清液后，用 85％乙醇洗涤 2 次，沉淀物离心收集、晾干，即为香菇多糖，收率约为干粉的 1.6％。

柱层析纯化：取香菇多糖粗品，用 ECT EOLA-纤维素柱层析，分成三个主峰，得率分别为 640mg、138mg、115mg，得到的第一个峰上具有抗肿瘤和诱生干扰素的白色粉末。将这粉末溶于含 0.3mol/L 氯化钠的 0.3mol/L 醋酸中，经 Sephadex G-100 柱层析，用同一醋酸溶液洗涤又分成三个峰，其中第一个峰得到的白色粉末就是具有生物活性的香菇多糖。

（四）香菇多糖的生物学活性

1. 香菇多糖的抗肿瘤作用

香菇多糖能通过 CTL、Mo、NK、ADDC、LAK 等细胞发挥抗肿瘤作用，有效预防化学性或病毒性肿瘤的发生；通过免疫调节作用或影响一些关键酶的活性，来提高肿瘤对化疗药的敏感性，在治疗胃癌、结肠癌、肺癌等方面具有良好疗效。作为免疫辅助药物，香菇多糖主要用来抑制肿瘤的发生、发展与转移，改善患者的身体状况。

2. 免疫调节作用

香菇多糖能影响机体多种免疫功能，使细胞恢复活性，促进白细胞介素的产生，还能促进单核巨噬细胞的功能，被认为是一种胸腺依赖型细胞导向并有巨噬细胞参与的特殊免疫增强剂。其免疫作用特点在于识别脾及肝脏中抗原的巨噬细胞，促进淋巴细胞活化因子（LAE）的产生，释放各种辅助性细胞因子，增强宿主腹腔巨噬细胞吞噬率，恢复或刺激辅助性细胞的功能。

3. 抗病毒作用

香菇多糖配合其他药物治疗慢性乙型肝炎，可提高乙肝病毒标志物的转阴作用，减少抗病毒药物的副作用，降酶作用快而且稳定；香菇多糖能使慢性乙肝患者外周血 T 细胞亚群中的 CD4 细胞数增加、CD8 细胞数减少、CD4/CD8 复常；香菇多糖还能促进 DBMC

上的 Tac 蛋白（IL-2R）表达、抑制 sIL-2R 表达、降低患者血清 TNF2 水平、诱导 γ-干扰素及促进分泌抗 HBV 抗体淋巴细胞的增生

二、黄芪多糖资源的开发及利用

（一）黄芪多糖概述

黄芪，又名绵芪、绵黄芪，是豆科植物，多年生草本，蒙古黄芪（*Astragalus membranaceus*）或膜荚黄芪（*A. membranaceus*）的干燥根，是我国传统中药材，具有益气固表、敛汗固脱、托疮生肌、利水消肿之功效。黄芪中含多糖、皂苷、黄酮、氨基酸等多种有效成分，这些活性成分均有促进抗体生成和免疫反应等作用。黄芪多糖是黄芪的主要活性成分之一，也是黄芪发挥作用的主要成分。

（二）黄芪多糖的结构和理化性质

黄芪多糖本身是一种混合物，其结构较为复杂，组成单位主要包括葡萄糖、阿拉伯糖、半乳糖、甘露糖、果糖、木糖、葡糖醛酸和半乳糖醛酸等，而这些单体主要通过 α-型糖苷键进行连接，β-型糖苷键较少。

黄芪的水提液中可分离得到两种葡聚糖 AG-1、AG-2 和两种杂多糖 AH-1、AH-2。葡聚糖 AG-1 为水溶性的，葡聚糖 AG-2 为水不溶性的。杂多糖 AH-1 为水溶性酸性杂多糖，水解层析后检出含己糖醛酸、葡萄糖、鼠李糖、阿拉伯糖，所含糖醛酸为半乳糖醛酸和葡萄糖醛酸；杂多糖 AH-2 由葡萄糖和阿拉伯糖组成。葡聚糖 AG-1 和杂多糖 AH-1 具有免疫促进作用。

（三）黄芪多糖的提取、分离、纯化、鉴定

黄芪多糖的提取多采用传统水煎煮法、水回流提取法、醇除水提法、碱醇提取法、碱水提取法、纤维素酶提取法、超声波提取法等。

传统水煎煮法：用水煎煮 2～3 次，合并滤液、浓缩、醇沉，简便易行，但提取黄芪多糖的含量较低，适合家庭使用。

水回流提取法：黄芪粉末水，多次回流提取 1h，离心收集合并提取液，浓缩、醇沉。

醇除水提法：黄芪饮片先用 90% 乙醇水浴回流提取，加热除乙醇后，隔水加热提取，此法提取率不稳定。

碱醇提取法：黄芪饮片用 5% 乙醇在 pH12（碳酸钠调节）、90℃ 的条件下提取，滤液浓缩沉糖，提取率约 20%。该方法简便、成本低、时间短、条件温和、提取率较高，适合于大规模生产。

碱水提取法：采用 $Ca(OH)_2$ 溶液（pH9～10）煮沸提取，提取液浓缩时调 pH 为 6.5 左右，浓缩得到黄芪多糖粗提物，其提取率约 12%。此法提取条件温和、简便、经济，提取率较高，亦适合于大规模生产。

纤维素酶提取法：采用 0.8% 纤维素酶提取，酶解温度为 75℃，酶解时间为 2h，提取率约为 10%。

超声波提取法：黄芪茎粗粉先用 80％乙醇在高频超声波下除去醇溶杂质，滤渣再用水在高频超声波下提取，提取液经浓缩得黄芪多糖，收率较低。

（四）黄芪多糖的生物活性

黄芪多糖能提高人体免疫功能、增强细胞生理代谢、提高巨噬细胞活性，是理想的免疫增强剂，它能促进 T 细胞、B 细胞、NK 细胞等免疫细胞的功能，对艾滋病等多种免疫缺陷症均有良好的防治作用，并能延缓细胞衰老，有利于延年益寿。黄芪多糖对造血系统有着广泛的影响。黄芪多糖对人骨髓粒细胞集落、红细胞集落的形成均有促进作用。对造血功能有明显的保护作用，对血细胞下降有明显回升作用。试验显示，黄芪多糖可刺激体外长期培养的肾髓细胞中干细胞的自我更新。从而起到支持体外造血的作用。此外，黄芪多糖还有抑制 EAS（小鼠 Heps 肝癌移植瘤）、双向调节血糖、保肝护肾脏、抗应激作用等。近年来黄芪多糖的显著抗肿瘤作用更日益引起医药界的广泛关注。

1. 免疫调节活性

黄芪多糖可显著增强非特异性免疫功能和体液免疫功能、显著增强小鼠巨噬细胞的吞噬功能、促进血清溶血素形成、提高空斑形成细胞的溶血功能，具有明显的碳粒廓清作用和增加脾重作用。

2. 抗肿瘤作用

黄芪多糖对多种实验型肿瘤有明显的抑制作用。黄芪多糖在动物中的作用与 IL-2/LAK 抗肿瘤作用相似，并对 IL-2/LAK 抗肿瘤效应有明显的增强作用，二者配伍应用可明显提高 LAK 细胞对靶细胞的杀伤力。二者均具有抵抗鼠脾 NK 细胞活性和 IL-2 产生能力下降的作用，可改善机体肿瘤而致的免疫功能低下，促进免疫细胞活化释放内源因子，防止过氧化作用从而造成对肿瘤细胞的杀伤和抑制作用。

3. 治疗创伤感染

黄芪多糖明显增强创伤小鼠巨噬细胞吞噬发光强度并抑制 PCE2 的释放，促进 TNF 的释放，可望成为创伤感染药物治疗的新方案。

4. 肝损伤保护作用

黄芪多糖对实验性肝损伤有明显的保护作用，可明显对抗四氯化碳和扑热息痛引起的小鼠血清谷丙转氨酶，对二者引起的小鼠病理组织改变有明显的保护作用。

5. 血糖的调节作用

黄芪多糖对血糖具有双向调节作用。它能使葡萄糖负荷的小鼠血糖明显降低，也能明显对抗肾上腺素引起的小鼠血糖升高，而且它还能明显对抗苯乙双胍引起的小鼠实验性低血糖。但是它对胰岛素性低血糖无明显影响。

6. 抗病毒作用

黄芪多糖是一种干扰素诱导剂，通过刺激巨噬细胞和 T 细胞的功能，使 E 环形成细胞数增加，诱生细胞因子，促进白细胞介素产生，使动物机体产生内源性干扰素，达到抗病毒的目的，可用于治疗仔猪圆环病毒病、鸡传染性法氏囊病、流感病毒性传染病。黄芪可降低感冒发病率 50％以上，与干扰素联合应用可降低发病率 70％以上。

7. 抗细菌作用

黄芪多糖抗菌作用机制是多方面的，一是药物对细菌及其毒性产物的直接抑杀和解毒作用，更主要的是通过调动机体免疫防御功能而发挥扶正祛邪、抑菌、杀菌作用。对志贺氏痢疾杆菌、炭疽杆菌、金黄色球菌、大肠杆菌、沙门氏菌均有作用。

8. 作为饲料保健添加剂

黄芪作为扶本固正类中草药饲料添加剂已开始被用于畜牧业生产。黄芪多糖具有提高营养物质的利用、促进动物生长的功能。黄芪多糖内含氨基酸、维生素、微量元素等多种营养物质，含有未知生长因子（UGF），作为饲料添加剂可显著提高畜禽的生长速度、提升机体抵抗力、提高肉蛋奶品质及产量。

（五）黄芪多糖的改性

随着对黄芪多糖结构研究的深入，黄芪多糖的改性研究成为一个新方向。改性方法包括硫酸化、羧甲基化、乙酰基化等。

改性方法的不同对多糖活性的影响也不同，其中硫酸化修饰和金属离子络合效果显著，能有效提高多糖的免疫活性或多样化黄芪多糖的用途。因此黄芪多糖的改性主要集中在硫酸化或金属离子络合，而硫酸化黄芪多糖在提高抗体滴度和促进淋巴细胞增殖方面的效果更好。硒化黄芪多糖能将有毒无机硒转变为无毒有机硒，形成五元环的亚硒酸酯结构。硒化黄芪多糖同时兼备硒和黄芪多糖的生理和药理作用，其生物活性高于未改性的黄芪多糖，更有利于机体的吸收和利用。此外黄芪多糖与铬的络合还可增强其降糖效果。

思考题

1. 按来源、功能和组成来分，多糖可分为哪几类？分别举例生活中有哪些常见的多糖？

2. 多糖的主要生物学功能有哪些？

3. 多糖的提取方法有几类，其基本纯化方法有几种，原理分别是什么？

4. 简述说明香菇多糖的基本理化性质、结构和功能，并举例说明其产品开发利用情况。

参考文献

[1] 常景玲. 天然生物活性物质及其制备技术［M］. 郑州：河南科学技术出版社，2007.

[2] 陈红，杨许花，查勇，等. 植物多糖提取，分离纯化及鉴定方法的研究进展［J］. 安徽农学通报，2021，27（22）：32-35.

[3] 陈圣阳，刘旺景，曹琪娜，等. 植物多糖的生物学活性研究进展［J］. 饲料工业，2016，37（22）：60-64.

[4] 丁侃. 中药多糖结构与功能及其机制［M］. 北京：科学出版社，2021.

[5] 宫春宇. 功能性多糖研究开发［M］. 哈尔滨：黑龙江大学出版社，2020.

[6] 景永帅，马云凤，李明松，等. 植物多糖结构解析方法研究进展［J］. 食品工业科技，2022，43（3）：411-421.

[7] 刘吉成，牛英才. 多糖药物学［M］. 北京：人民卫生出版社，2008.

[8] 罗永明. 天然药物化学［M］. 武汉：华中科技大学出版社，2011.

[9] 谢明勇，聂少平. 天然产物活性多糖结构与功能研究进展 [J]. 中国食品学报，2010，10（2）：1-11.

[10] 许春平. 中药多糖提取技术及应用 [M]. 北京：中国轻工业出版社，2010.

[11] 徐怀德. 天然产物提取工艺学 [M]. 北京：中国轻工业出版社，2006.

[12] 杨源涛，段升仁，孙丽娜，等. 植物多糖的研究进展 [J]. 当代化工研究，2017（6）：164-165.

[13] 张宇. 中药多糖提取分离鉴定技术及应用 [M]. 北京：化学工业出版社，2020.

[14] 张子木，罗凯，黄秀芳. 植物多糖改性研究进展 [J]. 山东化工，2021，50（9）：77-79.

第四章

天然萜类化合物的开发与利用

第一节　概述

萜类化合物亦称萜烯类化合物，大多数都是由异戊二烯（图 4-1）单位头尾相接而成，少数也有头头相接或尾尾相接的，即萜烯化合物的碳骨架可划分成若干个异戊二烯单位。有些高分子萜类化合物如类胡萝卜素在植物体内因生物降解而生成的代谢产物，其分子中碳原子数并不符合上述规律，但仍属萜类化合物范畴，称为降类异戊二烯。大量的实验研究证明，甲戊二羟酸（MVA）（图 4-2）是萜类化合物生源途径中最关键的前体物，因此，凡由甲戊二羟酸衍生且分子式符合（C_5H_8）$_n$ 通式的衍生物均称为萜类化合物。

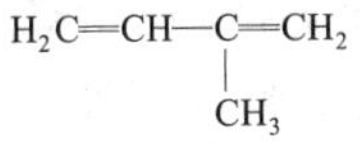

$$H_2C=CH-C=CH_2$$
$$|$$
$$CH_3$$

图 4-1　异戊二烯

$$CH_3$$
$$|$$
$$COOH-CH_2-C-CH_2-CH_2OH$$
$$|$$
$$OH$$

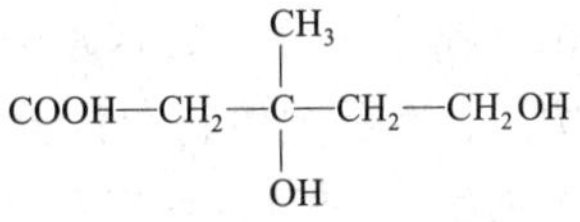

图 4-2　甲戊二羟酸

萜类化合物种类繁多，广泛存在于自然界，高等植物、真菌、微生物、昆虫以及海洋生物中均有萜类成分存在，尤其在裸子植物及被子植物中萜类化合物分布得更为普遍，种类及数量更多，如被子植物就在 30 多个目、数百个科属发现有萜类化合物。据不完全统计，萜类化合物超过了 22000 多种。

萜类化合物是天然物质中最多的一类化合物，如挥发油、树脂、橡胶以及胡萝卜素等，其中大多数都有重要用途，在天然药物化学成分的研究中，萜类成分的研究一直是较为活跃的领域，亦是寻找和发现天然药物生物活性成分的重要来源。如在脊椎动物和无脊椎动物中的各种萜类激素和信息素、类维生素 A、辅酶 Q、维生素 A、维生素 D 和维生素 E、胆固醇等；在植物中广泛存在的萜类生长调节剂和防摄食的防卫剂；有些还是重要的医药产品，如紫杉醇用作抗肿瘤剂、银杏内酯用于治疗老年痴呆症、青蒿素用于抗疟疾等。

第二节　萜类化合物的结构与分类

一、萜类的基本结构与分类

萜类化合物骨架庞杂、种类繁多、数量巨大、结构千变万化，一般根据化合物结构中异戊二烯单位的数目进行分类（见表4-1）。同时再根据各萜类分子结构中碳环的有无和数目的多少，进一步分为链萜、单环萜、双环萜、三环萜、四环萜等，例如链状二萜、单环二萜、双环二萜、三环二萜、四环二萜。萜多数是含氧衍生物，所以萜类化合物又可分为醇、醛、酮、羧酸、酯及苷等萜类。

表 4-1　萜类的分类及存在形式

类别	碳原子数	异戊二烯单位数	存在形式
单萜	10	2	挥发油
倍半萜	15	3	挥发油
二萜	20	4	树脂、苦味质、植物醇
二倍半萜	25	5	海绵、植物病菌、昆虫代谢物
三萜	30	6	皂苷、树脂、植物乳汁
四萜	40	8	植物胡萝卜素
多萜	约 $7 \times 10^3 \sim 3 \times 10^5$	>8	橡胶、硬橡胶

二、萜类化合物生物合成的基本途径

萜类化合物生物合成的基本途径为甲戊二羟酸（MVA）途径，从甲戊二羟酸生成萜的途径如图4-3所示。生物体内异戊烯基本单位为焦磷酸二甲烯丙酯（DMP）及其异构体焦磷酸异戊烯酯（IPP），它们均由MVA变化而来，在相互衔接时一般为头-尾相接，但三萜则是两个倍半萜尾尾相接而成。各种萜类分别经由对应的焦磷酸酯而来，三萜及甾体类化合物则由反式角鲨烯转变而成。它们再经氧化、还原、脱羧、环合或重排，即生成种类繁多的三萜类及甾类化合物。萜类化合物中与异戊烯法则不相符合的化合物多因在环化过程中伴随发生重排反应所生成。由于MVA也是由乙酰辅酶A开始生成，故其生物合成基源也可以说是乙酰辅酶A。

三、重要的萜类化合物

（一）单萜

单萜可以看作是由两个异戊二烯单元连接形成的一类化合物，广泛分布于高等植物中，尤其在木兰科、樟科、桃金娘科、芸香科、禾本科、龙脑科、夹竹桃科、伞形科、败酱科、毛茛科、松科、菊科等科的植物中分布较多。单萜类成分大多是植物挥发油

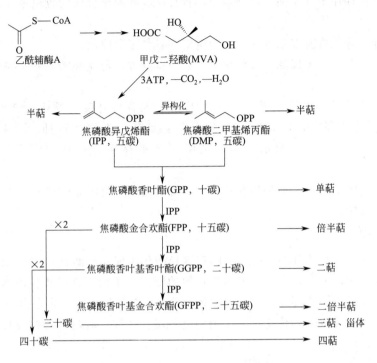

图 4-3 萜类化合物生物合成途径

中沸点较低组分（150～190℃ ）的主要组成成分，多具有香气，如薄荷油、桉叶油、松节油、橘皮油等，许多具有生理活性，常作为医药、食品、化妆品等工业的主要原料。

单萜类成分其基本骨架有 30 多种，按骨架可分为无环单萜（链状单萜）、单环单萜、二环单萜和单萜环烯醚萜类。

1. 无环单萜

无环单萜也叫链状单萜，其基本骨架主要为月桂烷型，重要的化合物是一些含氧衍生物（图 4-4）。

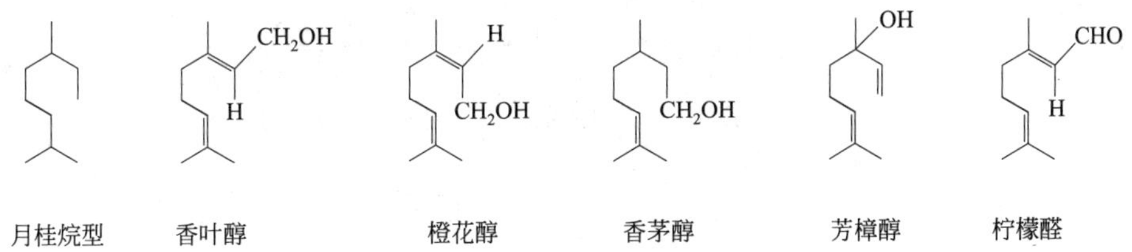

月桂烷型　　香叶醇　　　　　橙花醇　　　　香茅醇　　　　芳樟醇　　柠檬醛

图 4-4 几种无环单萜化合物

香叶醇又称牦牛儿醇，主要存在于玫瑰油、香叶油中，具有玫瑰香气，是香料工业不可缺少的原料。香叶醇可与无水 $CaCl_2$ 生成结晶型复合物，该复合物加水分解经真空蒸馏即可得到纯香叶醇，此性质可用于分离。

橙花醇是香叶醇的顺反异构体，二者常共存，主要存在于橙花油、柠檬草油中。橙花醇不能与无水 $CaCl_2$ 形成结晶，但可与二苯胺基甲酰氯生成结晶型酯，该酯皂化后经真空蒸馏即可提纯，此性质可用于香叶醇的分离。

香茅醇主要存在于香茅油、玫瑰油中，具有比香叶醇更优雅的玫瑰香气，几乎用于所有化妆品中。

以上三种萜醇是玫瑰香系香料，均为重要的香料工业原料。

芳樟醇主要存在于芳樟油、香柠檬油中，是香叶醇、橙花醇的同分异构体，在香料工业中的用途也极广。

柠檬醛具有顺反异构体，反式为α-柠檬醛，又称香叶醛，顺式为β-柠檬醛，又称橙花醛，二者通常共存，以α-柠檬醛为主。主要存在于柠檬草油、香茅油中，香茅油中可达70%～85%，山鸡椒、橘子油中也大量存在。具有柠檬香气，为重要的香料。

以上几种链状单萜含氧衍生物在植物体内可以通过氧化还原反应相互转化，故常共存于同一种挥发油中。

2. 单环单萜

单环单萜由焦磷酸香叶酯（GPP）的双键异构化生成焦磷酸橙花酯（NPP），NPP再经双键转位脱去焦磷酸基，生成具薄荷烷骨架的阳碳离子后，进一步生成薄荷烷衍生物。而且薄荷烷碳离子进一步环化，衍生出蒎烯、蒈烯、侧柏烯等双环化合物骨架。蒎烷型离子再经wagner-meerwein转位重排，又衍生出莰烷、蒎烷、菠烷、莰烷等骨架，如图4-5所示。

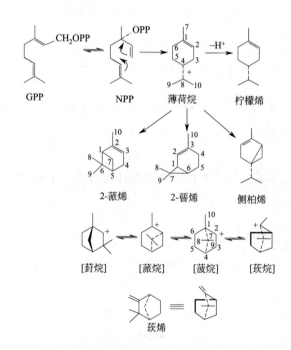

图4-5　环状单萜的闭环和骨架转位示意图

单环单萜类成分的种类很多，其基本碳架在10种以上，其中常见的有对薄荷烷型、环香叶烷型和卓酚酮类，如图4-6所示。

对薄荷烷型单环单萜的碳架为1-甲基-4-异丙基环己烷，此类单萜数量很多，如L-薄荷醇、D-新薄荷醇、胡椒酮、桉油精等（图4-7）。大多数单环单萜是由薄荷烯衍生而来的，薄荷烯脱去一分子氢则得薄荷二烯。薄荷烯有6种可能的双键异构体，薄荷二烯有9

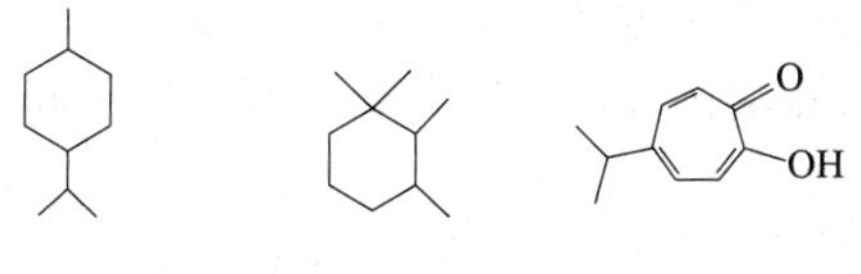

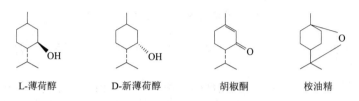

对薄荷烷型　　环香叶烷型　　卓酚酮

图 4-6　常见单环单萜碳架

种，它们的含氧衍生物构成了自然界中许多重要的单环单萜类化合物。

L-薄荷醇　　　D-新薄荷醇　　　胡椒酮　　　桉油精

图 4-7　常见的单环单萜化合物

薄荷醇是一种饱和的仲醇，被氧化能生成薄荷酮，脱水则生成 Δ^3-薄荷烯。薄荷醇是薄荷油的主要成分，在薄荷油中的含量一般在 50% 以上，其左旋体又称薄荷脑，为白色块状或针状结晶。薄荷醇分子有 3 个手性碳原子，应有 8 种立体异构体，但薄荷油中只有左旋薄荷醇和右旋新薄荷醇。薄荷醇具有弱的镇痛、止痒和局麻作用，也有防腐、杀菌和清凉作用。

薄荷酮与薄荷醇共存于薄荷油中，是一种饱和的环酮。其分子中有两个不对称碳原子，因而有 4 种异构体，称为（一）及（＋）-薄荷酮和（一）及（＋）-异薄荷酮。酸碱处理可使它们经烯醇式过渡态而相互转化。异薄荷酮有较高的折光率和较大的比重，属于顺式构型，薄荷酮则为反式构型。存在于薄荷油中的薄荷酮以其左旋体为主要成分，右旋体含量较少；两种异薄荷酮也可能存在。

胡椒酮又称辣薄荷酮、洋薄荷酮，存在于芸香草（含量可达 35% 以上）等多种中药的挥发油中，有松弛平滑肌作用，是治疗支气管哮喘的有效成分。桉油精是桉叶挥发油中的主要成分（约占 70%），在桉油低沸点馏分（白油）中可达 30%。蛔蒿花蕾挥发油中也含有桉油精。本品遇盐酸、氢溴酸、磷酸及甲苯酚等可形成结晶型加成物，加碱处理又分解出桉油精。有似樟脑的香气，用作防腐杀菌剂。

紫罗兰酮为环香叶烷型，存在于千屈菜科指甲花挥发油中。工业上由柠檬醛与丙酮缩合制备，缩合产物环合后得到 α-紫罗兰酮及 β-紫罗兰酮的混合物（图 4-8）。两者的分离是将其亚硫酸氢钠的加成物溶于水中，加入食盐使成饱和状态，则 α-紫罗兰酮首先以小叶状结晶析出，从而与 β-紫罗兰酮分离。α-紫罗兰酮具有馥郁的香气，用于配制高级香料，β-紫罗兰酮可作为合成维生素 A 的原料。

卓酚酮类化合物是一类变形的单萜，它们的碳架不符合异戊二烯定则，化合物结构中都有一个七元芳环，具有芳香化合物性质，环上的羟基具有酚的通性，显酸性，其酸性介于酚类和羧酸之间。分子中的酚羟基易于甲基化，但不易酰化。分子中的羰基类似羧酸中羰基的性质，但不能和一般羰基试剂反应。红外光谱显示羰基（1650～1600 cm^{-1}）和羟基（3200～3100 cm^{-1}）的吸收峰，与一般化合物中羰基略有区别。能与多种金属离子形

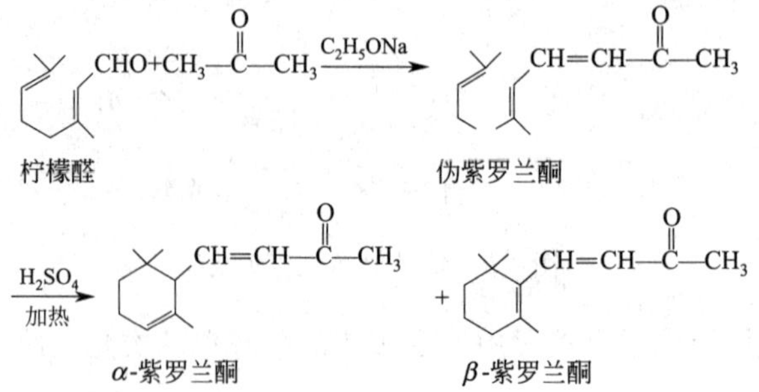

图 4-8　柠檬醛与丙酮缩合制备紫罗兰酮

成配合物结晶体，并显示不同颜色，可用于鉴别，如铜配合物为绿色结晶，铁配合物为红色结晶。

较简单的卓酚酮类化合物是一些真菌的代谢产物，在柏科的心材中的崖柏素为卓酚酮类化合物（图 4-9）。α-崖柏素和 γ-崖柏素在欧洲产崖柏（*Thuja plicata*）、北美香柏（*Thuja occidentalis*）以及罗汉柏（*Thujosis dolabrata*）的心材中含有；β-崖柏素也称扁柏素，存在于台湾扁柏（*Chamaecyparis taiwanensis*）及罗汉柏心材中。卓酚酮类化合物多具有抗菌活性，但同时多有毒性。

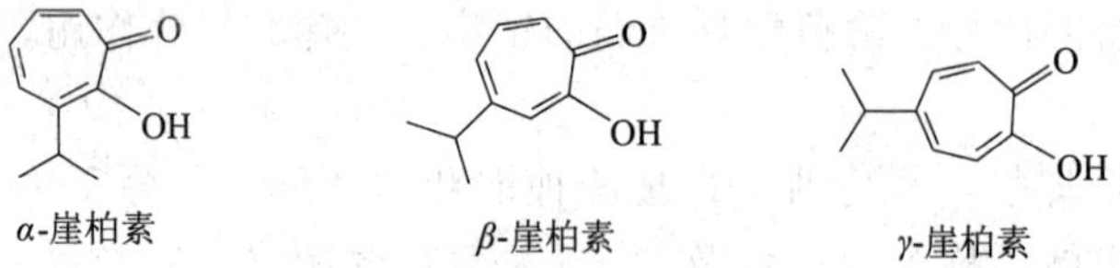

图 4-9　崖柏素结构示意图

3. 二环单萜

二环单萜类化合物在植物界分布较广，富含于脱水香辛料叶和植物精油中，尤其是一些传统欧洲香辛料中，如鼠尾草、迷迭香、百里香、松树、杜松、中欧山松、松节油和蓝桉等。二环单萜的结构较多，如图 4-10 所示，常见的有 6 种：蒎烷型、莰烷型、蒈烷型、守烷型、异莰烷型和葑烷型。前四种可看成由薄荷烷在不同位置环合而成的产物。一些二环单萜如樟脑、龙脑、α-蒎烯、β-蒎烯等（图 4-11），在小鼠试验中是有效的骨质吸收抑制剂。

蒎烯是蒎烷型重要衍生物，主要存在于松节油中，约含 α-蒎烯 60％、β-蒎烯 30％左右，在柠檬、八角茴香、芫荽、薄荷等挥发油中也广泛存在。蒎烯是合成樟脑、龙脑等众多香料的重要原料。

芍药苷是芍药（*Paeonia albiflora*）根中的蒎烷单萜苷。芍药苷及其类似物均具有镇静、镇痛、抗炎活性。

樟脑习称辣薄荷酮，属莰烷型二环单萜，是樟树（*Cinnamomum camphora*）挥发油中的主要成分，为白色结晶性固体，熔点 179.8℃，易升华，具有特殊钻透性的芳香气体。天然樟脑由左旋体和右旋体组成。右旋樟脑在樟油中约占 50％，左旋樟脑在菊蒿（*Tanacetum vulgare*）油中存在，合成品为消旋体。樟脑有局部刺激作用和防腐作用，可用于神经痛、炎症及跌打损伤，并可用作强心剂，其强心作用是由于其在体内氧化成 π 氧化樟脑和对氧化樟脑所致。

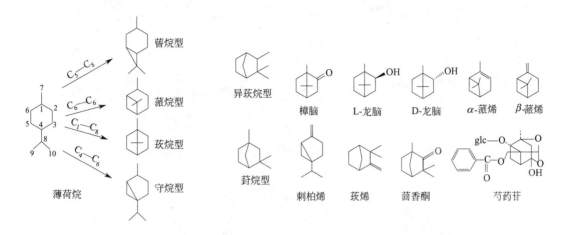

图 4-10 常见的二环单萜碳架示意图　　　　图 4-11 几种双环单萜类化合物

龙脑又称冰片、樟醇，为白色片状结晶，具有似胡椒又似薄荷的香气，有升华性，熔点 204～208℃。其右旋体主要得自樟科植物樟（*Cinnamomum camphora*）的树干空洞内的渗出物，左旋龙脑存在于海南产的艾纳香（*Blumea balsamifera*）全草中，合成品为消旋体。龙脑具有发汗、兴奋、镇痛作用，还具有显著抗缺氧功效，用于香料、清凉剂及中成药。

侧柏烯又称守烯，是守烷型二环单萜，存在于侧柏（*Platycladus orientalis*）挥发油中。莰烯为异莰烷型二环单萜，是唯一结晶型萜烯，右旋体熔点 51～52℃，存在于樟木、樟叶挥发油中；左旋体熔点 49～50℃，存在于罐草油、香茅油中，二者沸点均为 158～160℃。葑烷型的茴香酮在小茴香（*Foeniculum vulgare*）果实挥发油中较多。

4. 环烯醚萜类化合物

环烯醚萜是一类特殊的单萜，具有环戊烷单萜骨架，为臭蚁二醛的缩醛衍生物。臭蚁二醛原是从臭蚁防卫分泌物中分得的物质，在植物中此类物质是由活性焦磷酸香叶酯（GPP）环化形成的。环烯醚萜为半缩醛，其半缩醛的 C_1 位羟基性质不稳定，因此环烯醚萜类主要以 C_1 位羟基与糖结合成苷的形式存在于植物体内，以十碳环烯醚萜的苷类占多数，九碳环烯醚萜苷类次之，个别也有降至八碳的。环烯醚萜化合物在 C_7～C_8 处裂环，衍生出裂环环烯醚萜。图 4-12 为环烯醚萜苷和裂环环烯醚萜苷的生物合成途径。

环烯醚萜及其苷类广泛存在于植物界，以茜草科、鹿蹄草科、水晶兰科、龙胆科、玄参科等科的植物中最为普遍，这类成分大多有苦味。现已发现的此类植物成分 900 多种，多属于环烯醚萜苷和裂环环烯醚萜苷两种类型，还有一小部分属于非苷类环烯醚萜化合物。

环烯醚萜类成分多以苷的形式存在，有多种生理活性，目前发现的已达 900 余种。

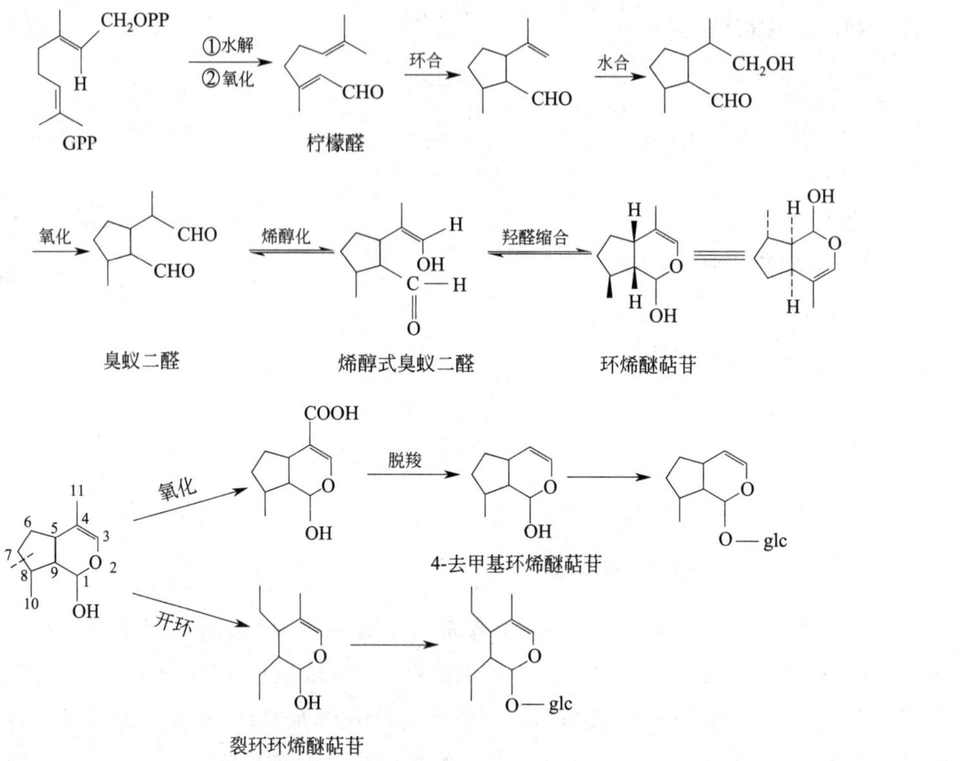

图 4-12　环烯醚萜苷和裂环环烯醚萜苷的生物合成途径

因其在植物分类上的重要作用及多种生物活性，近年来对环烯醚萜类化合物的研究发展迅速。大多环烯醚萜及其苷类具有苦味。许多环烯醚萜苷具有利胆、健胃、降糖、抗病毒、消炎、消除自由基、抑制氧化的活性等，如柴胡属和玄参属植物中的玄参苷具有抗水疱性口腔炎病毒的活性。栀子苷为栀子的主要成分，能明显抑制二甲苯引起的小鼠耳壳肿胀和甲醛引起的足趾肿胀，同时对小鼠、家兔软组织损伤具有显著疗效，具有一定的抗炎作用。而栀子主要用于热病心烦、黄疸尿赤、血淋涩痛、目赤肿痛、火毒疮疡。梓醇又称梓醇苷，是地黄降血糖的有效成分，属于环烯醚萜苷类，具有较好的利尿及迟缓性泻下作用。裂环环烯醚萜苷属于萜类苦味素，普遍存在于龙胆科和木犀科植物中。龙胆类苦味素可作为裂环环烯醚萜苷的代表。属于龙胆科的许多植物，特别是龙胆属和獐牙菜属中很多品种的全草和根都含有类似的苦味苷，是这些草药中用作健胃剂的苦味有效成分。龙胆苦苷是龙胆草、当药、日本獐牙菜等植物中的有效成分，属裂环环烯醚萜苷，味极苦。龙胆苦苷在氨的作用下，可转化成龙胆碱，龙胆碱与龙胆属植物中的龙胆内酯为非苷类环烯醚萜。以上几种环烯醚萜类化合物结构见图 4-13。

环烯醚萜类化合物大多为白色结晶或粉末，多具有旋光性，味苦。易溶于水和甲醇，可溶于乙醇、丙酮和正丁醇，难溶于氯仿、乙醚和苯等亲脂性有机溶剂。环烯醚萜类苷易被水解，生成的苷元为半缩醛结构，其化学性质活泼，容易进一步聚合，难以得到结晶苷元。苷元遇酸、碱、羰基化合物和氨基酸等均能变色。例如游离的苷元遇氨基酸并加热，即变为深红色至蓝色，最后生成蓝色沉淀。苷元与皮肤接触也能使皮肤染成蓝色。如车叶草苷与稀酸混合加热，能水解聚合产生棕黑色树脂状沉淀，若用酶水解则呈深蓝色，也不易得到苷元。向苷元的冰乙酸溶液中加入少量铜离子，加热呈蓝色。这些显色反应可作为环烯醚萜苷类的检识及鉴别方法。

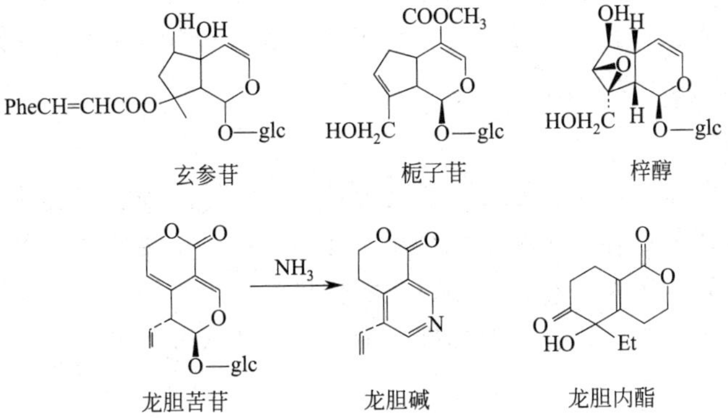

图 4-13 几种环烯醚萜类化合物示意图

（二）倍半萜

倍半萜类是由 3 个异戊二烯单位构成的含 15 个碳原子的化合物类群，骨架复杂多变，是萜类成分中最多的一类。到 1995 年，倍半萜的基本碳架类型发现有 60 多种（Fraga B M，1997），如果再考虑到各种类型骨架形成的不同类型的内酯环，倍半萜化合物的结构类型更是纷繁复杂，同时它们还具有复杂的立体结构。到目前为止已发现数千种倍半萜类化合物，而且此数目还在不断增加，仅 1995 年从各种植物和微生物中分离到的新倍半萜类化合物就有 300 多种。

倍半萜主要分布在植物界和微生物界，在植物中以木兰目、芸香目、山茱萸目及菊目最为丰富。倍半萜类成分与单萜类化合物常见于植物的挥发油中，是挥发油中高沸程成分的主要组成部分，多以醇、酮、内酯或苷的形式存在，亦有以生物碱形式存在。近年来，在海洋生物中的海藻和腔肠、海绵、软体动物中发现的倍半萜越来越多，且在昆虫器官和分泌物中也有发现。倍半萜的含氧衍生物多具有较强的香气和生物活性，是医药、食品、化妆品工业的重要原料。

倍半萜生源上都是由前体物焦磷酸金合欢酯（FPP）衍生而成，绝大部分基本骨架都经由下述反应步骤，即：trans，trans-FPP 或它的异构体 trans，cis-FPP 中的焦磷酸基与分子中的相关双键结合而脱去，形成正碳离子；形成的正碳离子进一步进攻分子内的其它双键，形成新的环，并伴随着邻位氢原子的移动，发生 wagner-mcerwein 重排，在闭环过程中产生具有最终生成物骨架的正碳离子；这种正碳离子由于脱氢化或者水分子的进攻，最后形成各种烯烃。

由上述步骤形成的母核，再经进一步修饰、重排，构成各种不同的倍半帖化合物，其主要的基本骨架名称和生物合成途径如图 4-14（a）、（b）所示。

目前，已发现的倍半萜化合物有数千种，分别属于 200 种碳架。按其结构碳环数分为无环、单环、双环、三环、四环型倍半萜；按构成环的碳原子数分为五元环、六元环、七元环，直至十二元环等，也有按含氧官能团分为倍半萜醇、醛、酮、内酯等。

1. 无环倍半萜

金合欢烯又称麝子油烯，有 α 和 β 两种构型，共存于枇杷叶挥发油中，β 构型存在于藿香、啤酒花及生姜等的挥发油中。金合欢醇在金合欢花油、橙花油、香茅油中含量较多，广泛用作多种香精原料。橙花叔醇又称苦橙油醇，具有苹果香气，是橙花油中的主要成分之一（图 4-15）。

2. 单环倍半萜

脱落酸、γ-没药烯、姜烯、姜黄烯是植物界分布广泛的倍半萜类化合物。脱落酸是 3 个异戊二烯单位组成的单环倍半萜烯化合物，是植物体内重要的内源激素，它通过控制气孔的开关，加速器官的脱落。在没药油、各种柠檬油、松叶油、八角油等多种油中均含有没药烯；姜根茎的挥发油、郁金根茎的挥发油中的主要成分为姜烯、α-姜黄烯和 β-姜黄烯等（图 4-16）。

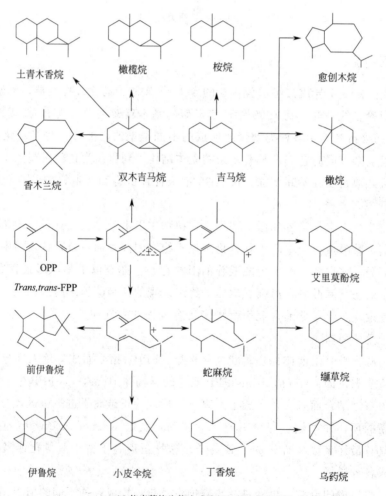

(a) 倍半萜的生物合成途径与基本骨架名称（一）

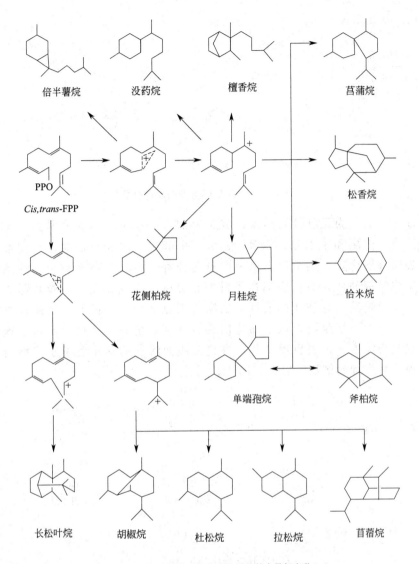

(b) 倍半萜的生物合成途径与基本骨架名称(二)

图 4-14 倍半萜的生物合成途径与基本骨架名称

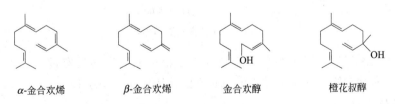

图 4-15 几种无环倍半萜类化合物

青蒿素是一个含有双烷基过氧基团的新型单环倍半萜内酯，是我国科学工作者从菊科植物青蒿（又称黄花蒿）（*Artemisia annua* L.）中提取的一种新型抗疟药，具有低毒、高效、速效的特点，对恶性疟、间日疟都有效，可用于凶险型疟疾的抢救和抗氯

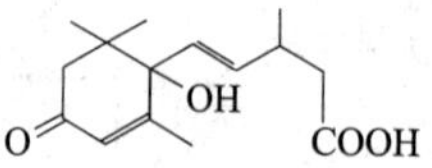

脱落酸

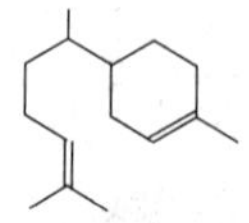

γ-没药

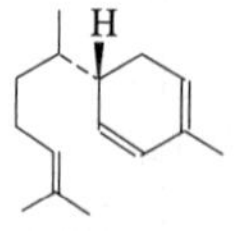

姜烯

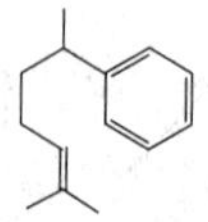

α-姜黄烯

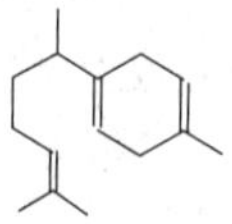

β-姜黄烯

图 4-16　几种单环倍半萜类化合物

喹病的治疗。青蒿素为无色针状晶体，熔点为 156～157℃，味苦，易溶于苯、三氯甲烷、乙酸乙酯、丙酮和冰乙酸，能溶于乙醇、甲醇、乙醚和石油醚。青蒿素对酸碱不稳定，对强碱极不稳定，热至熔点以上即迅速分解。由于其在水和油中的溶解度比较小，不能制成针剂使用，而口服剂在肠胃中易分解，吸收较差，不能杀尽原虫，有一定的复发率，影响其治疗作用的发挥，临床应用也受到一定限制。因此曾对它的结构进行修饰，合成大量衍生物，从中筛选出具有抗疟效价高、原虫转阴快、速效、低毒等特点的双氢青蒿素，再进行甲基化，将它制成油溶性的蒿甲醚及水溶性的青蒿琥珀酸单酯，现已有多种制剂用于临床（图 4-17）。

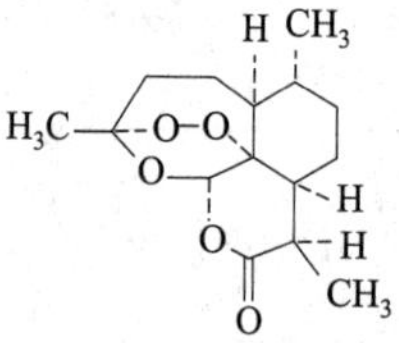

青蒿素

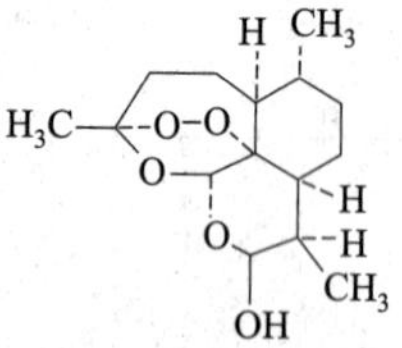

双氢青蒿素

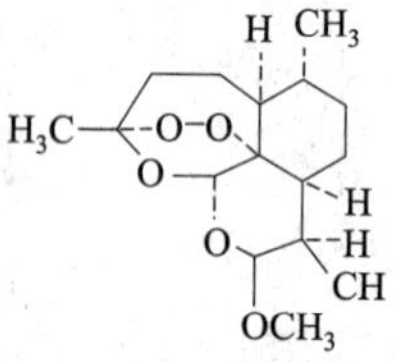

蒿甲醚

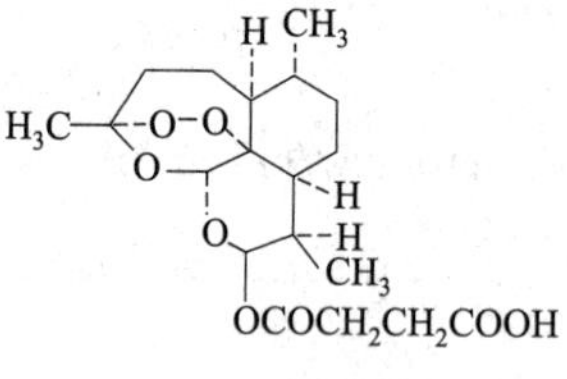

青蒿琥珀酸单酯

图 4-17　青蒿素及其衍生物

鹰爪甲素是从民间治疗疟疾的有效草药鹰爪根中分离出的具有过氧基团的倍半萜化合物，对鼠疟原虫的生长有强抑制作用（图 4-18）。

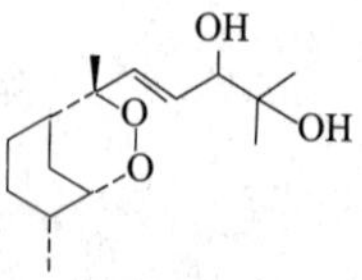

图 4-18　鹰爪甲素

3. 双环倍半萜

双环倍半萜化合物主要有桉烷型、愈创木烷型、杜松烷型及 β-檀香烷型，以前二者为多。棉酚为杜松烷型双分子衍生物，主要存在于棉籽中，约含 0.5 %，在棉的茎、叶中亦含有，为有毒的黄色液体（图 4-19）。棉酚具有杀精子作用和抗菌杀虫活性。棉酚不含手性碳原子，但由于两个苯环折叠障碍而具有光学活性，在棉籽中为消旋体，有多种不同熔点的晶体：184℃（乙醚）、199℃（氯仿）、214℃（石油醚）。从桐棉（*Thespesia populnea*）花中得到棉酚右旋体，在石油醚中为淡黄色针晶，在丙酮中形成深黄色棱晶的丙酮加成物，在含水丙酮中为长片状结晶。

桉叶醇属桉烷型，有 α-桉叶醇及 β-桉叶醇两种异构体，存在于桉叶、厚朴、苍术等植物的挥发油中。苍术酮属桉烷型，分子结构中有一个呋喃环，苍术挥发油中含有苍术酮。β-白檀醇为白檀油中沸点较高的组分，用作香料的固香剂，并有较强的抗菌作用。莽草毒素为莽草（*Illicium anisatum*，即毒八角）果实中所含双内酯倍半萜化合物，属于杜松烷型，大八角（*Illicium majus*）中也有存在，对人体有害（图4-20）。

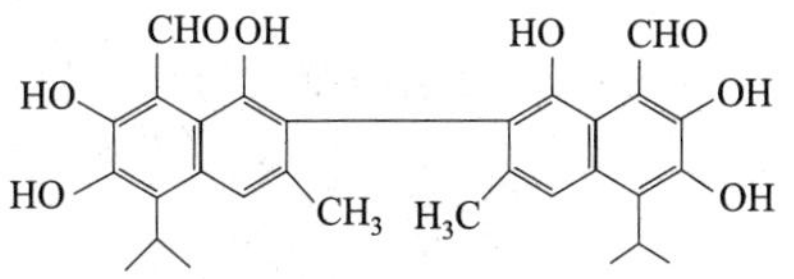

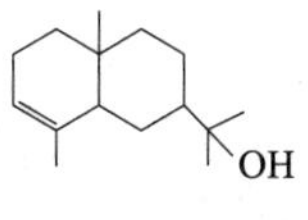

α-桉叶醇 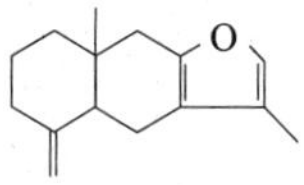　　　　苍术酮

图4-19　棉酚

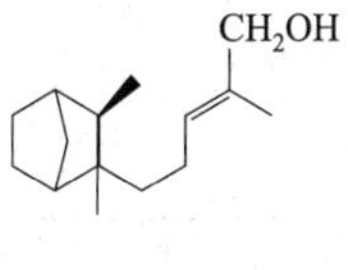

β-白檀醇 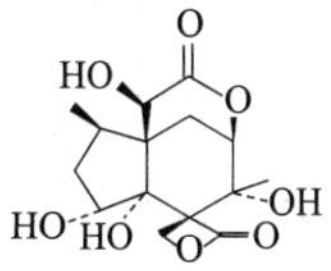　　　莽草毒素

图4-20　几种双环倍半萜

倍半萜中有很多具有内酯型结构，总称倍半萜内酯，它们起源于蛇牛儿内酯（吉马内酯），其结构演化成下列多种结构类型的化合物：榄烷内酯、开环桉叶内酯、桉叶内酯、艾里莫芬内酯、蜂斗菜内酯、愈创木内酯、开环愈创木内酯、3,4-开环伪愈创木内酯、开环吉马内酯、伪愈创木内酯、4,5-开环伪愈创木内酯、杜松内酯、柯里马拉内酯等，如图4-21所示。

4. 薁类化合物

薁类化合物是由五元环与七元环并合而成的芳烃衍生物。这类化合物可看成是由环戊二烯负离子和环庚三烯正离子并合而成，所以薁是一种非苯型的芳烃类化合物，具有一定的芳香性。薁类在天然药物中有少量存在，多数是由存在于挥发油中的氢化薁类脱氢而成，如愈创木醇是存在于愈创木木材的挥发油中的氢化薁类衍生物，愈创木醇类成分在蒸馏、酸处理时可氧化脱氢而成薁类。

挥发油分馏时，在高沸点馏分中若见到蓝色、紫色或绿色馏分，即表示有薁类存在。薁类沸点较高，一般在250～300℃，可溶于石油醚、乙醚、乙醇等有机溶剂，不溶于水。可溶于强酸，加水稀释又可沉淀析出，故可用60%～65%硫酸或磷酸提取薁类成分。薁类与苦味酸或三硝基苯试剂可产生 π 配合物结晶，此结晶具有敏锐的熔点，可用于鉴定。薁类化合物分子具有高度共轭体系，在可见光（360～700nm）吸收光谱中有强吸收峰。天然产物中存在的薁类化合物多为其氢化产物，无芳香性，且多属愈创木烷结构。

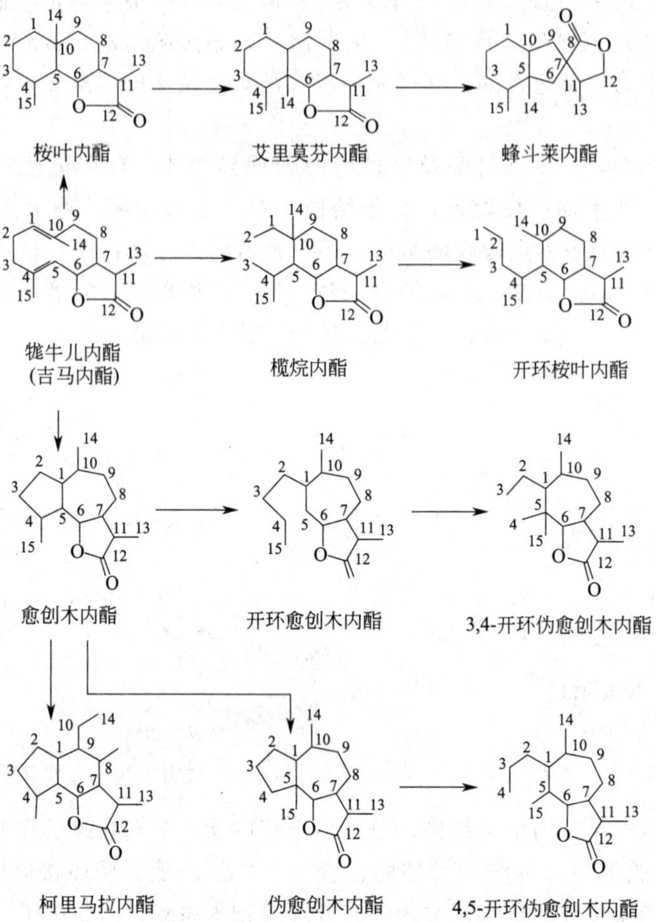

图 4-21　常见倍半萜内酯骨架间的联系

（三）二萜

二萜是由 4 个异戊二烯单元组成的化合物及其衍生物，结构类型较多。二萜类是由牻牛儿基牻牛儿醇焦磷酸酯衍生的天然产物，其主要骨架立体结构及相互之间的转化如图4-22所示，其中贝壳杉烷、赤霉烷、阿替烷及乌头烷等骨架的对映体，即对映-贝壳杉烷、对映-赤霉烷、对映-阿替烷及对映-乌头烷骨架的化合物在天然产物中有较多发现。它们主要存在于植物或真菌中，植物分泌的乳汁、树脂等均以二萜类衍生物为主，近年来亦发现海洋生物中存在不少新结构的二萜化合物。许多二萜都具有生物活性，除了经典的二萜物质如穿心莲内酯、丹参醌、雷公藤内酯等是重要的药物外，许多新的关于二萜物质生物活性的报道也屡见于国际刊物。二萜化合物大都以环状形式存在，根据其分子骨架的碳环数目，可以将二萜化合物分为无环二萜、单环二萜、二环二萜、三环二萜、四环二萜等几大类型。

1. 无环二萜和单环二萜

无环二萜植醇广泛存在于绿色植物中，是合成生育酚和维生素 K_1 的原料。天然的植醇为油状液体，沸点为 202～204℃，几乎不溶于水，溶于有机溶剂。香叶基香叶醇可认为是生物合成的最原始的二萜化合物。海洋生物褐藻中香叶基甘油醇的存在可能具有化学分类学意义。

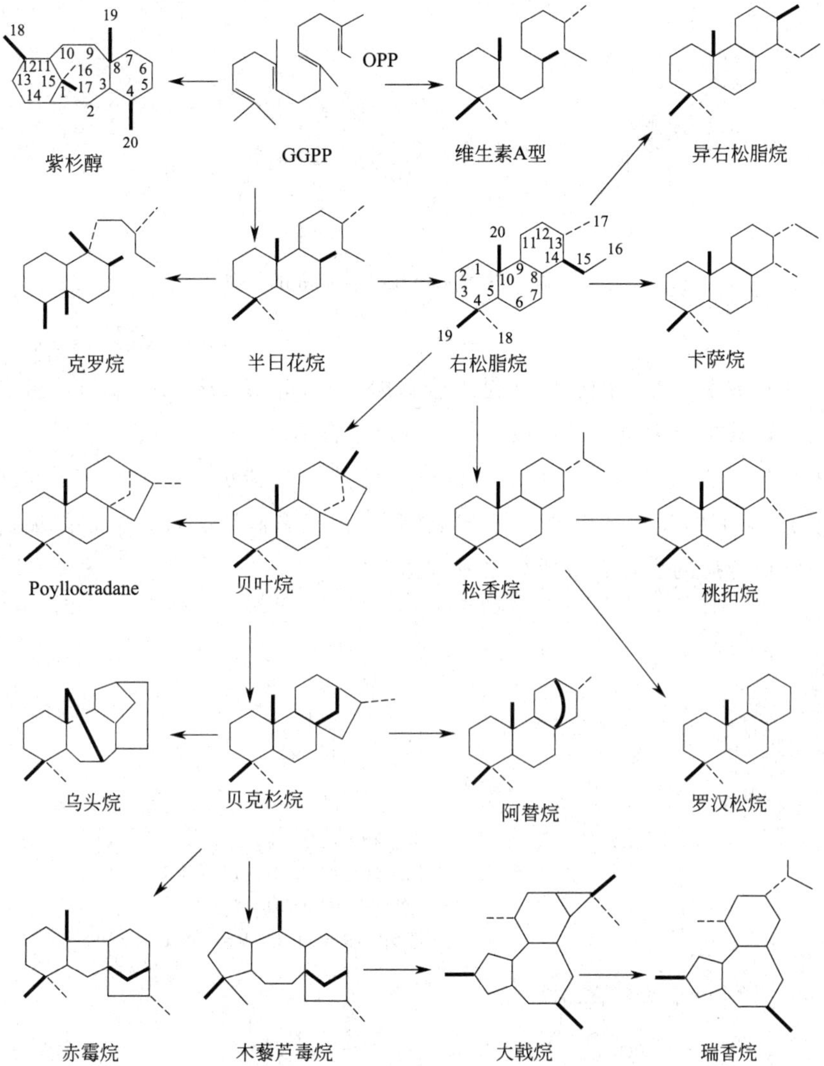

图 4-22　二萜的基本骨架、立体结构及生物合成

维生素 A 的碳骨架可看作单环二萜，存在于动物肝脏中，尤其在鱼肝中含量丰富，常以酯的形式存在，是人体生长发育必需的一种脂溶性维生素，它维持上皮组织及多种黏膜的正常功能和结构，参与视黄醛的合成。樟萜烯是由樟油高沸点部分分离到的一个单环二萜。近年来不断有天然无环和单环二萜的报道，它们大多来源于海洋藻类和少数真菌（图 4-23）。

2. 二环二萜

二环二萜中以半日花烷型为多。穿心莲（*Andrographis paniculata*）含有多种二萜内酯，其中穿心莲内酯是抗菌的主要成分，现已用于临床治疗急性痢疾、肠胃

OH
OH
香叶基香叶醇
植醇
OH
樟二萜
维生素A

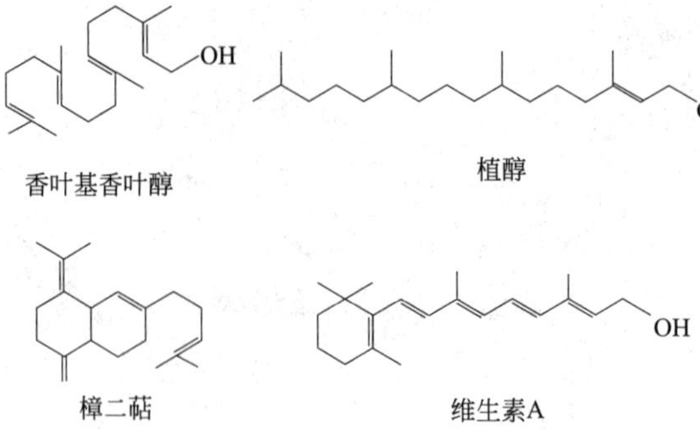

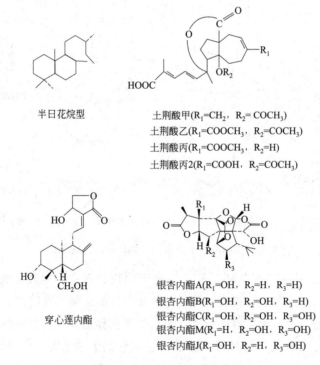

图 4-23　几种无环和单环二萜化合物

炎等。

土荆（槿）酸甲、乙、丙、丙 2 是由金钱松（*Pseudolarix amabilis*）树皮中分离出的抗真菌成分，其中土荆酸乙为主成分，并有抗生育活性。

银杏内酯是银杏（*Ginkgo biloba*）根皮及叶的强苦味成分，已分离出银杏内酯 A、B、C、M、J，它们的基本结构中有三个内酯环，但只有两个碳环。银杏内酯是银杏叶制剂中治疗心脑血管病的主要有效成分之一（图 4-24）。

半日花烷型
R_1
OR_2
HOOC
土荆酸甲(R_1=CH_2，R_2= $COCH_3$)
土荆酸乙(R_1=$COOCH_3$，R_2=$COCH_3$)
土荆酸丙(R_1=$COOCH_3$，R_2=H)
土荆酸丙2(R_1=COOH，R_2=$COCH_3$)
HO
HO
H
CH_2OH
穿心莲内酯
R_1
H
OH
R_2
R_3
银杏内酯A(R_1=OH，R_2=H，R_3=H)
银杏内酯B(R_1=OH，R_2=OH，R_3=H)
银杏内酯C(R_1=OH，R_2=OH，R_3=OH)
银杏内酯M(R_1=H，R_2=OH，R_3=OH)
银杏内酯J(R_1=OH，R_2=H，R_3=OH)

图 4-24　几种二环二萜化合物

3. 三环二萜

三环二萜化合物中大多数为右松脂烷型、松香烷型，以松柏科植物中存在最多，少有紫杉烷型、瑞香烷型。

　　左松脂酸、松脂酸和松香酸是松脂中的主要成分。松脂中不挥发性成分以左松脂酸为主，在空气中放置能转化为松脂酸。松脂经水蒸气蒸馏分出松节油后，剩余的在松香中已全部转变为松香酸，而不再以左松脂酸形式存在。

　　雷公藤（*Tripterygium wilfordii*）是治疗风湿关节炎的中药，该植物提取物的胶囊、片剂、贴剂等用于治疗感染和自身免疫方面的疾病。雷公藤富含松香烷型二萜化合物，雷公藤甲素、雷公藤乙素、雷公藤内酯及16-羟基雷公藤内酯醇是从雷公藤中分离出的抗癌活性物质。雷公藤甲素对乳腺癌和胃癌细胞系集落形成有抑制作用，16-羟基雷公藤内酯醇具有较强的抗炎、免疫抑制和雄性抗生育作用。

　　瑞香毒素为欧瑞香中的有毒成分。芫花根中含有的芫花酯甲和芫花酯乙具有中期妊娠引产作用，现已被用于临床。此类二萜酯均具有刺激皮肤发赤、发泡作用及毒鱼活性（图4-25）。

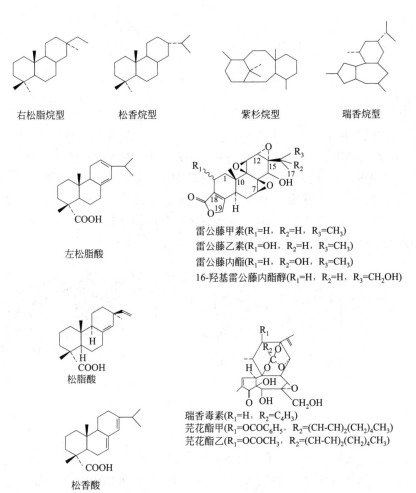

图 4-25　几种三环二萜化合物

　　紫杉醇是存在于红豆杉科红豆杉属（*Taxus*）多种植物中的具有抗癌作用的二萜生物碱类化合物，临床上用于治疗卵巢癌、乳腺癌和肺癌等，有较好疗效。现已从红豆杉属植物中分离出 200 多种紫杉烷二萜衍生物（图 4-26）。

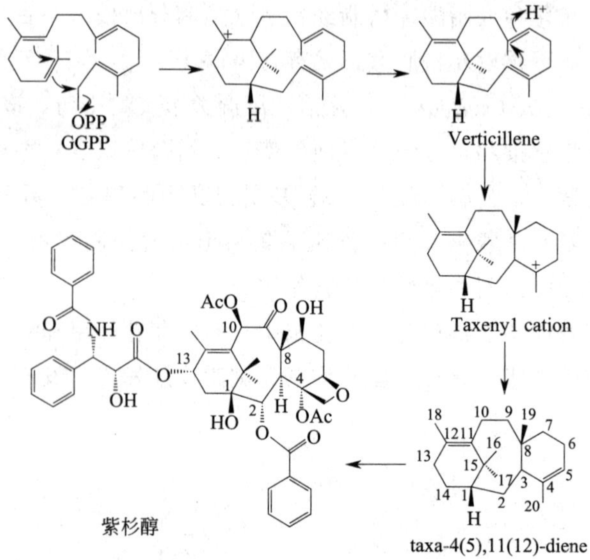

图 4-26 紫杉醇生物合成途径

4. 四环二萜

四环二萜类化合物主要为贝壳杉烷。

甜菊苷是菊科植物甜叶菊（*Stevia rebaudiana*）叶中所含的四环二萜甜味苷，还有甜菊苷 A、D、E 等多种甜味苷，甜菊苷 A 甜味较强，但含量较少。总甜菊苷含量约 6%，其甜度均为蔗糖的 300 倍。我国大面积栽培甜叶菊。甜菊苷在医药、食品工业广泛应用。

冬凌草素是由冬凌草（*Rabdosia rubescens*）中得到的抗癌有效成分，曾由延命草（*Isodon japonicus*）中提取分离鉴定（图 4-27）。

贝壳杉烷　　　　　　甜菊苷　　　　　　冬凌草素

图 4-27　几种四环二萜化合物

（四）三萜

三萜是由 30 个碳原子组成的萜类化合物，多数三萜化合物均可看作由 6 个异戊二烯单位连结而成。三萜广泛存在于植物界，单子叶和双子叶植物中均有分布，尤以石竹科、五加科、豆科、远志科、桔梗科、玄参科、楝科等科的植物中分布最为普遍，含量也较高。许多常见的中药如人参、三七、甘草、柴胡、黄芪中都含有大量三萜及其与糖形成的三萜皂苷。

三萜化合物可看作是由鲨烯通过不同方式环合形成，而鲨烯由金合欢醇焦磷酸尾尾结合而成。三萜化合物结构类型很多，除了少数为无环三萜、二环三萜和三环三萜外，主要为四环三萜和五环三萜。

1. 鲨烯类

如由鲨鱼肝油和橄榄油中分到的角鲨烯、龙涎香制得的三环三萜龙涎香醇以及近年来从多花苦木（*Picramnia polyantha* Planchon）中分到的苦木醇 B 和苦木醇 D 等均属鲨烯类三萜（图 4-28）。

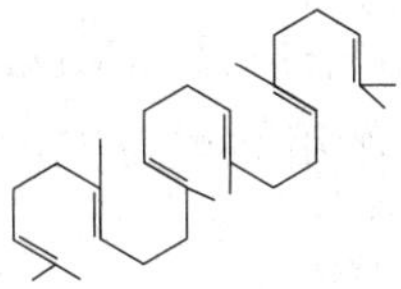

图 4-28　几种鲨烯类三萜

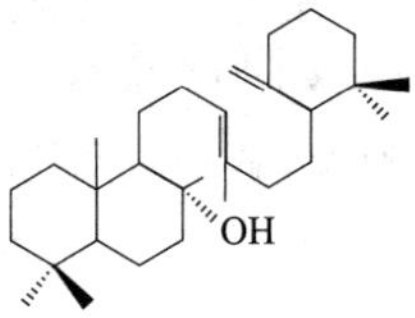

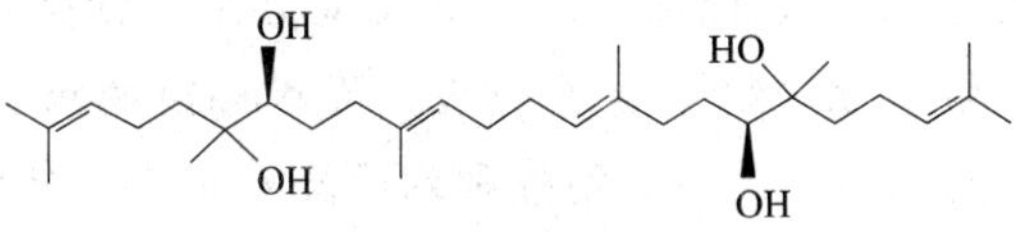

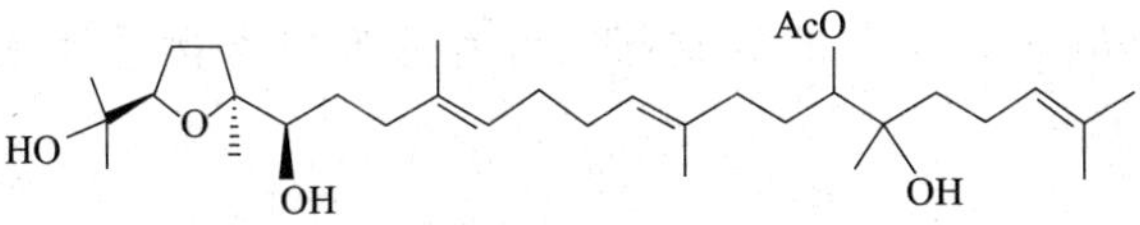

2. 四环三萜

四环三萜主要有羊毛甾烷型、达玛烷型、原萜烷型、葫芦烷型、楝苦素类、苦味素类等类型。

中药黄芪（*Astragalus membranaceus*）用于强身、利尿和抑制分泌，自其根中分到的黄芪苷类是由皂苷元环黄芪醇与糖构成的配糖体，环黄芪醇属于羊毛甾烷类三萜。灵芝为补中益气、滋补强壮、扶正固本、延年益寿的名贵中药材，从其中分离到的四环三萜化合物已达 100 多种，属于羊毛甾烷高度氧化的衍生物，共有 C_{30}、C_{27}、C_{24} 三种骨架。

人参总皂苷是十几种皂苷的混合物，根据苷元的不同，可将人参皂苷分成 A、B、C 三种类型。A、B 型皂苷元分别为 20-（S）-原人参二醇和 20-（S）-原人参三醇，它们都属于达玛烷型三萜，C 型皂苷元是齐墩果烷型三萜。A 型人参皂苷如 Rb1、Rc、Rd、F2，B 型人参皂苷如 Re、Rg_1、Rg_2。不同类型的达玛烷三萜皂苷生理活性有显著差异。人参总皂苷没有溶血作用，但经分离后，B 型和 C 型人参皂苷具有显著的溶血作用，A 型皂苷则有抗溶血作用；A 型人参皂苷能抑制中枢神经，而 B 型则有兴奋中枢神经的作用。

原萜烷是达玛烷的立体异构体，代表性成分如泽泻萜醇 A 和 B（Alisol A，B）。它们系中药泽泻（*Alisma plantago-aquatica*）块茎的主要成分，近年来已用于临床治疗高血脂、降低胆固醇。

葫芦烷代表性成分如葫芦素 B，存在于葫芦科植物白泻根（*Bryonia abba*）的根、药西瓜（*Citrullus colocynthis*）的瓤和喷瓜（*Ecballium elaterium*）中，味苦但具有抗癌活性。镇咳清热中药罗汉果（*Momordica grosvenori*）果实中的主要成分为罗汉果甜素 V，其苷元的结构和葫芦素类似，但不苦。

楝科植物苦楝（*Melia azedarach*）的果实及树皮中含有多种三萜成分，具苦味，总称为楝苦素类，其侧链末端失去了 4 个碳原子，骨架由 26 个碳原子构成，故又称为降四环三萜类。川楝素（又叫苦楝素）存在于川楝（Melia toosendan）与苦楝的果实根皮和树皮中，驱蛔虫有效率 90％以上，作用缓慢而持久，能兴奋肠肌，是理想的驱虫药。

许多苦木科植物含有多种结构类似的苦木素，总称苦木苦味素类。组成此类化合物的基本骨架为苦木烷，碳数为 20 个，以往多认为此类成分是二萜类化合物，但现在从生源观点看，将它看成失碳三萜类化合物更合理一些。苦木科植物鸦胆子（*Bruea jurunica*）的果实性极苦寒、有毒，能杀虫、治痢，治疗阿米巴痢疾有效，从中分到一系列抗阿米巴的有效成分，如鸦胆子素 D。西方国家久作药用的苦木是牙买加苦木（*Picrasma excelsa*）或苏里南苦木（*Quassia amara*）的木质部，后者的苦味素含量为 0.1％ ～0.2％，主要成分为苦木苦素（图 4-29）。

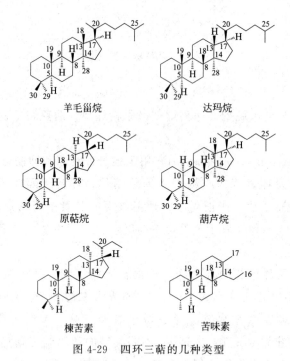

图 4-29　四环三萜的几种类型

3. 五环三萜

五环三萜主要有齐墩果烷型、乌素烷型、羽扇豆烷型和何帕烷型，以及通过甲基重排、扩环、降解、裂环等形成其他类型五环三萜。较常见的有蒲公英烷型、木栓烷型、锯齿石松烷型、管藻烷型、马拉巴型、羊齿烷型等。

（1）齐墩果烷型　齐墩果酸首次从油橄榄（*Olea europaea*，又称齐墩果）的叶子中分得，广泛分布于植物界，多与糖结合成苷。齐墩果酸经动物实验有降转氨酶作用，对四氯化碳引起的急性肝损伤有明显的保护作用，并能促进肝细胞再生，防止肝硬变，已成为治疗肝炎的有效药物。

甘草次酸存在于甘草（*Glycyrrhiza uralensis*）中，除游离形式存在外，还与两分子葡萄糖醛酸结合成苷，形成甘草酸。甘草酸和甘草次酸都有肾上腺皮质激素样作用，临床用作抗炎药，并用于治疗胃溃疡病。近年的药理实验发现甘草酸除有抗变态反应的作用外，还有非特异性的免疫加强作用，同时还有能对抗肝脏急性中毒的作用。

中药柴胡、商陆、文冠果、远志、丝石竹中都大量存在齐墩果烷型三萜皂苷。

（2）乌索烷型　乌索烷型三萜，又称 α-香树脂烷三萜，大多是乌索酸的衍生物。乌索酸（又名乌苏酸、熊果酸），在植物界分布较广，该成分在体外对革兰氏阳性菌、酵母菌有抑制活性，能明显降低大鼠体温，具有镇静、抗炎、抗菌、抗糖尿病、抗溃疡、降低血糖等多种生物学效应。近年来发现它具有抗致癌、抗促癌、诱导 F9 畸胎瘤细胞分化和抗血管生成作用。体内试验证明，熊果酸可以明显增强机体免疫功能，说明它的抗肿瘤作用广泛，极有可能成为低毒有效的新型抗癌药物。

伞形科植物积雪草（*Centella asiatica*）所含的粗皂苷是一种创伤愈合促进剂，其中主要成分积雪草苷是积雪草酸与糖形成的酯苷。此植物中与积雪草苷共存的其他皂苷也多为乌索酸衍生物的酯苷。

（3）羽扇豆烷型　羽扇豆（*Lupinus luteus*）种子中存在的羽扇豆醇和桦木科植物华北白桦（*Betula platyphylla*）树皮中所含的桦木醇、白桦脂酸都属于这类成分。羽扇豆醇被验证能够抑制癌细胞生长并可以诱导黑色素瘤细胞分化。

毛茛科白头翁属植物白头翁（*Pulsatilla chinensis*）中含有多种羽扇豆烷三萜皂苷，皂苷元为 23-羟基桦木酸（图 4-30）。

（五）四萜及其衍生物

四萜类衍生物中重要的一类就是类胡萝卜素，即胡萝卜素和叶黄素两大类色素的总称，多带有由黄至红的颜色，因此又叫多烯色素。类胡萝卜素约有 600 多种，主要作天然色素，少量作为药物（如番茄红素有抗癌作用）。

类胡萝卜素在植物中分布很广，由于分子中有很长的共轭结构，所以大都有漂亮的颜色，但是对光热、氧、酸不稳定，容易发生结构改变。大多数自然界中存在的胡萝卜烃类具有 40 个碳原子的骨架，但近年来也发现 C45、C50 骨架的多萜类衍生物存在。根据四萜衍生物含氧官能团的取代情况，多烯衍生物又可分为多烯烃、多烯醇、多烯酮、多烯烃环氧化物和其他类多烯烃。

这类化合物中重要的一个是 β-胡萝卜素。它又称原维生素 A，因为一分子 β-胡萝卜素在动物体内能被氧化转化成两分子维生素 A，所以 β-胡萝卜素内服到人体中能表现出维生素 A 的生理作用。β-胡萝卜素广泛存在于蔬菜及水果中，在胡萝卜中的含量很高，约占其中色素量的 85%（图 4-31）。

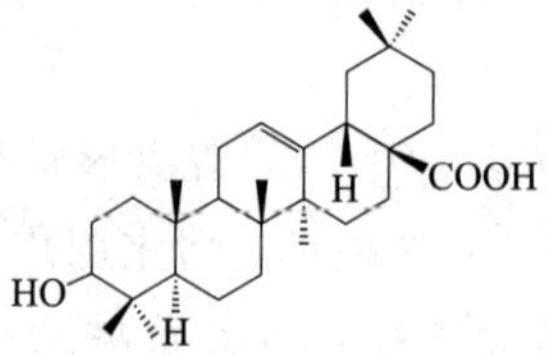

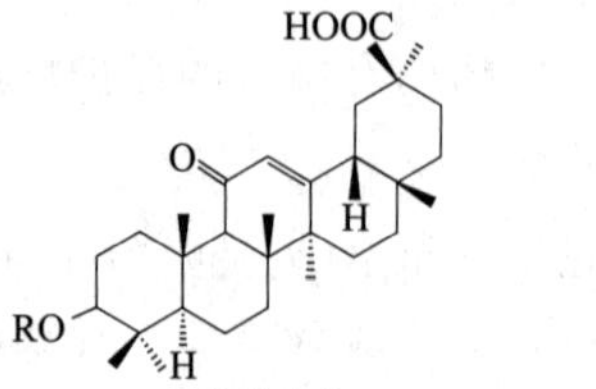

甘草次酸：R=H
甘草酸：R=αglc^2 $\beta_1$glc

齐墩果酸

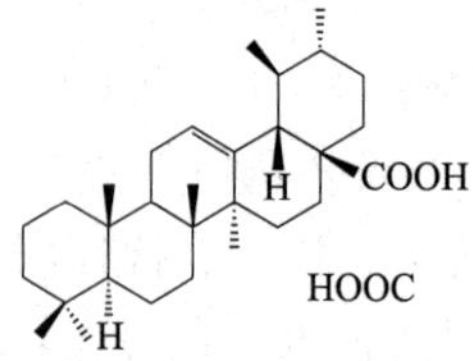

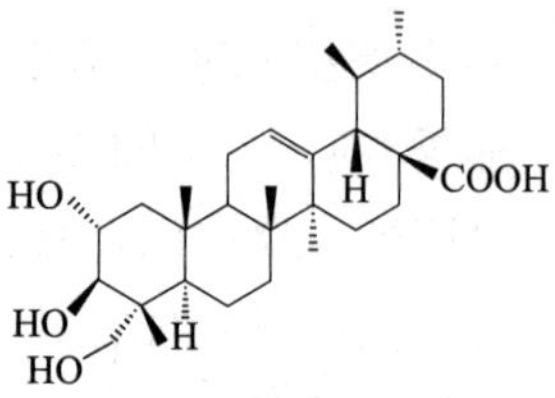

积雪草苷：R=H
积雪草酸：R=glc^6—glc^4-rha

乌索酸

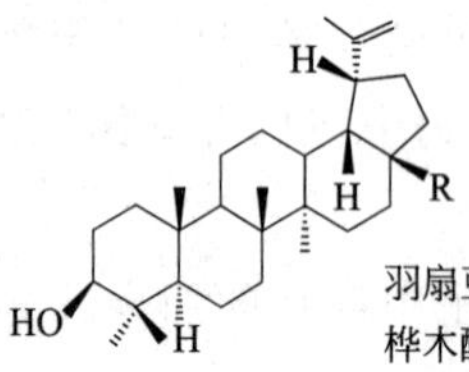

羽扇豆醇：R=CH$_3$
桦木醇：R=CH$_2$OH
白桦脂酸：R=COOH

23-羟基桦木酸

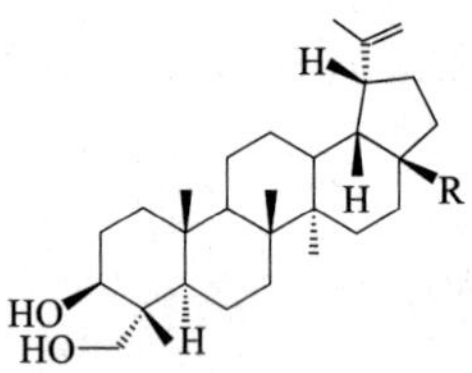

图 4-30　几种五环三萜化合物

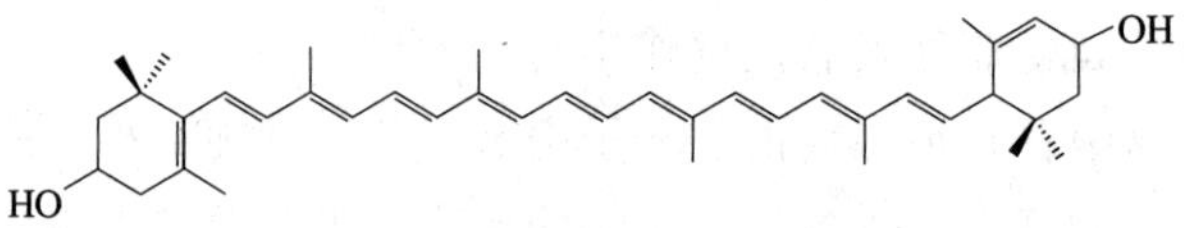

叶黄素

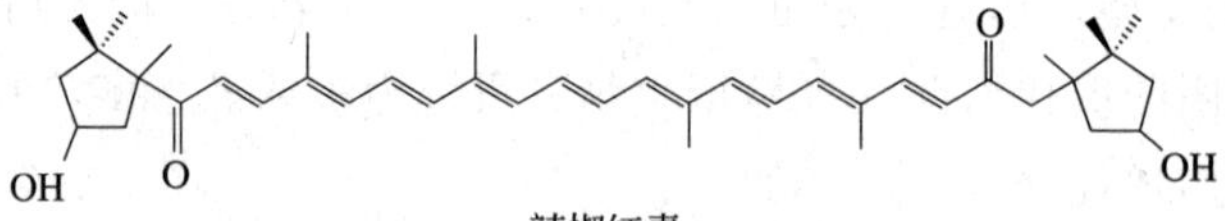

辣椒红素

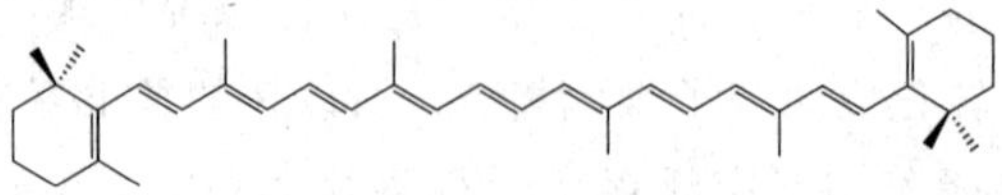

β-胡萝卜素

图 4-31　几种四萜化合物

第三节　萜类化合物的理化性质及生物学活性

一、萜类化合物的基本性状

（一）状态

分子量低的萜类化合物，如单萜及倍半萜在常温下多为油状液体，少数为低熔点固体，具挥发性及特殊香气。裂环烯醚萜类均为结晶固体或无定形具有吸湿性的粉末。分子量较高的萜化合物为低熔点的固体，多数可形成晶体，不具有挥发性。单萜的沸点比倍半萜低，并且单萜和倍半萜随分子量和双键的增加、功能基的增多，化合物的挥发性降低，熔点和沸点相应增高。二萜、二倍半萜及三萜多为固体结晶，萜苷多为固体结晶或粉末，不具挥发性。四萜化合物主要是胡萝卜烃类色素，多聚萜类主要为橡胶。

（二）气味

萜类化合物多具苦味，早期所称的苦味素即是萜类。也有少数萜具有较强甜味，如甜菊苷。皂苷多数具有苦而辛辣味，还具有吸湿性，其粉末对人体黏膜有强烈刺激性，尤其鼻内黏膜的敏感性最大，吸入鼻内能引起喷嚏。

（三）旋光和折光性

大多数萜类化合物都具不对称碳原子，有光学活性。低分子萜类大多具有很高的折光率。

二、萜类化合物的溶解性

萜类化合物一般为亲脂性成分，难溶于水，溶于甲醇、乙醇，易溶于乙醚、氯仿、乙酸乙酯、苯等亲脂性有机溶剂。随着含氧功能团的增加，逐渐具有亲水性，具羧基、酚羟基及内酯结构的萜还可分别溶于碳酸氢钠或氢氧化钠水溶液，加酸使之游离或环合后又可自水中析出或转溶于亲脂性有机溶剂，此性质常用于提取分离此类结构的萜类化合物。

萜类的苷化合物含糖的数量均不多，但具有一定的亲水性，随分子中糖数目的增加水溶性增强，一般能溶于热水，易溶于甲醇及乙醇，不溶或难溶于亲脂性有机溶剂。三萜皂苷可溶于水，易溶于热水、热甲醇和热乙醇中，含水丁醇或戊醇对皂苷的溶解度较好，因此是提取皂苷时常用的溶剂。

由于裂环烯醚萜类化合物分子量都不大，且往往含有极性功能基，所以在溶解性方面虽然苷元比苷的亲脂性强，但总的来说都偏于亲水性。故这类成分大多易溶于水和甲醇，也溶于乙醚、丙酮、正丁醇，难溶于氯仿、苯、石油醚等亲脂性有机溶剂。

三、萜类化合物的化学性质

萜类化合物对热、光、酸及碱较敏感，长时间接触会引起氧化、重排及聚合反应，导致结构变化，因此在提取、分离及储存萜类化合物时应注意尽量避免这些因素的影响。

（一）加成反应

含有双键和醛、酮等羰基的萜类化合物，可与某些试剂发生加成反应，其产物往往是结晶性的。这不但可供识别萜类化合物分子中不饱和键的存在和不饱和的程度，还可借助加成产物完好的晶型，用于萜类的分离与纯化。

1. 双键加成反应

（1）与卤化氢加成反应　萜类化合物中的双键能与氢卤酸类，如氢碘酸或氯化氢在冰醋酸溶液中反应，于冰水中析出结晶性加成产物。例如柠檬烯与氯化氢在冰乙酸中进行加成反应，得到的反应产物加入冰水即析出柠檬烯二氢氯化物，该产物具有很好的结晶形状（图 4-32）。

（2）与溴加成反应　萜类成分的双键在冰乙酸或乙醚与乙醇的混合溶液中与溴反应，在冰冷却下，可析出结晶形溴加成物（图 4-33）。

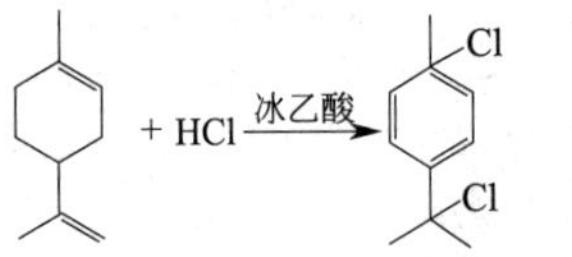

柠檬烯　　柠檬烯二氢氯化物

图 4-32　柠檬烯与氯化氢反应式

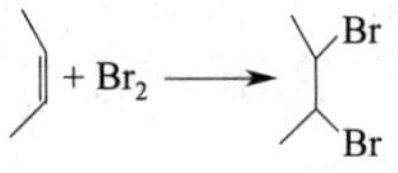

图 4-33　萜类双键与溴加成反应式

（3）与亚硝酰氯反应　许多不饱和萜类化合物能与亚硝酰氯（Tilden 试剂）发生加成反应，生成亚硝基氯化物。先将不饱和的萜类化合物加入亚硝酸异戊酯中，冷却下加入浓盐酸，混合振摇，然后加入少量乙醇或冰醋酸即有结晶加成物析出。生成的氯化亚硝基衍生物多呈蓝色至绿色，可用于不饱和萜类成分的分离和鉴定。生成的氯化亚硝基衍生物还可进一步与伯胺或仲胺（常用六氢吡啶）缩合生成亚硝基胺类，后者具有一定的结晶形状和一定的物理常数，在鉴定萜类成分上颇有价值（图 4-34）。

$$H_3C-\underset{}{\overset{CH_3}{\overset{|}{CH}}}-CH_2-CH_2-O-N=O+HCl\longrightarrow H_3C-\overset{CH_3}{\overset{|}{CH}}-CH_2-CH_2-OH+Cl-N=O$$

亚硝酸异戊酯　　亚硝酸氯

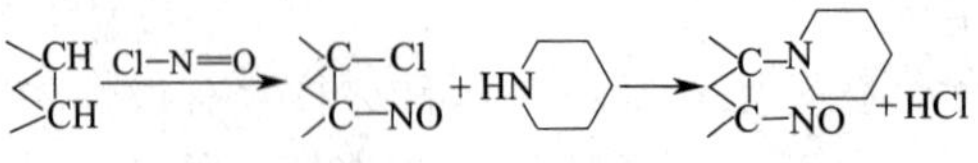

不饱和萜类　　氯化亚硝基衍生物　　亚硝基胺类

图 4-34　不饱和的萜类与亚硝酰氯反应式

（4）Diels-Alder 加成反应 带有共轭双键的萜类化合物能与顺丁烯二酸酐产生 Diels-Alder 加成反应，生成结晶形加成产物，可借以证明共轭双键的存在（图 4-35）。

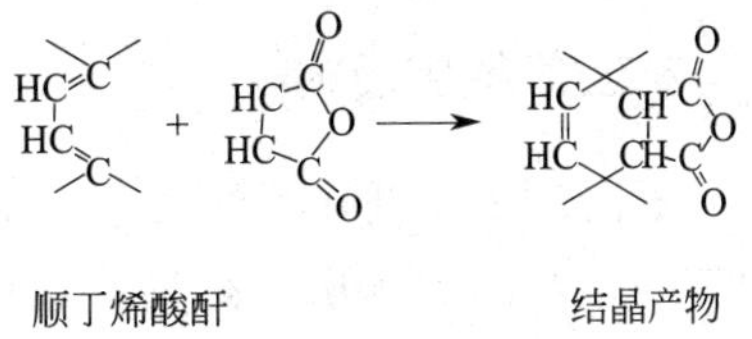

顺丁烯酸酐   结晶产物

图 4-35 萜类化合物与
Diels-Alder 加成反应反应式

2. 羰基加成反应

（1）与亚硫酸氢钠加成 含羰基的萜类化合物可与亚硫酸氢钠发生加成反应，生成结晶形加成物，复加酸或加碱使其分解，生成原来的反应产物，如从香茅油中分取柠檬醛。同时，含双键和羰基的萜类化合物在应用此法时要注意，反应时间过长或温度过高可使双键发生加成，并形成不可逆的双键加成物，例如柠檬醛的加成条件不同加成产物则各异（图 4-36）。

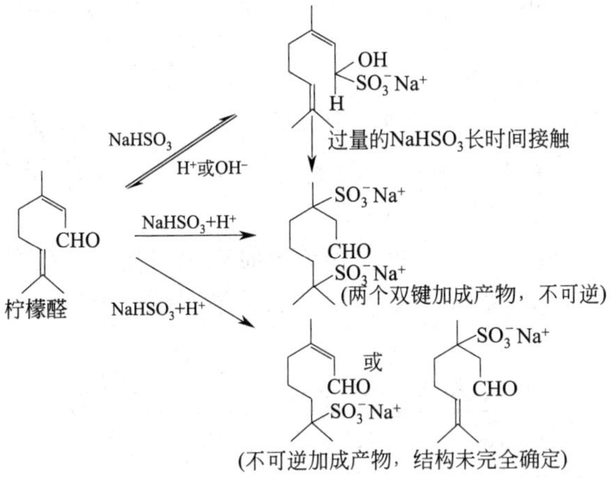

图 4-36 萜类与亚硫酸氢钠加成反应式

（2）与硝基苯肼加成 含羰基的萜类化合物可与对硝基苯肼或 2,4-二硝基苯肼在磷酸中发生加成反应，生成结晶形加成物——对硝基苯肼或 2,4-二硝基苯肼的加成物（图 4-37）。

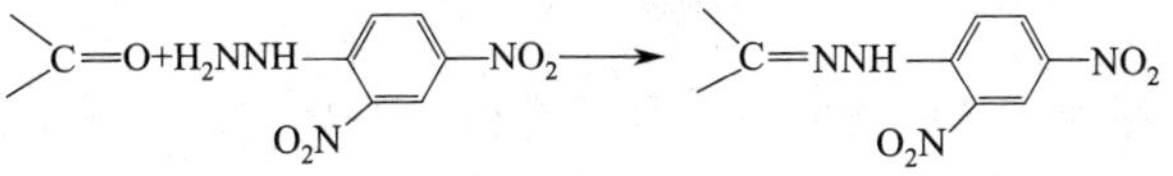

图 4-37 萜类与硝基苯肼加成反应式

（3）与吉拉德试剂加成 吉拉德试剂是一类带有季铵基团的酰肼，常用的有 Girard T 和 Girard P（图 4-38）。

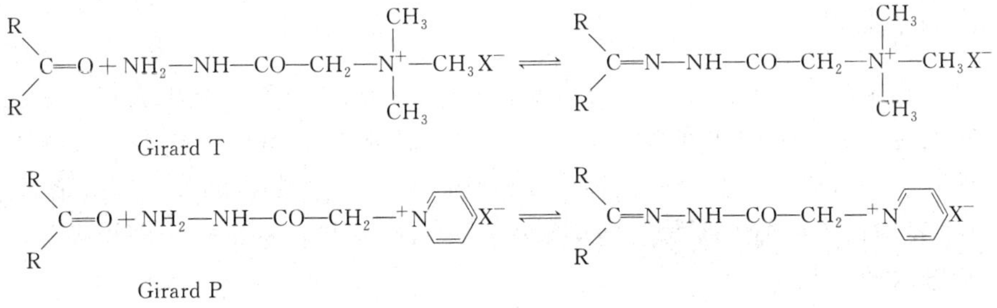

图 4-38 萜类与吉拉德试剂加成反应式

（二）氧化反应

不同的氧化剂在不同的条件下，可以将萜类成分中各种基团氧化，生成各种不同的氧化产物。常用的氧化剂有臭氧、铬酐（三氧化铬）、四醋酸铅、高锰酸钾和二氧化硒等，其中以臭氧的应用最为广泛。例如臭氧氧化萜类化合物中的烯烃反应，既可用来测定分子中双键的位置，亦可用于萜类化合物的醛酮合成（图4-39）。

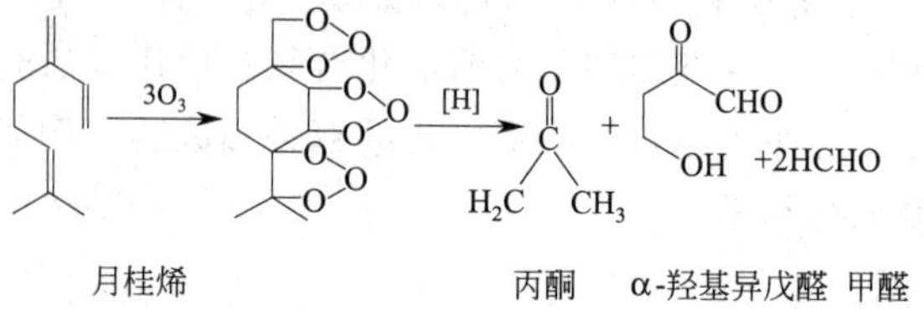

图4-39 月桂烯氧化反应式

铬酐几乎与所有可氧化的基团作用。用强碱型离子交换树脂与铬酐制得含有铬基的树脂，它与薄荷醇在适当溶剂中回流，则生成薄荷酮，产率高达73%～98%，副产物少，产物极易分离、纯化。

高锰酸钾是常用的中强氧化剂，可使环断裂而氧化成羧酸。如薄荷酮在高锰酸钾溶液中氧化，可使薄荷酮中六元环氧化生成 β-甲基乙二酸（图4-40）。

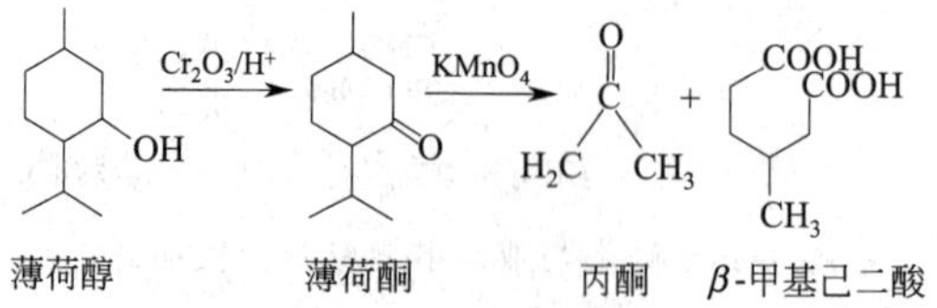

图4-40 薄荷醇与薄荷酮氧化反应式

（三）脱氢反应

脱氢反应在研究萜类化学结构时是一种很有价值的反应，特别是在早期研究萜类化合物母核骨架时具有重要意义。在脱氢反应中，环萜的碳架因脱氢转变为芳香烃类衍生物，所得芳烃衍生物容易通过合成的方法加以鉴定。脱氢反应通常在惰性气体的保护下，用铂黑或钯做催化剂，将萜类成分与硫或硒共热（200～300℃）而实现脱氢，有时可能导致环的裂解或环合（图4-41）。

（四）分子重排

萜类化合物中含有丰富的双键，可以发生协同重排或者酸碱催化的重排反应。双环萜类化合物在发生加成、消除或亲核性取代反应时，常常发生 Wagner-Meerwein 重排，产生碳架的改变。如目前工业上由 α-蒎烯合成樟脑，先将 α-蒎烯在 Al_2O_3 作催化剂、150～160℃条件下异构化，再加入酸发生 Wagner-Meerwein 重排，重排产物水解成醇，再由醇氧化制得樟脑（图4-42）。

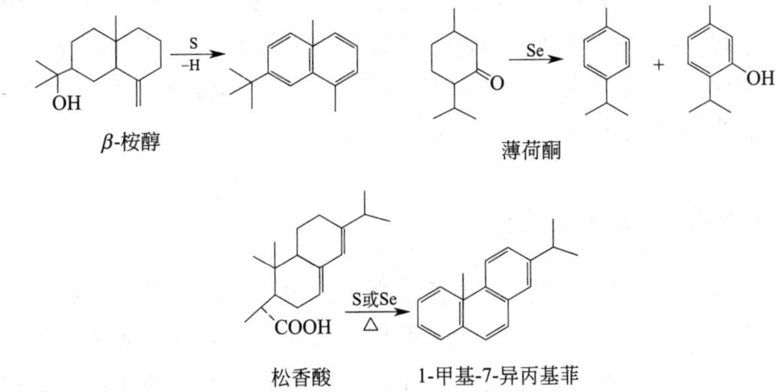

图 4-41 萜类脱氢反应式

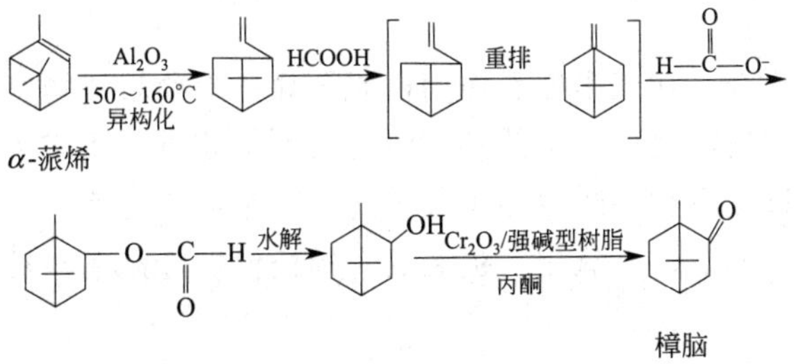

图 4-42 α-蒎烯分子内重排生成樟脑的反应式

（五）显色反应

三萜化合物和三萜皂苷，在无水条件下，与强酸（硫酸、磷酸、高氯酸）、中等强酸（三氯乙酸）或路易斯酸（氯化锌、三氯化铝、三氯化锑）作用。会产生颜色变化或荧光。其原理主要是使羟基脱水，增加双键结构，再经双键移位、双分子缩合等反应生成共轭双烯系统，又在酸作用下形成阳碳离子盐而呈色。因此，全饱和的 3 位又无羟基或羰基的化合物呈阴性。本来就有共轭双键的化合物呈色很快，孤立双键的呈色较慢。常见的呈色反应有 5 种。

（1）醋酐-浓硫酸反应（Liebermann Burchard 反应） 将样品溶于醋酐中，加浓硫酸-醋酐（1∶20），可产生黄→红→紫→蓝等颜色变化，最后褪色。

（2）五氯化锑反应（Kahlenberg 反应） 将样品氯仿或醇溶液点于滤纸上，喷以 20%五氯化锑的氯仿溶液，该反应试剂也可选用三氯化锑饱和的氯仿溶液代替（不应含乙醇和水），干燥后 60~70℃加热，显蓝色、灰蓝色、灰紫色等多种颜色斑点。

（3）三氯醋酸反应（Rosen-Heimer 反应） 将样品溶液滴在滤纸上，喷 25%三氯醋酸乙醇溶液，加热至 100℃，生成红色渐变为紫色。

（4）氯仿-浓硫酸反应（Salkowski 反应） 样品溶于氯仿，加入浓硫酸后，在氯仿层呈现红色或蓝色，氯仿层有绿色荧光出现。

（5）冰醋酸-乙酰氯反应（Tschugacff 反应） 样品溶于冰醋酸中，加乙酰氯数滴及氯化锌结晶数粒，稍加热，则呈现淡红色或紫红色。

此外，还有其他一些显色反应：苷易被酸水解，生成的苷元因具有半缩醛结构，性质活泼，易进一步氧化或聚合而显深色，甚至随水解条件的不同产生各种不同颜色的沉淀。中药地黄、参等经过干燥或受潮可变黑色，皆因苷类水解的产物氧化聚合所致。其鉴别方法为与酚类和胺类生成不同颜色：与氨基酸共热生成红色至蓝色；与皮肤接触可使之变蓝；于冰醋酸中加少量铜离子加热也能产生蓝色沉淀等。

四、萜类化合物的生物学活性

萜类化合物在自然界中分布广泛，数量众多，结构多样，是天然产物中最多的一类化合物。迄今，已在自然界中发现超过 50000 种萜类化合物，大部分从植物中分离获得。有些萜类化合物在植物生长发育过程中发挥重要作用，如赤霉素、吲哚乙酸等作为植物激素调控植物发育过程，类胡萝卜素、叶绿素参与光合作用；有的萜类化合物在植物与环境的相互作用中发挥作用，如以植物抗毒素的形式参与植物防御体系、作为种间感应化合物参与种间竞争等。

萜类化合物结构复杂、功效多样、作用机制各异，除参与植物生长发育、环境应答等生理过程外，还作为原料广泛应用于药品、食品和化妆品中，具有抗肿瘤、抗炎、抗菌、抗病毒、抗疟、促进透皮吸收、防治心血管疾病、降血糖等活性。此外，研究还发现萜类化合物具有抗虫、免疫调节、抗氧化、抗衰老、神经保护等作用，具有广阔的开发与应用前景。

（一）抗肿瘤活性

某些天然萜类化合物以其具有较强的抗癌活性，有潜力作为先导化合物研发出高效、安全的抗肿瘤新药。这些具有抗癌活性的天然萜类物质包括单萜类、倍半萜类、二萜类、二倍半萜类和三萜类等。

目前，从自然界中发现的具有抗癌活性的天然单萜类化合物只有为数不多的几种，例如从卷叶金丝桃的果皮中分离出的卷叶金丝桃甲素是对人结肠癌 C0115 细胞有抑制作用的单萜类化合物，柠檬烯对啮齿类动物的乳腺癌有化学预防和在体内有抑制其癌细胞增长的作用，对皮肤上的鳞片状的癌细胞、肝癌、肺癌、胃癌也有化学预防和治疗作用。

（二）抗炎活性

炎症是最常见但又十分重要的基本病理过程，是具有血管系统的活体组织对各种损伤因子所发生的防御反应，与多种疾病都有着密不可分的联系。芍药苷是从毛茛科植物芍药的根中分离得到的一种单萜类糖苷化合物。芍药中芍药苷、芍药苷衍生物、4-O-甲基芍药苷（MPF）、4-O-甲基苯甲酰基芍药苷（MBPF）等 9 种单萜类化合物的抗炎活性研究表明，单萜可以抑制脂多糖（LPS）诱导的一氧化氮、白细胞介素-6（IL-6）和肿瘤坏死因子 α（TNF-α）的产生。MBPF 能够下调 LPS 刺激的 RAW264.7 细胞中诱导型一氧化氮合酶（iNOS）的 mRNA 转录和蛋白表达水平。

（三）抗菌、抗病毒活性

萜类化合物具有较强的抗菌效应。大多数从薄荷属植物中获得的单萜提取物显示出较强的抗微生物活性。薄荷醇是一种环状单萜，许多研究都证实了薄荷醇的抗菌活性。Raut 等分析了 28 种植物来源的萜类化合物对白色念珠菌生长、毒力和生物膜的抑制活性，其中，薄荷醇、芳樟醇、橙花醇、异胡薄荷醇、香芹酮等显示了抑制生物膜的活性，8 个萜类化合物被鉴定为成熟生物膜的抑制剂。

（四）降血糖活性

甜菊苷是一种从植物甜叶菊中提取的二萜甜菊醇糖苷，已经显示对于治疗糖尿病有良好的作用。甜菊苷和甜菊醇的抗高血糖作用可能与糖酵解相关基因的诱导表达、对肝脏线粒体 ATP 磷酸化以及 NADH-氧化酶活性的抑制作用有关，导致糖酵解增加和糖异生受到抑制。近年来，青蒿素被发现是一种潜在的改善 I 型糖尿病的治疗药物，因为它能够促进大鼠体内胰高血糖素向胰岛素的转化；具体而言，青蒿素与带有钼（Mo^{2+}）的卟啉结合以激活 γ-氨基丁酸 A 受体（GABAAR）并抑制无芒相关同源框蛋白（ARX），最终导致胰岛 β 细胞增殖能力增强，增强胰岛素分泌，并改善葡萄糖稳态。

（五）保肝护肝活性

齐墩果酸是常见的五环三萜类化合物，来源于木樨科植物齐墩果叶、女贞果实、龙胆科植物青叶胆全草等，具有护肝降酶、抗炎、强心利尿、抗肿瘤等多种生物活性。国内临床上主要利用其保肝作用，且该作用是多方面的。

（六）其他生物学活性

抗疟疾活性。青蒿素是中国药学工作者于 20 世纪 70 年代从菊科植物黄花蒿叶中提取的一种倍半萜内酯化合物，具有高效、低毒、快速杀灭疟原虫等特性，且不与其他抗疟药产生交叉耐药性，因而被选作间日疟、恶性疟和抗氯喹疟疾治疗的首选药物。

促进透皮吸收活性。透皮给药的最大障碍是皮肤的阻隔性，特别是角质层，渗透促进剂的应用可以改善药物的透皮吸收。天然萜烯可以作为渗透促进剂，其中最常用的萜烯是薄荷醇、薄荷酮、1,8-桉树脑、柠檬烯和橙花叔醇。烃类萜烯，例如 D-柠檬烯，已被批准为类固醇的活性增强剂。

防治心血管疾病。丹参酮 II A 是中药丹参（*Salviamiltiorrhiza Bunge.*）中的主要有效成分之一，对多种心血管疾病都有着显著的治疗作用，如保护心肌细胞、抗心肌梗死、抗心绞痛、抗动脉粥样硬化、扩张血管、改善微循环等。

驱虫和杀虫活性。萜类化合物具有杀虫剂作用，是由于它可作为拒食剂和毒性物质或昆虫繁衍的调节物，如单萜类化合物百里酚及其结构衍生物和薄荷醇衍生物具有杀虫活性；四环二萜类闹羊花素-III、对斜纹夜蛾和杂拟谷盗等具有强烈的毒杀和生长发育抑制作用。

免疫增强活性。灵芝三萜类物质是一类重要的免疫增强剂。灵芝醇 F、灵芝酮二醇、灵芝酮三醇有能有效地抑制补体激活的经典途径。灵芝三萜通过诱导 CD3、CD4 亚群细胞表达 CD69 和 HLA-DR，来促进 T 淋巴细胞（CD3 细胞）的活化。齐墩果酸、熊果酸、枇杷叶三萜酸均具有良好的免疫调节作用。

溶血活性。皂苷具有表面活性和溶血作用,皂苷的水溶液大多能破坏红细胞,若将其水溶液注射进入静脉中,毒性极大,因此常称皂苷为皂毒类。皂苷水溶液肌内注射易引起组织坏死,口服则无溶血作用。皂苷能溶血,是因为多数皂苷能与胆甾醇结合生成不溶性分子复合物,破坏血红细胞的正常渗透,使细胞内渗透压增加而发生崩解。

其他活性。从西洋参中分离提取的人参皂苷 Re 具有抗氧化作用,能够清除心肌细胞的内、外源氧化剂,使其免受氧化损伤。人参皂苷 Rg1 可通过改变细胞周期调控因子的表达而发挥其抗 t-BHP 诱导的 WI-38 细胞衰老作用。人参皂苷 Rd 通过表观遗传调节机制调控脑源性神经营养因子来减轻慢性脑低灌注性的认知功能障碍,被广泛用于神经保护。

第四节　萜类化合物的提取、分离、纯化及鉴定

一、萜类化合物的提取

由于萜类化合物种类繁多,结构差异也较大,因此提取和分离纯化方法也多种多样,具体应依目标产物的性质和存在部位而定。萜类化合物,尤其是倍半萜内酯类化合物容易发生结构的重排,二萜类易聚合而树脂化,引起结构的变化,所以宜选用新鲜药材或迅速晾干的药材,并尽可能避免酸、碱的处理。含苷类成分时,则要避免接触酸,以防在提取过程中发生水解,而且应按提取苷类成分的常法事先破坏酶的活性。非苷形式的萜类化合物具有较强的亲脂性,一般用有机溶剂提取,或甲醇或乙醇提取后,再用亲脂性有机溶剂萃取。环烯醚萜多以单糖苷的形式存在,苷元的分子较小,且多具有羟基,所以亲水较强,多用甲醇或乙醇为溶剂进行提取。

(一)水蒸气蒸馏法

对于多种存在于植物精油中的单萜,可直接采用水蒸气蒸馏法,即将粉碎的原料放在水中,直接用火加热或通入水蒸气加热;或者将原料放置在多孔板上,通入水蒸气将原料中的精油蒸出,冷却蒸出的水蒸气,收集液体中的油层,即可得到粗品精油。这是精油提取的传统方法,成本低廉、设备简单、操作简便、植物中油性成分提取完全。但由于高温加热,精油中单萜成分的组成和结构都有可能发生变化,植物中沸点很低的成分可能会受热挥发而无法收集。

(二)溶剂提取法

存在于挥发油中的单萜提取时,用低沸点石油醚、乙醚、四氯化碳等有机溶剂在室温下渗漉,蒸去溶剂即得精油。这种方法精油得率高,整个操作过程温度不太高,植物成分不容易发生变化。但石油醚、乙醚等溶剂易燃易爆,大量使用时有一定危险性。

其他萜类可采用有机溶剂分步提取法。这种方法是先后用石油醚、氯仿、乙酸乙酯和甲醇浸泡粉碎的植物样品。石油醚主要是除去植物样品中的脂肪和叶绿素。倍半萜、二萜、三萜主要集中在氯仿和乙酸乙酯提取液中,萜类的配糖体主要集中在甲醇提取液中。由于这

种方法操作繁琐,往往将其简化为石油醚脱脂,然后用甲醇或乙醇提取。将提取液蒸干,所得浸膏分散于水中,分别用氯仿、乙酸乙酯、正丁醇萃取。这时,萜类化合物主要存在于氯仿和乙酸乙酯中,萜类配糖体主要存在于正丁醇中。

此外,还可以采用醇提法。用甲醇或酒精浸泡粉碎的植物材料,加热或温浸,提取液减压浓缩得到浸膏。然后将此浸膏分散于水中,并分别用石油醚、氯仿、乙酸乙酯和正丁醇萃取。萜类化合物主要存在于氯仿和乙酸乙酯中,萜类配糖体仍主要存在于正丁醇中。也可将浸膏分散在90%甲醇(甲醇-水)溶液中,用石油醚萃取其中的叶绿素和植物脂肪,这时萜类化合物及配糖体存在于甲醇溶液中。若甲醇溶液蒸干后浸膏量依然很大,则可将此浸膏分散于水中,分别用氯仿、乙酸乙酯、正丁醇萃取。萜类化合物存在于氯仿和乙酸乙酯萃取液中,萜类配糖体存在于正丁醇中。

(三)直接压榨法

柑橘属植物的果皮中富含精油,因此将果皮直接冷榨,就可获得含有植物组织及细胞液的粗精油,再经离心或过滤可获得精油。这种方法简便易行,但只适用于某些植物的果皮,局限性较大。

(四)吸附法

吸附法是用油脂或用活性炭等吸附性材料吸附植物的香气成分,再用低沸点有机溶剂将被吸收的成分提取出来的方法。这种方法适用于提取一些花香或植物的低沸点挥发性成分,提出的成分已经比较精制,含有香气成分的油脂有时可直接用于香料工业。但不易操作,成本也较高,所以只适用于某些贵重挥发油的提取。

(五)超临界萃取法

用超临界 CO_2 萃取挥发油,是在超临界状态下,流体从下部通入样品,由于其比重较样品轻,提取后进入分离槽,减压挥发 CO_2,即得到精油。CO_2 可以经压缩循环使用。超临界萃取需要高压设备,技术工艺要求高、费用大。但是 CO_2 无毒,廉价易得,提取温度低,不会改变成分的组成及结构,对环境无污染。

(六)碱溶酸沉淀法

利用内酯化合物在热碱液中开环成盐而溶于水中、酸化后又闭环,析出原内酯化合物的特性来提取倍半萜类内酯化合物。但是当用酸、碱处理时,可能引起构型的改变,应加以注意。此外,也有报道将此法用于三萜酸类成分的提取纯化。

(七)其他提取方法

溶剂提取法是传统提取方法中最普遍使用的方法,还可以结合其他辅助手段,包括超声辅助提取、微波萃取、加压溶剂萃取等,此外还可以结合酶解处理等。近年来有研究使用离子液体替代有机溶剂进行提取,利用与分子之间形成氢键、π-π、范德华力和静电力作用,以及离子液体对纤维素的高效溶解能力打破植物的细胞壁,破坏分子内氢键网络,促进被提取物的释放,提高萃取效率。

二、萜类化合物的分离、纯化

(一)直接结晶法

有些萜类化合物的萃取液浓缩后,往往多有结晶析出,过滤收集结晶,再用适量的溶剂重结晶,可得到纯度较高的萜类化合物。这种方法一般只能把结晶出的成分部分分离,但操作简单。若某一主要成分含量很高,部分结晶后也有利于与其他成分的分离。如薄荷油及樟油等芳香油在 0～5℃放置时,分别析出薄荷及樟脑,结晶经进一步纯化后可得纯品。不过分离出结晶后的精油中仍大量含有薄荷及樟脑,需进一步用其他方法分离。

(二)真空分馏法

大多数单萜、倍半萜类化合物的结构和物理性质都非常相近,因此分离非常困难。采用高效精馏装置可将精油分为几部分,可大大简化精油转化的难度。一般 35～70℃/10mmHg 沸程得到的是单萜烯类化合物,70～100℃/10mmHg 沸程得到的是单萜含氧化合物,80～110℃/10mmHg 被蒸出来的是倍半萜烯及含氧化合物。

(三)利用结构中功能团进行分离

用一些化学试剂可将醇、醛、酮、酸等不同类型的单萜成分分开。对于酸性成分,可将精油溶于等体积的乙醚中,用 3％～5％氢氧化钠或氢氧化钾溶液萃取其中的酸性和酚性物质,再加乙醚振摇,除去碱液中的杂质,然后通入二氧化碳气体使酚性物质析出,用乙醚萃取,蒸去乙醚得酚性单萜。除去酚性物质的碱液酸化后,用醚萃取,蒸去乙醚,分得酸性成分。也可以依次用碳酸氢钠、碳酸钠、氢氧化钠萃取,可分别获得酚性、酸性物质。

倍半萜内酯可在碱性条件下开环,加酸后又合环,借此可与非内酯类化合物分离。萜类生物碱也可用酸碱法分离。不饱和双键、羰基等可用加成的方法制备衍生物加以分离。

(四)柱层析法

分离萜类化合物多用吸附柱色谱法,其柱色谱分离一般选用非极性有机溶剂,常用石油醚、正己烷、环己烷及苯的单一溶剂作洗脱剂分离萜烯,或混以不同比例的乙酸乙酯或乙醚分离含氧萜,对于多羟基的萜醇及萜酸还要加入甲醇或用氯仿-乙醇洗脱。三萜类的分离常用硅胶吸附柱色谱,溶剂系统为石油醚-氯仿、苯-乙酸乙酯、氯仿-乙酸乙酯、氯仿-甲醇、乙酸乙酯-丙酮酸等。

对于一些结构极其相似的混合物,在硅胶柱上难以分离,用 RP-18 柱色谱往往能得到较完全的分离。由于硅胶上往往含有钙、镁等无机离子,能与三萜酸成盐而造成样品损失严重。反相柱色谱则可克服这一缺点。而对于一些难溶的三萜酸,可用重氮甲烷进行甲基化,甲基化产物往往具有很好的溶解性,可使某些难以分离的异构体的分离成为可能。

葡聚糖凝胶、各种型号的大孔树脂以及多种新型材料也可用于分离萜类成分。许多萜类化合物能够结出良好的晶体,所以重结晶法是纯化萜类化合物的一个重要手段。在分离同一系列结构差异不大的微量萜类化合物时,高效液相色谱是一种有效的分离分析手段。

三、萜类化合物的鉴定与结构测定

由于多种物理测试技术的迅速发展,植物成分的结构测定更加迅速、准确。如利用气相色谱-质谱(GC-MS)联用技术,可以几乎不需分离,便方便地测得植物挥发油中大部分单萜化合物的组分和组成,而且这项技术目前已经相当完善,并广泛应用于香精香料的科研和生产中。一些新的分析测试技术,如液相色谱质谱(LC-MS)联用、液相色谱-核磁共振(LC-NMR)联用,可以使得被测试的植物仅仅通过一些简单的前处理,便测得其中的化学组分及其结构,特别是在结构已知成分的快速识别方面。

萜类成分结构解析的一般程序:①利用高分辨质谱或元素分析确定其分子量和分子式并计算不饱和度;②利用红外和紫外光谱判断分子中是否会有羰基,若有,则继续判断其存在形式(如醛酮、酸、内酯等);③利用 ^{13}C NMR 确证分子式和以上官能团的存在,并结合 ^{1}H NMR、二维核磁共振谱如氢-氢相关(^{1}H-^{1}H COSY)、碳氢相关(^{13}C-^{1}H COSY)等所提供的信息推导分子的结构片段,并计算其不饱和度;④综合分子式、各类碳的数目、不饱和度、结构片段和官能团,与已知结构类型的萜类化合物的 ^{1}H 和 ^{13}C NMR 数据和质谱裂解特征相比较,确定分子骨架类型;⑤利用碳氢远程偶合谱(COLOC 或 HMBC)和同类化合物的波谱数据,进一步确定分子骨架,推断分子中取代基及侧链的连接位置;⑥萜类化合物的羟基有时在核磁共振、质谱、红外等图谱中都不能得到肯定的判断,这种情况下必须对样品进行乙酰化或硅醚化等化学反应,再通过质谱或核磁共振测定反应产物中乙酰基或硅烷基的数目以确定化合物中羟基的数目。

由于萜类化合物的碳架种类纷繁,难以总结其共同的波谱规律,但甲基、亚甲基、偕碳二甲基、双键、共轭双键、羰基及内酯等都是萜类化合物常见的结构特征,因此萜类的波谱也往往会出现相应的特征。

(一)紫外光谱(UV)

具有共轭双烯或羰基与双键构成的萜类化合物,在紫外光区产生吸收,在结构鉴定及定性、定量分析中有一定的意义。一般共轭双烯的最大吸收峰在 $\lambda_{max}=215\sim270nm(\varepsilon=2500\sim30000)$,含有 α,β-不饱和羰基功能团的萜类在 $\lambda_{max}=220\sim250nm(\varepsilon=10000\sim17500)$ 处有最大吸收峰。具有紫外吸收的官能团的最大吸收波长将取决于该共轭体系在分子结构中的化学环境。一般而言,链状萜类的共轭双键体系在 $\lambda_{max}=217\sim228nm(\varepsilon=15000\sim25000)$ 处有最大吸收峰,而共轭双键体系在环内时,最大吸收波长出现在 $\lambda_{max}=256\sim265nm(\varepsilon=2500\sim10000)$ 处,当共轭双键有一个在环内时,最大吸收波长出现在 $\lambda_{max}=230\sim240nm(\varepsilon=13000\sim20000)$ 处。此外共轭双键的碳原子上有无取代基及共轭双键的数目也会影响最大吸收波长。

（二）红外光谱

红外光谱主要用来检测化学结构中的官能团。绝大多数萜类化合物具有双键、共轭双键、甲基、偕二甲基、环外甲基、含氧官能团等，采用红外光谱一般都容易分辨出来。特别是采用红外光谱技术，对于判断萜类内酯是否存在以及内酯环的种类具有重要的参考价值。如在 $\lambda_{max}=1700\sim1800cm^{-1}$ 间出现的强峰为羰基的特征吸收峰，可考虑有内酯化合物存在，而内酯环大小不同及有无不饱和共轭体系，其最大吸收都有很大的差异。如在饱和内酯环中，随着内酯环碳原子数目的增加，环张力减小，吸收波长向低波数移动，六元环、五元环及四元环内酯羰基的吸收波长分别在 $\lambda_{max}=1735cm^{-1}$、$\lambda_{max}=1770cm^{-1}$ 和 $\lambda_{max}=1840cm^{-1}$。不饱和内酯则随着共轭双键的位置和共轭双键的长短不同，其羰基的吸收波长亦有较大差异。

（三）质谱

由于萜类化合物结构种类繁杂，萜的基本母核多，无稳定芳香环、芳杂环及脂杂环结构系统，大多缺乏"定向"裂解基团，因而在电子轰击下能够裂解的化学键较多，重排屡屡发生，裂解方式复杂。虽然质谱测定报道的数据较多，实际上质谱的作用只是提供一个分子量而已，研究分子内裂解的方式很少，所得的结果也常难以推测新化合物的结构。有些化合物的结构确定之后，容易解释其裂解方式，但对大多数化合物来说，如果缺乏高分辨和精确质量测定、氘标记试验和亚稳定离子等数据，常常很难判断离子的来源和结构。

（四）核磁共振谱

对于萜类化合物的结构测定来说，核磁共振谱是波谱分析中最为有效的工具，特别是近十年发展起来的具有高分辨率能力的超导核磁分析技术和2DNMR相关技术的开发和应用，不但提高了光谱图质量而且还提供了更多结构信息。而且，对于结构复杂的萜类化合物，仅仅靠单纯的氢谱或碳谱分析，鉴定出的结构往往不准确，必须依赖于2DNMR技术的应用。此外，对物质绝对构型的推定可以通过圆二色谱进行，其可以记录化合物在紫外光与可见光区所产生的椭圆偏振光的椭圆度与波长的关系，从而确定物质的构型。

第五节　典型萜类化合物生物资源的开发及利用

一、青蒿素

青蒿为菊科植物黄花蒿（*Artemisia annua* L.）的干燥地上部分，味苦、辛，性寒，归肝、胆经，具有清虚热、除骨蒸、解暑热、截疟、退黄的作用，为临床清虚热的首选药物。青蒿的使用在中国有着悠久的历史，最早可追溯到2000多年前。1971年，屠呦呦等科学家发现青蒿的提取物对鼠疟、猴疟有明显的治疗作用，并将其有效作用单体命名为青蒿素，这在抗疟药发展史上具有里程碑式的意义。

青蒿素是一种含有过氧桥结构的倍半萜内酯类化合物，不含有氮杂环结构，因此与氯喹、奎宁等传统抗疟药相比，其疗效好、毒性低、不良反应少，缺点是复发率高，但可以通过与其他抗疟药联用解决。随着研究的深入，青蒿素及其衍生物的药理作用不仅局限于抗疟疾，还有抗肿瘤、抗炎、抗真菌、抗纤维化等作用。在临床应用过程中，发现青蒿素的水溶性和脂溶性均较差、稳定性差、口服生物利用度低，其血浆半衰期仅有 $3\sim5h$，这些特点限制了其临床应用。为改善青蒿素的理化性质，科学家们对其结构改造进行了大量研究，合成了双氢青蒿素、青蒿琥酯、蒿甲醚、蒿乙醚等衍生物，并进行了药效筛选。

（一）青蒿素及其衍生物

青蒿素。青蒿素为无色结晶，分子式为 $C_{15}H_{22}O_5$。1975 年，其立体结构被阐明，高分辨质谱分析表明该化合物为倍半萜，红外光谱及其与三苯基膦的定量反应表明该化合物中存在特殊的过氧化物基团，利用核磁共振技术和 X 射线衍射技术，确定了青蒿素的结构及其相对构型，通过旋光色散技术得到了内酯环的绝对构型。

双氢青蒿。青蒿素结构中的 C_{10} 位羰基经硼氢化钠还原成羟基就得到了双氢青蒿素，其分子式为 $C_{15}H_{24}O_5$，是青蒿素半合成工艺中最简单的化合物。双氢青蒿素可作为前体合成其他青蒿素类化合物。在对青蒿素的评价中，发现青蒿素及其衍生物经人体吸收后主要通过转化为活性物质双氢青蒿素发挥药理作用，双氢青蒿素的抗疟效果较青蒿素提高了 $4\sim8$ 倍，口服生物利用度提高了 10 倍以上，在治疗过程中疾病复发率较低，并且毒性更小，水溶性更好，但双氢青蒿素的稳定性低于青蒿素，水溶性仍然不理想。

青蒿琥酯。青蒿琥酯又称青蒿酯，分子式为 $C_{19}O_8H_{28}$，由双氢青蒿素和丁二酸酐经酯化得到的，具有抗疟、抗病毒、抗炎、抗肿瘤及免疫调节等药理作用，并且高效、速效、低毒、不易产生耐药性。青蒿琥酯为弱酸性药物，在体内转运方式主要为简单扩散，且较易透过生物膜。其 pK_a 值为 $3.5\sim5.5$，在酸性体液中离子化程度低，但可溶于弱碱性溶液。基于这一特点，可将青蒿琥酯制成注射剂、片剂、栓剂等剂型供注射、口服或直肠给药。

蒿甲醚和蒿乙醚。以双氢青蒿素为底物，用烃基取代 C_{10} 位羟基上的氢原子，就得到了青蒿素的醚类衍生物，最典型的是蒿甲醚和蒿乙醚，二者活性均比青蒿素高。青蒿素醚类衍生物的脂溶性较好，但水溶性较差，生物利用度低，直接注射易引起刺激，所以有学者将蒿甲醚包载于氨基蝶呤修饰的靶向纳米脂质体内。制备的氨基蝶呤修饰的蒿甲醚脂质体圆整均匀，相对稳定性较好，其体外释放研究结果显示，该脂质体能在体内长时间地缓释药物，可改善蒿甲醚的代谢和生物利用度情况。

其他衍生物。基于保留青蒿素独特的过氧桥结构，研究者们还合成了青蒿素的一些结构类似物、聚合物和结构简化物等，使得青蒿素类化合物种类较为丰富。青蒿素二聚体由连接子连接 2 个青蒿素单体组成，常用的连接子有烷基、醚键、酯基等，与青蒿素单体相比，二聚体具有药理活性强、不良反应小、理化性质好的特点。研究显示，其在体内外均显示出优异的抗癌活性，且不同的连接子会对其抗癌活性产生较大影响。因此，可以通过改变连接来优化青蒿素二聚体的性质。青蒿琥酯钠是一种碱性盐，水溶性较好，作用迅速，耐受性好，可用于静脉给药或肌内注射给药。

（二）青蒿素的提取和分离

由于青蒿素独特的结构和出色的抗疟活性引发了科学界的持续关注和研究，目前已对青蒿素进行了化学合成研究，但因其全合成和半合成工艺不足的限制，工业上获得青蒿素的方法依然以提取、分离、纯化为主。

青蒿素水溶性较差，几乎不溶于水，可溶于乙醇、乙醚，易溶于氯仿、丙酮、醋酸乙酯和苯等有机溶剂。故青蒿素常用有机溶剂提取，再进行重结晶或采用柱色谱分离精制。传统的提取方法非常耗时，且不符合环保理念，近年来，青蒿素的提取多采用超临界流体萃取、生物复合酶提取、超声辅助提取等新型提取方法，具有萃取率高、加热时间短、成本低等优点。

Negi 等采用超临界二氧化碳从青蒿叶中提取青蒿素，并测定了青蒿素的全球产率等温线，最高产率为 3.65%。用超临界二氧化碳从正己烷提取的有机馏分中解吸提取，得到了质量分数更高的青蒿素。采用超声辅助提取法提取青蒿素屡见不鲜，但有学者制备了一种新型的有机溶剂——亲水性的深共晶溶剂甲基三辛基氯化铵-1-丁醇（N81Cl-NBA），采用超声辅助提取法提取，青蒿素的萃取率约为 8mg/g，明显高于常规有机溶剂的萃取率。再用 AB-8 大孔树脂从 N81Cl-NBA 萃取液中回收目标青蒿素，回收率为 85.65%。该溶剂被认为是提取生物活性物质的溶剂，可作为绿色安全的提取溶剂应用于医药领域，值得推广使用。

（三）青蒿素及其衍生物的药理活性

1. 抗疟疾

疟疾是一种蚊媒传染病，由属于疟原虫属的原生动物寄生虫感染所致。目前发现有恶性疟原虫（*Plasmodium falciparum*）、诺氏疟原虫（*P. knowlesi*）、卵形疟原虫（*P. ovale*）、间日疟原虫（*P. vivax*）及三日疟原虫（*P. malariae*）5 种疟原虫会使人类感染疟疾。

时至今日，疟疾仍在很多国家和地区肆虐，给人类健康带来了极大的威胁。青蒿素的发现给疟疾的治疗带来了新的希望，青蒿素及其衍生物作为新一代抗疟药在世界范围内得到广泛应用。青蒿素存在过氧桥结构，需要有还原剂作为激活剂将过氧桥结构打破，使青蒿素分子内电子重组产生自由基，所产生的自由基使疟原虫蛋白发生烷基化，最终导致疟原虫因其蛋白失去功能而死亡。现今科学界有观点认为疟原虫中的血红素是青蒿素发挥抗疟作用的激活剂，而游离的无机铁离子对青蒿素没有激活作用。

青蒿素类药物的作用机制尚未完全明确，目前主要有以下假说：碳自由基假说、血红素靶标假说、钙泵假说、线粒体靶标假说和血红素激活的多靶标假说。为深入了解青蒿素类药物的抗疟机制，研究者进行了一系列的探索，以便更好地指导临床合理用药，提高疗效，防止耐药株产生，为抗疟新药的筛选和研发提供参考。肿瘤学研究发现青蒿素类药物是铁死亡的诱导剂，能诱导肿瘤细胞铁死亡。恶性疟原虫体外抑制实验显示，铁死亡诱导剂可诱导恶性疟原虫死亡，并呈剂量相关性，同时铁死亡抑制剂可降低双氢青蒿素的抗疟效果。双氢青蒿素与铁死亡诱导剂联用表现出协同效果，证实了铁死亡是双氢青蒿素抗疟机制的通路之一。

2. 抗血吸虫病

血吸虫病是一种蠕虫病，影响着热带地区 2 亿人的健康，其治疗主要依靠单一药物吡喹酮。但吡喹酮对正处于发育阶段的血吸虫无效，早期感染无法得到有效治疗，从而容易导致治疗的失败和再次感染。研究人员在寻找吡喹酮替代品的过程中发现青蒿素类化合物具有患者耐受性好、毒性低的特点，已证明其对所有血吸虫物种包括幼虫阶段都有效。其中蒿甲醚和青蒿琥酯对血吸虫幼虫具有较高的活性，且雌虫比雄虫更为敏感，ω-3 多不饱和脂肪酸和蒿甲醚联合给药具有最佳的曼氏血吸虫杀伤效果。吡喹酮单一治疗容易产生耐药性。研究显示，日本血吸虫吡喹酮抗性株，对青蒿素类药物如双氢青蒿素、蒿甲醚和青蒿琥酯仍然敏感，且青蒿素衍生物与吡喹酮在日本血吸虫中不存在交叉抗药性；青蒿琥酯与吡喹酮联合治疗曼氏血吸虫感染疗效优于单独使用吡喹酮。青蒿琥酯酸和醋酸双氢青蒿素对曼氏血吸虫幼虫和成虫均有较好的杀灭效果，说明青蒿琥酯酸和醋酸双氢青蒿素有很大潜力作为抗曼氏血吸虫的替代药物。

3. 抗肿瘤

青蒿素类药物对癌细胞有抑制增殖和诱导凋亡的作用。与健康细胞相比，癌细胞内的铁离子含量更高，更容易受到青蒿素类化合物的影响，并且青蒿素衍生物可克服肿瘤坏死因子相关的凋亡诱导配体诱导肝癌和宫颈癌细胞凋亡时产生的耐药性。大量实验研究证实，青蒿素类化合物对肝癌、肺癌、卵巢癌、宫颈癌、急性白血病等多种恶性肿瘤均有抑制作用。

青蒿素类药物的抗癌机制不同于传统的抗癌药，大量药理研究已经证实青蒿素及其衍生物对不同癌症的作用机制。在肿瘤细胞内，过氧基团裂解产生大量自由基，诱导细胞产生氧化应激反应，从而导致细胞凋亡、自噬、铁死亡等。在裸鼠移植瘤模型中，双氢青蒿素可减少 M2 样肿瘤相关巨噬细胞的数量，同时抑制头颈肿瘤的生长和肿瘤组织毛细血管的生成，从而抑制头颈鳞癌的发展和转移。双氢青蒿素还具有诱导肿瘤细胞铁死亡、诱导肿瘤细胞自噬、阻滞肿瘤细胞周期等作用，其作用机制多样化，不易产生耐药性。放疗和化疗是恶性肿瘤治疗中不可缺少的治疗方法，肿瘤对化疗药物的耐药性常导致化疗的失败，而青蒿素类药物能改善部分耐药株对化疗药物的敏感性甚至可以逆转其耐药性。同时，青蒿素类药物还能增强肿瘤细胞对放疗的敏感性，从而减少放射剂量，减轻放疗的不良反应，提高患者的生活质量。

4. 抗菌

青蒿素类药物对大肠埃希菌、金黄色葡萄球菌、幽门螺杆菌、结核分枝杆菌等多种临床常见致病菌均具有抑制作用，其研究尚处于起步阶段，大部分研究为体外研究，体内研究及作用机制有待深入。研究指出，青蒿琥酯可显著增加碳青霉烯类耐药肺炎克雷伯菌对头孢曲松钠、头孢他啶、环丙沙星及阿米卡星的敏感性。双氢青蒿素与头孢呋辛联用后对大肠杆菌的抑制作用明显强于各自单用，说明二者具有协同作用。为改善青蒿素类药物的药剂学性质，科学家们对新剂型展开了一系列探索，以提高其抗菌作用。如将青蒿素晶体与二氧化硅纳米颗粒复合，制备青蒿素二氧化硅纳米颗粒，经等离子体处理后，提高其在水中的溶解度，对革兰阳性和阴性菌的抗菌活性明显增强；将青蒿素晶体包封于 β-环糊精中，增强其溶解度，从而提高抗菌效果。

5. 抗炎

青蒿素类药物的免疫调节功能主要通过调节细胞增殖和细胞因子释放发挥作用，对类风湿性关节炎、系统性红斑狼疮、动脉粥样硬化等多种免疫炎性疾病具有治疗作用。采用尿酸单钠晶体诱导的关节炎模型的体内实验显示，青蒿素抑制了巨噬细胞中 NLRP3 炎性体的活化，抗炎作用是通过抑制 NEK 和 NLRP3 的相互作用来诱导的。双氢青蒿素能够改善类风湿关节炎大鼠踝关节病变情况，其机制可能与抑制 NF-κB 信号通路有关。双氢青蒿素可减轻急性肺损伤大鼠病理损伤及炎症因子的表达，其机制可能与巨噬细胞的极化有关。

6. 抗病毒

有许多严重威胁人类健康的病毒，如可感染宿主中枢神经系统的日本脑炎病毒、与婴儿小头畸形症有关的寨卡病毒、登革热和登革热休克综合征的病原体登革病毒等。青蒿素对日本脑炎病毒、寨卡病毒和病原体登革病毒有抗病毒活性。青蒿素和青蒿琥酯可以降低乙脑病毒感染小鼠的致死率，并能消除乙脑病毒感染引发的小鼠脑组织炎症反应。青蒿素对乙脑病毒有直接的抗病毒作用，用青蒿素处理感染乙脑病毒的人肺腺癌 A549 细胞后，显著促进了干扰素-β 的基因表达和分泌，以及干扰素刺激基因的转录。

7. 抗纤维化

青蒿素类药物对肝纤维化、肺纤维化、肾纤维化等多种实验动物模型均有效果，能减缓组织纤维化的发展。日本血吸虫病主要的病理改变是肝脏肉芽肿和肝纤维化，研究发现，青蒿琥酯能减少日本血吸虫病肝纤维化胶原的产生。青蒿琥酯能有效干预日本血吸虫诱导的小鼠早期肝纤维化，其机制可能是通过下调热休克蛋白 47 的表达水平、抑制胶原的合成，从而减轻肝纤维化程度。

二、人参皂苷

人参为五加科植物人参的干燥根，是我国传统名贵中药，始载于我国第一部本草专著《神农本草经》。人参具有大补元气、补脾益肺、复脉固脱、生津安神等功效，用于体虚欲脱、肢冷脉微、脾虚食少、肺虚咳嗽、津伤口渴、久病虚羸弱、心力衰竭、阳痿宫冷等的治疗。人参属植物下有 13 个种，其中人参主要分布在我国东北地区、朝鲜半岛和日本。依据炮制方法不同，人参分为生晒参、红参、糖参、冻干参（活性参）等。目前为止，已阐明的人参化学成分有皂苷类、多糖类、多肽类、聚炔醇、挥发油、氨基酸、蛋白质等。经现代医学和药理学研究证明，人参皂苷为人参的主要有效成分，具有人参的主要生理活性，目前已经分离并确定结构的皂苷成分共有 40 余种。

人参的主根、须根、芦头、茎、叶、花蕾、果实等部位中都含有多种人参皂苷，须根中人参皂苷的含量比主根要高。人参叶为人参的干燥叶，经化学成分研究表明人参叶中也含有大量的人参皂苷，具有较好的药效，目前人参叶已被《中国药典》收载。

（一）人参皂苷的结构类型

根据皂苷元的结构可将其分为 A、B、C 三种类型。A 型和 B 型人参皂苷元均属于达玛烷型四环三萜皂苷，在达玛烷骨架上的 C_3 位和 C_{12} 位均有羟基取代，C_{20} 为 S 构型。

二者的区别在于 C_6 位碳上是否有羟基取代，C_6 位无羟基者为人参二醇型皂苷（A 型），其苷元是（20S）-原人参二醇；C_6 位有羟基取代者为人参三醇型皂苷，其苷元是（20S）-原人参三醇（B 型）。C 型皂苷则是齐墩果烷型五环三萜的衍生物，其皂苷元是齐墩果酸。

近年来从人参中发现的一些新化合物大多是人参二醇或三醇型侧链的衍生化或者糖部分乙酰化或丙二酰化产物。如人参皂苷 Ra_1、Ra_2、Rc 的分子中若在皂苷元 C_3 位糖链上的末端糖分子的 C_6 位连有一个乙酰基，则依次称为乙酰人参皂苷 Ra_1、Ra_2、Rc；若取代一个丙二酰基，则依次称为丙二酰人参皂苷 Ra_1、Ra_2、Rc。而人参皂苷 Rh_3 为 Rh_2 中 C_{20} 位和 C_{22} 位的脱水产物，由于极性比 Rh_1、Rh_2 低，故称为 Rh_3，其结构仍属于人参二醇型，只是侧链发生了变化。

现代药理研究表明，三种不同类型的人参皂苷的生物活性有显著的差异。例如 B、C 型皂苷有溶血性，A 型人参皂苷则有抗溶血作用，因此人参总皂苷无溶血作用可能与其含有作用相反的两类皂苷有关。原人参二醇型皂苷类如 Rb1 和 Rb2 表现为中枢抑制作用和抗氧化作用，原人参三醇型皂苷类如 Rg 表现为中枢兴奋、易化学习过程；齐墩果烷型皂苷如 Ro 具有抗炎、解毒、抗血栓等作用。

在为数众多的人参皂苷中，Rh_2 具有逆转癌细胞的作用，可以作为抗癌药物开发。但人参皂苷 Rh_2 在人参中含量甚微，在红参中含量仅为十万分之一。因此寻找高含量的资源，或者将人参内含量较高的人参皂苷 Rb 组分转化为 Rh_2 是十分有意义的。

（二）人参皂苷的提取分离

人参皂苷大多数是白色无定形粉末或无色结晶，味微苦，具有吸湿性，一般对酸不稳定，在弱酸下即可水解。人参皂苷易溶于水、甲醇、乙醇，可溶于正丁醇、乙酸、乙酸乙酯，不溶于乙醚、苯。传统上人参粉末直接入药或用渗漉法提取，现代多采用不同浓度乙醇回流提取，也有用渗漉工艺提取。近年来，人参皂苷的分离常采用先以硅胶柱色谱分离，对得到的各组分再结合低、中压柱色谱或 HPLC（一般采用反相色谱柱）进行反复分离。

人参皂苷的提取分离流程如图 4-43 所示。

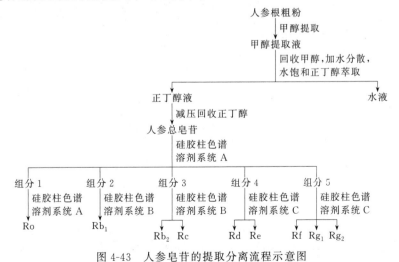

图 4-43　人参皂苷的提取分离流程示意图

[溶剂系统 A——氯仿-甲醇-水（65∶35∶10，下层）；溶剂系统 B——正丁醇-乙酸乙酯-水（4∶1∶2，上层）；溶剂系统 C——氯仿-甲醇-乙酸乙酯-水（2∶2∶4∶1，下层）]

思考题

1. 萜类化合物的结构特点是什么？一般是如何分类的？

2. 萜类化合物的主要理化性质有哪些？

3. 请设计一个工艺路线从植物中提取及分离萜类化合物，并说明其中的主要依据是什么？

4. 举例说明青蒿素及其衍生物的优缺点及主要生物学功能。

参考文献

[1] Hong Yanping, Qiao Yanchun, Lin Shunquan, et al. Characterization of antioxidant compounds in Eriobotrya fragrans Champ leaf [J]. Scientia Horticulturae, 2008, 118 (4)：288-292.

[2] 常景玲. 天然生物活性物质及其制备技术 [M]. 郑州：河南科学技术出版社，2007.

[3] 陈剑，吴月娴，吕寒，等. 枇杷叶中三萜酸类成分抗糖尿病及其并发症的体外活性研究 [J]. 植物资源与环境学报，2020，29 (3)：78-80

[4] 蒋沅岐，董玉洁，周福军，等. 青蒿素及其衍生物的研究进展 [J]. 中草药，2022，3 (2)：599-608.

[5] 刘湘，汪秋安. 天然产物化学. 2 版 [M]. 北京：化学工业出版社，2010.

[6] 罗永明. 天然药物化学 [M]. 武汉：华中科技大学出版社，2011.

[7] 沈彤，田永强，刘武霞. 天然药物化学 [M]. 兰州：甘肃科学技术出版社，2010.

[8] 谭仁祥. 植物成分分析 [M]. 北京：科学出版社，2002.

[9] 姚新生. 天然药物化学. 3 版 [M]. 武汉：华中科技大学出版社，2011.

[10] 张建红，刘琬菁，罗红梅. 药用植物萜类化合物活性研究进展 [J]. 世界科学技术—中医药现代化，2018，20 (3)：419-430.

[11] 张园娇，张越，陈雨萱，等. 枇杷叶不同组分提取物在多种疾病中的作用及机制研究（英文）[J]. 南京中医药大学学报，2020，36 (4)：467-471.

第五章

甾体类化合物的开发与利用

第一节　概述

甾体类化合物是自然界广泛存在的一类化学成分，种类很多，在生命活动中起调节和控制作用，例如，性激素调节性功能及生育，皮质激素调节水盐代谢及糖的平衡。天然存在的甾体类成分都具有环戊烷骈多氢菲结构（图5-1），该结构中含有 A、B、C、D 四个环，并在 C_{10}、C_{13}、C_{17} 位上各有一个侧链。一般含有三个支链，其中 C_{10} 位、C_{13} 位常为甲基，C_{17} 位因化合物不同而异，其结构可由 X 衍射晶体分析及色谱、光谱、质谱、波谱等四谱方法确定。

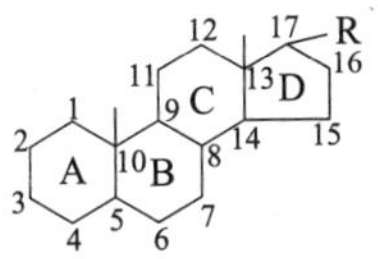

图 5-1　环戊烷骈多氢菲

甾体类化合物主要有甾醇、强心苷、甾体激素、胆汁酸、甾体皂苷等，从生源观点来看，都是通过甲戊二羟酸的生物合成途径转化而来（图5-2）。

甾体类化合物的立体构型主要有两大类，分别称为胆甾烷系和粪甾烷系，它们的构型式和构象式如图5-3所示。其中，构型式中18位、19位上的甲基称角甲基，在环平面上方（或前方）的角甲基称 β-角甲基，在环平面下方（或后方）的甲基称 a-角甲基。天然存在的甾体类化合物中都是 β-角甲基，其他基团根据其在环平面前方还是在环平面的后方，用 β-或 a-表示。

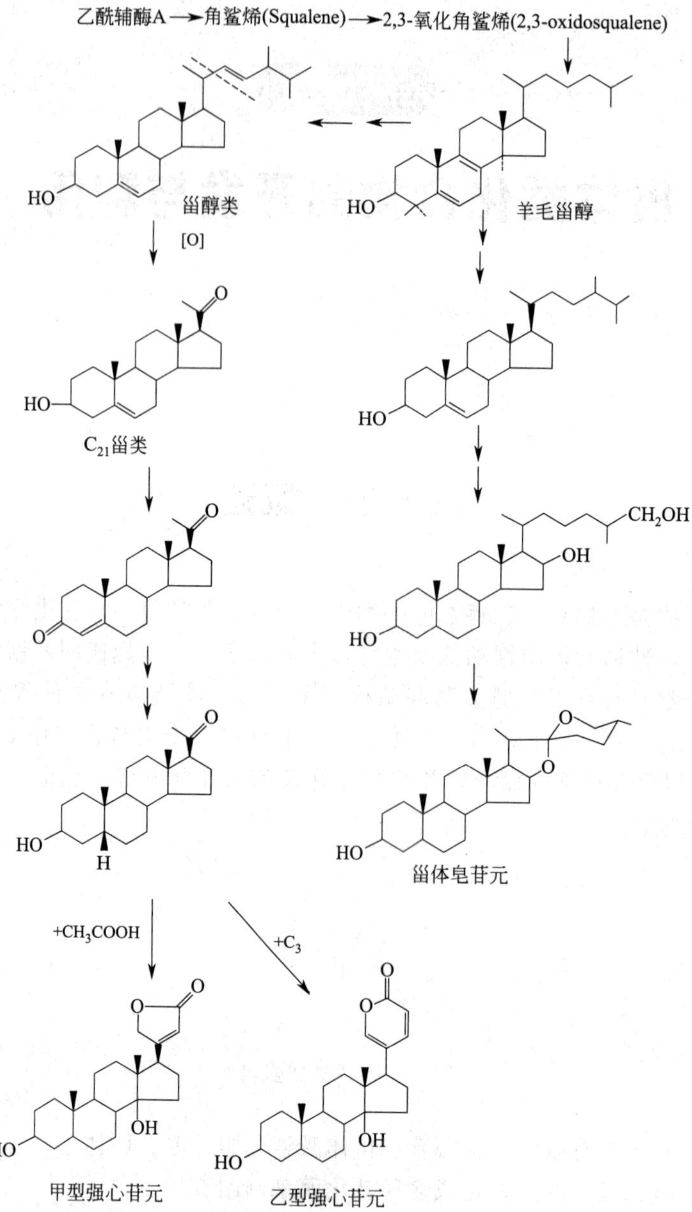

乙酰辅酶A —→ 角鲨烯(Squalene) —→ 2,3-氧化角鲨烯(2,3-oxidosqualene)

甾醇类

[O]

C_{21}甾类

羊毛甾醇

甾体皂苷元

+CH$_3$COOH

+C$_3$

甲型强心苷元

乙型强心苷元

图 5-2　甾体化合物生源合成途径

［引自吴立军主编《天然药物化学》(第五版)，2008］

胆甾烷系构型式，A、B环反式(5a系)　胆甾烷系构象式，A、B环aa型连接

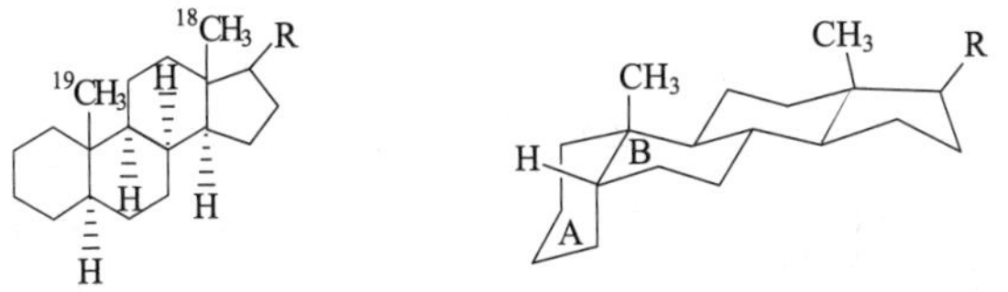

粪甾烷系构型式，A、B环顺式（5β系）　　粪甾烷系构象式，A、B环ae型连接

图 5-3　甾体类化合物的立体构型

第二节　甾体类化合物的分类与结构

天然存在的甾体类成分的甾体母核中四个环的稠合方式为：B/C 环为反式，A/B 和 C/D 环有顺式和反式两种稠合方式。C_{10}、C_{13} 侧链多为甲基、醛基等含一个碳原子的基团，C_{17} 侧链则不尽相同。因此，不同的稠合方式和 C_{17} 侧链所取代基团的不同形成了不同类型的甾体化合物。除植物甾醇、胆汁酸外，尚有 C_{21} 甾类、昆虫变态激素、蟾酥毒类、强心苷、皂苷等类型（表 5-1）。

表 5-1　天然甾体化合物的种类及结构特点

名称	A/B 环	B/C 环	C/D 环	C_{17} 位上取代基
植物甾醇	顺、反	反	反	8～10 个碳的脂肪烃
胆汁酸	顺	反	反	戊酸
21 碳甾醇	反	反	顺	乙基
昆虫变态激素	顺	反	反	8～10 个碳的脂肪烃
蟾毒配基	顺、反	反	反	六元不饱和内酯环
强心苷	顺、反	反	顺	不饱和内酯环
甾体皂苷	顺、反	反	反	含氧螺杂环

一、甾醇

甾醇类是广泛分布于自然界脂肪中不能被皂化部分分离得到的饱和或不饱和仲醇，它或以较为高级的脂肪酸酯的形式存在于动物体内，或以苷的形式存在于植物的组织中。

甾醇无色结晶，几乎不溶于水，但易溶于有机溶剂。甾醇基本母核如图 5-4 所示，甾醇在 C_3 上—OH 都是 β 型，多数甾醇 C_5、C_6 之间有双键。甾醇按来源来分，主要有三大类：动物体内的动物甾醇；酵母菌、霉菌等微生物中的微生物甾醇；植物体内的植物甾醇。

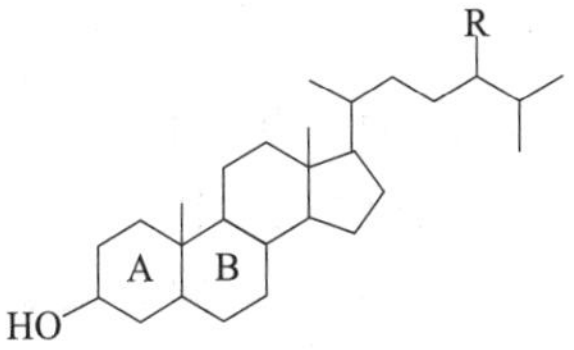

图 5-4　甾醇母核

植物甾醇是 C_{17} 侧链为 9～10 个碳原子的脂肪烃的甾体，为植物细胞的重要组分，多和高级脂肪酸成酯或以游离状态存在，尤其多和油脂类共存于许多植物的种子和花粉粒中。主要有谷甾醇、豆甾醇、菜油甾醇等（图 5-5），它们都是植物膜的基本组成成分。

β-谷甾醇

豆甾醇

菜油甾醇

图 5-5　主要植物甾醇的分子结构

二、胆汁酸

　　天然胆汁酸是胆烷酸的衍生物，在动物胆汁中它们的羧基通常与甘氨酸或牛磺酸的氨基以肽键结合成甘氨胆汁酸或牛磺胆汁酸，并以钠盐形式存在。胆烷酸具有甾体母核，其中 A/B 环稠合有顺反两种异构体形式，B/C 环稠合皆为反式，C/D 环稠合几乎皆为反式（图 5-6）。

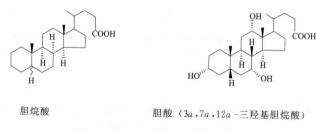

胆烷酸

胆酸（3α,7α,12α-三羟基胆烷酸）

图 5-6　胆烷酸及其衍生物分子结构

　　从胆汁中发现的胆汁酸有近百种，分布较广且有药用价值的有胆酸、去氧胆酸（3α,12α-二羟基胆烷酸）、鹅去氧胆酸（3α,7β-二羟基胆烷酸）、熊去氧胆酸（3α,7β-二羟基胆烷酸）、a-猪去氧胆酸（3α,6α-二羟基胆烷酸）、石胆酸（3α-羟基胆烷酸）等。去氧胆酸有松弛平滑肌作用，鹅去氧胆酸和熊去氧胆酸有溶解胆结石作用，而 α-猪去氧胆酸具有降低血液胆固醇作用等。牛黄约含 8% 胆汁酸，主要成分为胆酸、去氧胆酸和石胆酸，熊胆中所含熊去氧胆酸高的可达 44.2%～74.5%。

三、C$_{21}$ 甾类成分

　　C$_{21}$ 甾类成分是一类含有 21 个碳原子的甾体衍生物，其 C$_{17}$ 侧链含 2 个碳原子，是目前广泛应用于临床的一类重要药物，具有抗炎、抗肿瘤、抗生育等方面的活性。植物中分离出的 C_{21} 甾类成分，均以孕甾烷或其异构体为基本骨架，在 C_5、C_6 位大多有双键，C_{20} 位可能有羰基，C_{17} 位上的侧链多为 α-构型，但也有 β 构型。C_3、C_8、C_{12}、C_{14}、C_{17}、C_{20} 等位置上都可能有 β-OH，C_{11} 位上则可能有 α-OH，其中 C_{11}、C_{12} 羟基还可能和醋酸、苯甲酸、桂皮酸等结合成酯存在，主要构型有两种（图 5-7）。

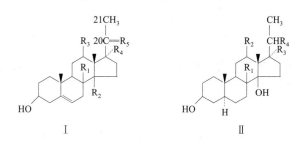

图 5-7　C_{21} 甾类成分两种主要构型有

C_{21} 甾类成分主要分布在玄参科、夹竹桃科、毛茛科及萝藦科，大都与强心苷、皂苷共存，可游离存在，也可和糖缩合成苷。糖链多和 C_3-OH 相连，但也发现有连在 C_{20} 位的 OH 上。C_{21} 甾苷类化合物具有甾类皂苷的性质，分子中除含有 2-羟基糖外，有时还有 2-去氧糖的存在，因之能呈 Keller-Kiliani 颜色反应。

对 C_{21} 甾类成分的研究，近年来已引起重视。除玄参科、夹竹桃科、毛茛科等植物中有 C21 甾苷类成分发现外，在萝藦科植物中发现有 C_{21} 甾苷类成分更为普遍。例如萝藦科鹅绒藤属植物断节参（*Cynanchum wallichii*），又名昆明杯冠藤，民间用其根治风湿性关节炎及跌打损伤，由其根中分离得到的断节参苷是告达亭的五糖苷。从其同属植物青阳参（*C. otophyllum*）根茎中分离得到青阳参苷Ⅰ和青阳参苷Ⅱ。前者为青阳参苷元的三糖苷，后者为告达亭的三糖苷，糖的组成完全一样，二者均具有抗惊厥的作用，是青阳参治疗癫痫的有效成分（图 5-8）。

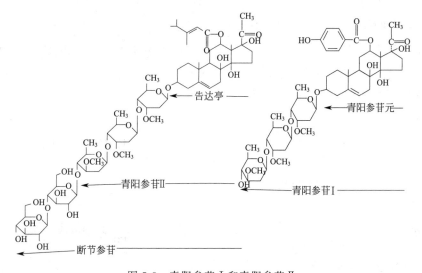

图 5-8　青阳参苷Ⅰ和青阳参苷Ⅱ

四、甾体激素

甾体激素结构上的特点是 C_{17} 上没有长的碳链，主要有性激素与肾上腺皮质激素，是一类维持生命、保持正常生活、促进性器官发育、维持生殖的重要生物活性物质，不仅能治疗多种疾病，而且也是计划生育及产生免疫抑制等方面不可缺少的药物。

（一）性激素

性腺（睾丸或卵巢）的分泌物，有雄性激素、雌性激素、妊娠激素三种，生理作用很强，很少量就能产生极大的影响。

1. 睾丸酮

睾丸酮分子式为 $C_{19}H_{28}O_2$，学名为 17β-羟基-4-雄甾烯-3-酮（图 5-9），1935 年首次得到其纯品。睾丸酮为针状结晶，熔点 $150\sim156℃$，$[a]_D^{24}+109°$（4％，乙醇），不溶于水，溶于乙醇、乙醚和其他溶剂，在人体内不稳定，口服无效。

2. 甲基睾丸酮

甲基睾丸酮分子式 $C_{20}H_{30}O_2$，学名 17β-羟基-$17a$-甲基-4-雄甾烯-3-酮（图 5-10），白色晶体，熔点 $162\sim167℃$，$[a]_D^{24}+60°$（1％，二氧六环）。在乙醇、丙酮及氯仿中易溶，水中不溶。空气中稳定，受光易变化，在人体内可合成雄甾-1,4-二烯-3,17-二酮（ADD）。

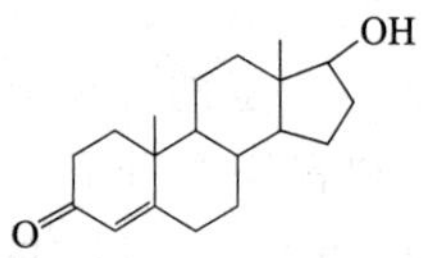

图 5-9　睾丸酮

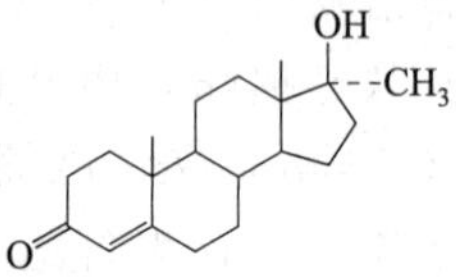

图 5-10　甲基睾丸酮

3. 丙酸睾丸酮

丙酸睾丸酮分子式为 $C_{22}H_{32}O_3$，学名为 17β-羟基-4-雄甾烯-3-酮丙酸酯，简称丙睾酮（图 5-11）。白色结晶或结晶性粉末，熔点 $118\sim123℃$，$[a]_D^{24}+195°$（0.5％，乙醇）。不溶于水，略溶于植物油中，易溶于氯仿、乙醇、乙醚等溶剂。

4. 雌酮

雌酮分子式为 $C_{18}H_{22}O_2$，学名 3-羟基-1,3,5(10)-雌三烯-17-酮（图 5-12）。

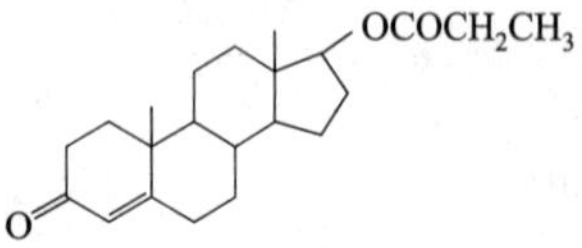

图 5-11　丙酸睾丸酮

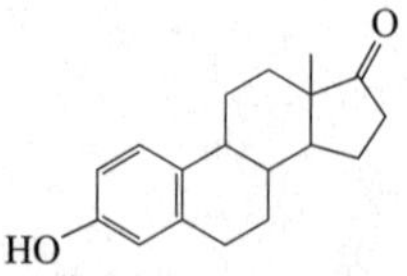

图 5-12　雌酮

5. 苯甲酸雌二醇

苯甲酸雌二醇分子式为 $C_{25}H_{27}O_3$，学名 $3,17\beta$-二羟基-1,3,5(10)-雌三烯-3-苯甲酸酯（图 5-13）。苯甲酸雌二醇为白色结晶，熔点 191～196℃，$[a]_D^{24}+60°$（1%，二氧六环）。不溶于水，略溶于丙酮，微溶于乙醇或植物油中。进入体内水解成雌二醇而起作用，雌二醇强度为雌酮的 10 倍。

6. 孕酮

孕酮又称黄体酮，分子式 $C_{21}H_{30}O_2$，学名为 4-孕甾烯-3,20-二酮（图 5-14）。白色或微黄色结晶或粉末，熔点 127～131℃，$[a]_D^{24}+195°$（0.5%，乙醇）。不溶于水，溶于丙酮、二氧六环和浓硫酸。孕酮有抑制排卵、停止月经、抑制动情并使受精卵在子宫中发育等生理作用，医药上用于防止流产。

图 5-13　苯甲酸雌二醇　　　　　　　　　　图 5-14　孕酮

（二）肾上腺皮质激素

肾上腺皮质激素是产生于肾上腺皮质部分的一类激素。现已由肾上腺皮质部分分离出 10 多种甾体化合物，其中有几种具有激素的性质，如皮质甾酮、皮质酮、11-去氧皮质甾酮、皮质醇等。它们在结构上有些类似，在 C_{17} 上都有一 $COCH_2OH$ 基团，C_3 为酮基，C_4～C_5 间为双键。

1. 皮质醇

皮质醇又称氢化可的松，学名 $11\beta,17\alpha,21$-三羟基-4-孕烯-3,20-二酮（图 5-15）。

2. 皮质酮

皮质酮又称可的松，学名 $17\alpha,21$-二羟基-4-孕烯-3,11,20-三酮。熔点 220～224℃，$[a]_D^{24}+209°$（图 5-16）。

图 5-15　皮质醇　　　　　　　　　　图 5-16　皮质酮

3. 皮质甾酮

皮质甾酮学名为 $11\beta,21$-二羟基-4-孕烯-3,20-二酮（图 5-17）。

4. 11-去氧皮质甾酮

11-去氧皮质甾酮学名为 21-羟基-4-孕烯-3,20-二酮（图 5-18）。

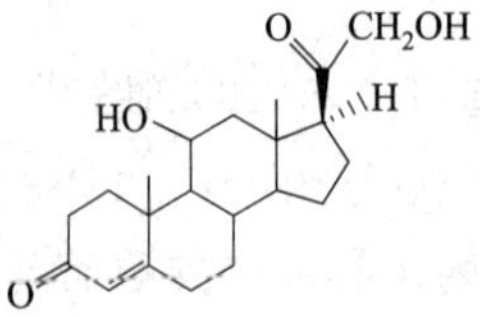

图 5-17　皮质甾酮 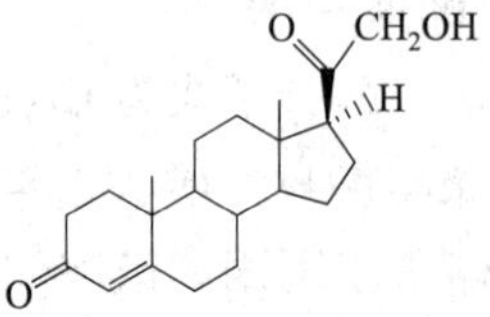　　　　　　　　　　　　图 5-18　11-去氧皮质甾酮

肾上腺皮质激素对糖、蛋白质、脂肪的代谢和无机盐（Na^+、K^+ 盐）代谢有显著影响，还可治疗类风湿关节炎、支气管哮喘、皮肤炎症、过敏等，是一类重要的药物。由于天然提取数量有限，而且比较困难，现已改用工业合成的方法制造，可由薯蓣皂素、胆汁酸等为原料制得，并且还合成了疗效更好、副作用小的肾上腺皮质激素，如 6α-氟-1-去氢皮质醇等（图 5-19）。

（三）昆虫变态激素

昆虫变态激素是 C_{17} 侧链为含氧功能基的甾体化合物。其甾核的 C_6 是酮基，$C_7 \sim C_8$ 有双键。此外，分子中还有许多羟基，在水中的溶解度较大，这点不同于一般的甾体类，如中药牛膝根中含有的羟基脱皮甾酮（图 5-20）。

图 5-19　6α-氟-1-去氢皮质醇 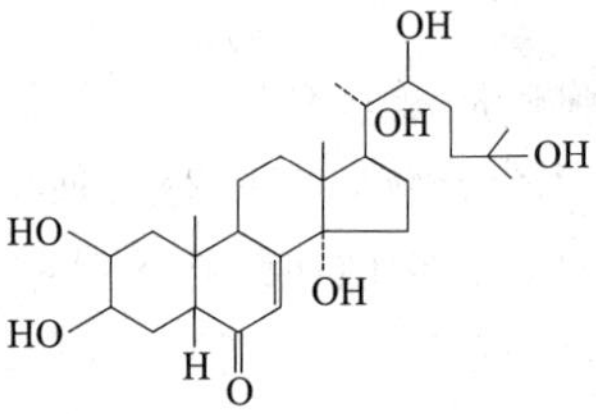　　　　　　图 5-20　羟基脱皮甾酮

（四）蟾酥毒类成分

蟾酥毒类成分是含有与强心苷类似结构的非苷强心物质，其甾核 C_{17} 侧链为六元不饱和内酯环，C_3 羟基多与辛二（单）酰精氨酸结合成酯（图 5-21）。

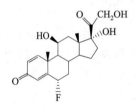

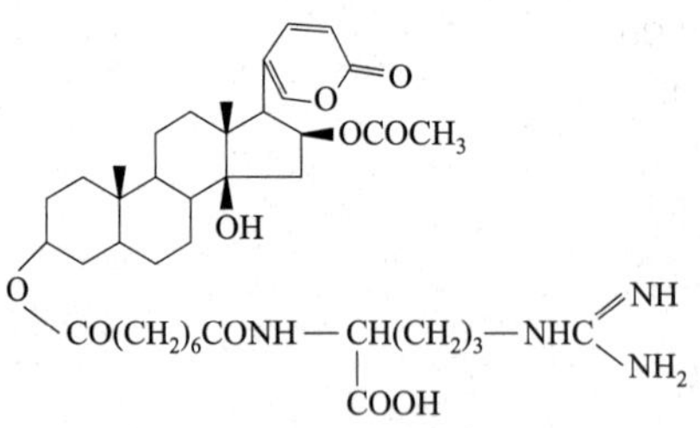

图 5-21　蟾酥毒

五、强心苷

强心苷是由强心苷元与糖缩合而成的，是自然界中存在的一类对心脏有显著生理活性

的甾体苷类。自19世纪初发现洋地黄类强心成分以来，已从自然界得到千余种强心苷类化合物，它们主要分布于夹竹桃科、玄参科、百合科、萝摩科、十字花科、毛茛科、卫矛科、桑科等十几个科的一百多种植物中。常见的有毛花洋地黄（*Digita lislanata*）、紫花洋地黄（*Digitalis purpurea*）、黄花夹竹桃（*Thevetia peruviana*）、毒毛旋花子（*Strophanthus kombe*）、铃兰（*Convallaria keiskei*）、海葱（*Scilla maritima*）、羊角拗（*Strophanthus divaricatus*）等。动物中至今尚未发现强心苷类成分，蟾蜍皮下腺中所含强心成分为蟾毒配基及其酯类，而非苷类成分，哥伦比亚箭毒蛙所含的强心成分 Batrachotoxin A 则为生物碱。

（一）苷元部分

强心苷的结构由强心苷元与糖两部分缩合而成。天然存在的强心苷元是 C_{17} 侧链为不饱和内酯环的甾体化合物，其结构特点如下。

甾体母核 A、B、C、D 四个环的稠合方式为 A/B 环有顺、反两种形式，但多为顺式；B/C 环均为反式；C/D 环多为顺式。

C_{10}、C_{13}、C_{17} 位的取代基均为 β 构型。C_{10} 为甲基或醛基、羟甲基、羧基等含氧基团，C_{13} 为甲基取代，C_1 为不饱和内酯环取代。C_3、C_{14} 位有羟基取代，C_3 羟基多数是 β 构型，少数是 α 构型，强心苷中的糖均是与 C_3-羟基缩合形成苷。C_{14} 羟基为 β-构型。母核其他位置也可能有羟基取代，一般位于 1β、2α、5β、11α、11β、12α、12β、1β、16β，其中 16β 羟基有时与小分子有机酸如甲酸、乙酸等以酯的形式存在。在 C_{11}、C_{12} 和 C_{19} 位可能出现羰基。有的母核含有双键，双键常在 C_4、C_5 位或 C_5、C_6 位。

根据 C_{17} 上不饱和内酯环的不同，强心苷元可分为两类。①C_{17} 侧链为五元不饱和内酯环（$\Delta^{\alpha\beta}$-γ-内酯），称强心甾烯类，即甲型强心苷元，已知的强心苷元大多数属于此类；②C_7 侧链为六元不饱和内酯环（$\Delta^{\alpha\beta},\gamma$-$\delta$-内酯），称为海葱甾二烯类或蟾蜍甾二烯类，即乙型强心苷元，自然界中仅少数苷元属此类，如蟾蜍中的强心成分蟾毒配基类（图5-22）。

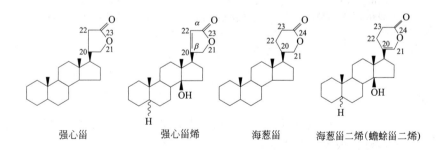

强心甾	强心甾烯	海葱甾	海葱甾二烯(蟾蜍甾二烯)

图 5-22　两类重要的强心苷元

按甾体类化合物的命名，甲型强心苷以强心甾为母核命名，例如洋地黄毒苷元的化学名为 $3\beta,14\beta$-二羟基强心甾-20(22) 烯（图5-23）；乙型强心苷元以海葱甾或蟾酥甾为母核命名，例如绿海葱苷元的化学名为 $3\beta,14\beta$-二羟基-19-醛基海葱甾-4,20,22-三烯（图5-24）。

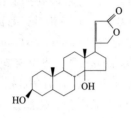

图 5-23　洋地黄毒苷元

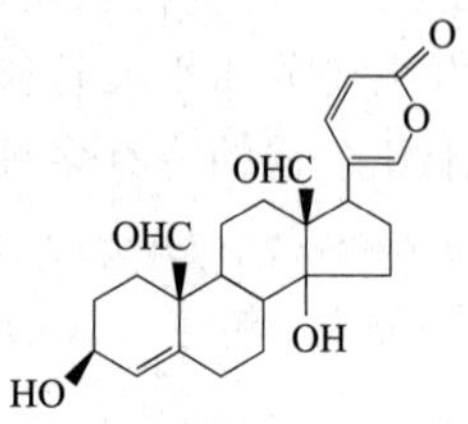

图 5-24　绿海葱苷元

（二）糖部分

构成强心苷的糖有 20 多种，根据其 C_2 位上有无羟基可以分成 α-羟基糖（2-羟基糖）和 α-去氧糖（2-去氧糖）两类。α-去氧糖常见于强心苷类，是区别于其他苷类成分的一个重要特征。

1. α-羟基糖

除 D-葡萄糖、L-鼠李糖外，还有 6-去氧糖，如 L-呋糖、D-鸡纳糖、D-弩箭子糖、D-6-去氧阿洛糖等；6-去氧糖甲醚，如 L-黄花夹竹桃糖、D-洋地黄糖等（图 5-25）。

L-呋糖

D-鸡纳糖

D-弩箭子糖

D-6-去氧阿洛糖

L-黄花夹竹桃糖

D-洋地黄糖

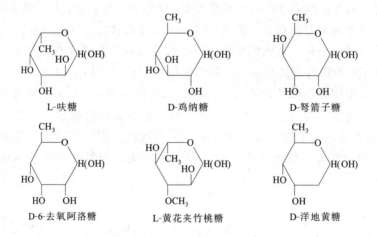

图 5-25　α-羟基糖

2. α-去氧糖

有 2,6-二去氧糖如 D-洋地黄毒糖等；2,6-二去氧糖甲醚如 L-夹竹桃糖、D-加拿大麻糖、D-迪吉糖和 D-沙门糖等（图 5-26）。

D-洋地黄毒糖

D-加拿大麻糖

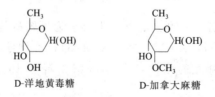

图 5-26　α-去氧糖

3. 其他糖

强心苷糖基上还可能有乙酰基，如乙酰洋地黄毒糖等。

（三）苷元与糖的连接方式

强心苷大多是低聚糖苷，少数是单糖苷。通常按糖的种类以及和苷元的连接方式可分为以下三种类型。

Ⅰ型：苷元-(2,6-去氧糖)$_x$-(D-葡萄糖)$_y$，如紫花洋地黄苷 A。

Ⅱ型：苷元-(去氧糖)$_x$-(D-葡萄糖)$_y$，如黄夹苷甲。

Ⅲ型：苷元-(D-葡萄糖)$_y$，如绿海葱苷（图 5-27）。

植物界存在的强心苷以Ⅰ、Ⅱ型较多，Ⅲ型较少。

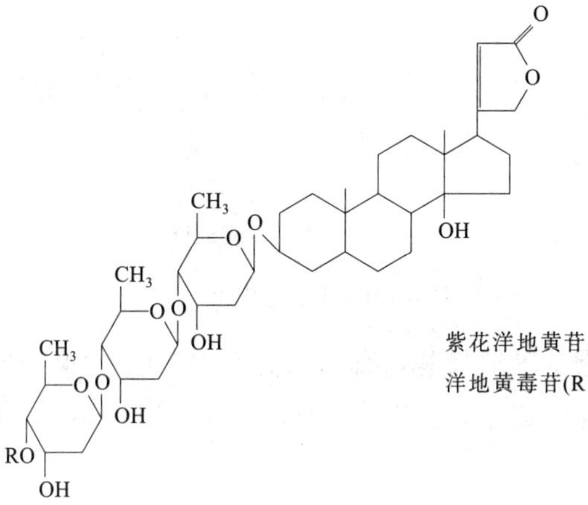

紫花洋地黄苷 A(R = β-D- 葡萄糖)

洋地黄毒苷(R = H)

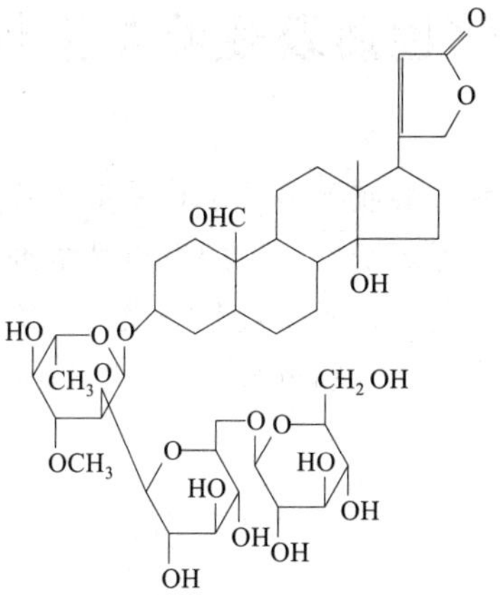

黄夹苷甲

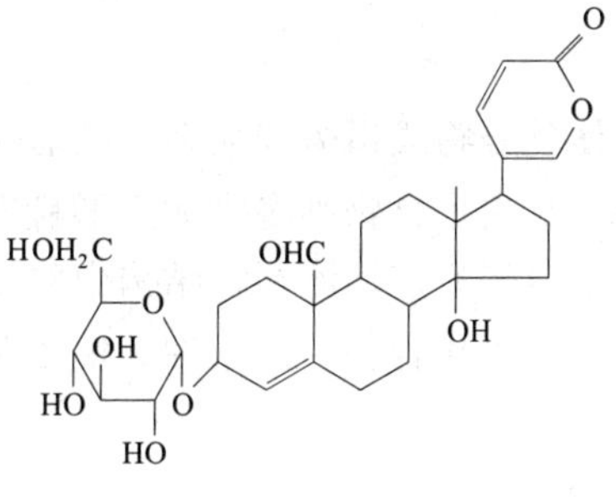

绿海葱苷

图 5-27　三种苷元与糖的连接类型

六、甾体皂苷

甾体皂苷由甾体皂苷元与糖缩合而成。甾体皂苷的苷元为甾体化合物，由 27 个碳原子组成，其基本骨架为螺旋甾烷及异螺旋甾烷（图 5-28）。

甾体皂苷元的结构具有如下特征。

甾体皂苷元不含羧基，呈中性，故甾体皂苷又称中性皂苷。其苷元由 A、B、C、D、E、F 六个环组成。A、B、C、D 为环戊烷骈多氢菲母核，C_{17} 位上侧链和 C_{16} 骈合为五元含氧环（呋喃环 E），C_{22} 位上又接有六元含氧环（吡喃环 F），E、F 两环以螺缩酮形式相连接组成了螺旋甾烷形式。

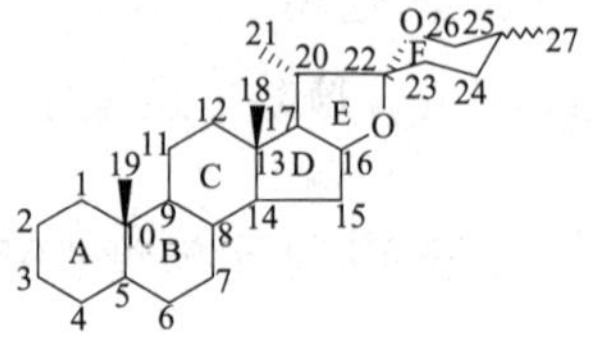

图 5-28　螺旋甾烷

所有的甾体皂苷元在 C_{10}、C_{13}、C_{20} 和 C_{25} 位上都连有一个甲基。C_{10}、C_{13} 位上的甲基称为角甲基，均为 β-型，C_{20} 位甲基为 α-型。C_{25} 位上甲基有立体异构，当 C_{25} 甲基位于环平面上的竖键（直立键）时，为 β-定向，其绝对构型为 S 型（又称 L-型），即螺旋甾烷；当 C_{25} 甲基位于环平面下的横键（平伏键）时，为 α-定向，其绝对构型为 R 型（又称 D-型），即异螺旋甾烷。一般 D 型化合物比 L-型化合物较为稳定（图 5-29）。

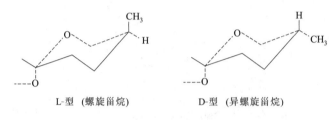

L-型（螺旋甾烷）　　　　D-型（异螺旋甾烷）

图 5-29　L-型与 D 型甾体皂苷元

分子中常含有多个羟基、酮基等取代基，有的还有双键；C_3 上必有羟基与糖结合成苷，酮基一般在 C_{12} 位上，少数在 C_6、C_{11} 位上；双键常在 $\Delta^{5(6)}$、$\Delta^{(11)}$ 位上。

第三节　甾体类化合物理化性质及生物学活性

简单甾体化合物或甾体苷元多为结晶体，多数难溶或不溶于水，易溶于石油醚、氯仿等有机溶剂。苷类化合物则多为无定形粉末，一般可溶于水、甲醇等极性溶剂，难溶于乙醚、苯、石油醚等非极性溶剂，结构中的糖基的数量和苷元中羟基等极性基团的数量的多少及位置，决定了化合物的溶解性，使各苷类的溶解性差别较大。

一、显色反应

无水条件下，甾体母核经强酸（如硫酸、盐酸）、中等强度的酸（如磷酸、三氯乙酸）、路易斯酸（如三氯化锑）的作用，脱水形成双键，由于双键移位、缩合等形成较长的共轭双键系统，并在浓酸溶液中形成多烯正碳离子的盐而呈现一系列的颜色变化。

（一）Lieberman-Burchard 反应

将样品溶于少量乙醇，滴加乙酸酐，样品全部溶解后（如样品能溶于乙酸酐则可直接用它溶解样品）沿管壁加入 0.5mL 浓硫酸，两液层间显紫色环，且乙酸酐层显蓝色，证明试样含甾体结构。

（二）　Saikowski 反应

样晶溶于氯仿，沿管壁缓缓加入浓硫酸，静置，氯仿层呈血红色或青色，硫酸层有绿色荧光。

（三）三氯化锑或五氯化锑反应

将样品的醇溶液点于滤纸或薄层上，晾干，喷以 20％的三氯化锑（或五氯化锑）氯仿溶液（不含乙醇和水），干燥后于 60～70℃ 加热 3～5min，显黄色、灰蓝色、灰紫色等。此反应的灵敏度很高，可用于纸色谱或薄层色谱的显色。

（四）　Rosenheim 反应

将 25％三氯醋酸乙醇液和 3％氯胺 T 水溶液以 4∶1 混合，喷在滤纸上与强心苷反应。干后 90℃ 加热数分钟，于紫外光下观察，可显黄绿色、蓝色、灰蓝色荧光，反应较为稳定。洋地黄毒苷元衍生的苷类显黄色荧光；羟基洋地黄毒苷元衍生的苷类显亮蓝色荧光；异羟基洋地黄毒苷元衍生的苷类显蓝色荧光。因此，可以利用这一试剂区别洋地黄类强心苷的各种苷元。

二、苷键的水解

（一）甾体皂苷的水解

甾体皂苷的水解有两种方式，可以一次完成水解，生成甾体皂苷元及糖；也可以分步水解，即部分糖先被水解，或双糖链皂苷中水解一条链形成次生苷或前皂苷元。

1. 酸水解

由于甾体皂苷所含的糖是 α-羟基糖，因此水解所需条件较为剧烈，一般 2～4mol/L 无机酸即可，也可以用酸性较强的高氯酸。由于水解条件较为剧烈，所得的水解产物往往为人工次生物，这是因为在水解过程中甾体皂苷发生了脱水、环合、双键位移、取代基移位、构型转化等变化，导致水解产物不是原始角体皂苷元，从而造成研究工作的复杂化，有时甚至会得出错误的结论。

2. Smith 降解

Smith 降解条件很温和，许多在酸水解条件下不稳定的皂苷元都可以用 Smith 降解获得真正的苷元。

Smith 降解常用氧化开裂法，裂解反应分为三步。第一步在水或稀醇溶液中，用 NaIO 在室温条件下将糖氧化裂解为二元醛；第二步将二元醛用 NaBH 还原为醇，以防醛与醛进一步缩合而使水解困难；第三步调节为 pH2 左右，室温放置让其水解。由于这种醇的中间体具有真正的缩醛结构，比苷的环状缩醛更容易被稀酸所催化水解。

3. 酶水解

糖苷酶是一类催化糖苷生物合成的酶，在合适的条件下它也能催化糖苷的分解。由于酶几乎是在与生物体内相同条件下催化底物，采用糖苷酶来裂解苷键可最大限度地减少反应过程中苷元的化学变化，而且酶解选择性强，如苦杏仁酶只酶解 β-D-葡萄糖。常见的糖苷酶有苦杏仁酶、麦芽糖酶、纤维素酶、粗橙皮苷酶等。

（二）强心苷的水解

强心苷的苷键可被酸、酶水解，苷元结构中的不饱和内酯环还能被碱水解。由于苷元结构中羟基较多，强心苷在较剧烈的条件下（3％～5％HCl，加热）进行水解反应的同时，苷元往往发生脱水反应生成缩水苷元，而得不到原来的苷元。

1. 温和的酸水解

这种水解方法主要针对 2-去氧糖与苷元形成的苷键。因苷元和 2-去氧糖之间的苷键及两个 2-去氧糖之间的苷键极易被酸水解，对苷元影响小，不致引起脱水反应，但是 2-羟基糖（如葡萄糖）和 2-去氧糖之间的苷键在此条件下不易断裂，因此水解产物中常得到二糖或三糖。具体方法是用稀酸（0.02～0.05mol/L 的盐酸或硫酸）在含水醇中经短时间（半小时至数小时）加热回流，可使强心苷水解成苷元和糖。

温和的酸水解不适用于不含 2-去氧糖的强心苷，此外，对于 C_{16} 位有甲酰基的洋地黄强心苷类水解，因为此条件下甲酰容易被水解，得不到原来的苷元，所以也不适用。

2. 强烈的酸水解

不含 2-去氧糖的强心苷在稀酸条件下水解较为困难，必须增大酸的浓度（3％～5％），增加作用时间或同时加压，才能使其水解，但此条件引起苷元发生脱水反应，得不到原来的苷元。

3. 酶水解

在含强心苷的植物中均含有选择性水解强心苷 AD 葡萄糖苷键的酶共存，但是尚无可以水解 2-去氧糖苷键的酶。因此，与强心苷共存的酶只能使末位的葡萄糖脱离，而不能水解 2-去氧糖，从而去除分子中的葡萄糖而保留 2-去氧糖。如紫花洋地黄中紫花苷酶（为 β-葡萄糖苷酶），可将紫花洋地黄苷 A 水解除去分子中的 D-葡萄糖而生成洋地黄毒苷。

酶的水解能力主要受强心苷结构类型的影响，一般来说，乙型强心苷较甲型强心苷更易被酶水解；一般糖基比乙酰化糖基水解速度快。由于酶解法具有条件温和、选择性好、产率高等特点，在强心苷生成中有很重要的作用。由于甲型强心苷的强心作用与分子中糖基数目有关，即苷的强心作用强度为：单糖苷＞二糖苷＞三糖苷，所以常利用酶解法使植物体内的原生苷水解成强心作用更强的次生苷。在分离强心苷时，常可得到一系列同一苷元的苷类，它们的区别在于 D-葡萄糖的个数不同，可能是由于水解酶的作用所致。

三、甾体化合物的重要生物学功能

（一）植物甾醇的生物学活性

植物甾醇是一种重要的天然甾体，具有许多重要的生理功能，除了在药物上的应用外，最为引人注目的是其具有降低胆固醇的功效。

1. 降低胆固醇

植物甾醇降低血清胆固醇的作用机制有 2 种，一种是抑制胆固醇在肠道的吸收，另一种是影响胆固醇的代谢。

2. 具雌激素活性

植物甾醇有类似于雌激素的结构，这表明植物甾醇可能具有雌激素的活性，对防治男性前列腺疾病和乳腺疾病有较好作用。

3. 预防肿瘤

胆固醇经肠道微生物作用产生的代谢产物，可能是引发大肠或直肠肿瘤的原因之一。而植物甾醇会促使胆固醇本身直接排出体外，从而减少了微生物对胆固醇分解代谢的机会，可达到预防肿瘤的效果。

4. 抗氧化

植物甾醇可限制脂肪酸烃基长链自由摆动，降低膜流动性，保持膜的完整性，阻止不饱和脂肪酸在高温条件下降解，达到抗氧化、延缓衰老的目的。

5. 抗炎作用

植物甾醇对皮肤有温和的渗透性，可以保持皮肤表面水分，促进皮肤新陈代谢，抑制皮肤炎症、老化，防止日晒红斑，还有生发养发之功效。

（二）胆汁酸的生物学活性

在肠道中，各种形式的胆汁酸充分发挥各自的生理功能。肠道上段胆汁酸与脂类的消化吸收有关；肠道下段（即回肠及近侧结肠）胆汁酸自身发生变化，在肠内细菌作用下发生转化，并在肠黏膜中大部分以原来的或转化的形式按主动运输或被动运输机理被重新吸收，只有一小部分随食物残渣排出体外。

1. 促进脂类的消化吸收

胆汁酸分子内既含亲水性的羟基和羧基，又含疏水性的甲基及烃核。同时羟基、羧基的空间配位又全属 α 型，故胆汁酸的主要构型具有亲水和疏水两个侧面，使分子具有界面活性分子的特征，能降低油和水两相之间的表面张力，促进脂类乳化，从而促进吸收。

2. 抑制胆固醇在胆汁中析出沉淀（结石）

胆汁酸还具有防止胆结石生成作用。胆固醇难溶于水，随胆汁排入胆囊贮存时，胆汁在胆囊中被浓缩，胆固醇易沉淀，但因胆汁中含胆汁酸盐与卵磷脂，可使胆固醇分散形成可溶性微团而不易沉淀形成结石。

（三）强心苷的生物学活性

强心苷可选择性作用于心脏，能加强心肌收缩性，减慢窦性频率，影响心肌电生理特性。临床上强心苷主要用于治疗慢性心功能不全，以及一些心律失常，如心房纤颤、心房扑动、阵发性室上性心动过速等心脏疾患，如毛花苷 C、地高辛、毛地黄毒苷等。近年发现，某些强心苷有细胞毒活性，动物试验结果表明其可抑制肿瘤。此外，还发现强心苷具有兴奋延髓催吐化学感受区和影响中枢神经系统作用，可引起恶心、呕吐等胃肠反应，并能使动物产生眩晕、头痛等症。

1. 加强心肌收缩力作用

即正性肌力作用。强心苷具有直接加强心肌收缩力作用，这一作用在衰竭的心脏表现特别明显，具有选择性。治疗剂量对其他组织器官无明显作用时，已能增强心肌收缩力。实验证明，不论在整体动物，还是在没有神经支配的鸡胚心脏或乳头肌都可观察到增强心肌收缩力的作用。

2. 减慢心率作用

即负性频率作用。心率过快冠状动脉受压迫的时间亦较长，冠状动脉流量减少，不利于心肌的血液供应，强心苷可使心率减慢。长期以来认为其负性频率作用是由于心收缩力增强，心排出量增加，反射性提高迷走神经兴奋性的结果。目前通过实验表明，在正性肌力作用出现之前已见明显的心率减慢。

（四）甾体皂苷的生物学活性

甾体皂苷具有广泛的药理作用和生物活性，如抗肿瘤、抗真菌、降血糖、免疫调节、驱虫等。

1. 抗肿瘤活性

（1）诱导肿瘤细胞凋亡　薯蓣皂苷元具有雌激素及抗肿瘤活性，它通过诱导细胞周期阻滞和细胞凋亡破坏 K562 细胞（人慢性髓原白血病细胞）Ca^{2+} 的稳态来达到抗癌效果。

（2）通过细胞毒活性来抗肿瘤　OSW-1（虎眼万年青皂苷）是一种具有极强抗肿瘤活性的胆甾烷皂苷。研究证明 OSW-1 对恶性肿瘤细胞的细胞毒活性要大于非恶性肿瘤细胞的细胞毒活性，它的体外抗肿瘤活性是临床抗癌药喜树碱、紫杉醇、阿霉素的 10 倍以上。

2. 抗炎、抗真菌、抗病毒活性

人心果禾种子中存在具有抗炎活性的新奇甾体皂苷。有学者通过小鼠爪的炎症试验证实了从葱属植物韭葱（*Alliumampeloprasum*）中提取分离出的 2 个甾体皂苷也具有抗炎效果。

甾体皂苷具有显著的抗真菌作用，抑菌活性与苷元结构相关，改变苷元的结构会使其降低或失去抑制作用，而不同寡糖链可以改变其抑制作用的大小，螺甾烷皂苷的抑制作用随着寡糖链中单糖数目增加而增强。

甾体皂苷除了具有抗炎、抗真菌的作用外还有抗病毒的生物活性，研究者在对小鼠的试验中发现石碱木皂苷能很好地抑制恒河轮状病毒引起的腹泻，它对小鼠腹泻抑制作用的大小取决于病毒的密度和给药量大小。

3. 解痉挛，扩张血管，治疗痴呆

研究者从葱属植物茎部分离出 4 种新的呋甾烷皂苷，可以显著抑制由于乙酰胆碱和组胺诱导的豚鼠离体回肠的强烈痉挛，这可能是人们用洋葱治疗胃肠道紊乱的新证据。

甾体皂苷通过抑制磷酸二酯酶来达到抑制血管扩张的作用，被报道具有抑制磷酸二酯酶活性的有百子莲属中的甾体皂苷。

还有研究发现，中药知母中的皂苷元菝葜皂苷元能上调 M 受体对 cGMP 系统的作用，使脑内 M 受体的生物合成速度加快并明显改善老年痴呆症模型小鼠的 M 受体数量，避免了受体激动剂或阻滞剂带来的不良反应，更符合临床要求。

4. 降低血糖血脂，治疗肥胖

研究发现甾体皂苷通过促进葡萄糖的代谢来降血糖的机制十分显著。研究人员对椰子树花中提取的甾体皂苷进行降血糖研究后发现薯蓣皂苷具有很好的降血糖作用。此外，还发现了薯蓣皂苷元能提高高脂饮食小鼠脂蛋白脂肪酶、谷胱甘肽过氧化酶、一氧化氮合成酶、肝脂酶的活性，同时减少血液里的氧自由基，进而达到降血脂的效果，证实了薯蓣皂苷配基是一种控制高胆固醇血症、改善血脂和调节氧化应激非常有用的化合物。

5. 对泌尿、生殖系统的作用

刺蒺藜提取的甾体皂苷在印度、南非和保加利亚广泛应用于治疗不孕不育。研究者还发现重楼皂苷不仅能引起体内子宫的收缩，而且能增强离体子宫的收缩，其作用机制为重楼皂苷激活细胞内多种信号传递途径增加细胞内钙离子浓度，调节子宫平滑肌的节律性收缩。

6. 其他作用

研究还发现，甾体皂苷还具有抑制凝血、抗血栓形成的作用，对细胞由于缺血、缺氧而引发的损伤具有保护作用，有诱导或抑制血小板聚集活性、清除自由基、抗氧化活性等作用。

第四节　典型甾体类化合物的提取、分离、纯化及鉴定

一、植物甾醇的提取、分离、纯化与鉴定

（一）植物甾醇的提取

1. 溶剂结晶法

结晶是指蒸汽或溶液中的某些或某种成分以晶体状析出的现象。在工厂和实验室等机构分离提纯该物质常用该法，研究者对 98％混合植物甾醇进行纯化，经二次重结晶，最终豆甾醇的纯度可达 99.36％。

2. 层析法

极性较小的物质一般用柱层析的方法分离。甾醇的极性较低，根据相似相溶原理通过石油醚或甲醇等低极性溶剂可将甾醇从混合物中分离，制备型液相色谱可大量地对混合物进行分离。研究者通过对莲子心的丙酮提取物使用柱层析进行分离，醇酯的纯度为 (95.56±1.32)％，回收率为 (95.70±3.05)％。

3. 皂化法

皂化法是用熟石灰或生石灰在 60～90℃将溶剂提取物皂化，将游离脂肪酸酯化成溶

于水的盐，经萃取除去游离脂肪酸。研究者通过对鲍鱼性腺无水乙醇提取物皂化得到的鲍鱼性腺甾醇纯度达 14.08％，相较于鲍鱼性腺粗甾醇纯度 8.62％显著提高。

4. 蒸馏法

蒸馏法包括分子蒸馏和常规蒸馏。研究者利用二次蒸馏法纯化米糠油中的植物甾醇，米糠油中甾醇的含量由 3.15％提高到了 61.37％。分子蒸馏提取甾醇的工艺流程如图 5-30 所示。该工艺目前是甾醇工业化生产的主要方法之一，同时也用于实验室精制甾醇。但该工艺流程长，产品的纯度和收率低。

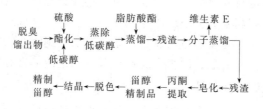

图 5-30　分子蒸馏提取甾醇的工艺流程

5. 超临界 CO_2 流体萃取法

超临界流体萃取法具有提取无污染、效率高、热敏性成分和天然活性成分不易被破坏、可选择性分离等优点，适合提取植物甾醇，此法缺点为设备价格昂贵、维修保养费用高。研究者采用超临界萃取法提取稳定化处理的米糠，米糠油中甾醇含量为 2.274％，此法提取的甾醇含量高于溶剂法。

（二）植物甾醇的分离

目前植物甾醇分离方法主要有：①利用个别甾醇蒸汽压力不同，真空蒸馏分段富积，但纯度较低；②在层析柱中利用个别甾醇在洗脱液与吸附剂之间的分配差异，达到分离目的；③溶剂结晶法，利用个别甾醇在溶剂中的溶解度差异，进行多级分步结晶，利用有机酸与甾醇羟基发生脂化反应生成相应的衍生物，增大物理性质差异，然后重结晶分离。

此外，高效液相色谱法具有操作简便、重现性好等优点而被广泛用于研究分析游离甾醇和甾醇衍生物，采用制备高效液相色谱可分离得到各甾醇单体。如研究者在 Waters Spherisorb S5 ODS2 色谱柱（250mm×10mm）上采用甲醇为流动相，从样品中洗脱得到纯度为 98.6％的谷甾醇、菜油甾醇和纯度为 88％的菜籽甾醇。

（三）植物甾醇的鉴定

由甾醇结构式可见甾醇类的结构极其相似，采用一般的化学方法很难对很多组分的含量进行分析测定。随着分离检测技术的不断向前发展，越来越多的先进仪器和分析技术被应用于植物甾醇的开发和研究，以及提高植物甾醇制品的纯度和分离出应用于医药等行业的甾醇单体。

1. 红外光谱法定性鉴定

红外光谱对阐明未知的甾醇化合物的结构是很有价值的，较为重要的基团如

—OH、—C≡C—、C═O 等均有其相应的最大吸收范围。总的看来，采用红外光谱法可对提取出的植物甾醇制品进行较好的定性鉴别，对照标准图谱后可粗略估计精制品的纯度。

2. 毛地黄皂苷法

即重量测定法，采用毛地黄皂苷在一定条件下与甾醇反应，生成沉淀经烘干称量而测得甾醇含量。此方法操作步骤多、分析时间长、干扰因素较多。只能测定总甾醇含量，不能对各甾醇组分分离定量。

3. Liebermann-Burehard 比色法

用于甾醇分析的比色方法主要是基于它的颜色反应。Liebermamn-Burehard 比色法是将少量甾醇溶解在无水乙酸酐中，加 1 滴浓硫酸后，颜色由无色经红转为暗绿色，在最大吸收波长下测吸光度，绘制标准曲线，确定样品纯度。最大吸收波长经扫描确定为660nm。整个操作仅需半个小时，适用于工厂的快速测定，但只适用于无色或颜色很浅的样品。

4. 薄层色谱法

在类脂中游离甾醇、甾醇脂、游离脂肪酸、脂肪酸甘油酯、甘油一酯、甘油二酯等不同组分，可根据极性的不同用适当的展开剂通过薄层色谱法展开而实现分离。

研究者采用薄层色谱法分离与鉴别植物油中常见的豆甾烷醇、β-谷甾醇、豆甾醇、Δ^5-燕麦甾醇、Δ^7-豆甾烯醇、α-菠菜甾醇、Δ^7-燕麦甾醇 7 种植物甾醇。这 7 种 C_{29} 甾醇在硅胶板上可以与不皂化物中的其他类化合物分离，经乙酰化后，它们的乙酸酯可采用硝酸银-硅胶薄层分离与鉴别。

5. 高速逆流色谱法

高速逆流色谱属于液-液分配色谱，与薄层色谱法、气相色谱法和液相色谱法相比，逆流色谱法（HSCCC）不用固态载体或支撑体，因而避免了由吸附作用引起的样品损失和样品组分的化学变性。同时，HSCCC 还兼备分辨率高、分离速度快等特点，因此更适于制备性分离，尤其是在标准品的制备方面，显示其较大的优越性。研究者应用 HSC-CC，选用 $V_{庚烷}$：$V_{乙腈}$：$V_{乙酸乙酯}$＝5：5：1 溶剂体系成功地从含有较少豆甾醇的混合植物甾醇标准品中，分离纯化谷甾醇和菜油甾醇。一次性分离可得到质量分数为 97％的 β-谷甾醇和质量分数为 91％的菜油甾醇产品。

6. 高效液相色谱法

由于高效液相色谱法（HPLC）不需衍生化，且在较温和的实验条件下进行，不破坏样品的性质。近年来越来越多的研究者采用 HPLC 法对植物甾醇进行分析研究。HPLC分析最关键的是选择适合本色谱仪的情况下能使试样中的各种甾醇达到完全分离的最佳色谱条件。

研究者用 HPLC 对混合植物甾醇中的 β-谷甾醇和豆甾醇进行了分析测定：实验采用的色谱柱为 Hypersil ODS 反相柱（4.6mm×150mm，5μm），流动相为甲醇，紫外检测波长为 210nm，恒溶剂洗脱，混合植物甾醇在 10min 内得到了很好的分离。

7. 气相色谱法

采用气相色谱法（GC）分析，除了将样品衍生化或经 TLC 预处理外，对于一般的样品也可以直接对植物甾醇进行定性和定量分析。GC 直接分析技术比较成熟，快速可靠，适用于日常的分析检测工作。定性分析采用标准品保留时间，定量分析采用内标法。不同的仪器条件下，可用胆甾醇或者角鲨烷作为内标物。采用石英毛细管柱分析甾醇十分有效。

8. 质谱和核磁共振

质谱（MS）和核磁共振（NMR）是鉴定植物甾醇结构的有效方法。有研究者采用 HPLC 对植物甾醇标准品和甾醇样品进行分离，发现一未知组分。该未知组分随着 β-谷甾醇的富集而增多。通过气相色谱-质谱 GC-MS 分析鉴定并检索 Wiley 和 Nist 谱库，可初步确定该未知组分是 β-谷甾醇的异构体 γ-谷甾醇。γ-谷甾醇的 C_{24} 的空间排列属于 α 型，C_{20} 也与 β-谷甾醇不同，它是大豆油中一种主要的甾醇。

^{13}C 核磁共振是一种研究植物甾醇化学结构常用的方法之一。^{1}H 和 ^{13}C NMR 可以对 C-24 连接甲基和乙基的植物甾醇的 24R 和 24S 立体异构体进行结构鉴定和定量分析。

二、胆汁酸的提取、分离、纯化与鉴定

（一）胆汁酸的提取、分离、纯化

各种胆汁酸的提取方法原理基本相同，即将新鲜动物胆汁加固体氢氧化钠加热水解，使结合胆汁酸水解为游离胆汁酸钠盐，溶于水中，滤取水层，加盐酸酸化，则粗总胆汁酸沉淀析出，再用各种方法分离精制。也有先将胆汁酸化，得到胆汁酸及结合胆汁酸的沉淀，再将沉淀物皂化，然后酸化，得到粗胆汁酸。

常用的提取胆酸操作方法是：将新鲜的牛或羊胆汁加 10％固体氢氧化钠，加热煮沸 16h，放冷，盐酸酸化至 pH3.5～4.0（刚果红试纸变蓝），将酸性沉淀物水洗至中性，或加水煮沸至颗粒状，滤取沉淀，并于 50～60℃烘干，得胆酸粗品（收率为 50％～65％）。将胆酸粗品加 20g/L（2％）活性炭及 4 倍量乙醇，加热回流 2～3h，趁热过滤得滤液，回收乙醇至总量的 1/3 时放冷析晶过滤，滤饼用少量乙醇洗涤 1～3 次，至无腥味后，用乙醇重结晶，得胆酸精制品（含量在 80％以上），收率一般为胆汁的 1.5％～3.0％。

（二）胆汁酸的鉴定

1. 理化检识

胆汁酸除具有甾体母核的颜色反应外，还具有以下颜色反应可供理化检识。

（1）Pettenkofer 反应　取胆汁 1 滴，加蒸馏水 4 滴及 10％蔗糖溶液 1 滴，摇匀，倾斜试管，沿管壁加入浓硫酸 5 滴，置于冷水中冷却，则在两液分界处出现紫色环。其原理是蔗糖经浓硫酸作用生成羟甲基糠醛，后者可与胆汁酸结合成紫色物质。

（2）Gregory Pascoe 反应　取胆汁 1mL，加 45％硫酸 6mL 及 0.3％糠醛 1mL，塞紧振摇，在 65℃水浴中放置 30min，胆酸存在的溶液显蓝色。本反应可用于胆酸的定量分析。

（3）Hammarsten 反应　取少量样品，用 20％铬酸溶液（20g CrO_3 溶于少量水中加乙酸至 100mL）溶解，温热，胆酸为紫色，鹅去氧胆酸不显。

2. 色谱检识

（1）纸色谱　纸色谱的溶剂系统有酸性和碱性两大类。在酸性溶剂系统中大多以70％乙酸作固定相，以不同比例的异丙醚-庚烷、氯乙烯-庚烷及乙酸异戊酯-庚烷等为展开剂。碱性溶剂系统有正丙醇-氨水-水、正丙醇-氨水-乙酸胺-水等。

纸色谱的显色剂有10％磷钼酸乙醇液、间二硝基苯乙醇液、三氯化锌的三氯甲烷溶液等。

（2）薄层色谱　硅胶薄层色谱广泛用于动物胆汁中的胆汁酸分离和鉴定。分离游离胆汁酸的展开剂有异辛烷-异戊醚-冰乙酸-正丁醇-水（10：5：5：3：1）、异辛烷-乙酸乙酯-冰乙酸（17：7：5）等。分离结合型胆汁酸的展开剂有三氯甲烷-异丙醇-冰乙酸-水（15：30：4：1）、异戊醇-冰乙酸-水（18：15：3）、正丁醇-乙酸-水（17：2：1）等。

常用的薄层色谱显色剂有磷钼酸、30％硫酸、碘等。

（3）其他色谱　胆汁酸的羧基和羟基分别经甲酯化和三甲基硅醚化后可利用气相色谱可以进行检识，灵敏度较高。胆汁酸本身不具有共轭系统，因此利用高效液相色谱进行检测时必须将胆汁酸经化学衍生，使其具有紫外吸收基团或荧光生色团，才能使用高灵敏度的紫外检测器或荧光检测器，也可采用蒸发光散射检测器直接进行检测。

三、强心苷的提取、分离、纯化与鉴定

从植物中分离提纯强心苷是比较复杂与困难的工作，这是因为它在植物中的含量一般都比较低（1％以下），又常常与性质相类似的皂苷等混杂在一起，如洋地黄中含洋地黄皂苷，而且同一植物又常含几种甚至几十种性质近似的强心苷，每一种苷又有原生苷、次生苷（提取过程中部分水解而成的苷）与苷元的区别，又常与糖类、皂苷、色素和鞣质等成分共存，这些都增加了分离提纯工作的难度。

（一）强心苷的提取

植物中的强心苷有亲脂性苷、弱亲脂性苷或水溶性苷之分，但它们均能很好地溶于乙醇或甲醇中，通常使用70％～80％的乙醇为提取溶剂。原料是种子或含脂类杂质较多时，须先用石油醚（或溶剂汽油）脱脂后提取；原料是叶或全草时，含叶绿素较多，可用石油醚（或溶剂汽油）先脱去叶绿素、树脂等极性小的杂质，也可用析胶法、稀碱液皂化法、活性炭吸附法或氧化铝吸附除去。与强心苷共存的鞣质、酸性及酚性物质、水溶性色素等可用聚酰胺柱吸附除去。

（二）强心苷的分离和纯化

强心苷进一步分离和提纯，可用以下方法。

1. 两相溶剂萃取法

利用强心苷在两种互不相溶的溶剂中分配系数的不同而达到分离。例如毛花洋地黄总苷中苷丙的分离，主要是根据总苷中苷甲、苷乙、苷丙三者在氯仿、甲醇、水中的溶解度不同进行的（如图 5-31）。

粗总苷
　按粗总苷：氯仿：甲醇：水
　(1：500：100：500) 的比例,使总苷
　溶解、分取两层溶液

氯仿层　　　　　　　　　　　　　　水层
　常压回收　　　　　　　　　　　　减压浓缩至小体积,
　　　　　　　　　　　　　　　　　冷却、抽滤、析晶
氯仿　　残渣
　　　（主含苷甲、乙）　　　粗结晶　　　　母液
　　　　　　　　　　　　　按上述两相萃取法操作
　　　　　　　　　　　　　重复一次

　　　　　　　　氯仿层　　　水层
　　　　　　　　　　　　　减压浓缩

　　　　　　　　　　　母液　　结晶（苷丙）

图 5-31　毛花洋地黄总苷中苷丙的分离

2. 逆流分溶法

利用混合苷中各单体在两种互不相溶的溶剂中分配系数不同进行多次分离。如果没有逆流分配器,可用一定数量的分液漏斗代替进行操作。例如黄花夹竹桃果仁中分离黄夹苷甲和黄夹苷乙 (图 5-32),是以氯仿：乙醇 (2：1) 750mL、水 150mL 为两相溶剂,氯仿为移动相,水为固定相,经九次逆流分配 (0~8 号),最后在 6~7 号氯仿层中获得黄夹苷乙,2~5 号水层中获得黄夹苷甲。

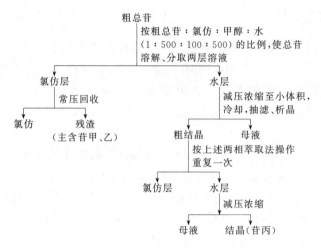

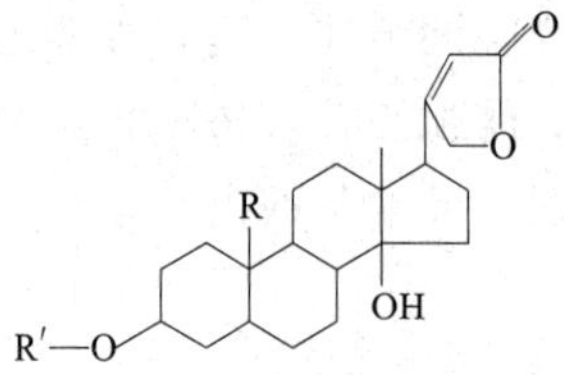

黄夹苷甲　R=CHO　R′= 黄夹糖-α 葡萄糖
黄夹苷乙　R=CH₃　R′= 黄夹糖-α 葡萄糖

图 5-32　黄夹苷甲和黄夹苷乙

3. 柱层析法

分离亲脂性强的强心苷类如次级苷、单糖苷及苷元,一般选用吸附层析,常以硅胶为吸附剂,用正己烷、乙酸乙酯、苯丙酮、氯仿-甲醇为溶剂进行梯度洗脱。对极性较大的强心苷宜选用分配层析,可用硅胶、硅藻土、纤维素为支持剂,以乙酸乙酯-甲醇水或氯仿-甲醇水进行梯度洗脱。

（三）强心苷的结构鉴定

1. 紫外光谱

强心苷类化合物由于分子中苷元部分存在五元或六元不饱和内酯环,故其紫外吸收光谱的特征较显著。一般说来,具有 $\Delta^{\alpha\beta}$ 五元不饱和内酯环的甲型强心苷元在 200~217nm 处呈现最大吸收,而其他位置上的非共轭双键在紫外区无吸收。具有 $\Delta^{\alpha\beta,\gamma\delta}$ 六元不饱和内酯环的乙型强心苷元的紫外光谱特征吸收在 295~300nm 处。两类强心苷元的紫外吸收光谱的特征吸收区别显著,可供结构鉴别。

2. 红外光谱

强心苷类化合物由于分子中苷元上具有不饱和内酯结构，$\upsilon C\text{-}0$ 峰为特征吸收峰，其波数与环内共轭程度有关，而与分子中其他基团无关。$\Delta^{\alpha\beta}$ 五元不饱和内酯环一般在 $1800\sim1700\text{cm}^{-1}$ 处有两个强吸收峰，$\Delta^{\alpha\beta,\gamma\delta}$ 六元不饱和内酯环的羰基吸收峰与五元不饱和内酯环相同，也有两个吸收峰，但由于环内共轭程度增高，导致两个吸收峰较五元不饱和内酯环的相应吸收分别向低波数位移约 40cm^{-1}。

3. 核磁共振谱

强心苷元的 $^1\text{H-NMR}$ 中，18-CH_3、19-CH_3 在 $\delta1.00$ 附近出现两个单峰，这两个甲基的化学位移值与甾核 C_3、C_{14} 位的构型有关。18-CH_3 的化学位移要比 19-CH_3 处于较低场。如果 C_{10} 位甲基被醛基或羟甲基取代后，则 18-CH_3 峰消失，而在 $\delta9.50\sim10.00$ 处出现一个醛基质子的单峰，或在较低场出现两个与氧同碳质子的信号。甲型强心苷的 α,β 不饱和五元内酯环中，C_{21} 位的两个质子在 $\delta4.50\sim5.00$ 呈宽的单峰或三重峰或 AB 系统的四重峰，C_{22} 位的烯氢质子在 $\delta5.60\sim6.00$ 呈宽的单峰。乙型强心苷的 $\alpha,\beta;\gamma,\delta$ 不饱和六元内酯环中，C_{21} 位的烯氢质子在 $\delta7.20$ 附近出现一个单峰，C_{22}、C_{23} 位的烯氢质子分别在 $\delta7.80$ 和 $\delta6.30$ 附近，各出现一个双峰。

4. 质谱

甲型强心苷元当 C_{16} 位无羟基取代时，其质谱中都出现 m/z 111 的碎片离子；当 C_{16} 位有羟基取代时，此离子移到 $m/z127$。不少甲型强心苷元的质谱中还存在离子 m/z 124。在洋地黄毒苷元和异羟基洋地黄毒苷元的质谱中，各存在离子 m/z 163 和 m/z 164。这些离子都含有五元环内酯部分或内酯环加 D 环的结构。乙型强心苷元质谱中出现含有六元内酯环 m/z 109、m/z 123、m/z 135、m/z 136 等碎片离子。此外，A、B、C 环含有 C_{14} 羟基和另一羟基时，甲型和乙型强心苷元的质谱中，还会出现不含内酯环，而是由 D 环的 $C_{13}\text{-}C_{17}$ 键断裂后与 $C_{14}\text{-OH}$ 引起 C 环重排为五元环的 m/z 221、m/z 203 等离子。而再多一个羟基时，则出现 m/z 219、m/z 201 等离子。

四、甾体皂苷的提取、分离、纯化及鉴定

（一）甾体皂苷的提取、分离

甾体皂苷类化合物由于连有糖残基，一般有较强的极性，易溶于水、甲醇、乙醇等极性溶剂，不易溶于氯仿、乙醚等非极性溶剂。甾体皂苷不易形成结晶（苷元例外），且有时结构相似，给分离带来一定困难。甾体皂苷提取、分离基本步骤为粗提、除杂、分离。通常的工艺流程为：使用甲醇或稀乙醇作溶剂进行提取，提取液提取后回收溶剂，提取物用水稀释，再经正丁醇萃取或大孔吸附树脂纯化，得粗皂苷，最后用硅胶柱层析进行分离或高效液相制备，得到单体，常用的洗脱剂有不同比例的氯仿：甲醇：水混合溶剂与水饱和的正丁醇。

1. 提取

目前，实验室最常用不同浓度的工业乙醇或甲醇提取。也有用水作为溶剂的，如有研究者采用 $80\sim85℃$ 的水从 *Anemarrhena asphodeloides* 的根状茎中提取到六种甾体皂苷。

也可以先用氯仿、石油醚等强亲脂性溶剂处理中草药原料，然后用乙醇为溶剂加热提取，冷却提取液，多数甾体皂苷由于难溶于冷乙醇而作为沉淀析出。

2. 除杂方法

无论是用水还是醇作为溶剂提取所得到的皂苷，多还包含许多杂质，如无机盐、糖类、鞣质、色素等，尚需要进一步精制。

（1）液液萃取法　这是一种最普遍的皂苷除杂方法，利用皂苷一般极性较大、易溶于水而其中的一些杂质极性较小易溶于非极性溶剂的性质来去除一些脂溶性的杂质。一般的操作是将醇提取液减压浓缩得到的浸膏，悬浮于水中，依次用石油醚、乙酸乙酯、正丁醇进行梯度萃取，甾体皂苷一般存在于正丁醇层，减压回收正丁醇后得总皂苷。

（2）沉淀法　在含甾体皂苷的甲醇或乙醇液中倒入大量的乙醚或丙酮，可将皂苷类化合物沉淀出来。进一步利用过滤或离心的方法即得总皂苷，反复利用这种沉淀法可达到初步纯化的效果。也可利用皂苷会与胆甾醇形成沉淀的特性进行初步纯化。皂苷溶于乙醇，加胆甾醇的乙醇溶液沉淀、过滤，沉淀干燥后置于索氏提取器（soxhlex）中用苯回流，不溶物为皂苷，苯液浓缩后可回收胆甾醇。

（3）吉拉德（Girard）腙法　吉拉德试剂 T 或 P 在一定条件下，可与含羰基的甾体皂苷元生成腙，而与不含羰基的甾体皂苷元分离。通常先将粗甾体皂苷元溶于少量乙醇，再加入吉拉德试剂 T 或 P，并加乙酸使达 10% 的含量，水浴加热或室温下放置后，加水稀释，加入乙醚萃取除去不含羰基的皂苷元，在水相中加入盐酸使羰基皂苷元形成的吉拉德腙水解，即可得原羰基皂苷元。

（4）大孔吸附树脂法　大孔吸附树脂多为苯乙烯或 2-甲基丙烯酸酯型，理化性质稳定，不溶于水、酸、碱及常用有机溶剂。根据其结构单元不同分为各种型号，常用的如 D101 型、DA-201 型、Diaion HP-20 型、AB-8 型等。在用大孔树脂获得较为精致的总皂苷后，为进一步获得皂苷单体，一般还需采用其他的色谱方法。

3. 分离方法

甾体皂苷亲水性较强，有些皂苷极性非常接近，以上述方法分离纯化，难以获得单体化合物，所以皂苷经过一定的纯化后，常采用不同的色谱法分离甚至反复经过色谱法分离，才能获得单体成分。总皂苷的分离主要是采用柱色谱技术。填料以硅胶为主，另外有葡聚糖凝胶（如 Sephadex LH-20）、烷基键合硅胶（ODS）等。Sephadex LH-20 适合于分子量相差大的化合物的分离，ODS 对极性大的化合物分离效果较好。在柱分离模式上，有常压色谱、中压色谱（MPLC）和高压色谱（HPLC）。其中，HPLC 法用于分离高极性、大分子量及结构相似的甾体皂苷有着突出的优点。

（二）甾体皂苷的结构鉴定

1. 苷键的裂解

苷键的裂解除可获得苷元的单体及糖的信息外，还可获得次级皂苷。通过进行次级皂苷与原皂苷的比较来确定糖的连接顺序及连接位置是过去皂苷结构研究的重要手段。

（1）酸水解　酸水解是甾体皂苷结构研究中最常用的一种方法。一般是将皂苷溶于 HCl 或 H_2SO_4 溶液中加热一段时间，减压蒸去有机溶剂，水溶液用有机溶剂萃取出皂苷元或用过滤法收集析出的皂苷元沉淀。除去皂苷元的水溶液用碱或阴离子交换树脂中和，然后采用纸色谱、薄层色谱或气相色谱与标准品比较鉴定水解生成的单糖。当含两个以上糖单元时，可通过改变酸的浓度或水解反应的温度和时间得到不同的次级苷，比较原皂苷和各次级苷中所含的糖，可推测出糖链/糖的连接顺序。

（2）Smith 降解　Smith 降解条件温和，许多在酸水条件下不稳定的皂苷元都可以用该法获得真正的苷元。

（3）酶解　采用酶解来裂解苷键可最大限度地减少反应过程中苷元的化学变化。常见的糖苷酶有苦杏仁酶、麦芽糖酶、纤维素酶、高淀粉酶、粗橙皮苷酶等。酶解时可将含有皂苷与糖苷酶的水溶液在 37℃条件下保温数天，采用薄层色谱检测水解反应的进行情况。水解完全后，可用乙酸乙酯萃取水溶液以获得苷元，经过简单的色谱纯化，甚至不用纯化即可直接进行分析测试，萃取后的水溶液可用于进一步鉴定皂苷中糖的种类、比例及绝对构型等。

2. 色谱在甾体皂苷结构研究中的应用

（1）硅胶薄层色谱　一般硅胶薄层色谱用来检测甾体皂苷中糖的种类。方法是将水解的糖溶液与糖的标准品进行对照，常用的展开剂为氯仿-甲醇-水、乙酸乙酯-正丁醇-水或丙酮-正丁醇-水三元体系，也可用乙酸乙酯-甲醇-水-乙酸（13:3:3:4）四元溶剂体系。

（2）气相色谱（GC）　GC 主要被用于甾体皂苷中糖的种类鉴别、糖连接位置及糖绝对构型的测定。气相色谱也常与质谱联用鉴定甾体皂苷中的糖。研究者从剑叶龙血树（*Dracaena cochinchinensis*）的新鲜茎中得到 18 种甾体皂苷，运用 GC/MS 鉴定了所得甾体皂苷结构中的糖链。

（3）紫外光谱（UV）　饱和的甾体皂苷，在 200～400nm 间没有吸收。具有 a,b-不饱和酮基的甾体皂苷元，其紫外光谱特征吸收在 240nm，共轭烯键在 235nm 有吸收。而含羰基的苷元仅在 285nm 有一弱吸收，含孤立双键的苷元在 205～225nm 有吸收。不含共轭体系的甾体皂苷元，可先用化学方法制备成具有共轭体系的反应产物，然后再测定产物的紫外光谱，可以为结构鉴定提供线索。

（4）红外光谱（IR）　甾体皂苷元含有螺缩酮结构侧链，其在红外光谱的指纹区中均出现四个特征吸收谱带：980cm^{-1}（A）、920cm^{-1}（B）、900cm^{-1}（C）、860cm^{-1}（D）。根据 B 带和 C 带的相对强度可以确定 F 环上 C_{25} 位的两种立体异构体。甾体皂苷元羟基的伸缩振动频率约为 3625cm^{-1}，弯曲振动频率在 1030～1080cm^{-1}，C_3- OH 的红外光谱与 A/B 环的构型有一定关系。含羰基的甾体皂苷元，其羰基的吸收带在 1650～1800cm^{-1}。根据 A、B、C、D 谱带，以及羟基和羧基的特征可确定甾体皂苷元的基本骨架。

（5）质谱（MS）　甾体皂苷元由于分子中有螺甾烷侧链，在质谱中均出现很强的 m/z 139 的基峰、中等强度的 m/z115 的碎片离子峰及一个弱的 m/z126 辅助离子峰。此外尚有来自甾核加 E 环的离子，主要有 m/z 386、m/z 357、m/z 347、m/z 344、m/z 287、m/z 122。这些离子的质荷比可因取代基的性质和数目发生相应的质量位移，同时还可能产生一些失水或失 CO 的离子。根据这些特征峰，可以鉴别是否为甾体皂苷元，并可推测取代基的性质、数目以及可能的取代位置，因此质谱对甾体皂苷元结构测定是很有意义的。

（6）核磁共振谱（NMR） 核磁共振谱氢谱（^{1}H NMR）：甾体皂苷元的核磁共振氢谱中，在高场区有四个甲基（即18、19、21、27位甲基）氢的特征峰。而且 C_{18} 和 C_{19} 均为单峰，前者处于较高场；C_{21} 和 C_{27} 位上的甲基均为双峰，后者处于较高场。根据 C_{27} 位上甲基氢的化学位移和 C_{26} 位上两个氢的化学位移，也可以区别25R型皂苷元和25S型皂苷元。

核磁共振谱碳谱（^{13}C NMR）：由于碳谱总宽度比氢谱约大30倍，分子微小差异就能引起碳谱化学位移的差别，并可利用全去偶、偏共振半去偶和高分辨碳谱及弛豫时间的测量，得到的参数几乎可以将皂苷元分子中27个碳（包括季碳和羰基碳）的特征峰都能辨认出来。因此对皂苷元结构的确定，显示了很多的优越性。

（7）X-射线晶体衍射法 对于容易结晶的甾体皂苷，还可以通过培养单晶进行X射线衍射试验测定其结构。本法所需样品量少，尤其适用于易结晶微量甾体皂苷的分析。X-射线晶体衍射法也成为甾体皂苷结构研究的有力工具。

第五节 典型甾体类化合物生物资源的开发及利用

一、薯蓣皂苷

（一）薯蓣皂苷的基本生物学性质

我国薯蓣科薯蓣属植物资源丰富，种类多，分布在南北各地。其根茎中含有大量的薯蓣皂苷（图5-33）。薯蓣皂苷是薯蓣科薯蓣属植物中的主要成分，其水解产物为薯蓣皂苷元，化学名为 Δ^5-20βF,22αF,25αF-螺旋甾烯-3β-醇，简称 Δ5-异螺旋甾烯-3β-醇，为针状结晶，熔点275～280℃，难溶于水，可溶于甲醇、乙醇及醋酸中。

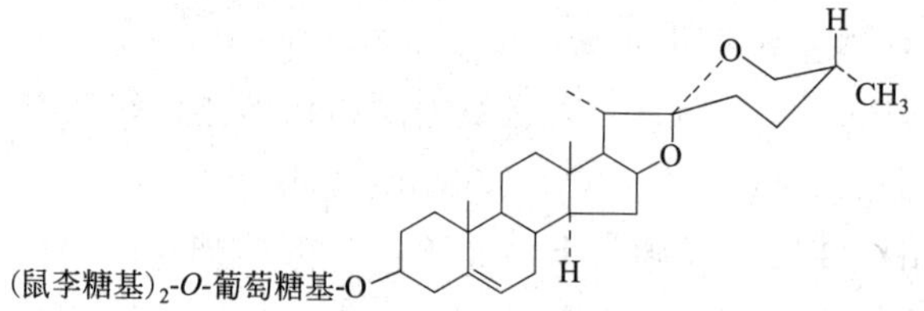

图5-33 薯蓣皂苷

作为薯蓣皂苷元生产原料的植物主要有盾叶薯蓣（*Dioscorea Zingiberensis*）（俗称黄姜）、穿龙薯蓣（*Discorea nipponica Makino*）（俗称穿山龙），用其根茎作为原料提取薯蓣皂苷元。生产上多采用酸水解法，是先将植物原料加水浸透后，再加水3.5倍，并加入浓硫酸，使成3%浓度。然后通蒸气加压进行水解反应（8h）。水解物用水洗去酸性，干燥后粉碎（含水量不超过6%），置回流提取器中，加6倍量汽油（或甲苯）提取20h。提取结束，提取溶剂回收，提取液浓缩至约1:40，室温放置，使结晶完全析出，离心甩干，用酒精或丙酮重结晶，活性炭脱色，即得薯蓣皂苷元，此法收率比较低，只有2%左右。如果将植物原料在酸水解前，经过预发酵或自然发酵，就缩短水解时间，又能提高薯蓣皂苷元的收率。此外也可根据甾体皂苷元难溶于或不溶于水，而易溶于多数常见的有机溶剂的性质，自原料中先提取粗皂苷，将粗皂苷加热加酸水解，然后用苯、氯仿等有机溶剂自水解液中提取皂苷元。

迄今已从薯蓣属植物中已分得大量甾体皂苷，如廷令草次苷和纤细皂苷（图5-34）。

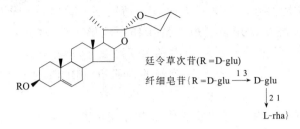

廷令草次苷(R = D-glu)

纤细皂苷{R = D-glu $\xrightarrow{1\ 3}$ D-glu
　　　　　　　　　　$\downarrow 2\ 1$
　　　　　　　　　　L-rha}

图 5-34　薯蓣属植物中的甾体皂苷

薯蓣属植物中还含有多种次皂苷。对新鲜的盾叶薯蓣（*D. zingiberensis*）研究表明，其中主要含有两种呋喃甾烷类原皂苷：原盾叶皂苷和原纤细皂苷（图5-35）。

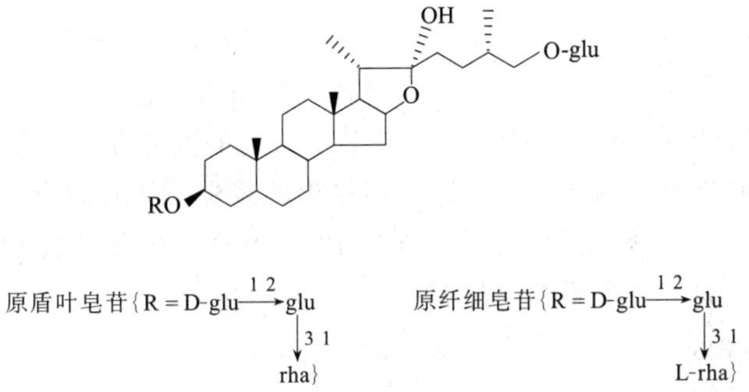

原盾叶皂苷{R = D-glu $\xrightarrow{1\ 2}$ glu
　　　　　　　　　　$\downarrow 3\ 1$
　　　　　　　　　　rha}

原纤细皂苷{R = D-glu $\xrightarrow{1\ 2}$ glu
　　　　　　　　　　$\downarrow 3\ 1$
　　　　　　　　　　L-rha}

图 5-35　薯蓣属植物中的多种次皂苷

（二）薯蓣皂苷的药理作用及开发利用

薯蓣皂苷元是合成多种甾体激素和甾体避孕药较理想的前体，世界各国生产的甾体激素类药物中60％以上以此为原料。甾体激素应用广泛，发展迅速，美国仅皮质激素一类就有60多种药品上市，全球以薯蓣皂苷元为原料生产的甾体激素类药物达100多种。

从1958年开始，我国就建立了以薯蓣皂苷元为主要原料的甾体激素药物工业，目前国内以薯蓣皂苷元为原料合成的口服避孕药、肾上腺皮质激素和性激素达50多种，是医药工业中仅次于抗生素的一个重要领域。

薯蓣皂苷元是合成甾体激素类药物及甾体避孕药的重要医药化工原料，具有抗炎、抗过敏、抗肿瘤、解毒等作用，在制药业中应用十分广泛。

1. 抗肿瘤作用

薯蓣皂苷元具有显著的抗肿瘤作用，尤其是诱导肿瘤细胞凋亡的作用显著。大量的研究结果证实薯蓣皂苷元主要通过调节 AKT、SH-PTP2、MAPK 等通路，引起 P53 活化、COX、FAS、STAT3 等表达，发挥诱导肿瘤细胞凋亡或抑制肿瘤细胞增殖活性。

2. 抗心血管疾病作用

（1）抗高血脂作用　薯蓣皂苷元能够降低血浆和肝脏的总胆固醇水平，升高血浆高密度脂蛋白胆固醇的水平，同时改善红细胞巴比妥酸反应产物（TBARS）和淋巴细胞 DNA

的损伤，增加血浆和肝脏总超氧化物歧化酶（SOD）、红细胞谷胱甘肽过氧化物酶、红细胞以及肝脏过氧化氢酶活性，表明薯蓣皂苷元能通过改善脂质成分和调节氧化应激改善高胆固醇血症。

（2）舒张血管作用 在5-羟色胺预处理的情况下，薯蓣皂苷元能够造成浓度依赖且不依赖内皮的血管舒张作用，且最大舒张作用能够达到72%；另有研究发现，薯蓣皂苷元诱导内皮M受体的激活和胞内钙离子浓度的上升以及释放内皮细胞衍生舒张因子（EDRFs），从而激活大电导钙依赖的钾通道（BKCa通道），产生舒张血管的作用。

（3）心肌细胞保护作用 研究发现薯蓣皂苷元可部分抑制实验性心肌损伤时血清CK、LDH的溢出，降低血清CK、LDH水平，并且对心肌缺血引起的血浆血栓素（TXB2）升高有明显的抑制作用，同时亦可提高血浆6-Keto-PGFla的水平，从而具有扩张血管的功能。

3. 抗炎作用

薯蓣皂苷元在体内有很强的抗过敏效应，能够抑制肠道过敏反应，减少腹泻的发生，减少肥大细胞的浸润和脱粒，减少十二指肠粘连蛋白杯状细胞的出现，同时能抑制血清中卵清蛋白特异性刺激产物IgE，且能缓解吲哚美辛引起的大鼠亚急性肠炎和胆汁排泄的变化，显著增加胆汁的排出，预防胆汁、胆汁酸排出的减少。另有研究发现薯蓣皂苷元通过抑制ERK、Akt、NF-κB等因子活性，并促进P38和JNK因子活性和上调COX-2表达，可以诱导人类风湿性关节炎滑膜细胞的凋亡。

4. 调节免疫作用

薯蓣皂苷元能通过不同途径调节机体免疫，对体液免疫和细胞免疫均有着明显的调节作用。研究发现穿山龙总皂苷含药血清可抑制LPS诱导的B淋巴细胞增殖，穿山龙总皂苷可通过抑制B淋巴细胞增殖从而抑制小鼠体液免疫功能。另有研究表明：穿山龙总皂苷含药血清可抑制由ConA诱导的大鼠脾细胞生成IL-2的能力，对IL-2产生的抑制可能是其抑制T淋巴细胞增殖、抑制大鼠细胞免疫功能的途径之一。

5. 其他作用

薯蓣皂苷元还具有降低血糖的生物活性。小鼠实验发现，薯蓣皂苷元可以显著提高链脲佐菌素诱发糖尿病小鼠的血糖代谢，小鼠血糖明显降低。薯蓣皂苷元还具雌激素样及延缓皮肤衰老的作用。薯蓣皂苷元的分子结构与雌激素类似，也具有多种雌激素样作用，薯蓣皂苷元可以考虑作为治疗绝经期妇女骨质疏松症的激素替代品。薯蓣皂苷元能明显增强人皮肤3D模型等的DNA合成，提高成人角质化细胞的溴脱氧尿苷摄取和环磷腺苷（cAMP）水平，并使卵巢切除小鼠的表皮厚度增加，且不改变其脂肪层厚度。经过安全性考察，薯蓣皂苷元不会加速乳腺癌小鼠的肿瘤生长，表明薯蓣皂苷元在抗皮肤老化问题上，具有重要的应用价值。

二、海洋甾体化合物

海洋甾体（又称甾醇类化合物）是来源于海洋生物体内的一大类重要的天然化学成分，它们许多独特的结构是在陆生生物体内不曾发现的。与陆生生物体甾醇相比，海洋甾醇一般具有更为丰富多样的骨架和支链。一些结构新颖的海洋甾体化合物具有引人注目的生理和药理活性。迄今为止对海洋甾体的研究重点涉及其溶血、抗炎、抗细胞毒和抗肿瘤、抗菌、抗病毒等。

目前，海洋动物中甾体化合物抗肿瘤活性及其新药开发是其研究的热点。如从白斑角鲨（*Squalus acanthias*）中获得的一种甾体生物碱角鲨胺（图 5-36），为有效的内皮细胞增殖抑制剂，目前作为新生血管抑制剂类抗癌药物已进入Ⅱ期临床试验。

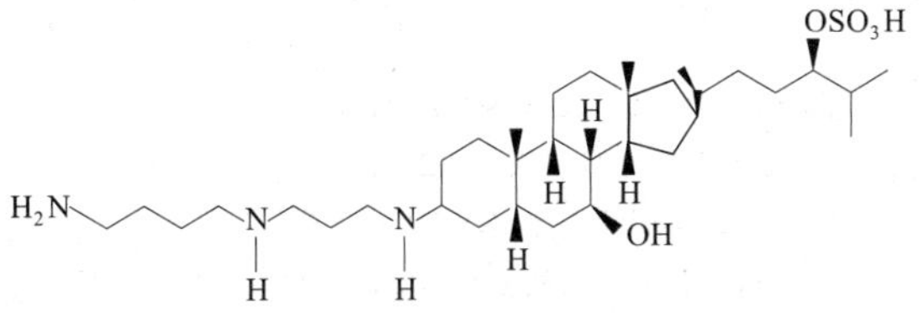

图 5-36 角鲨胺

从印度洋头盘虫（*Cephalodiscus gilchristi*）中提取的一系列甾体生物碱头盘素对多种肿瘤细胞株具有强的细胞毒性。进行的 60 种人肿瘤细胞株的体外试验表明，平均半数抑制浓度分别为头盘素 1：$(2.20 \pm 1.21) \times 10^{-9}$ mol/L，头盘素 18：$(21.7 \pm 9.9) \times 10^{-5}$ mol/L，头盘素 19：$(16.6 \pm 9.5) \times 10^{-9}$ mol/L（图 5-37）。目前正在进行深入的抗肿瘤活性评价。

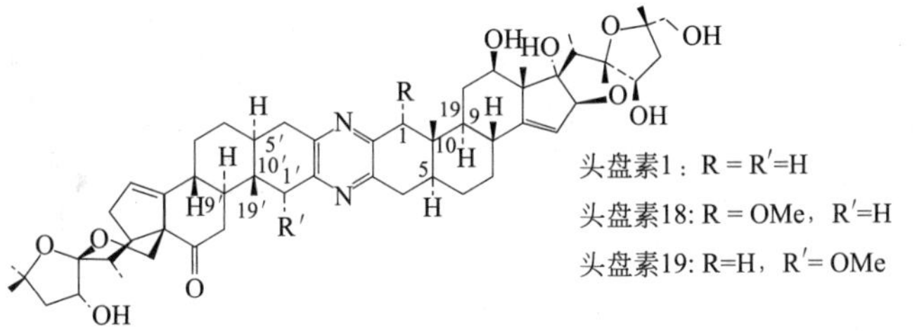

头盘素1：R = R′=H

头盘素18：R = OMe，R′=H

头盘素19：R=H，R′= OMe

图 5-37 头盘素

思考题

1. 甾体皂苷的基本结构是什么？可分为几种类型？各自结构有何特征？

2. 为什么用常法酸水解皂苷有时得不到真正的苷元？如何才能得到真正的皂苷元？并说明其简单原理。

3. 用简单化学方法区别胆甾醇、胆酸、苯甲酸雌二醇、睾丸酮和孕酮。

4. 某中药材中含有亲脂性强心苷和弱脂性强心苷，另外还有叶绿素、鞣质等成分，如何分离得到两部分原生强心苷？

参考文献

[1] 梁娇，张鹰. 植物甾醇提取分离方法研究进展 [J]. 食品安全导刊，2020，282（23）：31.

[2] 梁艳，张英，吴晓琴. 植物甾醇的提取分离和分析检测方法研究进展 [J]. 中国粮油学报，2006，21（3）：1-7.

[3] 李开泉，邹盛勤，陈武. 薯蓣属植物的研究开发现状 [J]. 生物质化学工程，2004，38（2）：26-29.

［4］ 刘湘，汪秋安．天然产物化学 ［M］．2版．北京：化学工业出版社，2010．

［5］ 刘星，余江丽，刘敏，等．近10年甾体皂苷的生物活性研究进展 ［J］．中国中药杂志，2015，40（13）：2518-2523．

［6］ 罗永明．天然药物化学 ［M］．武汉：华中科技大学出版社，2011．

［7］ 盛芳园，何忠梅，陈凯，等．薯蓣皂苷元的提取分离、检测方法及药理作用研究进展 ［J］．时珍国医国药，2013，24（4）：914-917．

［8］ 谭仁祥．甾体化学 ［M］．北京：化学工业出版社，2009．

［9］ 王莹莹，寇永奎，朱建松．甾体皂苷提取分离及结构研究方法 ［J］．华中师范大学研究生学报，2007，14（1）：143-147．

［10］ 吴立军．天然药物化学 ［M］．5版．北京：人民卫生出版社，2008．

［11］ 徐静．天然产物化学 ［M］．北京：化学工业出版社，2021．

［12］ 杨宏健．天然药物化学 ［M］．郑州：河南科学技术出版社，2007．

［13］ 姚新生．天然药物化学 ［M］．3版．北京：人民卫生出版社，2001．

第六章

天然黄酮类化合物的开发与利用

第一节　概述

黄酮是指两个具有酚羟基的苯环（A-与 B-环）通过中央三碳原子相互连结而成的一系列化合物，其基本母核为 2-苯基色原酮，一般具有 C_6（A 环）-C_3（C 链）-C_6（B 环）基本骨架（图 6-1）。黄酮类化合物不同的颜色为天然色素家族添加了更多色彩，这是由于其母核内形成交叉共轭体系，并通过电子转移、重排，使共轭链延长，因而显现出颜色，所以称之为黄酮或者黄酮体。

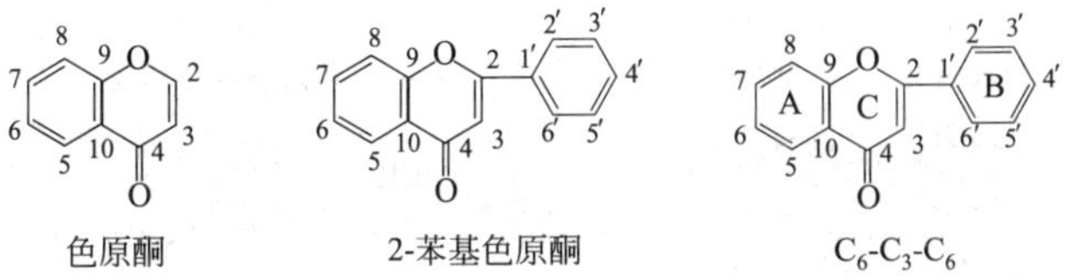

色原酮　　　　2-苯基色原酮　　　　C_6-C_3-C_6

图 6-1　黄酮类化合物的基本组成结构

黄酮类化合物广泛存在于自然界中，据统计目前已经分离出的黄酮类化合物总数已超过 6500 个。黄酮类化合物在植物界主要分布于双子叶植物中，如豆科、菊科、唇形科、伞形科。其次为裸子植物，如银杏科、松科、桑科；而在菌类、藻类、地衣类等低等植物中则较少见，微生物中还未发现有黄酮类物质的存在。许多天然药物如黄芪、芫花、槐花、葛根、忍冬、红花等都含有黄酮类成分。该类化合物在植物体中常以游离状态或与糖结合成苷的形式存在。在植物的花、叶、果实等组织中，多以苷的形式存在，而在木质部，则多以游离苷元的形式存在。

黄酮类化合物具有广泛的生物活性，其多种生理功能主要都与其抗氧化活性相关，如抗癌、抗病毒、抗过敏、抗炎症、改善血管脆性以及抑制血小板凝集等，例如黄芩苷具有抗菌、抗病毒作用，甘草查尔酮 A 具有抑制艾滋病毒的作用，槲皮素有抗氧化作用，水飞蓟素具有保肝作用，银杏总黄酮具有治疗心血管疾病作用等。另外也具有一些与抗氧化作用不相关的生理功能,如酶的抑制、免疫调节、吸引花粉传播者、刺激根瘤的产生等作用,例如大豆素等异黄酮类具有雌激素样作用。黄酮类化合物还涉及植物的光敏作用以及能量输送、形态形成、性别的确定、呼吸、光合作用水平和基因表达等。

第二节　黄酮类化合物的结构与分类

一、黄酮的基本结构与分类

从广义上讲,黄酮类化合物是一大类以 C_6（A 环)-C_3（C 链)-C_6（B 环）碳架为基本特征的低分子量多酚化合物,A 环和 B 环为含有取代基的芳香烃,C 链可以是饱和或不饱和的六元环或五元环的环酮、脂链。由于所链接 C 链的差异,构成了各式各样的黄酮类化合物,使得各类黄酮类化合物在理化性质、光谱特征以及对特征试剂的反应上均有明显差异。根据其中三碳链氧化程度、B 环连接位置以及三碳链是否成环等特点,可将主要的天然黄酮类化合物分成七大类:①黄酮、黄酮醇;②二氢黄酮、二氢黄酮醇;③异黄酮、二氢异黄酮;④查尔酮、二氢查尔酮;⑤橙酮类;⑥花色素、黄烷醇类;⑦其他黄酮类。

黄酮类化合物的结构和类型见图 6-2 所示。

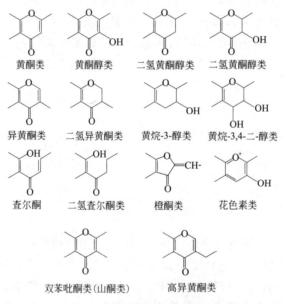

图 6-2　主要黄酮类化合物的基本结构

天然黄酮类化合物多为上述化合物的衍生物,几乎在 A、B 环上均有取代基,常见的取代基有—OH、—OCH_3、—OCH_3O 及异戊烯基等,如苦参素;少数黄酮化合物结构较为复杂,如榕碱为生物碱型黄酮、水飞蓟素为黄酮木脂素类化合物。

天然黄酮类化合物在植物体内只有少数以游离形式存在,多数与糖结合成苷的形式。人体中的黄酮包括黄酮、异黄酮、黄酮醇、二氢黄酮、二氢异黄酮、查尔酮、花色苷等。由于糖的种类、数量、连接位置以及连接方式的不同,黄酮苷的种类各种各样,其组成的糖类有单糖、双糖、三糖和酰基化糖，其中以单糖和双糖最多。

① 单糖类：D-葡萄糖、D-半乳糖、D-木糖、D-鼠李糖、D-阿拉伯糖、D-葡萄糖醛酸等。

② 双糖类：龙胆糖、槐糖、芸香糖、新橙皮糖、刺槐二糖等。

③ 三糖类：龙胆三糖、槐三糖等。

④ 酰基化糖：2-乙酰葡萄糖、咖啡酰基葡萄糖等。

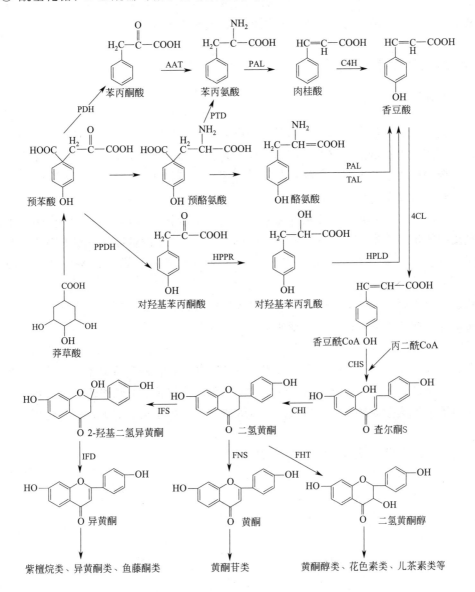

图 6-3　黄酮类化合物生物合成途径

(引自常景玲主编《天然生物活性物质及其制备技术》，2007)

PDH—预苯酸脱水；AAT—芳香族氨基酸氨基转移酶；PPDH—预苯酸脱氢酶；HPPR—对羟基苯丙酮酸还原酶；

HPLD—对羟基苯丙乳酸脱水酶；PAL—苯丙氨酸解氨酶；TAL—酪氨酸解氨酶；C4H—桂皮酸-4羟化酶；

4CL—香豆酸辅酶A连接酶；CHS—查尔酮合成酶；CHI—查尔酮异构酶；IFS—异黄酮合成酶；

IFD—2-羟基二氢异黄酮脱水酶；FNS—黄酮合成酶；FHT—二氢黄酮-3-羟化酶

二、黄酮类化合物生物合成的基本途径

黄酮类化合物的基本骨架是由三个丙二酰辅酶 A（A 环）和一个桂皮酰辅酶 A（B 环）生物合成而产生的，涉及醋酸-丙二酸途径和桂皮酸-莽草酸途径，属于复合的生物合成途径（图 6-3）。

黄酮类化合物的生物合成途径中，首先合成查尔酮，然后形成二氢黄酮，其他黄酮类化合物大多是二氢黄酮在各种酶的作用下生物合成而得到的。

三、重要的黄酮类化合物

（一）黄酮和黄酮醇

此处黄酮为狭义的黄酮，即 2-苯基色原酮（2-苯基苯吡喃酮）类，黄酮是黄酮类化合物中最简单的一个；若第三位上由羟基取代即为黄酮醇，黄酮醇类是最为常见的黄酮，为黄酮类化合物中最多的种类。黄酮及黄酮醇广泛存在于被子植物中，比较集中在芸香科、石楠科、唇形科、伞形科、豆科等植物中。

芫花（*Daphne genkwa*）中的芹菜素、芫花素，金银花（*Honeysuckle*）中的木犀草素，橘皮中的川陈皮素，黄芩（*Scutellaria baicalensis*）中的黄芩素、汉黄芩素，均属于黄酮类。其中芹菜素具有止咳祛痰的作用，木犀草素具有抗菌、抗炎、解痉、降压等作用。

银杏中的山柰素，槐米中的槲皮素，桑枝中的桑色素属于黄酮醇。其中，山柰素具有抗病毒活性，槲皮素具有抗炎、止咳祛痰、增加冠脉流量等作用。

芦丁，又称为芸香苷、维生素 P，分子式为 $C_{27}H_{30}O_{16}$，是一种天然的黄酮苷，属于广泛存在于芸香叶、烟叶、枣、杏、橙皮、番茄、荞麦花、蒲公英等植物中的黄酮醇配糖体，两个配糖体为葡萄糖和鼠李糖。外观为淡黄色或淡绿色结晶性粉末，具有抗炎、抗氧化、抗过敏、抗病毒等功效。大多数植物有效成分分离中总黄酮的测定都是选用芦丁作为标准品。

一些重要的黄酮及黄酮醇代表的结构见图 6-4 所示。

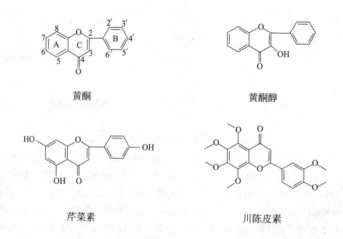

黄酮　　　　　　　　　　　　黄酮醇

芹菜素　　　　　　　　　　　川陈皮素

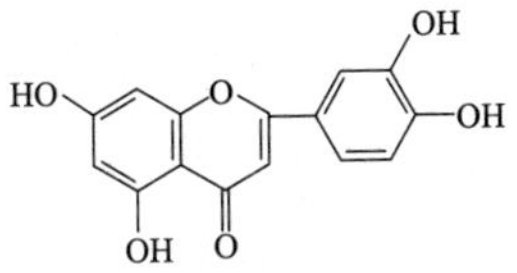

木犀草素 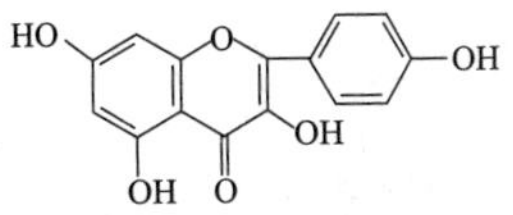　　　　　　　　　　山柰素

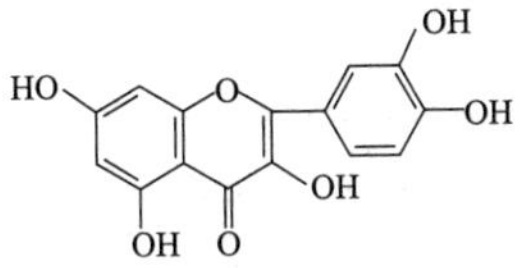

槲皮素 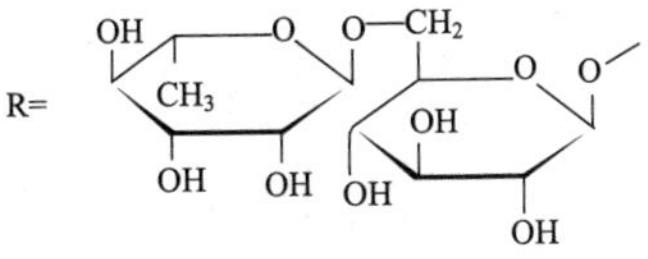　　　　　　　　　　　芦丁

图 6-4　黄酮和黄酮醇重要代表

（二）二氢黄酮和二氢黄酮醇

二氢黄酮和二氢黄酮醇常为一些无色或淡黄色化合物，在植物中亦属多见的成分。二氢黄酮比较集中在姜科、杜鹃花科、菊科、蔷薇科和豆科，二氢黄酮醇比较集中在蔷薇科和豆科。与黄酮和黄酮醇相比，二氢黄酮和二氢黄酮醇结构中 C 环 C2－C3 位双键被饱和，其中 C3 有—OH 取代为二氢黄酮醇。二氢黄酮和二氢黄酮醇分子中产生了手性碳原子，具有旋光性，在植物体内常与相应的黄酮和黄酮醇共存。

满山红（*Folium rhododendri daurici*）叶中的杜鹃素、甘草中的甘草素属于二氢黄酮类；满山红中的二氢槲皮素、水飞蓟（*Milk thistle*）中的水飞蓟素、桑枝中的二氢桑色素属于二氢黄酮类。其中，杜鹃素有较好的祛痰、止咳、抗菌等作用；水飞蓟素具有较强的保肝作用，临床上用于治疗急性、慢性肝炎，肝硬化及代谢中毒性肝损伤等病症有较好的疗效。

许多二氢黄酮和二氢黄酮醇以苷的形式存在，如橙皮和甘草中的黄色成分橙皮苷和甘草苷属于二氢黄酮苷类。其中，橙皮苷为无色针状结晶或粉末，甲基化后所得到的甲基橙皮苷或苷元，其生物活性都比未甲基化的强。它具有增加冠状动脉流量、降低血压、减少冠脉阻塞作用，临床上用于心血管系统疾病。

芸香科植物黄柏（*Phellodendron amurense*）中具有抗癌活性的黄柏素——7-*O*-葡糖糖苷则属于二氢黄酮醇苷类。

一些重要的二氢黄酮及二氢黄酮醇代表的结构见图 6-5 所示。

（三）异黄酮和二氢异黄酮

异黄酮同样具有 3-苯基色原酮基本骨架，与黄酮相比其 B 环位置连接不同。二氢异黄酮可看作是异黄酮类 C2 和 C3 双键被还原成单链的一类化合物。异黄酮和二氢异黄酮为无色或淡黄色结晶，多数形成糖苷，主要分布于被子植物的豆科、蔷薇科、桑科和鸢尾科中，生理活性显著。

葛根（*Pueraria lobata*）中的葛根黄素、葛根苷，大豆中的大豆素、大豆苷均为异黄

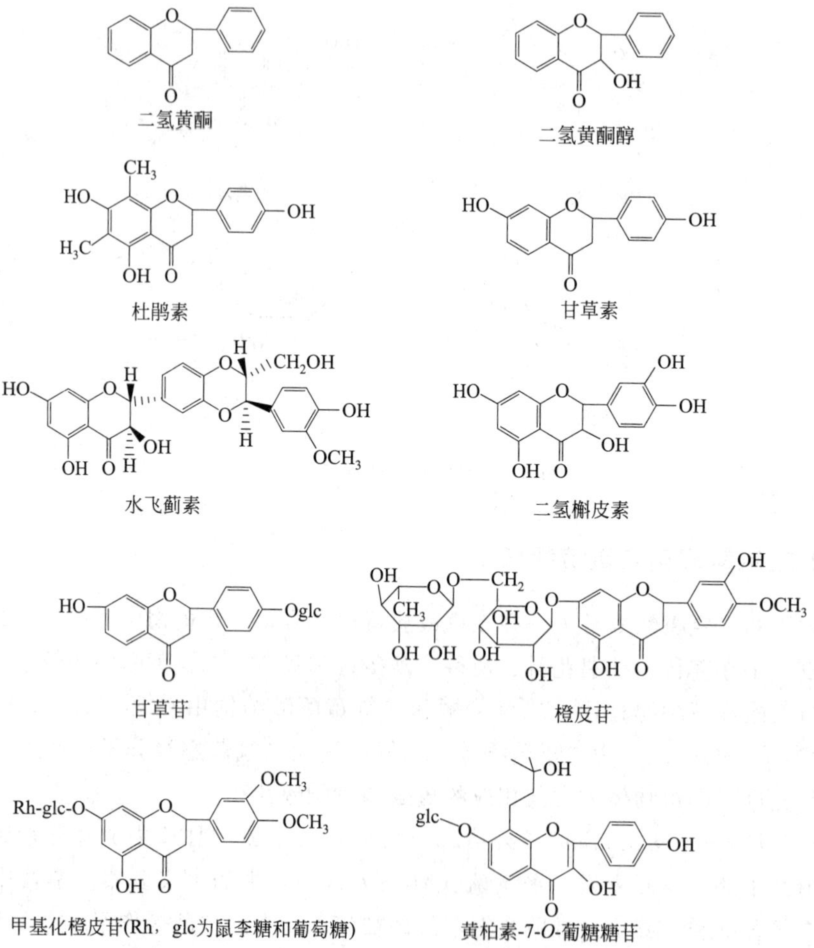

图 6-5 二氢黄酮及二氢黄酮醇重要代表

酮，其中葛根苷具有扩张冠状动脉、增加冠状流量及降低心肌耗氧的作用；大豆素及苷为黄色针晶，具有抗组织胺和抗乙酰胆碱的作用。中药广豆根（*Sophora subprostrata*）中的紫檀素、非洲山毛豆（*Tephrosia candida*）中的鱼藤酮为二氢异黄酮，其中紫檀素具有抗癌、抗霉菌作用；鱼藤酮具有强烈的杀虫活性，其对苍蝇的毒性比除虫菊（*Dalmatian chrysanthemum*）强 6 倍，对蚜虫的毒性比烟碱大 10～15 倍。

一些重要的异黄酮和二氢异黄酮代表的结构见图 6-6 所示。

（四）查尔酮和二氢查尔酮

查尔酮和二氢查尔酮是黄酮生物合成中间体，也被认为是黄酮类的化合物（图 6-7）。查尔酮可以看作是二氢黄酮在碱性条件下 C 环 1,2 位断裂生成的开环衍生产物，其 2′-羟基衍生物为二氢黄酮的异构体，在酸性作用下可以转化成无色的二氢黄酮，碱化后又可变成深黄色的 2′-羟基查尔酮（图 6-8）。在植物界查尔酮常与相应的二氢黄酮共存，主要分布在菊科、玄参科和败酱科；而二氢查尔酮在植物界分布极少，如苦参中含有的成分次苦参素，其具有抗氧化、抗肿瘤功效。

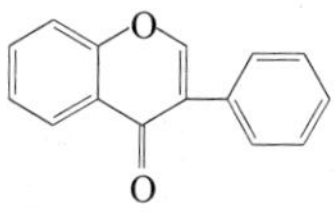

异黄酮 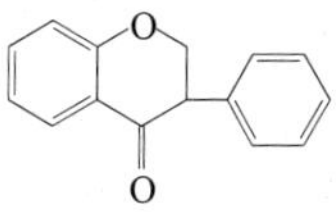　　　　　　　　二氢异黄酮

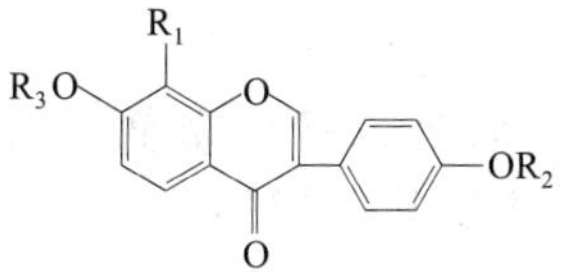

大豆素　　R₁=H, R₂=H, R₃=H
大豆苷　　R₁=H, R₂=glc, R₃=H
葛根黄素　R₁=glc, R₂=R₃=H
葛根苷　　R₁=glc, R₂=N, R₃=H

大豆素、大豆苷、葛根黄素、葛根苷

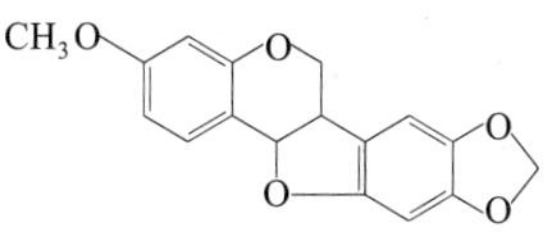

紫檀素 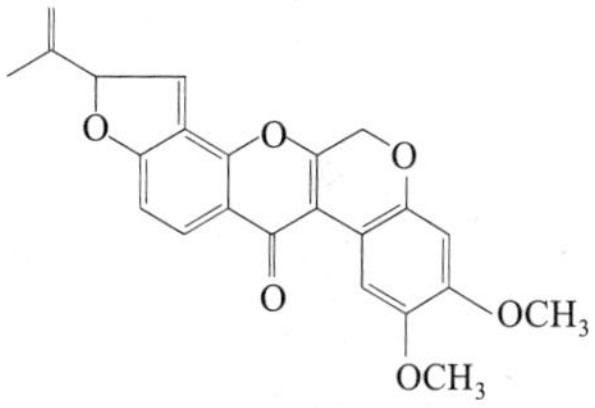　　　　　　　　　　鱼藤酮

图 6-6　异黄酮和二氢异黄酮重要代表

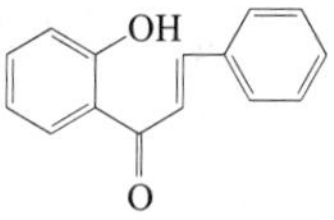

查尔酮 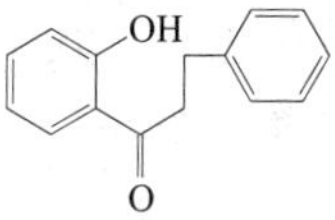　　　　　　　　二氢查尔酮

图 6-7　查尔酮和二氢查尔酮结构

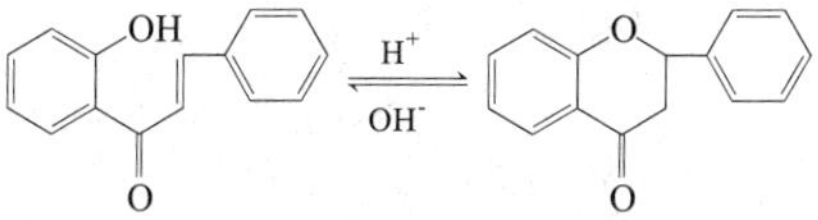

2′-羟基黄酮　　　　　　　二氢黄酮

图 6-8　2′-羟基黄酮和 2′-羟基查尔酮在酸碱条件下相互转化

　　中药红花的主要成分为红花苷，是第一个被发现的查尔酮类成分，属于邻羟基查尔酮的衍生物，有活血作用。红花在不同开花时期的颜色有不同的变化。红花在开花初期时，花中主要含无色的二氢黄酮类化合物新红花苷及微量红花苷，故花冠呈淡黄色；开花中期花中主要含黄色的 2′-羟基查尔酮化合物红花苷，故花冠为深黄色；开花后期或者采摘干燥过程中，红花苷受植物体内酶的作用氧化变成红色的醌式红花苷，故花冠变成了红色或者深红色（图 6-9）。

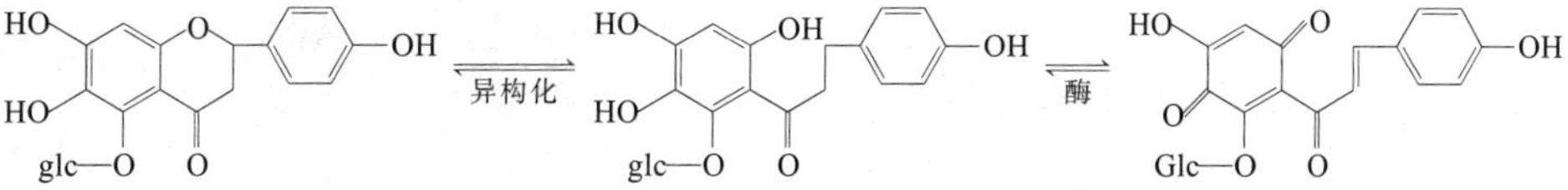

新红花苷　　　　　　　红花苷　　　　　　　醌式红花苷

图 6-9　红花中几种成分的转化

（五）橙酮

橙酮，可看作是黄酮的 C 环分出一个碳原子变成五元环，其余部位不变，是黄酮的同分异构体，属于苯丙呋喃的衍生物，多呈现金黄色。橙酮主要存在于玄参科、菊科、苦苣苔科及单子叶植物莎草科中，同样具有广泛的生物活性，医学方面如抗肿瘤、抗氧化、抗微生物、抗肥胖等活性；在农用方面有拒食、除草等活性。例如，存在于观赏植物黄波斯菊中的硫黄菊素，为细胞碘化甲腺氨酸脱碘酶抑制剂（图 6-10）。

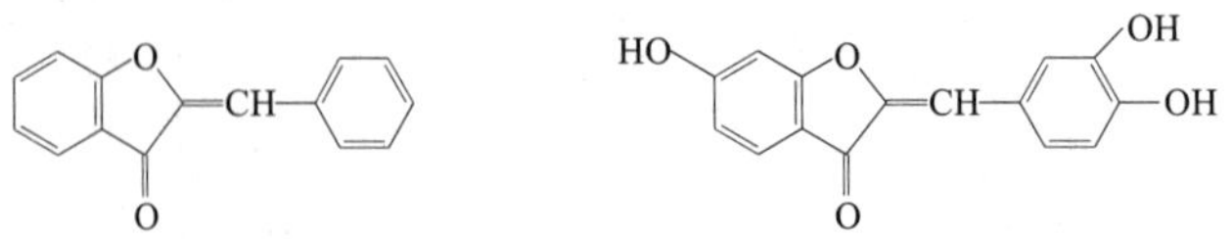

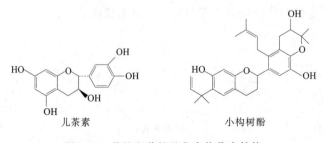

橙酮　　　　　　　　　　　　硫黄菊素

图 6-10　橙酮类化合物代表结构

（六）花色素和黄烷醇类

花色素又称花色素，其碳基被氧化，氧原子以锌盐的形式存在，但仍有共轭体，C_3 位被醇羟基取代。广泛存在于植物界中，是使植物的花、果等呈蓝、紫、红等色的色素，多以苷的形式存在，故也称花色苷。其结构是化学性质较为稳定的色原烯衍生物，如飞燕草素、矢车菊素、天丝葵素等（图 6-11）。

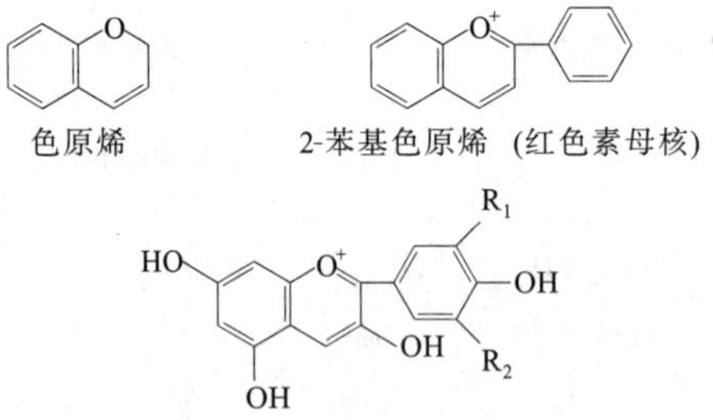

色原烯　　　　　　　2-苯基色原烯（红色素母核）

图 6-11　红色素类化合物代表结构

黄烷和黄烷醇为花青素的进一步还原产物，又称还原花青素和白花青素。黄烷醇根据其 3 位或者 3,4 位存在的羟基分为黄烷-3-醇和黄烷-3,4-二醇。黄烷-3-醇是具有一定抗癌作用的儿茶素类化合物，黄烷-3,4-二醇为无花色素，是缩合鞣制的前体物质。黄烷和黄烷醇类一般为无色化合物，但它们也参与调节植物色彩的浓淡。从桑科植物楮（*Brousonetia kazinoki*）的根皮中得到的小构树醇为黄烷类化合物，具有细胞毒性（图 6-12）。

儿茶素　　　　　　　　　　　小构树酚

图 6-12　黄烷和黄烷醇化合物代表结构

（七）其他黄酮

此类化合物大多不符合 C_6-C_3-C_6 的基本骨架结构，但因具有苯丙 γ-吡喃团结构，也归为黄酮类化合物。

双黄酮类是由 2 分子黄酮衍生物通过 C—C 键或 C—O—C 键聚合而成的二聚物，目前已发现 100 多个种类，一般由两分子芹菜素或其甲醚衍生物构成。如银杏叶中含有的银杏素即为 C—C 链相结合的两分子芹菜素双黄酮衍生物，具有解痉挛、抑制癌细胞、扩张血管等功效。

高异黄酮和异黄酮相比，其 B 环和 C 环之间多了一个—CH_2—，如中药麦冬（*Ophiopogon japonicus*）中存在的麦冬高异黄酮 A，具有抗氧化和抗炎作用。

呋喃色原酮即色原酮的 C_6-C_7 位并上一个呋喃环。如凯刺种子和果实中得到的凯林，其主要作用是能解除冠状动脉痉挛，改善心肌氧供。

苯色原酮即色原酮的 C_6-C_7 位并上一个苯环。如决明子中含有的红镰霉素，具有降脂减肥的功效。

一些重要的其他黄酮类化合物结构见图 6-13 所示。

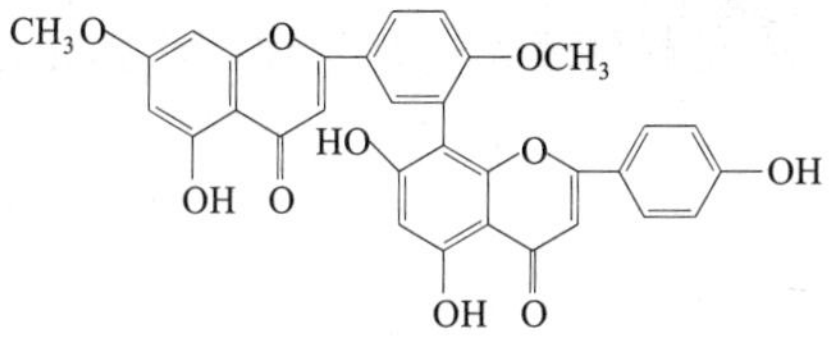

银杏素 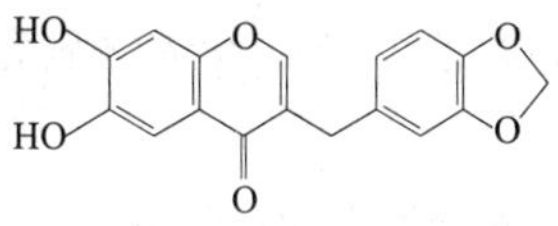   麦冬高异黄酮

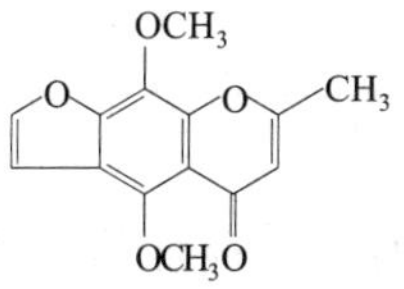

凯林 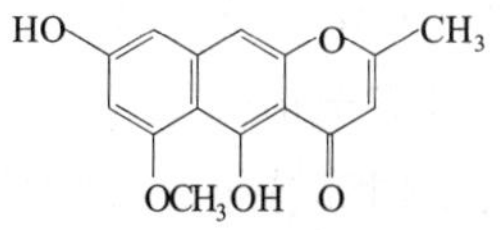   红镰霉素

图 6-13 一些重要的其他黄酮类化合物结构

第三节 黄酮类化合物的理化性质及生物学活性

一、黄酮类化合物的基本性状

（一）状态

黄酮类化合物多为结晶性固体，少数（如黄酮苷类）为无定形粉末。

（二）颜色

大多数黄酮类化合物都有颜色，其颜色的深浅与分子中是否存在交叉共轭体系及助色团（如—OH、—OCH$_3$等）的类型、数目以及位置有关。通常，有助色团或形成交叉共轭体系的多呈黄色，共轭程度越高其颜色越深。例如色原酮部分本来是无色的，但在2-位上引入苯基后，即形成交叉共轭体系，并通过电子转移、重排，使共轭链延长，而呈现出颜色。一般地，黄酮、黄酮醇及其苷类为灰黄～黄色，查尔酮为黄～橙色，而二氢黄酮、二氢黄酮醇、异黄酮类不显色，花色素及其苷元的颜色随pH不同而变化，一般显红（pH<7）、紫（pH8.5）、蓝（pH>8.5）等颜色。

（三）旋光性

游离的黄酮类化合物一般没有旋光性，如果2,3-位被氢化，产生手性碳则具有旋光性，如二氢黄酮、二氢黄酮醇、二氢异黄酮、黄烷醇。黄酮苷由于引入了糖分子，故均具有旋光性，而且一般为左旋体。

（四）荧光

黄酮类化合物在紫外灯下可呈现不同颜色的荧光。黄酮醇的荧光显亮黄色或黄绿色，但3-OH甲基化或与糖结合成苷后，则荧光暗淡，常为棕色；黄酮类显淡棕色或棕色荧光；异黄酮显紫色荧光；查尔酮显亮黄棕色或亮黄色荧光；花色苷显棕色荧光。

二、黄酮类化合物的溶解性

黄酮类化合物的溶解性因其结构及存在状态（苷元、单糖苷、双糖苷或三糖苷）的不同而有很大差异。

游离黄酮一般难溶或不溶于水，易溶于甲醇、乙醇、乙酸乙酯、醚等有机溶剂及稀碱水溶液中，具酚羟基的可溶于稀碱水。

黄酮、黄酮醇和查尔酮等分子中存在共轭体系且为平面型的分子，由于分子与分子之间排列紧密，分子间引力大，在水中的溶解性较小；二氢黄酮和二氢黄酮醇等非平面型的分子，由于分子与分子间排列不紧密，分子间引力降低，有利于水分子进入，因而溶解度稍大。

游离花青素类虽也为平面型结构，但因以离子形式存在，具有盐的通性，故亲水性较强，在水中溶解度较大。

黄酮类苷元分子中引入羟基，在水中的溶解度增大；而羟基经甲基化后，在有机溶剂中的溶解度增大。如黄酮类一般为多羟基化合物，不溶于石油醚，故可与脂溶性杂质分开，但川陈皮素（5,6,7,8,3′,4′-六甲氧基黄酮）却可溶于石油醚。

黄酮类化合物与糖结合成苷后，在水中溶解度即相应加大，而在有机溶剂中的溶解度则相应减小。黄酮苷一般易溶于水、甲醇和乙醇等强极性溶剂中，但难溶或不溶于苯、三氯甲烷等有机溶剂中。单糖苷的糖链越长，则亲水性越强，在水中溶解度越大。

另外，黄酮苷中由于糖的结合位置不同，对其水中溶解度也有一定影响，如棉黄素（3,5,7,8,3′,4′-六羟基黄酮）的3-O-葡萄糖苷在水中溶解度大于7-O-葡萄糖苷。

三、黄酮类化合物的酸碱性

（一）酸性

天然黄酮类化合物多有酚羟基取代，故呈现一定的酸性，能与碱成盐溶于水及吡啶、甲酰胺及二甲基甲酰胺中。酚羟基的数目及位置不同，酸性强弱也不同，引入黄酮，其酸性强弱的顺序为：7,4′-二羟基＞7-或 4′-羟基＞一般酚羟基＞5-羟基或 3-羟基。这是由于 C_7、C_4 上的羟基与碳基形成共轭体系使其酸性加强；C_5、C_3 上的羟基容易形成分子内氢键，使羟基氢难电离，酸性减弱。利用此性质，可利用 pH 值梯度法进行黄酮类化合物的分离。

（二）碱性

黄酮类化合物 γ-吡喃环上的 1-位氧原子存在未共用的电子对，因而显示出一定的微弱碱性，可与强无机酸如浓硫酸、盐酸等生成锌盐，但生成的锌盐极不稳定，遇水后即可分解。

四、黄酮类化合物的显色反应

黄酮类化合物的显色反应主要是与分子内酚羟基及 γ-吡喃酮环有关，显色反应可以用黄酮提取物在试管中进行，也可以在色谱滤纸上进行或在硅胶、聚酰胺吸附薄层板上进行。主要的纸上显色的颜色反应如表 6-1 所示。

表 6-1　黄酮类化合物的纸上显色反应

化合物	可见光	紫外光	盐酸镁粉	硼氢化钠	氯化铝	
					可见光	紫外光
黄酮	灰黄色	棕色	黄色至红色	无色	灰黄色	黄绿荧光
黄酮醇	灰黄色	亮黄色或亮绿色	红色至紫色	无色	黄色	黄色或绿荧光
二氢黄酮	无色	无色	红色、紫色或蓝色	洋红色	无色	黄绿或蓝荧光
二氢黄酮醇	—	—	红色	洋红色	—	—
异黄酮	无色	紫色或者灰黄色	黄色	无色	无色	黄色荧光
二氢异黄酮			—			
查尔酮	黄色	棕色或黑色	—	无色	黄色或黄橙色	橙色荧光
橙酮	亮黄色	亮黄色	—	无色	灰黄或橙色	绿色荧光
花青素	粉红色、橙色或红紫色	暗红色或者棕色	红色后褪为粉红	—	—	—

（一）还原反应

1. 盐酸-镁粉反应

盐酸-镁粉反应为检查植物药中是否有黄酮类化合物的最常用方法之一。在样品的乙醇或甲醇溶液中加入少量镁粉振荡，再滴入几滴浓盐酸，1~2min 即显出颜色，必要时可在水浴上加热显色。多数黄酮醇类、二氢黄酮类和二氢黄酮醇类化合物一般显红~紫红色，个别显蓝或绿色（如 7,3,4′-三羟基二氢黄酮），分子中特别在 B 环上有—OH 或—OCH$_3$ 取代时，颜色加深。查尔酮、橙酮、儿茶素类无阳性反应，花青素类从红色慢慢褪为粉红色，异黄酮除少数显色外也无阳性反应。上述实验反应进行时，也可以用锌粉代替镁粉进行还原显色反应。

2. 硼氢化钠（钾）反应

二氢黄酮和二氢黄酮醇类物质能被硼氢化钠（NaBH$_4$）还原生成红-紫红色物质，该反应是鉴别二氢黄酮专属性较高的反应，只有二氢黄酮和二氢黄酮醇类能被还原，因而可以用来区别其他黄酮类化合物。反应时取化合物样品的甲醇溶液，加入等量的 2% NaBH$_4$ 甲醇溶液，1min 后滴加浓盐酸或浓硫酸数滴，产生红~紫色物质。

（二）与金属盐类试剂的络合反应

黄酮类化合初中若具有 3-羟基、4-羰基或 5-羟基、4-羰基或邻二酚羟基，则可以与许多金属盐类试剂如铝盐、镁盐、铅盐、锶盐等反应，生成有色的络合物。

1. 三氯化铝反应

金属试剂的络合反应中三氯化铝显色反应较常用，取供试品溶液加 1% 三氯化铝乙醇液，生成的鲜黄色的铝配合物，并有荧光，可用于定性及定量分析。

2. 氨性氯化锶显色反应

黄酮类化合物的分子中如果有邻二酚羟基，则可与氨性氯化锶试剂反应。方法：取少许样品置小试管中，加入 1mL 甲醇溶液（必要时可在水浴上加热）后，再加 0.01mol/L 氯化锶（SrCl$_2$）的甲醇溶液 3 滴和被氨饱和的甲醇溶液 3 滴，如产生绿~棕色乃至黑色沉淀，则表示有邻二酚羟基。

（三）与碱性试剂的显色反应

黄酮类化合物遇碱开环，生成 2′-羟基查尔酮而显色，这些碱性试剂可以是氢氧化钠水溶液、碳酸钠水溶液、氨水或氨蒸气。如氢氧化钠水溶液对简单黄酮显黄色至橙红色；查尔酮和橙酮显示红色或紫红色；二氢黄酮则产生黄色至橙色，放置后或加热则呈深红色至紫红色；黄酮醇呈黄绿色或蓝绿色纤维状沉淀。根据这些颜色变化情况. 可以粗略地提示属于哪类黄酮化合物。也可将样品与碳酸钠水溶液或氨蒸气等碱性试剂通过纸斑反应后在可见光或紫外光下观察颜色变化情况来鉴别黄酮类化合物。

（四）与五氯化锑的反应

查尔酮类的无水四氯化碳溶液与五氯化锑作用生成红紫色沉淀，而黄酮、二氢黄酮及黄酮酸类显黄~橙色，这可用于区别查尔酮类与其他黄酮类化合物。

五、黄酮类化合物的生物学活性

自 1938 年匈牙利生物学家 Szent-Gyorgyi 等首次报道黄酮类化合物具有强化毛细血管的作用以来，黄酮类化合物的各种生物学活性已逐渐引起人们的重视和广泛的研究。

黄酮类化合物具有多种生物学功能，如清除自由基、抗氧化作用和抗癌、抗肿瘤、抑菌、抗病毒、抗过敏等，还能抑制血小板凝集，改善血管脆性，对防治心血管疾病、肝病均有一定的疗效；对细胞凋亡产生抑制（或促进）作用，对畜禽生产也有良好的促进功能，能提高动物机体抗病力，改善动物机体免疫机能。其中抗癌、改善心血管疾病是黄酮类化合物生物学活性中最受关注的研究。

（一）抗氧化活性

研究结果表明黄酮类化合物其结构与抗氧化能力之间存在着相互关系，可通过 4 个方面的作用显示出其抗氧化活性：①抗自由基活性（—OH，羟基；O^{2-}，氧离子）；②抗脂质氧化活性（R—，烷基；ROO—，过氧基；RO—，烷氧基）；③抗氧化活性；④金属螯合活性。

（二）抗癌、抗肿瘤活性

黄酮类化合物分子中心的 α、β 不饱和吡喃酮是其具有各种生物活性的关键，C_7 位羟基糖苷化和 C_2、C_3 位双键氢化则会引起黄酮类化合物的生物活性降低，而 A、B、C 三环的各种取代基则决定了其特定的药理活性。黄酮类化合物抗肿瘤作用可能受两种结构因素影响，一方面与其苯环上的取代基有关，A 环上糖的类型起重要作用，另一方面羟基的位置也会对其抗肿瘤活性产生影响。

黄酮化合物发挥抗癌活性的分子途径具有多样性，几乎涉及癌症发生发展的各阶段。在癌症发生之初，正常的细胞经常因受到各种化学、物理以及生物等致癌因素的侵害，发生 DNA 损伤。黄酮类化合物可以抵御这些致癌因素导致的损伤。例如，黄酮、黄酮醇、黄烷酮和黄烷醇化合物能够通过螯合钙黄绿素中的铁离子，抑制过氧化物诱导的 DNA 损伤；鸡豆黄素 A 和大豆黄素能明显抑制 MTV 乳腺瘤病毒导致的小鼠乳腺癌发生。

（三）改善心血管疾病功能

具有游离羟基的黄酮类化合物对毛细血管产生有益的生理效应，其可以螯合金属，减少被氧化的维生素 C，通过邻甲基转移酶的抑制作用延长肾上腺素、刺激脑垂体肾上腺素等作用。

黄酮类对血红细胞的凝集起作用，其具有多种甲氧基或乙氧基基团的黄酮类化合物是血红细胞凝集作用的有效抑制剂，在临床上是治疗心血管疾病的良药，具有强心、增加冠脉血流量、抗心律失常、扩张冠状血管、降压、降低毛细血管渗透性、降低血胆固醇并使其与磷脂比例趋于正常等作用。

（四）抗菌、抗病毒活性

大量研究表明，黄酮类物质具有较强的抑菌活性。如甘草黄酮类化合物中抑菌成分较多，其黄酮单体化合物查尔酮A、查尔酮B对金黄色葡萄球菌、枯草杆菌、大肠杆菌等均有抑制作用。其抗菌机制主要为：①破坏微生物细胞壁及细胞膜的完整性，导致胞内成分释放而引起膜的电子传递、营养吸收、核苷酸合成及ATP活性等功能障碍，从而微生物抑制生长；②黄酮呈弱酸性，能使部分蛋白质凝固或变性，有杀菌和抑菌作用；③使微生物菌体扭曲变形，进而细胞壁破裂，内容物外漏，直至成为空壳或分解为颗粒状残渣。

此外，黄酮类化合物对多种病毒具有抑制作用，如抗HIV病毒、抗流感病毒、抗疱疹病毒、抗呼吸道合胞病毒、抗肝炎病毒等。黄芩素是一种强的鼠白血病病毒（MLV）和人免疫缺陷病毒（HIV）逆转录酶的抑制剂。黄芩苷在H9细胞培养中能抑制HIV.1的复制。黄酮类化合物抗病毒的机制主要是抑制溶酶体H^+-ATP酶、磷酸酯酶A2的脱壳作用，影响病毒转移基因的磷酸化，抑制病毒和RNA的合成。

（五）抗炎症活性

现已证实，多种黄酮类化合物具有显著的抗炎活性，极具药用开发价值。不同分子结构的黄酮类化合物表现出不同程度的抗炎效果，一般来说，与以下结构有密切关系：①C环中的2位双键；②羟基的位置和数量；③羟基糖基化或甲氧基化等。

此外，黄酮类的抗炎作用与降低毛细血管渗透性有关，如刺槐黄素能降低皮肤、小肠血管的通透性及脆性，经大鼠口服可降低其甲醛性炎症。

（六）其他生物学活性

黄酮类化合物除了前述的各生物学活性外，还具有抑制细胞膜的脂质过氧化、诱发细胞凋亡、止咳祛痰平喘、类激素样、免疫调节、抗糖尿病、促进动物生产等功效。

第四节　黄酮类化合物的提取、分离、纯化及鉴定

一、黄酮类化合物的提取

黄酮类化合物在花、叶、果等组织中，一般多以苷的形式存在；而在木部坚硬组织中，则多以游离苷元的形式存在。具体提取时，一般是先利用溶剂将黄酮类化合物提取出来，再对提取出来的混合物作进一步的分离。对于黄酮苷类或极性较大的苷元，可以采用甲醇-水、甲醇或沸水进行提取，但要注意防止苷的水解；对于大多数的黄酮苷元可以采用氯仿、乙醚、乙酸乙酯等低极性溶剂进行提取。

（一）系统溶剂提取法

利用提取物中各类成分极性不同，选择不同溶剂相继萃取。即用极性由小到大的溶剂依次提取，如先用石油醚或环己烷脱脂，接着用苯提取多甲氧基黄酮或含异戊烯基、甲基黄酮，再用乙醚、氯仿、乙酸乙酯依次提取出大多数苷元，然后用丙酮、乙醇、甲醛、甲醇-水（1:1）提取出多羟基黄酮、双黄酮、查尔酮等成分，最后用烯醇、沸水可以提取出苷类，而花色素等成分可用1%HCl提取出来。在萃取的过程中，可采用超声的方法加强提取效果。

银杏叶黄酮溶剂萃取的相关研究较多，有研究对不同提取液的提取效果进行了比较，提取液分别采用甲醇、95%乙醇、70%乙醇、60%丙酮和3%$(NH_4)_2SO_4$，结果表明以60%丙酮提取液提取的黄酮含量最高，提取效果最好。

（二）碱溶酸沉淀法

根据黄酮类化合物在结构中多具有酚羟基、显酸性、易溶于碱水、难溶于酸水的性质，可用碱水提取。将碱水提取液加酸酸化，黄酮类化合物即游离而沉淀析出。该法因具有经济、安全、使用方便等优点而被广泛应用，但同时该提取方法的杂质较多，效果受到一定的影响。常用的碱水有饱和石灰水溶液、5%碳酸氢钠溶液或稀氢氧化钠溶液等。若药材为花类和果实类时，宜用石灰水提取，可使药材中的酸性多糖如果胶、黏液质等水溶性杂质生成钙盐而沉淀，有利于黄酮类化合物的纯化。

用碱溶酸沉淀法提取黄酮类化合物时，应注意所用碱液的浓度不宜过高，以免在强碱性条件下，尤其加热时破坏黄酮母核。加酸酸化时，酸性也不宜过强，否则生成钙盐，会使析出的黄酮类化合物又重新溶解，使收率降低。

槐树（*Sophora japonica*）槐米碱溶酸沉淀法，取槐米加6倍的水煮沸，在缓慢搅拌下加入石灰乳至pH8~9，再煮沸20~30min，抽滤，合并滤液。滤液在60~70℃下用浓盐酸调节pH5，搅拌均匀静置24h，再抽滤得沉淀。然后，再将沉淀用水洗至中性，60℃下干燥得芦丁粗品。

（三） CO_2-超临界流体萃取法

该方法利用超临界CO_2流体在临界附近一定区域内对黄酮类化合物具有溶解能力强、流动性好、传递性能高的特点来提取分离，通常需要添加少量的夹带剂以提高混合溶剂溶解能力，拓宽使用范围。例如，从甘草中萃取黄酮类化合物，若仅用CO_2流体萃取，只能萃取出甘草查尔酮A；若用CO_2-水-乙醇溶剂萃取，就可以提取出甘草素、异甘草素、甘草查尔酮A及甘草查尔酮B四种黄酮化合物，而且伴随乙醇浓度的增大，萃取率相应得到提高。

（四）其他提取方法

其他还包括超声提取法、超滤法、双水相萃取法、大孔树脂吸附法、微波萃取法及半仿生提取法等提取分离技术，在中草药黄酮类化合物有效成分提取分离等方面都有一定的应用前景。

二、黄酮类化合物的分离、纯化

要从植物总黄酮中获得黄酮化合物的单体，必须进一步分离、纯化。而对其分离纯化的依据主要有：①极性大小不同，利用吸附层析或分配层析；②酸性强弱不同，利用梯度pH 值萃取法进行分离；③分子大小不同，利用葡聚糖凝胶分子筛或者膜技术进行分离；④分子中某些特殊结构，利用金属盐配位化合能力不同的特点进行分离。

目前，常用的分离方法有柱色谱法、酸碱溶液沉淀法、萃取法、吸附法、铅盐法、重结晶法、HPLC法等。在实际分离过程中，要根据混合物中各成分的具体情况，将各种方法配合应用，取长补短，以达到最佳分离效果。

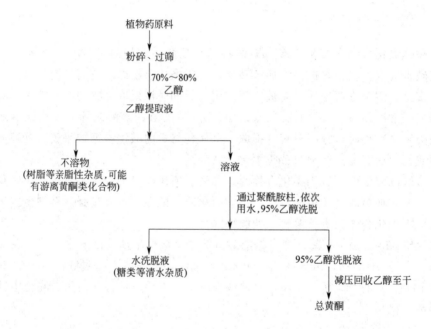

图 6-14　植物药原料的黄酮类化合物一般提取、分离纯化流程

（引自沈彤主编《天然药物化学》，2010）

植物药原料的黄酮类化合物一般提取、分离纯化流程见图 6-14 所示。

三、黄酮类化合物的鉴定与结构测定

黄酮类化合物的鉴定与结构测定，通常在测定分子式的基础上，通过分析对比供试品在甲醇溶液中及加入各种诊断试剂后所得的紫外及可见光谱，推测母核的结构和部分未被取代羟基的位置。同时，解析样品或其衍生物的 ^{1}H-NMR、^{13}C-NMR 波谱，以确定取代基的位置，区别 O-苷和 C-苷，阐明黄酮苷中糖的端基碳构型。还可利用质谱测定，获得有关整个分子的结构及其碎片结构的重要信息。在有对照品时，也可以利用 PC（纸色谱法）或 TLC（薄层色谱法）得到的 R_f 值或 hR_f 值与对照品或文献进行对照，进行初步捡识和测定。对于化合物的颜色反应，以及在提取分离过程中所表现出来的现象（如溶解度、在酸或碱中的溶解情况等）也应注意分析，以便得到一些有用的信息。

（一）纸色谱

纸色谱（PC）适用于分离黄酮及其苷类化合物。混合物的鉴定常采用双向色谱法。其中第一向采用醇性溶剂为展开剂，如正丁醇-冰醋酸-水（4∶1∶5）、正丁醇-冰醋酸-水（3∶1∶1）或水饱和的正丁醇，主要根据分配作用原理进行分离。黄酮类化合物的 R_f 值为：苷元＞单糖苷＞双糖苷。第二向采用水或下列水溶液，如 2％～6％冰醋酸、3％ NaCl 及冰醋酸-浓盐酸-水（30∶3∶10），主要根据吸附作用原理进行分离。黄酮类化合物的 R_f 值：双糖苷＞单糖苷＞苷元（其中二氢黄酮、二氢黄酮醇、二氢查尔酮＞黄酮、黄酮醇、查尔酮）。

对于花色苷及其苷元，则可用含盐酸或醋酸的溶液作为展开剂。

多数黄酮类化合物在纸色谱上用紫外光灯检查时，可以看到有色斑点，以氨蒸气处理后常产生明显的颜色变化。此外还可喷以 2％ $AlCl_3$（甲醇）溶液在紫外光灯下检查。

（二）吸附色谱

常用硅胶薄层色谱和聚酰胺薄层色谱。

（1）硅胶薄层色谱　用于分离与鉴定弱极性的黄酮类化合物较好。展开剂为甲苯-甲酸甲酯-甲酸（5∶4∶1），并可以根据待分离成分极性的大小适当地调整甲苯与甲酸的比例，另外尚有苯-甲醇（95∶5）、苯-甲醇-乙酸（35∶5∶5）、三氯甲烷-甲醇（8.5∶1.5，7∶0.5）、甲苯-三氯甲烷-丙酮（40∶25∶35）、丁醇-吡啶-甲酸（40∶10∶2）等。分离黄酮苷元的衍生物，可用苯-丙酮（9∶1）、苯-乙酸乙酯（7.5∶2.5）等为展开剂。

（2）聚酰胺薄层色谱　适用范围较广，特别适合于分离含游离酚羟基的黄酮及其苷类。由于聚酰胺对黄酮类化合物吸附能力较强，因而需要用可以破坏其氢键缔合的溶剂作为展开剂。在大多数展开剂中含有醇、酸或水。常用的展开剂有乙醇-水（3∶2）、水-乙醇-乙酰丙酮（4∶2∶1）、水-乙醇-甲酸-乙酰丙酮（5∶1.5∶1∶0.5）、水饱和的正丁醇-乙酸（100∶1，100∶2）、丙酮-水（1∶1）、丙酮-95％乙醇-水（2∶1∶2）、95％乙醇-乙酸（100∶2）、苯-甲醇-丁酮（60∶20∶20）等。

（三）紫外光谱

大多数黄酮类化合物在甲醇（或乙醇）中的紫外吸收光谱（UV）由两个主要吸收带组成，出现在 300～400nm 之间的吸收带称带Ⅰ，是由 B 环桂皮酰基系统的电子跃迁引起的吸收；出现在 240～280nm 之间的吸收带称带Ⅱ，是由 A 环苯甲酰基系统引起的（图6-15）。不同类型的黄酮类化合物的带Ⅰ或带Ⅱ的峰位、峰形和吸收强度不同。黄酮类化合物的主要紫外光谱特征见表 6-2 所示。

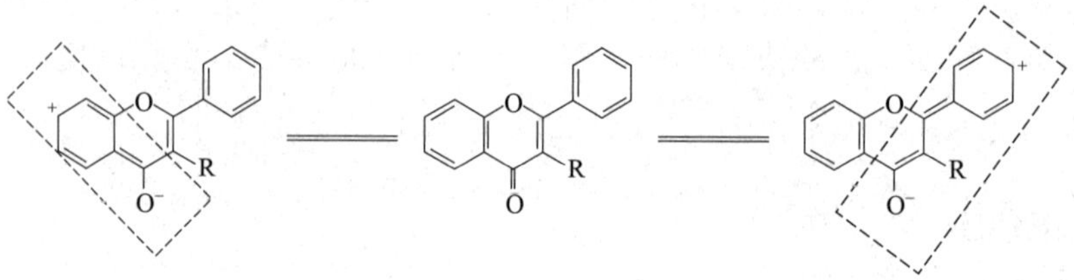

苯甲酰基

（峰带Ⅱ，240～280nm）

黄酮（R＝H）

黄酮醇（R＝OH）

桂皮酰基

（峰带Ⅰ，300～400nm）

图 6-15　黄酮类化合结构中的交叉共轭体系

表 6-2　黄酮类化合物的主要紫外光谱特征

类型	峰位		区别	
	峰带Ⅰ	峰带Ⅱ	位置	强度
黄酮	310～350nm	250～280nm	带Ⅰ不同	Ⅰ、Ⅱ皆强
黄酮醇	350～385nm	250～280nm		
异黄酮	310～330nm(肩峰)	245～275nm	带Ⅱ不同	Ⅰ弱Ⅱ强
二氢黄酮(醇)	300～330nm(肩峰)	275～295nm		
查尔酮	340～390nm	230～270nm(低强度)	带Ⅰ不同	Ⅰ强Ⅱ弱
橙酮	380～430nm	230～270nm(低强度)		

　　黄酮及黄酮醇母核上取代基的种类、数目和位置也影响吸收带的峰形和峰位，根据紫外光谱的变化，可以推测各酚羟基取代基的位置及数目（表6-3、表6-4）。

表 6-3　A 环羟基对黄酮类化合物峰带Ⅱ的影响

类型	A 环羟基位置	峰带Ⅱ	
黄酮	—	250nm	
7-羟基黄酮	7-	252nm	
5-羟基黄酮、5,7-二羟基黄酮	5-或 5-,7-	262nm	向红位移
5,6,7-三羟基黄酮	5-,6-,7-	274nm	
5,7,8-三羟基黄酮	5-,7-,8-	281nm	

表 6-4　B 环羟基对黄酮类化合物峰带Ⅰ的影响

类型	B 环羟基位置	峰带Ⅰ	
高良姜素(3,5,7-三羟基黄酮)	—	359nm	
山柰素(3,5,7,4'-四羟基黄酮)	4'-	367nm	
槲皮素(3,5,7,3',4'-五羟基黄酮)	3'-,4'-	370nm	向红位移
杨梅素(3,5,7,3',4',5'-五羟基黄酮)	3'-,4'-,5'-	374nm	

（四）氢核磁共振谱

　　氢核磁共振谱（^{1}H-NMR）是一种常用的黄酮类化合物结构分析方法。根据氢质子共振吸收峰的化学位移（峰值）、偶合常数（峰形）和峰面积（峰强）等特征参数，获得黄酮类化合物的结构信息，例如母核结构类型及取代基种类、位置和数目等。测定溶剂多用氘代氯仿（$CDCl_3$）、氘代二甲基亚砜（DMSO-d_6）、氘代吡啶等，具体情况视溶解度而定。其中 DMSO-d_6 是最常用的理想溶剂，其可溶解大多数黄酮类化合物，对各质子信号的分辨率较高，有利于对黄酮类母核上酚羟基进行测定。

在氢核磁共振谱中，黄酮化合物 A 环、B 环及取代基质子化学位移的大小顺序一般为：酚羟基质子＞B 环质子＞A 环质子＞糖上质子及甲氧基质子＞甲基质子。A 环及 B 环质子的化学位移主要规律为：B 环上质子较 A 环上质子的共振峰位于较低场；2′-H 及 6′-H 一般较 B 环上其他质子的化学位移大；A 环 5-H 的化学位移较其他 A 环质子大；酚羟基成苷后，将使邻位碳上氢质子的共振信号向低场方向位移。

（五）黄酮类化合物核磁共振 C 谱（^{13}C-NMR）

根据黄酮类化合物 ^{13}C-NMR 谱中 C 环的 C2、C3 和 C＝O 的化学位移值和偏共振去偶谱中的裂分情况可用于初步判定黄酮类化合物的结构类型。黄酮类化合物各碳原子的化学位移值主要出现在 δ40～200 之间，通常可分为以下几个区域：①δ 40～85 区域为二氢黄酮、二氢异黄酮、二氢黄酮的 C2 及 C3 和甲氧基；②δ90～100 区域为黄酮、异黄酮、二氢黄酮、二氢黄酮醇、异黄烷的 C6、C8，或者是三取代 B 环的两个无取代的碳以及黄酮的 C3；③δ110～140 区域为单取代或者二取代 B 环上的碳；④δ135～168 区域为苯环的连氧碳；⑤δ168～200 区域为羰基的化学位移（表 6-5）。

表 6-5　黄酮类化合物 ^{13}C-NMR 光谱特征

C2（或 C-β）	C3（或 C-α）	C＝O	类型
137.8～140.7（d）	122.1～122.3（s）	168.6～169.8（s）	异橙酮类
160.5～163.2（s）	104.7～111.8（d）	174.5～184.0（s）	黄酮类
149.8～155.4（d）	122.3～125.9（s）		异黄酮类
147.9（s）	136.0（s）		黄酮醇类
146.1～147.7（s）	111.6～111.9（d）（＝CH—）	182.5～182.7（s）	橙酮类
136.9～145.4（d）	116.6～128.1（d）	188.0～197.0（s）	查尔酮类
75.0～80.3（d）	42.8～44.6（t）		二氢黄酮类
82.7（d）	71.2（d）		二氢黄酮醇类

注：表中阿拉伯数字是化学位移值，单位 ppm；括号中的英文字母代表裂分情况，s 为单峰，d 为双峰，t 为三重峰。

（六）黄酮类化合物电子轰击质谱（EI-MS）

多数黄酮苷元在电子轰击质谱（EI-MS）中，可获得分子离子峰（基峰）。对于极性强、难气化及对热不稳定的化合物，可制备成甲基化或三甲基硅烷化衍生物，然后测试其EI-MS。游离黄酮类化合物的 EI-MS 的特点是分子离子峰（M^+）很强，常为基峰。故一般不需要制成衍生物即可测定。但黄酮苷类化合物由于极性强、难以气化及对热不稳定，在 EI-MS 谱中很难看到其分子离子峰，需先做成甲基化或三甲基硅烷化衍生物后再进行测定，或应用场解析质谱（FD-MS）或快速原子轰击质谱（FAB-MS）进行测定，可以获得非常强的具有偶数电子的准分子离子峰。

黄酮类化合物在 EI-MS 中，可由下列两条基本裂解途径成为碎片离子：

（1）裂解途径-Ⅰ（RNA 裂解）

M^+ m/z 222 (100)　　　A_1^+ m/z 120 (80)　　　B_1^+ m/z 102 (12)

（2）裂解途径-Ⅱ

M^+　　　　　　　　　　　　　　　　　　　B_2^+ m/z 105 (12)

一些黄酮类化合物的质谱数据如表 6-6 所示。

表 6-6　一些黄酮类化合物的质谱

化合物	A_1^+	B_1^+
黄酮	120	102
5,7 二羟基黄酮	152	118
5,6,7-三羟基黄酮（黄芩素）	152	102
5,7,4'-三羟基黄酮（芹菜素）	168	102
5,7-二羟基 4'-甲氧基黄酮（刺槐素）	152	132

（七）黄酮类化合物结构解析示例

从某药用植物中分离得到黄色结晶（Ⅰ），MS 给出其分子式为 $C_{21}H_{20}O_{11}$。理化反应为：α-萘酚/浓硫酸反应阳性，HCl-Mg 反应淡红色，氨性氯化锶反应阴性，二氯氧锆反应黄色，加枸橼酸褪色，可被苦杏仁酶水解，水解产物有葡萄糖和化合物Ⅱ。化合物Ⅱ分子式 $C_{15}H_{10}O_6$，α-萘酚/浓硫酸反应阴性，HCl-Mg 反应淡红色，氨性氯化锶反应阴性，二氯氧锆反应黄色，加枸橼酸不褪色。化合物Ⅰ ^{1}H-NMR 光谱数据如下：

UV（λ_{max}，nm）：MeOH 267，348；＋NaOMe 275，326，398；＋NaOAc 275，305，372；＋$AlCl_3$ 274，301，352；＋$AlCl_3$/HCl 276，303，352。

IR（ν，cm^{-1}）：3401，1655，1606，1504。

^{1}H-NMR（δ，ppm）：3.2～3.9（6H，m），3.9～5.1（4H，加 D_2O 消失），5.68（1H，J=8.0Hz），6.12（1H，J=2.0Hz），6.42（1H，J=2.0Hz），6.86（2H，J=9.0Hz），8.08（2H，J=9.0Hz）。

根据以上信息，对所分离的化合物Ⅰ进行如下结构解析。

① 一般理化反应：化合物Ⅰ HCl-Mg 反应呈淡红色，a 萘酚/浓硫酸反应阳性，表示

为黄酮苷类化合物。氨性氯化锶反应阴性，表示无邻二酚羟基。二氯氧锆反应呈黄色，加枸橼酸褪色，表示有 5-OH 无 3-OH。可被苦杏仁酶水解，水解产物有葡萄糖，表示该化合物为葡萄糖苷，苷键构型为 β 型。化合物Ⅱ二氯氧锆反应呈黄色，加枸橼酸则不褪色，表示化合物Ⅰ中糖连在 C_3 上。

② UV：NaOMe 带Ⅰ（398nm）红移表示有 4′-OH，NaOAc 带Ⅱ（275nm）红移 8nm 表示有 7-OH，$AlCl_3$ 及 $AlCl_3/HCl$ 中吸收峰表示无邻二酚羟基。

③ IR：$3401cm^{-1}$ 为羟基吸收峰，$1655cm^{-1}$ 为羰基吸收峰（发生了红移），$1606cm^{-1}$ 与 $1504cm^{-1}$ 为苯环吸收峰。

④ ^{1}H-NMR：3.2～3.9（6H，m）为糖上质子，3.9～5.1（4H，加 D_2O 消失）为糖上羟基质子，5.68（1H，$J=8.0$Hz）为糖端基质子，为 β 苷键，6.12（1H，$J=2.0$Hz）为 A 环上 6-H；6.42（1H，$J=2.0$Hz）为 A 环上 8-H；6.86（2H，$J=9.0$Hz）为 B 环上 3′,5′-H；8.08（2H，$J=9.0$Hz）为 B 环上 2′,6′-H。

综上所分析，化合物Ⅰ的结构为 5,7,4′-三羟基黄酮-3-O-β-D 葡萄糖。

第五节　典型黄酮类化合物生物资源的开发及利用

一、银杏叶黄酮

银杏（*Ginkgo biloba* L.）叶为银杏叶科银杏叶属植物银杏干燥的叶。其主要成分为银杏酸、银杏内酯和黄酮类等化合物，其中总黄酮的含量最高。到目前为止，已从银杏叶中分离出了 38 种黄酮类化合物，其中单黄酮及苷 28 种，双黄酮 6 种，儿茶素 4 种，主要以苷的形式存在。

银杏黄酮又称单黄酮，银杏黄酮的苷元有 7 种，即槲皮素、山奈素、异鼠李素、杨梅素、芹菜素、木犀草素、三粒小麦黄酮等，前三种是其主要成分，其结构式如图 6-16 所示。

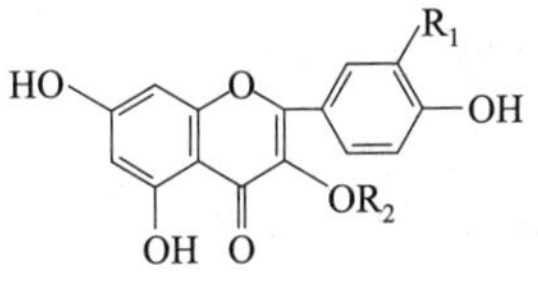

	R_1	R_2	分子式
山奈素	H	H	$C_{15}H_{10}O_6$
槲皮素	OH	H	$C_{15}H_{10}O_7$
异鼠李素	OCH_3	H	$C_{16}H_{12}O_7$

图 6-16　银杏叶中主要单糖黄酮类的化学结构

（一）银杏叶黄酮的性质

1. 溶解性

银杏黄酮类化合物的苷元一般难溶或不溶于水，易溶于甲醇、乙醇、丙酮、乙酸乙酯、氯仿、乙醚等有机溶剂。银杏黄酮苷元与糖结合成苷后，水溶性相应增大，而在有机溶剂中的溶解度则相应减小。一般易溶于水、甲醇、乙醇等极强性溶剂中，但难溶于乙醚、石油醚、苯、氯仿等有机溶剂。

2. 酸性

因分子中具有酚羟基而显弱酸性，可溶于碱性水溶液、吡啶、甲酰胺及二甲基甲酰胺中。

3. 酚性

银杏黄酮属多环多元酚类，表现弱酸性并能与铁盐显色。同时酚羟基还具有还原性，在提取分离时可加入还原剂进行保护。

（二）银杏黄酮的定性检验

银杏黄酮中 7,4'-位含有助色团，其颜色为深黄色；在紫外光下产生荧光，可用于银杏黄酮类化合物的定性检验。

（三）银杏黄酮的提取分离

从银杏叶中提取黄酮的传统方法有很多，大致可分为两步。一是银杏叶黄酮的浸取：用水或有机溶剂萃取银杏叶，制备银杏叶提取物（GBE）。二是浸出液的富集分离：采用树脂法、溶剂法精制 GBE，得到较纯品。

目前国内外掀起了研究开发银杏叶热。国内银杏叶常用乙醇、丙酮、乙酸乙酯、水以及某些极性较大的混合溶剂浸泡进行提取，溶剂提取方法一般有煎煮、冷浸、回流等经典方法。

（1）水提取树脂分离法　有关水浸提银杏黄酮苷的文献报道不多。有报道可采用 16 倍量沸水分 3 次浸提银杏叶，得到的水溶液经冷藏、分离杂质，然后用 D101 型吸附树脂吸附得到浓度达 38% 的黄酮苷。水提取成本低，没有任何环境污染，产品安全性高，但是水对有效成分的选择性差，提取率低。

（2）有机溶剂浸提法　目前国内外使用最广泛的银杏叶中黄酮的提取方法就是有机溶剂提取法，一般可用乙酸乙酯、丙酮、乙醇、甲醇或某些极性较大的混合溶剂，如甲醇-水（1:1）溶液。由于甲醇的毒性、挥发性较大，因此一般采用乙醇作为提取剂，可为一般有机溶剂提取法、醇（酮）提-铅化物沉淀法、醇提-树脂吸附法、醇（酮）浸提-酮/铵盐萃取法和醇（酮）提取-硅藻土过滤法等。

① 一般有机溶剂提取法。将银杏叶粉碎至 50～60 目，以 70% 乙醇按照液固比 6:1 的比例，于 80℃ 条件下提取 2 次，1h/次，银杏叶总黄酮提取率可达 87.6%。

② 醇（酮）提-铅化物沉淀法。将乙醇回流提取银杏叶，浓缩液经蒸馏水提取，再经乙醚萃取、饱和醋酸铅沉淀，制备银杏叶黄酮苷元。

③ 醇提-树脂吸附法。采用 35% 的乙醇浸提银杏叶，液固比为 10:1，50℃ 浸提 10min，氨水调节 pH 除杂，浸提液用大孔树脂 D101 型树脂吸附分离。最优的吸附-解吸工艺条件为吸附流速为 3mL/min、吸附原液 pH8.3、2 倍树脂床体积的 70% 乙醇解吸、解吸流速为 1.5mL/min、操作温度为室温，采用此提取纯化工艺所得黄酮类化合物的含量为 26.2%，黄酮类化合物提取收率为 64.4%。

④ 醇（酮）浸提-酮/铵盐萃取法。采用 70% 的乙醇作为提取溶剂，结合用 3% 的

$(NH_4)_2SO_4$ 进行二次提取，提取液用饱和 $(NH_4)_2SO_4$ 溶液两次浓缩，黄酮的提纯效果非常明显（图 6-17）。

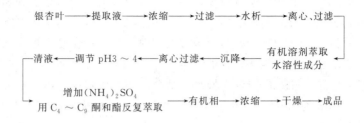

图 6-17 银杏叶黄酮的醇（酮）浸提-酮/铵盐萃取法

⑤ 醇（酮）提取-硅藻土过滤法。银杏叶与 70％乙醇浸提剂 1∶5 混合，浸提 3.5h，60℃下浸提 2 次。每 100g 银杏叶用 2.5g 硅藻土、80g 丙烯酸树脂、70％乙醇洗脱剂进行精制，总黄酮收率可达 2.25％，含量可达 28.8％。

（3）超临界流体（SFE）萃取法 流体比（一种特殊的醇类物质加入到 CO_2 超临界流体中进行萃取的比例）3.5％，萃取压力为 20MPa，萃取时间 90min，萃取温度 40℃，流量 15L，银杏黄酮的含量可达 28％。但因超临界萃取的设备较大、操作较难等问题，难以用于大规模工业化生产。

（4）超声波辅助提取法 50～60 目的银杏叶，70％的乙醇，液固比约 6∶1，超声频率 40kHz，处理时间为 10min，静置时间为 12h，银杏黄酮的提取率可达 86.7％。与普通回流提取相比，超声法提取明显缩短了时间、减少了溶剂用量。

该方法提取速度快，提取率高，节省溶剂、能耗，是一种理想的提取银杏黄酮的方法。

（5）微波法 微波技术有效地提高了收率，近年来在提取植物有效成分中的应用取得了令人可喜的进展。微波法与传统水法结合，缩短了提取时间，大大提高了银杏叶黄酮的提取率。银杏叶用 175W 微波处理 5min 后，以体积分数 80％的乙醇在 70℃下提取 1h，得到的提取物中黄酮类物质的质量浓度比未经微波处理的高出 18.8％。

（四）银杏黄酮类化合物的测定方法

目前，有关银杏叶黄酮类化合物的测定国内外没有公开、普遍的质量控制标准，常用可见分光光度法、紫外分光光度法、高效液相色谱法、HPLC-UV 法、荧光光谱法、薄层扫描法、毛细管电泳法、库仑滴定法等。

（1）可见分光光度法 国内使用较多的是"络合-分光光度法"。黄酮母核在 $NaNO_2$ 的碱性溶液中，与 $Al(NO_3)_3$ 络合后产生黄色络合物，以芦丁为标准溶液、在 UV510nm 处作紫外分光光度法的比色测定。此法的测试设备价廉、操作简便易学，但因样品组分复杂，受杂质干扰，定量测定误差较大。

（2）紫外分光光度法 紫外分光光度法的测定原理是基于银杏黄酮类化合物在紫外波段 260nm 左右有较高吸收，且专属性高于可见分光光度法。如有报道采用 TU1221 型紫外可见分光光度计测定银杏叶胶囊总黄酮，以无水芦丁为对照品，以甲醇为溶剂，采用超声法提取，检测波长 260nm 处平行测定 6 次（每次间隔 30min），测定结果的相对标准偏差为 0.13，样品溶液 3h 内稳定且重现性好。

（3）高效液相色谱法　由于分光光度法受酚类物质的干扰比较大，准确性和专属性较差，而 HPLC 专属性较强、灵敏度高、重现性好，适于黄酮类成分的分离与测定。银杏叶提取物中黄酮类成分的液相色谱分析多以槲皮素、山奈酚、异鼠李素为测定对象；分离模式均为反向液相色谱，所用色谱柱为 C_{18} 柱；样品前处理多采用盐酸水解，后测定黄酮苷元的含量，然后换算成总黄酮的含量。该方法相对简单，精密度和可靠性良好，可用于全面控制银杏叶提取物中黄酮类化合物的含量。

（4）HPLC-UV 法　HPLC 与紫外检测相结合，如高效液相色谱内标法测定银杏总黄酮的含量，可以水杨酸为内标物，甲醇-0.4％磷酸（1∶1）为流动相，于 254nm 处测定银杏叶制品中总黄酮的含量。

（5）荧光光谱法　荧光光谱法的测定原理是依据银杏黄酮类化合物与铝离子在一定的介质中形成稳定的荧光络合物。该法具有灵敏度高、线性范围宽、数据重现性好、操作简便等优点。如铝离子与槲皮素作用可产生较强的荧光，加入十二烷基硫酸钠（SDS）后，荧光强度进一步增强。槲皮素的质量浓度在 $0.068 \sim 6.76$mg/L 范围内与其荧光强度呈线性关系，检出限为 0.036g/L。

（6）薄层扫描法　利用苷元与苷的极性不同，采用高效硅胶薄层板二次展开法，可扫描测定多种类型的黄酮成分。如将精制样品液点样于薄层板上，薄层板在层析缸内用展开剂Ⅰ石油醚（沸点 $60 \sim 90$℃）-乙醚-甲酸-醋酸乙酯（60∶30∶6∶4）的上层饱和 5min，分离槲皮素、山奈素和异鼠李素，当样品都分离得较好时，取出薄层板，挥干溶剂，扫描测定槲皮素、山奈素和异鼠李素的含量。以展开剂Ⅱ氯仿-甲醇-水（6∶4∶2）的下层溶液-乙酸（15∶1）对同一薄层板进行展开分离槲皮苷、异鼠李苷，挥干溶剂，扫描测定槲皮苷、异鼠李苷的含量。

（7）毛细管电泳法　毛细管电泳以高效、快速、用样量少、耗溶剂少、重现性好、不易污染等优点，近几年用于分析天然产物得到较大的发展。毛细管电泳的原理是在缓冲体系中引入表面活性剂，利用溶质在水相和胶束相中的分配差异进行分离。如已报道的一种快速、高效、高灵敏度、相对简单的毛细管电泳-电极法测定银杏黄酮的方法，其采用 +30kV 工作电压，70cm 长、2.5μm 内径的熔融石英毛细管柱，在毛细管的出口处装有一个直径为 300μm 碳盘工作电极，含有三电极（碳盘工作电极、铂辅助电极、饱和汞参比电极）的单元与电流测定仪相连，通过记录图形完成电色层分析，在最佳条件下分离并鉴定了表儿茶素、儿茶素、芦丁、芹黄素、木犀草素、槲皮黄酮 6 种银杏叶黄酮类化合物。

（8）库仑滴定法　库仑滴定法的原理是用强度一定的恒电流通过电解池，同时记录时间，银杏叶中所含的黄酮类化合物其分子结构 A 环和 B 环上都具有酚羟基，可以和溴发生取代反应，因此可用溴库仑滴定法进行测定。到化学计量点时，指示电极的电位发生突跃指示滴定终点的到达。库仑滴定法具有微量、快速、简便、准确和不需要标准品等优点，由指示反应终点的仪器发出信号，立即停止电解及记录时间。如已报道的一种库仑滴定法测定银杏叶中总黄酮含量的方法，银杏叶经乙醇回流提取、聚酰胺柱分离纯化后，以 2mol/L 盐酸-1mol/L 溴化钾-无水乙醇（3∶3∶2）组成的混合溶液为电解液，死停滴定法确定滴定终点，以芦丁为对照品，可计算出银杏叶中黄酮的含量。

（五）银杏叶黄酮的生物学活性及应用

银杏叶黄酮具有显著的药理活性。目前对银杏黄酮的药理活性进行了广泛的研究。银杏叶黄酮具有较强的清除活性氧自由基、抗脂质氧化的作用，能够调节超氧化物歧化酶、过氧化氢酶，可预防和治疗与活性氧自由基有关的疾病，如心脑血管病、老年性痴呆、衰老、神经性疾病、帕金森病等；类黄酮是癌促进剂的拮抗物质，能消灭发癌因子，阻止癌细胞增生；银杏黄酮并可镇痛、治疗糖尿病等疾病，对肝组织损伤具有保护作用。利用银杏黄酮类清除自由基、维持 SOD 水平、抗氧化、抗衰老、抗紫外线、高效杀菌的功效，已开发出多种护肤品和保健品。银杏叶黄酮类化合物还能促进毛发生长，减少脱发，因此可应用到护发剂中。通过促进体表毛细血管的血液循环，可以清除皮肤表面的过氧化物和自由基，所以把银杏叶黄酮类提取物添加到护肤化妆品中能滋润皮肤，减少黑色素的形成，延缓皮肤的衰老。此外，在食品工业上也应用广泛，可用作抗氧化剂、天然添加剂和功能性食品的原料。因此，将银杏叶作为高营养、具有保健功能价值的资源加以开发利用，对于提高银杏叶综合利用率有重要意义。

二、大豆异黄酮

大豆异黄酮广泛存在于豆科植物以及豆类发酵产物丹贝、牧草、谷物和葛根中等，种类繁多。大豆异黄酮是大豆生长过程中形成的一种次生代谢产物，1931 年人们首次从大豆中获得提纯的大豆异黄酮。大豆异黄酮主要分布于大豆种子的子叶和胚轴中，种皮中含量极少。80%～90%的异黄酮存在于子叶中，浓度为 0.1%～0.3%。胚轴中所含异黄酮种类较多且浓度较高，为 1%～2%，但由于胚只占种子总重量的 2%，因此尽管浓度很高，所占比例却很少。

大豆异黄酮是生物黄酮中的一种，由于是从植物中提取，与雌激素有相似结构，因此大豆异黄酮又称"植物雌激素"，能够弥补 30 岁以后女性雌激素分泌不足的缺陷，改善皮肤水分及弹性状况，缓解更年期综合征和改善骨质疏松，使女性再现青春魅力。大豆异黄酮的雌激素作用影响激素分泌、代谢生物学活性、蛋白质合成、生长因子活性，是天然的癌症化学预防剂。

（一）大豆异黄酮的基本结构

大豆异黄酮目前发现的有总共 12 种，分为游离型苷元和结合型糖苷。苷元约占总量的 2%～3%，包括染料木素（三羟异黄酮）、大豆苷元（二羟异黄酮）和黄豆黄素。糖苷约占总量的 97%～98%，主要以丙二酸染料木苷、丙二酰大豆苷、染料木苷和大豆苷形式存在。大豆异黄酮的基本结构组成见图 6-18。

（二）大豆异黄酮的性质

（1）显色　异黄酮类化合物与其他黄酮类化合物相比，由于 A、B、C 环共轭程度与黄酮类相比较小，因此仅显微黄色、灰白或无色，紫外线下多显紫色。大豆异黄酮中的染料木素呈灰白色结晶，紫外灯下无荧光；大豆素呈微白色结晶，紫外灯下无荧光。

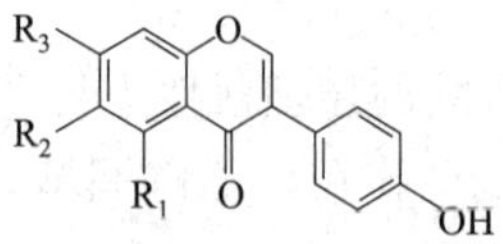

染料木素：R_1=OH；R_2=H；R_3=OH
染料木苷：R_1=O-糖基化；R_2=H；R_3=OH
大豆苷元：R_1=OH；R_2=H；R_3=H
大豆苷：R_1=O-糖基化；R_2=H；R_3=H
黄豆黄素：R_1=OH；R_2=OCH3；R_3=H
黄豆苷：R_1=O-糖基化；R_2=OCH3；R_3=H

图 6-18　大豆异黄酮的基本结构

（2）旋光性　大豆异黄酮的苷元不具有旋光性，但对于结合型的糖苷结构而言，由于结构中引入了糖基，因而具有旋光性。

（3）溶解性　大豆异黄酮的苷元一般难溶或不溶于水，可溶于甲醇、乙醇、乙酸乙酯、乙醚等有机溶剂及稀碱中。大豆异黄酮的结合式苷易溶于甲醇、乙醇、吡啶、乙酸乙酯及稀碱液中，难溶于苯、乙醚、氯仿、石油醚等有机溶剂，可溶于热水。

（4）酸碱性　由于异黄酮分子中有酚羟基，故其显酸性，可溶于碱性水溶液及吡啶中，而在强碱性条件下，其分子母核容易发生断裂而失去活性。

（5）大豆异黄酮的吸湿性　低纯度的大豆异黄酮中残存有一定量的大豆皂苷和低聚糖类，因此具有较强的吸湿性，暴露在空气中时容易吸潮、结块，同时颜色变深。而高纯度大豆异黄酮的吸湿性很小。

（6）大豆异黄酮的热稳定性　大豆异黄酮主要是以糖苷的形式存在，对热比较稳定，在 240℃以上高温时才会发生分解。只需在阴凉、干燥处保存即可，而不必采取特别的保护措施。

（7）大豆异黄酮的其他性质　大豆异黄酮一般为浅黄色粉末，气味微苦，略有涩味。

（三）大豆异黄酮的生物活性

大豆异黄酮的生理特性是美国首先发现的，它是大豆生物活性物中最有医疗价值的活性成分。大豆异黄酮具有以下生物活性。

1. 雌激素作用

大豆异黄酮具有与雌激素类似的母核结构，因此大豆异黄酮在发挥生物作用时，其可与雌激素的受体结合，表现为类雌激素活性；也可以在雌激素饱和的情况下干扰雌激素和受体结合，表现为抗雌激素活性。

2. 预防癌症作用

体内体外实验及流行病学研究均表明大豆异黄酮对多种肿瘤有抑制作用。大豆产品含有 5 种已知的抗癌因子，其中之一是植物雌激素（异黄酮），这是大豆食物特有的抗癌因子。科学家得出结论：染料木黄酮的抗氧化性和防止增生的功效是其抗癌效果的主要原因。大豆异黄酮对乳腺癌、结肠癌、肺癌、前列腺癌和皮肤癌及白血病有明显的治疗作用，大豆异黄酮也可预防卵巢癌、结肠癌、胃癌和前列腺癌的发生。

大量的研究发现，大豆异黄酮可以使癌细胞转化为具有正常功能的细胞，同时，还可以抑制不良肿块结构，防止肿块增生和癌细胞扩散。

3. 抗氧化作用

大豆异黄酮的苷元，特别是主要活性成分大豆黄酮和染料木黄酮具有多酚羟基结构，酚羟基上氢原子易于在外来作用下与氧原子脱离，形成氢离子，发挥还原效应，这就是大豆异黄酮能够抗氧化、具有还原性的结构基础。因此食物中的此类物质可以对抗超氧阴离子自由基，阻断自由基的连锁反应，发挥抗氧化作用。

4. 预防心血管疾病

心脏病也是一种与雌激素相关的疾病，作为植物雌激素的大豆异黄酮其降低血脂、预防心脏病的机制为：雌激素样的作用促进甲状腺素分泌，促进胆汁排泄。在降低胆固醇时能降低低密度脂蛋白（LDL）胆固醇，而不降低高密度脂蛋白（HDL）胆固醇，这已是被充分证明了的。异黄酮作为黄酮类化合物，具有生物抗氧化作用，这一点非常重要。因为低密度脂蛋白胆固醇的氧化是动脉硬化过程的关键因子。每天接受 80 毫克染料木黄酮纯品的妇女可增加动脉弹性约 26%。

5. 预防、改善骨质疏松

骨质疏松是指骨组织减少而导致骨骼脆而易碎、易骨折。常见于更年期后妇女及老年男子。中老年女性骨质疏松发病率比男性高很多，主要原因是卵巢功能衰退后雌激素水平下降，骨代谢出现负平衡，骨量减少。异黄酮可与骨细胞上的雌激素受体结合，减少骨质流失，同时增加机体对钙的吸收，增加骨密度。

6. 美容、延缓衰老的作用

大豆异黄酮的雌激素样作用可使女性皮肤光滑、细腻、柔嫩、富有弹性，焕发青春风采。女性通过补充雌激素激活乳房中的脂肪组织，使游离脂肪定向吸引到乳房，从而达到丰乳的效果。

研究表明，现代女性出现更年期提前现象，长期补充大豆异黄酮可使体内雌激素维持正常水平，推迟更年期，达到延缓衰老的作用。

7. 其他作用

研究表明，大豆异黄酮还具有参与骨代谢调节，可用于预防治疗骨质疏松；降低胆固醇，抑制血栓形成，抗动脉粥样硬化；护肝和调节肝脏氮代谢；抑制心脏纤维化；预防早老性痴呆症等功效。

（四）大豆异黄酮的提取纯化

1. 提取

常规提取工艺流程如下：称取一定量经干燥、脱脂、粉碎、过筛的大豆样品→溶媒浸提→浓缩→大豆异黄酮粗提物。

（1）浸提法　大豆中大豆异黄酮的提取，主要根据被提取物的性质及伴存杂质的情况来选择合适的提取用溶剂。因为大豆中大豆异黄酮以苷元和糖苷两种形式存在，所以常采用综合提取，提取时一般采用热水浸提、醇水溶液提取和丙酮酸性溶液浸提等。

热水浸提：称取一定量大豆样品，加入去离子水（料液比为 1:10），于 80℃温水浴条件下搅拌提取 2 次，2h/次，提取液用 2mol/L HCl 调节 pH4.50，精滤后上层液离心（6000/min，30min）后收集清液。

醇水溶液提取：常采用 70% 乙醇浸提，料液比 1:5，抽提 2 次，3h/次。

丙酮酸性溶液浸提：在微沸状态下，用丙酮-乙酸（0.1mol/L）混合提取液搅拌提取

2次，料液比1：6，2～2.5h/次，过滤后在40℃下减压浓缩至干，然后用50%乙醇在80℃水浴条件下水解15h，65℃减压浓缩。

（2）水解法

① 酸解法：酸水解法提取异黄酮的方法是利用异黄酮苷和异黄酮苷元在分子极性上的明显差异，采取非极性溶剂提取和酸水解结合的方法，选择性地提取出低分子极性的大豆异黄酮苷元成分。如将待提取样品溶液采用pH5.0的醋酸-醋酸钠缓冲溶液配成15mg/mL，与6mol/L盐酸按4：1的比例混合，在50℃下水解3h，然后用2倍体积的乙酸乙酯萃取1h。

② 酶解法：传统的醇提法适宜提取以糖苷为中心的水溶性异黄酮，许多油溶性的异黄酮很难提取出，致使提取率低下。此时如选用适当的酶加入，不仅可以将油溶性的异黄酮转化为易溶于水的糖苷类而有利于提取，而且还可通过酶反应把植物组织分解，使提取阻力减小，有利于提取。另外也可使提取液中的杂质如淀粉、蛋白质、果胶等分解去除，从而简化后续分离纯化工序。

（3）超声波法　超声波提取异黄酮类物质的原理是其空化作用对细胞膜的破坏有助于异黄酮类化合物的释放与溶出，超声波使提取液不断振荡，有助于溶质扩散，同时超声波的热效应使水温基本维持在一定温度，对原料有水浴作用。因此超声波大大缩短了提取时间，提高了有效成分的提取率、原料的利用率，并且还可以避免高温对提取成分的影响。例如：可称取一定量的脱脂大豆粉，放入5mL的离心管中，按料液比1：20比例加入75%乙醇溶液，然后把离心管放入超声波的浴槽中，功率为42kHz，超声提取2次，40min/次。

2. 分离纯化

大豆异黄酮分离纯化的方法很多，可以结合前述的分离纯化方法进行，以下列举两种常用的大豆异黄酮分离纯化方法。

（1）大孔吸附树脂层析　大豆异黄酮粗提物→适量蒸馏水溶解→大孔吸附树脂层析（先去离子水冲洗，再用10%乙醇洗去极性较大的杂质，然后用40%～70%乙醇洗脱）→收集洗脱液→浓缩、适量蒸馏水溶解→乙酸乙酯萃取3次→合并3次的乙酸乙酯液→50℃减压浓缩、冷冻干燥→大豆异黄酮精制物（纯度61.2%）。

（2）聚酰胺层析　大豆异黄酮粗提物→适量蒸馏水溶解→80℃水浴第一次水解15h→聚酰胺层析（两倍柱体积的70%乙醇洗脱）→收集洗脱液→向洗脱液中加入适量20%硫酸溶液（使洗脱液中乙醇浓度大于50%，硫酸浓度不超过5%）→80℃水浴第二次，水解20h→水解液冷却后加入10%NaOH溶液中和→静置1h后过滤→滤液减压浓缩至溶液中无乙醇→水洗涤沉淀去除残留的硫酸钠→于60℃烘干→溶解于适量60%丙酮→50～60℃水浴中搅拌回流1.5h→过滤→滤液减压浓缩至干→再次溶于60%丙酮→50～60℃水浴中搅拌回流1.5h→过滤、收集滤液浓缩，多次重复→大豆异黄酮精制物（纯度85%以上）。

（五）大豆异黄酮的开发利用

大豆异黄酮作为重要的活性物质，在对抗氧化、抗癌抑癌、改善更年期综合征等方面有着显著的调节和改善作用。大豆异黄酮不仅可作为食品添加剂、药物，而且还可作为免疫调节剂、生长促进剂等多功能新型绿色饲料添加剂在动物营养领域发挥重要的作用。如在医药领域，国内外针对大豆异黄酮的特征研制了很多医药保健制品，有胶囊、片剂、口服液、粉剂等。在日本、美国及欧洲等地，含有大豆异黄酮的功能性食品已经被广泛销售于市场，并取得了年近 20 亿美元的效益。但总体上就目前的研究深度来说，大豆异黄酮的开发和实际应用仍需进一步探究。

我国是农业大国，大豆资源十分丰富。我国人民对大豆的食用有悠久的历史，大豆的营养和保健价值已得到充分的肯定和重视，一些大豆保健制品如大豆蛋白、油脂、卵磷脂等的利用已进入产业化阶段。但对大豆异黄酮的研究和开发还刚起步，大豆异黄酮的生产仍处于空白。因此，可充分利用我国大豆资源的优势，促进我国大豆异黄酮产业化发展，增加大豆生产的附加值。另一方面，我国保健食品的研究和生产正朝着深度和广度发展，大豆异黄酮作为一种优良的保健品添加剂在保健食品和美容用品生产和开发等领域也都具有较大的应用前景。

思考题

1. 黄酮类化合物的结构特点是什么？
2. 查尔酮与二氢黄酮有什么关系？
3. 黄酮类化合物的主要理化性质有哪些？
4. 举例说明提取植物中总黄酮的一般工艺过程，其分离提取的主要依据是什么？
5. 举例说明大豆异黄酮的主要生物学功能及其应用类型。

参考文献

[1] 曹纬国，刘志勤，邵云，等. 黄酮类化合物药理作用的研究进展 [J]. 西北植物学报，2003，23（12）：2241-2247.

[2] 常景玲. 天然生物活性物质及其制备技术 [M]. 郑州：河南科学技术出版社，2007.

[3] 邓志程，叶为果，巫少芬. 天然生物活性物质及其功能食品的研究进展 [J]. 粮食流通技术，2018，5（10）：83-85.

[4] 李硕，王建. 大豆异黄酮临床应用的研究进展 [J]. 大豆科学，2020，39（4）：633-640.

[5] 刘建文，贾伟. 生物资源中活性物质的开发与利用 [M]. 北京：化学工业出版社，2005.

[6] 刘湘，汪秋安. 天然产物化学 [M]. 2 版. 北京：化学工业出版社，2010.

[7] 陆敏，张文娜. 银杏叶中黄酮类化合物的提取、纯化及测定方法的研究进展 [J]. 理化检验-化学分册，2012，48（5）：616-628.

[8] 孙欣光，张洁，庞旭，等. 天然黄酮苷的代谢途径研究进展 [J]. 中草药，2020，51（11）：3078-3089.

[9] 王建华. 大豆异黄酮研究进展 [J]. 现代中药研究与实践，2013，27（1）：85-88.

[10] 王江海，刘昕. 大豆异黄酮生理活性的研究进展 [J]. 中国食品学报，2003，4（4）：92-97.

[11] 王雪，乔博，张健鑫，等. 黄酮类化合物的应用研究进展 [J]. 中国食品添加剂，2020，31（4）：159-163.

[12] 文开新，王成章，严学兵，等. 黄酮类化合物生物学活性研究进展 [J]. 草业科学，2010，27（6）：115-122.

[13] 张传丽，陈鹏. 银杏类黄酮研究进展 [J]. 北方园艺，2014（3）：177-181.

第七章

天然生物碱的开发与利用

第一节　概述

　　生物碱是指存在于自然界（主要是植物）的一类除蛋白质、肽类、氨基酸及维生素 B 族以外含负氧化态氮原子的有机化合物。生物碱最早得名于 1819 年的 W. Weissner，其把植物中的碱性化合物统称为类碱或生物碱，沿用至今。

　　17 世纪初我国《白猴经》中记述了从乌头中提取砂糖样毒物作箭毒，通过分析该物质应是乌头碱，故我国早于欧洲科学家两百年发现生物碱。生物碱的分子结构相对较复杂，多数生物碱如小檗碱、槟榔次碱等的氮原子结合在环状结构中，少数生物碱如甜菜碱、麻黄碱等的氮原子结合在环状结构外的侧链上。生物碱多数呈碱性，与酸结合生成盐，并以盐的形式存在，少数碱性极弱的生物碱以游离态存在，其碱性的强弱与分子结构中的电子效应（共轭效应和诱导效应等）、空间效应及形成氢键的能力等相关。个别生物碱含有两性，故不符合以上生物碱的定义，如可可豆碱就不具有碱性。

　　生物碱大多具有显著而特殊的生物活性，常是中草药及药用植物的有效成分。迄今已知的生物碱多达上万种，其中临床应用的生物碱就有 80 种，如从鸦片中分离得到的吗啡具有强烈的镇痛功效，多用于临床全身麻醉；古柯碱又称可卡因，自南美古柯树树叶中获得，具有很强的抗疲劳作用，可作为局部麻醉药物和血管收缩剂使用。

　　生物碱分布广泛，已知存在于 50 多科的 120 多个属植物中，多数存在于进化较高级的双子叶植物中，裸子植物和单子叶植物中部分存在，少见于低等植物。在双子叶植物中几乎整株植物都分布有不同程度的生物碱，同一植株各部位含量存在差异。不同类型植株的生物碱含量也存在差异，同科同属植物，甚至同种植物，由于生长环境、季节等因素的影响，也会影响生物碱的含量。对个别植物而言，生物碱往往集中在某一器官，如麻黄生物碱较多出现在麻黄（*Ephedra sinica Stapf*）植株的髓部，叶子部位含量较少。动物界也存在有生物碱，但相对少见。

第二节　生物碱的结构与分类

　　生物碱的种类繁多，结构复杂，分类方法有多种，有的按来源分类，即根据分离得到生物碱的植物的属名或种名进行分类，如长春花碱、鸦片生物碱、乌头碱、喜树碱等。按来源分类多用于生物被研究的早、中期阶段，但此分类方法看不出各生物碱结构的本质联系，比较粗糙。有的按化学结构分类，即根据生物碱分子结构的基本母核分类，如吡咯类生物碱、吡啶类生物碱等，此分类方法目前应用较多，其将具有同样骨架的生物碱归纳在一起，对结构的分析与研究有利。有的生源结合化学分类，即根据生物碱的生物合成前体的来源分为氨基酸和异戊烯类两大类，如来源于鸟氨酸的吡咯生物碱等。这种分类方法能够反映生物碱的生源和不同化学类型生物碱之间的关系。以上三种分类方法都存在一些不足之处，我们主要介绍采用化学结构分类法，其将生物碱分为十类。

一、有机胺类生物碱

这类生物碱的结构特点是氮原子不在环状结构内，位于直链上，如秋水仙碱、麻黄碱、伪麻黄碱等，其结构如图 7-1 所示。

秋水仙碱毒性较强，有麻醉中枢神经、减少皮肤知觉作用，用以治疗神经痛和痛风等病症。麻黄碱存在于麻黄属植物矮麻黄（*Ephedra minuta*）、草麻黄（*Ephedra sinica*）和木贼麻黄（*Ephedra major*）等植物中，具有镇咳哮喘、发汗、维持血压和兴奋中枢神经作用，现已列入毒品类，禁止买卖。而伪麻黄碱无活性。

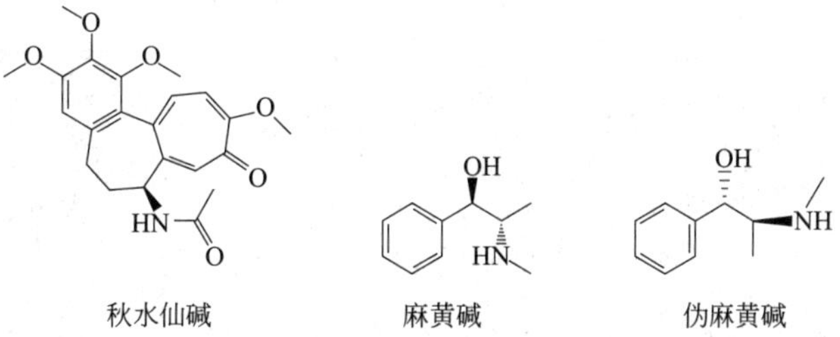

秋水仙碱　　　　麻黄碱　　　　伪麻黄碱

图 7-1　有机胺类生物碱的化学结构

二、吡咯烷类生物碱

这类生物碱由吡咯或四氢吡咯衍生而成，主要有简单吡咯烷类和吡咯里西啶类，如属于简单吡咯烷类的红豆古碱、党参碱、水苏碱等，属于吡咯里西啶类的钩藤碱、野百合碱、大叶千里光碱等，个别生物碱结构如图 7-2 所示。

红古豆碱来源于茄科颠茄莨菪（*Hyoscyamus niger* L.）根和山莨菪（*Anisodus tanguticus*）根等植物中，具有扩张血管和扩瞳作用，用于治疗胃炎及胃溃疡等病症。野百合碱是从豆科植物农吉利（*Crotalaria sessiliflora* L.）及大托叶猪屎豆（*Crotalaria spectabilis* Roth）中提取而得的一种生物碱，主要用于局部外敷治疗皮肤癌，但对急性白血病全身应用因肝毒性太大目前已废弃。钩藤碱临床上用来治疗高血压病。

三、吡啶衍生物类生物碱

此类生物碱是吡啶或哌啶衍生的生物碱。如蓖麻碱，分子中含有氧基，毒性较大，内服后能致吐，损伤肝和肾；猕猴桃碱，具有强壮补精作用。吡啶类生物碱数目较多，主要

吡咯　四氢吡咯　吡咯里西啶

豆古碱　红豆古碱

野百合碱　钩藤碱

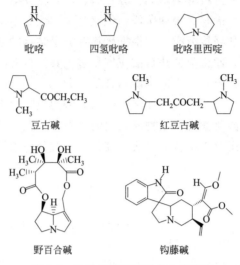

图 7-2　吡咯烷类生物碱的化学结构

将其分为以下两类。

（1）简单吡啶类生物碱　这类生物碱结构简单，有些生物碱是液体状态，如槟榔碱、槟榔次碱、烟碱等，结构如图 7-3 所示。

槟榔碱　槟榔次碱　烟碱

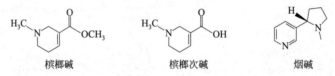

图 7-3　简单吡啶类生物碱的化学结构

（2）双稠哌啶类生物碱　基本母核为喹诺里西啶，是两个哌啶共用一个氮原子的稠环化合物，由此按结构特点又可分为羽扇豆碱类、金雀儿碱类和无叶豆碱类。

四、喹啉类生物碱

喹啉类生物碱是指有喹啉母核的生物碱，有 100 多种，主要存在于茜草科金鸡纳树（*Cinchona calisaya*）及其同属植物的树皮中。金鸡纳树皮中含有许多结构类似的生物碱，主要代表为奎宁，是研究最早的生物碱之一。还有从喜树中提取得到的植物抗癌药物喜树碱，化学结构如图 7-4 所示。

喹啉　奎宁　喜树碱

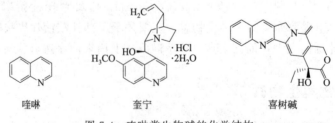

图 7-4　喹啉类生物碱的化学结构

奎宁对恶性疟疾的红细胞内期原虫有抑制其繁殖或将其杀灭的作用，在合成药扑疟喹啉、阿的平出现前，药用奎宁盐酸盐或硫酸盐是唯一的疟疾治疗药物，此外，奎宁还有抑制心肌收缩力及增加子宫节律性收缩的作用，如硫酸奎尼丁用于治疗持续性心律失常等。

喜树碱对肠胃道癌和头颈部癌等有较好的疗效，现今已有两个喜树碱的类似物被批准，并用于癌症化疗，即拓扑替康和伊立替康。

五、异喹啉类生物碱

具有异喹啉母核或氢化母核的生物碱称为异喹啉类生物碱，除简单异喹啉外，其他类型多数以苄基异喹啉为前体衍生而成，是最大的一类生物碱，目前已知结构的有 1000 多种，具有多方面的生理活性，分布较广，主要分布在小檗科、木兰科、罂粟科、芸香科等植物中。

最简单的异喹啉类生物碱为鹿尾草中降血压成分萨苏林和萨苏里丁，再有异喹啉母核的 1 位接有苄基的生物碱，如鸦片中具有解痉作用的罂粟碱、乌头中强心成分去甲乌药碱和厚朴中的木兰箭毒碱等，其化学结构如图 7-5 所示。

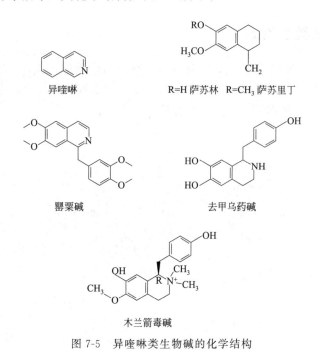

图 7-5 异喹啉类生物碱的化学结构

六、吲哚类生物碱

吲哚类生物碱是具有简单吲哚和二吲哚类的衍生物，多数由色氨酸衍生而成，主要分布在马钱子科、夹竹桃科、爵床科等植物中，结构较复杂。

最简单的只含有一个氮原子，即只有吲哚母核的九里考林碱、大青素 B。

只具有色胺部组成的结构，含两个氮原子，结构比较简单，如相思豆碱，作用于中枢神经，会产生狂躁和精神错乱；还有可治疗青光眼的毒扁豆碱，化学结构见图 7-6

所示。

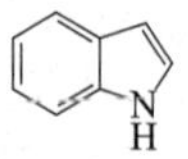

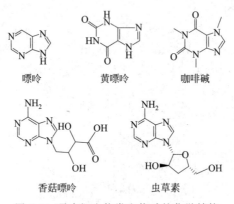

吲哚 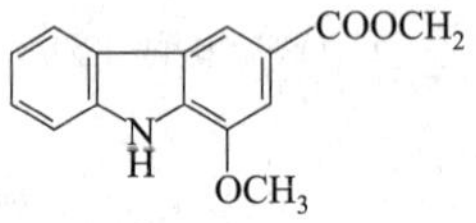　　　　　　九里考林碱

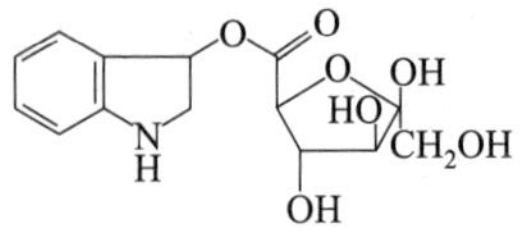

大青素B

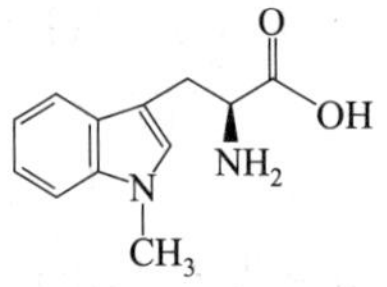

相思豆碱 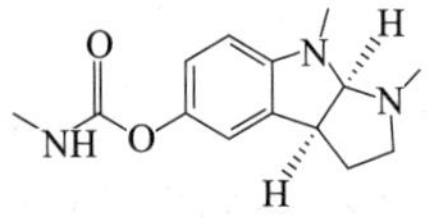　　　　　　　毒扁豆碱

图 7-6　吲哚类生物碱的化学结构

七、嘌呤衍生物类生物碱

此类生物碱都含有嘌呤母核或黄嘌呤母核，在植物中分布较散，如咖啡碱，是一种中枢神经兴奋剂和利尿、强心药。再如香菇嘌呤，具有降血脂作用，可作营养保健剂，还有虫草素具有抗病毒、抗菌作用，化学结构见图 7-7 所示。

嘌呤　　　　　　黄嘌呤　　　　　　咖啡碱

香菇嘌呤　　　　　　虫草素

图 7-7　嘌呤衍生物类生物碱的化学结构

八、萜类生物碱

此类生物碱的氮原子在萜的环状结构中或在萜结构的侧链上，在形成过程中没有氨基酸参与生物合成，一般具有较强的生物活性。如分布在龙胆科，有环烯醚萜和裂环烯醚萜衍生而成的龙胆碱和肉苁蓉碱，分别具有降血压、促进唾液分泌和增强身体的功效。还有主要分布在兰科石斛属植物中的倍半萜类生物碱石斛碱，具有止痛退热的作用；还有雷公藤中的雷公藤碱。此外，还有属二萜类生物碱的乌头碱和红豆杉醇以及三萜类生物碱的交让木碱，结构如图 7-8 所示。

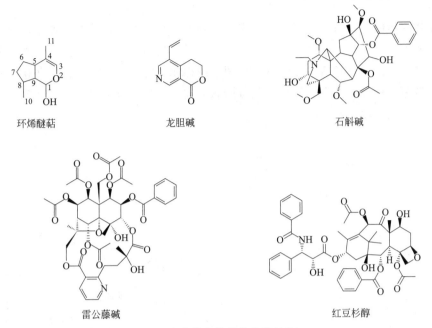

图 7-8　萜类生物碱的化学结构

九、甾体类生物碱

含有甾体结构的生物碱，其氮原子可构成杂环，也可存在环外，但不存在于甾体母核内。如孕甾烷类生物碱多分布于夹竹桃科，其类生物碱枯其林有止泻、解毒的功效。环孕甾烷类生物碱主要存在于黄杨科黄杨属植物，如具有增强冠脉流量、强心等作用的环常绿黄杨碱。异甾烷类生物碱藜芦碱有催吐、祛瘀等功能，相关制剂可作为抗炎药物，还能提高治疗有机磷中毒的效果，结构如图 7-9 所示。

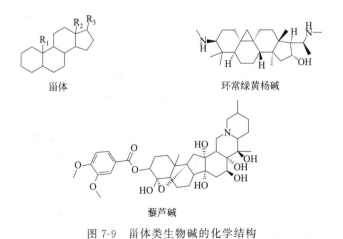

图 7-9　甾体类生物碱的化学结构

十、大环类生物碱

大环类生物碱大致可分为两类：一类是美登木生物碱类，结构中氮原子都以酰胺状态存在，如从美登木（*Maytenus hookeri* Loes）中得到的具抗癌作用的美登木碱，从滑桃树中得到的滑桃树碱，均具有较强的抗癌作用，结构相当复杂。另一类是大环精胺和精脒生物碱类。精胺或精脒与带有官能团的长链脂肪酸或肉桂酸缩合形成另一类大环生物碱，如劳纳灵等，结构如图 7-10 所示。

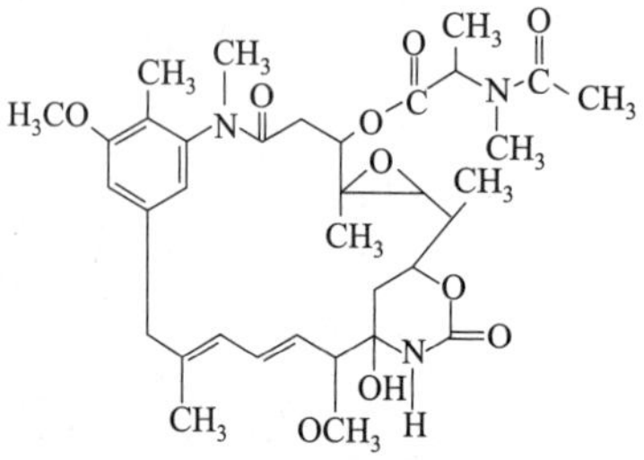

美登木碱 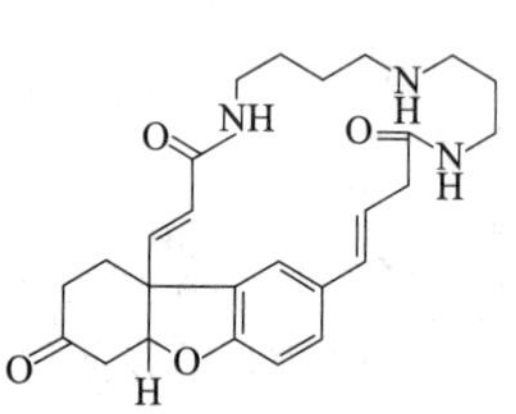　　　　　　　　　　　劳纳灵

图 7-10　大环类生物碱的化学结构

第三节　生物碱的理化性质及生物学活性

一、生物碱的理化性质

（一）生物碱的物理性质

1. 性状

生物碱多数含有 C、H、O、N，极少数含有 S、Cl，形态多为结晶性固体，有些为非晶性粉末，少数为液体，如烟碱、槟榔碱，液体生物碱通常不含氧原子，或分子中的氧原子多形成酯键。生物碱多具苦味，如盐酸小檗碱；少数呈辛辣味；有的刺激唇舌有焦灼感；极其少数生物碱具有甜味，如甜菜碱。一般无色或白色；少数具有长链共轭体系的带有一定颜色，如小檗碱、蛇根碱呈黄色；小檗红碱呈红色；一叶萩碱呈淡黄色，少数液体及个别小分子生物碱具挥发性，如麻黄碱，可用水蒸气蒸馏提取；个别生物碱具升华性，如咖啡因。

2. 旋光性

含有手性碳原子或手性分子都存在光学活性，且多数为左旋光性。某些生物碱不含手性碳原子，但同时没有对称因素，因而存在旋光性。生物碱的生理活性与旋光性密切相关。影响旋光性的因素有手性碳的构型、测定溶液 pH 值和浓度。一般情况下，左旋体的活性比右旋体的活性强，如 L-莨菪碱的散瞳作用比 D-莨菪碱大 100 倍。

3. 溶解度

游离生物碱分为亲脂性、亲水性和具特殊基团的三类生物碱，其中亲脂性游离生物碱中的叔胺碱和仲胺碱，溶于有机溶剂和酸水。亲水性游离生物碱主要指季铵碱和某些含 N-氧化物生物碱；液体或分子较小的生物碱亲脂又亲水，如东莨菪碱、氧化苦参碱、烟碱、麻黄碱。具特殊官能团的游离生物碱又细分为两类，一类为两性生物碱，如吗啡、小檗胺、槟榔次碱等，可溶于酸水及碱水，pH 8~9 产生沉淀；另一类为内酯（或内酰胺）结构的游离生物碱，类似一般叔胺碱，但在碱水中可以开环形成羧酸盐溶于水，加酸又可复原。

生物碱盐一般易溶于水，可溶于醇，不溶或难溶于氯仿、乙醚、丙酮或苯等有机溶剂，其溶解性与游离生物碱恰好相反。其中无机酸盐的溶解性高于有机酸盐，无机酸盐中含氧酸盐的溶解性高于卤代酸盐，小分子有机酸盐的溶解性高于大分子有机酸盐。

除此之外，还有一些具有特殊溶解性的化合物，如吗啡为酸性叔胺碱，难溶于氯仿、乙醚，可溶于水；喜树碱，不溶于一般有机溶剂，而溶于酸性氯仿；盐酸小檗碱、麻黄碱草酸盐，难溶于水。

（二）生物碱的化学性质

1. 酸碱性

多数生物碱都呈碱性，是由于氮原子具有孤对电子，能够接受质子或给出电子而显碱性，可以与酸反应成盐，其碱性的强弱与其分子结构中的杂化方式、电子效应、立体因素、氢键效应等有关，其碱性强弱可用分子中的电离常数（K_a）或它的对数（pK_a）表示，当 pK_a 值小于 2 时为极弱碱，pK_a 在 2~7 时为弱碱，pK_a 在 7~11 时为中强碱，当 pK_a 值在 11 以上时为强碱。但个别生物碱具有两性，故有的不符合上述生物碱含义。如氮原子呈酰胺状态，则碱性极弱甚至消失，有胡椒碱、秋水仙碱等；个别生物碱分子具有酚羟基或羧基，因而具酸碱两性，如槟榔次碱和吗啡等。

2. 沉淀反应

大多数生物碱在酸性水或稀醇中能与某些试剂生成难溶于水的复盐或配合物的反应称为沉淀反应。利用此反应，不但可以预试生物碱的存在与否，还可以用于生物碱的精制，或用于指示提取是否完全。

常用的生物碱沉淀剂种类很多，通常是一些重金属盐类或分子量较大的复盐，以及特殊的无机酸或有机酸的溶液。常用的沉淀剂如下：

（1）碘化铋钾试剂（Dragendorff 试剂，$BiI_3 \cdot KI$）　该反应灵敏，可在酸性溶液中与生物碱反应生成红棕色沉淀，改良的碘化铋钾试剂用于色谱的显色。

（2）碘化汞钾试剂（Mayer 试剂，$HgI_2 \cdot KI$）　在酸性溶液中与生物碱反应生成白色或黄白色沉淀，若加过量试剂，沉淀又被溶解。

（3）碘化钾碘试剂（Wagner 试剂，$I_2 \cdot KI$）　可在酸性溶液中与生物碱反应生成棕色或褐色沉淀（Aik·HI·I$_n$）。

（4）硅钨酸试剂（Bertrand 试剂，SiO$_2$·12WO$_3$）　在酸性溶液中与生物碱反应生成灰白色沉淀。

（5）苦味酸试剂（Hager 试剂）　在中性溶液中与生物碱生成淡黄色沉淀。

（6）磷钼酸试剂（Sonnenschein 试剂，H$_3$PO$_4$·12MoO$_3$）　该反应灵敏，在中性或酸性溶液中与生物碱反应生成鲜黄色或棕黄色沉淀。

需要注意的是个别生物碱如麻黄碱、咖啡碱不发生反应，并且多在酸性溶液中反应，但苦味酸必须在中性溶液中反应；一般三种以上的沉淀试剂均有反应，才可判断为阳性；多糖、鞣质等非生物碱也能反应，故其溶液需净化处理。

3. 显色反应

某些试剂能与生物碱反应生成有色溶液的反应，称为显色反应。此反应可用于鉴别生物碱，常用的显色剂如下：

（1）Frohde 试剂（1％钼酸钠或5％钼酸铵的浓硫酸溶液）　乌头碱显黄棕色，吗啡显紫色转棕色，可待因显暗绿色至淡黄色，黄连素显棕绿色，阿托品等不显色。

（2）Mandelin 试剂（1％钒酸铵的浓硫酸溶液）　吗啡显棕色，可待因显蓝色，莨菪碱显红色。

（3）Marquis 试剂（0.2mL 30％甲醛溶液与10mL 浓硫酸的混合溶液）　吗啡显橙色至紫色，可待因显红色至黄棕色。

二、生物碱的生物学活性

（一）抗菌作用

天然生物碱作为抗菌资源极具应用前景。小檗碱亦称黄连素，是中药黄连中分离的一种生物碱，也是黄连抗菌功效的主要有效成分，临床上主要将其用于治疗细菌性痢疾和肠胃炎，副作用较少；苦参生物碱、蝙蝠葛碱有抗菌消炎作用；经过体外试验发现，山豆根中的苦参碱对痢疾中的变形杆菌、大肠杆菌、铜绿假单胞菌等有明显的抑制作用。砂生槐子生物碱具有抑制 G$^+$金黄色葡萄球菌、G$^-$大肠埃希菌生长繁殖的药效，尤其对金黄色葡萄球菌的抑制作用更显著。

（二）解痉挛作用

阿托品提取自茄科植物颠茄、曼陀罗，为 M-受体阻断剂，它可与乙酰胆碱竞争副交感神经节后纤维突触后膜的乙酰胆碱 M-受体，从而拮抗过量乙酰胆碱对突触后膜刺激所引起的毒蕈碱样症状和中枢神经症状。临床上常用于抑制腺体分泌、扩大瞳孔、调节睫状肌痉挛、解除肠胃和支气管等平滑肌痉挛。它可以有效地控制有机磷农药中毒时出现的毒蕈碱样症状和中枢神经症状。此外还有莨菪碱，从中药天仙子、洋金花中分离的颠茄生物碱之一，为由莨菪醇和莨菪酸缩合而生成的酯。莨菪碱作用亦与阿托品相似，对外周作用较阿托品更强。莨菪碱有止痛解痉功能，对坐骨神经痛有较好疗效，有时也用于治疗癫痫、晕船等，还具有解有机磷中毒的作用。

（三）抗炎作用

生物碱类抗炎药物在临床上起着十分重要的作用，目前有研究对抗炎生物碱类成分进行分析，发现包括苯丙氨酸和酪氨酸系生物碱、萜类生物碱、色氨酸系生物碱、甾体类生物碱、组氨酸系生物碱、鸟氨酸系生物碱、赖氨酸系生物碱等都具有抗炎效用，多数能降低或相应抑制相关炎症因子的过量表达。

（四）改善心血管作用

利血平有降血压作用；钩藤碱和异钩藤碱是从传统中药钩藤中提取的生物碱，两者的药理作用较广，尤其是对心血管具有良好的疗效。不少治疗冠心病有效的中草药或活血化瘀类药物中均含有生物碱化合物。

（五）止咳平喘作用

麻黄碱为拟肾上腺素药，可直接激动肾上腺素受体，也可通过促使肾上腺素能神经末梢释放去甲肾上腺素而间接激动肾上腺素受体，对 α 和 β 受体均有激动作用，能兴奋交感神经，药效较肾上腺素持久；能松弛支气管平滑肌、收缩血管；有显著的中枢兴奋作用。临床主要用于治疗习惯性支气管哮喘和预防哮喘发作，用于鼻黏膜充血和鼻塞时治疗效果好于肾上腺素，有止咳平喘的作用。

（六）抗疟作用

奎宁，又名金鸡纳碱，是茜草科植物金鸡纳树及其同属植物的树皮中的主要生物碱，是一种用于治疗与预防疟疾且可治疗焦虫症的药物，对各种疟原虫的红细胞内期裂殖体均有较强的杀灭作用。奎宁能与疟原虫的 DNA 结合，形成复合物，抑制 DNA 的复制和 RNA 的转录，从而抑制原虫的蛋白合成，但作用较氯喹弱。奎宁也能降低疟原虫氧耗量，抑制疟原虫内的磷酸化酶而干扰其糖代谢。

（七）抗心律失常作用

野罂粟总生物碱（TAPN）可能对 Na^+ 内流有一定的抑制作用，具有明显的抗心肌缺血作用。TAPN 的负性肌力、负性频率及负性传导作用可能是其抗心律失常作用的药理基础，而且主要是通过钙拮抗、α 阻断及可能的阻碍 Na^+ 内流而发挥作用的。同时苦参碱、氧化苦参碱等也有明显的抗心律失常作用。

（八）抗癌作用

从珙桐科植物喜树中提取的喜树碱是五环类抗肿瘤生物碱，其对头颈部肿瘤、胃癌、结肠癌和白血病等多种恶性肿瘤均有显著疗效；秋水仙碱可抑制癌细胞的增生。从夹竹桃科植物长春花中提取的长春花碱是一种具有显著抗癌、抗肿瘤活性的二聚体吲哚类生物碱，还有三尖杉碱、紫杉醇等均有不同程度的抗癌作用。

第四节　生物碱的提取、分离、纯化及鉴定

一、生物碱的提取

植物中的生物碱大多以与有机酸结合成盐的形式存在，少数生物碱与无机酸结合成盐，有些生物碱因碱性很弱而呈游离状态，还有些与糖结合成苷。因此，在提取生物碱时除了考虑生物碱的性质，还应考虑它在植物组织中的存在形式，以便选择合适的提取方法。常用的总生物碱的提取方法有溶剂法、超临界流体萃取法、微波辅助提取法、超声辅助提取法和双水相萃取法等。

（一）溶剂法

溶剂法是目前提取方法中最常用的一类方法。根据生物碱的存在形式不同，可选择不同的溶剂进行提取。

1. 用水或酸水提取法

水提取法以水作为溶剂，操作简便，成本较低，水提液喷雾干燥即得提取物，但不适用于含大量淀粉和水溶性蛋白的植物，浓缩相对较困难，多局限于极性生物碱的提取。如一叶萩碱和天虫碱的总生物碱提取可采用此法。

绝大多数生物碱是以盐的形式存在，生物碱盐类易溶于水或酸水，难溶于低极性有机溶剂，其游离碱易溶于有机溶剂，难溶于水。一般采用水或 $0.5\%\sim1\%$ 的盐酸、硫酸或乙酸液提取。把植物切碎，用水或稀酸水萃取，浓缩后用碱如氨水、石灰乳等碱化，变成游离生物碱，再用有机溶剂萃取，浓缩得到生物碱，如蝙蝠葛总碱的提取。

2. 醇类溶剂提取法

利用一些生物碱及其盐类易溶于乙醇且醇提取液易浓缩的特点，用醇代替水或酸溶液提取生物碱。此法易浓缩，水溶杂质少，但脂溶杂质多，尤其是树脂类杂质，因此必须将回收醇后所得的浸膏用酸水稀释，使生物碱转为盐而溶于水，并析出树脂类等杂质，过滤除去。采用乙醇（95%）或稀乙醇（60%～80%）浸泡、渗漉或加热提取，浓缩液加酸酸化，过滤后，酸水用氯仿、乙醚洗涤，再碱化，最后用氯仿或乙醚提取，浓缩得较纯的总碱。

3. 有机溶剂提取法

由于生物碱一般以盐的形式存在于植物细胞中，故采用亲脂性有机溶剂提取时需先使生物碱盐转变成游离碱，再用有机溶剂萃取，最后浓缩得生物碱。一般是先用 1% Na_2CO_3（或氨水）水溶液搅匀或磨匀，使其中生物碱盐全部转为游离状态，然后再用有机溶剂如 $CHCl_3$、CH_2Cl_2、苯、石油醚等采用回流法或连续回流提取法提取总生物碱，如延胡索总生物碱的提取。

本法的优点是丰富的有机溶剂种类为提取提供多样的选择，所得总生物碱较为纯净，易于浓缩富集；缺点是溶剂昂贵，有时提取不完全，安全性低，且易造成环境污染。

（二）超临界流体萃取法

超临界流体萃取技术利用超临界流体所具有的特殊溶解能力进行天然植物有效成分提取，相对于传统的提取方法具有独特的优势。如利用超临界 CO_2 流体萃取菊三七中的总生物碱，提取率为索氏提取法的 1.5 倍，耗时却仅为常规法的 1/2；提取川贝母游离生物碱，与其它提取方法相比，提取率有了显著的提高。

（三）微波辅助提取法

微波辅助萃取利用微波的能量加热与样品相接触的溶剂，将所需化合物从样品基体中分离后进入溶剂中。从羽扇豆种子中提取金雀花碱，与传统的振摇提取法比较，微波法提取物中斯巴丁含量比振摇法高 2.0%，而且速度快，溶剂消耗量也大大减少。利用多种方法提取博落回中的血根碱及白屈菜红碱，发现微波萃取较其它方法提取的生物碱含量高，而且提取速度快。用这种方法生物碱的提取效率较高，生产成本较低，工艺较为简单，适于工业化生产

（四）超声辅助提取法

使用超声波辅助浸提黄柏中的小檗碱，可以大大提高小檗碱的提取收率，缩短浸提时间，并且能很好地保持生物碱的特性和品质。与蒲公英生物碱的提取工艺进行比较，超声波提取法比溶剂提取法的提取率提高了 50.3%。

（五）双水相萃取法

双水相萃取技术是由两种聚合物或聚合物与无机盐在水中适当的浓度条件下形成互不相溶的两相体系，利用待分离物在两水相中分配系数的不同而实现提取分离的方法。采用双水相萃取技术从甘草根中提取分离吗啡、从罂粟中提取罂粟碱均取得了很好的效果。

二、生物碱的分离、纯化

（一）生物碱的分离

1. 利用生物碱的碱性强弱不同进行梯度萃取

经过提取和粗分后获得的总生物碱溶液除生物碱及盐类还存在大量其他脂溶性或水溶性的杂质，需要进一步纯化处理，将生物碱分离出来。可先根据生物碱的碱性强弱或酚性、非酚性粗分层于不同的部分，然后利用生物碱碱性强弱的差异进行分离，同一植物中含有生物碱的碱性往往不同，将碱强度不同的混合生物碱在酸水溶液中加适量的碱液，并进行有机溶剂萃取，弱碱会先游离析出转入有机溶剂层，强碱与酸成盐留在水溶液中，通

过逐步添加碱量，根据生物碱的特性再进一步细分，如图 7-11 所示。

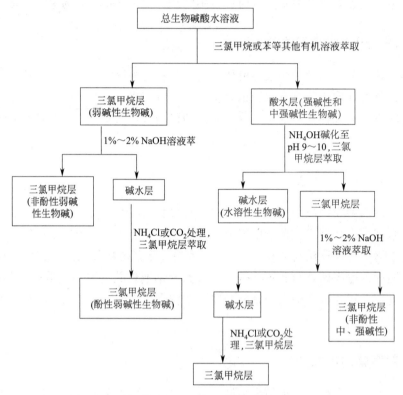

图 7-11 总生物碱的 pH 梯度萃取法分离流程示意图
（引自罗永明主编《天然药物化学》，2011）

2. 利用溶解度差异进行分步结晶法分离

利用不同溶剂中生物碱的溶解度不同以达到分离的目的。步骤如下，先将总碱溶于少量的乙醚、丙酮或甲醇等有机溶剂中放置，若析出结晶，过滤，得到生物碱结晶，母液浓缩至少量或加入另一种溶剂往往可以析出其他生物碱的结晶。

3. 利用生物碱中特殊官能团进行分离

利用生物碱分子结构中含有酚羟基、内脂环和内酰胺等特殊官能团，利用它们的可逆性化学转换方向进行分离。例如吗啡含有酚羟基可与 NaOH 生成钠盐留于水溶液中，从而与其他生物碱分开，故含吗啡的总碱加 NaOH 水溶液，再加 $CHCl_3$ 可提取吗啡。

4. 利用制备生物碱的衍生物进行分离

许多生物碱的盐往往比游离生物碱更容易结晶，常用来制备生物碱盐的无机酸有盐酸、硝酸、硫酸、氢溴酸、氢碘酸，有机酸有酒石酸、草酸、水杨酸和苦味酸等。如麻黄碱与伪麻黄碱的分离是利用它们的草酸盐的溶解度不同，麻黄碱的草酸盐溶解度小提前结晶而得到分离。

5. 利用沸点差异进行分馏分离

由于不同生物碱存在沸点差异，不同沸点组成的液体生物碱总碱，可通过常压或减压分馏进行分离。

6. 利用色谱法进行分离

当用一些简便方法还不能达到分离效果时，往往会采用色谱法来进一步分离，离子交换树脂法在总生物碱的提取中有重要的价值。将酸水提取液与阳离子交换树脂进行交换，使生物碱盐类的阳离子被交换而吸附，其他不能离子化的杂质随溶液流出。有时也根据分子量大小不同进行凝胶色谱分离。HPLC 具有高效、快速等特点，也常用于生物碱的分离。例如采用 HPLC 成功分离了鸦片中的吗啡、蒂巴因、罂粟碱等生物碱。

总之，生物碱的分离方法各有特点，有时利用一种方法很难分离出生物碱的纯品，多数情况下还需根据分离对象和目的不同综合选用各种分离方法。

（二）生物碱的纯化技术

1. 有机溶剂萃取法

有机溶剂萃取时，互不相溶溶剂中各组分分配系数越大，分离效果越好。其中可利用非极性和低极性有机溶剂分离亲脂性生物碱，极性较大的有机溶剂分离亲水性生物碱。此法应用广泛，是生物碱纯化的常用技术之一。

2. 色谱法

纸色谱、柱色谱、高效液相色谱等色谱法能够在几步操作内完成对生物碱溶质的分离，但是分离纯化产量不高，更适合实验室使用。

3. 其他方法

常用于生物碱纯化的方法还有树脂吸附法、分子印迹技术、膜分离技术等，各新型分离技术在生物碱的应用前景将越来越广泛。

三、生物碱的鉴定与结构测定

（一）物性测定

测定化合物的熔沸点、比旋光度等物理常数，与已知生物碱的物理常数比较。

（二）色谱分析

常用薄层色谱、纸色谱进行分析，大多数生物碱 R_f 值可以查表，但因试剂的不同 R_f 值存在差异，如有标准样品可以一同进行分析，确定是否为同一物。在色谱分析时常用的显色剂有碘化铋钾或碘化钼钾，前者多为橙红色，后者不同生物碱呈不同颜色，如吗啡呈现蓝色、蛇根碱呈现红棕色、阿托品呈现蓝紫色、乌头碱呈现红棕色。

（三）光谱学特征分析

通过光谱测量相应光谱学特征，并与相关文献对照，判断是否为该化合物。

（1）紫外（UV）光谱 生物碱的 UV 谱反映了其基本骨架或生色基团的结构特点。

生色基团在分子的非主体部分，UV 谱不能反映分子的骨架特征，对测定结构作用有限。生色基团在分子的整体结构部分，生色基团组成分子的基本骨架与类型，如吡啶、喹啉、吲哚类生物碱，UV 谱可反映生物碱的基本骨架与类型特征，且受取代基的影响很小，对生物碱骨架的测定有重要的作用。

（2）红外光谱（IR）　主要用于官能团的定性和与已知生物碱对照鉴定，例如酮基在 $1690cm^{-1}$ 左右区域振动吸收，$3735cm^{-1}$、$1296cm^{-1}$ 显示酚羟基的吸收等。

（3）核磁共振谱（NMR）　NMR 谱是生物碱结构测定中最强有力的工具之一。氢谱可提供有关官能团（如 NCH_3、NC_2H_5、NH、OH、CH_3O、C＝C、Ar-H 等）和立体化学的许多信息。碳谱、高分辨氢谱和 2D NMR 谱，所提供的结构信息的数量和质量，是其他光谱方法所难以比拟的，因此核磁共振谱是生物碱结构测定中应用最广的方法。如 ^{1}HNMR 可用于区别不同类型官能团和立体化学信息；^{13}CNMR 可确定 C 原子数及化学环境，并运用不同测定手段推测结构。

（4）质谱　由于生物碱结构不同，有不同的裂解方式，产生不同的离子峰。难以裂解或由取代基或侧链裂解产生的 M＋或 M＋$^{-1}$ 多为基峰或强峰，一般观察不到由苄基骨架裂解产生的特征离子。以氮原子为中心的 α-裂解，多涉及骨架的裂解，且基峰或强峰多是含氮的基团或部分。如金鸡纳生物碱类，其裂解特征是先 α-裂解断 C_2-C_3 键形成一对互补离子 α 和 β，基峰离子 β 又经 α-裂解产生其他离子。

（四）一些生物碱的特殊鉴别反应实例

1. 小檗碱的特殊反应

（1）碱性丙酮反应　在盐酸小檗碱水溶液中，加入氢氧化钠使呈强碱性，然后滴加丙酮，可生成黄色结晶性小檗碱丙酮加成物。

（2）小檗碱的显色反应　在小檗碱的酸性水溶液中加入适量漂白粉（或通入氯气），小檗碱水溶液由黄色转变为樱红色。

（3）Labat 反应　由浓硫酸和没食子酸组成，是亚甲二氧基在浓硫酸作用下，水解生成甲醛，然后又在浓硫酸作用下，与没食子酸缩合成蓝色的络合物，用于识别分子中的亚甲二氧基。

2. 托品烷类的鉴别反应

区别莨菪碱与东莨菪碱的反应——氯化汞沉淀反应，此时莨菪碱（或阿托品）加热后沉淀变为红色。东莨菪碱则与氯化汞反应生成白色沉淀，可由沉淀颜色区分出两类生物碱。

鉴别莨菪酸的特殊反应——Vitali 反应，当莨菪酸用发烟硝酸加热处理，发生硝基化反应，生成三硝基衍生物，再加氢氧化钾醇液和一小粒固体氢氧化钾，显紫堇色（产物为有色醌型物），后转暗红色，最后颜色消失。

樟柳碱鉴别反应——过碘酸乙酰丙酮缩合反应，樟柳碱可与过碘酸发生乙酰丙酮缩合反应显黄色。

第五节 典型生物碱生物资源的开发及利用

一、麻黄碱

麻黄（*Ephedra*）是麻黄科麻黄属植物，始载于《神农本草经》，麻黄科植物草麻黄、木贼麻黄或中麻黄的草质茎是常用的入药部位。其性温，味辛、微苦，有发汗散寒、宣肺平喘、利水消肿的功效，可治疗风寒感冒、胸闷喘咳、风水浮肿、支气管哮喘等病症。所含生物碱以麻黄碱和伪麻黄碱为主，前者占总生物碱的 40%～90%。此外还含少量的甲基麻黄碱、甲基伪麻黄碱和去甲基麻黄碱、去甲基伪麻黄碱。麻黄碱结构式如图 7-12 所示。

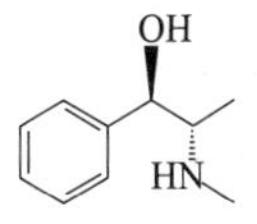

图 7-12 麻黄碱的化学结构

（一）麻黄碱的理化性质和天然分布

1. 麻黄碱的理化性质

麻黄碱化学名为 1R，2S-2-甲氨基-1-苯基丙醇，为蜡状固体，或为结晶或颗粒状，熔点为 34℃，吸水后熔点升高到 40℃，沸点为 225℃，分子式为 $C_{10}H_{15}NO$，分子量为 165.23，1g 溶于约 20mL 水和 0.2mL 乙醇，溶于氯仿、乙醚及油；临床上常用其盐酸盐，为斜方针状结晶，熔点为 216～220℃，1g 溶于 3mL 水、14mL 乙醇，几乎不溶于乙醚及氯仿，无臭，味苦。由于麻黄碱的分子量小，亲脂性高，易透过血脑屏障，兴奋交感神经和中枢神经，产生心烦不安、心律失常、头晕耳鸣等不良反应，长期使用还可引起肝损伤。

2. 麻黄的天然分布

麻黄碱类化合物存在于麻黄属多种植物中，属裸子植物，为多年生小半灌木植物，表面具有较粗深的纵沟纹，膜质叶先端 2 裂，一般于秋季采摘，干燥草质茎晒干入药，其味辛辣带苦，质地温和。多见于山坡、平原、干燥荒地、河床及草原等地。中国目前约有 12 种，是世界上唯一的天然麻黄生产国，除《中华人民共和国药典》收载品种草麻黄、木贼麻黄和中麻黄（*E. intermedia*）外，还有西藏中麻黄（*E. intermedia var. tibetica*）、丽江麻黄（*E. likiangensis*）、单子麻黄（*E. monosperma*）、异株矮麻黄（*E. minuta var. dioeca*）、山岭麻黄（*E. gerardiana*）、藏麻黄（*E. saxatilis*）、窄膜麻黄（*F. lomatolepis*）、斑子麻黄（*E. rhytidosperma*）、膜果麻黄（*E. przewalskii*）等。我国主要产地是内蒙古，其次是新疆、山西、吉林、辽宁、宁夏、甘肃、陕西、河北以及河南等地。草麻黄产量最大，中麻黄次之，木贼麻黄产量最小。丽江麻黄多产于云南、四川、贵州等地。麻黄能够在极端温度下生存，有耐热和耐寒的特性，适合在沙质土壤中生长，故在以风沙土为主的沙质灰铝土干草原区内，麻黄分布广泛，是这些地区的主要固沙植物之一。

（二）麻黄碱的生理活性

麻黄碱是一种具有强 α 受体兴奋和弱 β 受体兴奋作用的血管活性药物，可以直接与肾上腺素受体相结合直接作用，小部分通过促进神经末梢释放儿茶酚胺间接作用，故麻黄碱能够增加心率，收缩血管，升高血压，兴奋中枢，扩张支气管、平滑肌和阻止过敏介质释放等作用。除此之外还可以促进神经肌肉间的传导，能对骨骼肌产生抗疲劳作用，常用于治疗重症肌无力。

相关研究指出，麻黄碱能够抑制脂多糖诱导的肺泡上皮细胞 A549 凋亡、炎症反应和氧化应激，并下调了参与肺损伤发病过程的 COX-2 基因的表达；并以浓度依赖抑制由 il-17 诱导的 HaCat 细胞分泌 CCl 20 趋化因子；显著降低变应性鼻炎大鼠 TH2 型的 il-4 和 il-3 等炎症因子的水平。综上可以知道麻黄碱起到一定治疗炎症的作用。

麻黄碱能够加速脑缺血后动物的运动功能恢复，通过促进中枢神经系统内 5-羟色胺、多巴胺等多种神经递质的释放改善，具有对神经可塑性的正向影响。但除此之外，麻黄碱同样存在一定的神经毒性。有实验结果表明，麻黄碱对源于鼠嗜铬细胞瘤的 PCL2 细胞有一定毒性，该细胞在结构和功能上与神经元有高度相似，并证明了麻黄碱对中枢神经系统的毒副作用是与 BDNF、PSD95 及突触素 1 的表达变化有关。

此外，麻黄碱还可阻碍汗腺导管对钠离子的重吸收，导致汗腺分泌增加，对发热患者起到解热的作用。

（三）麻黄碱的生物合成途径

麻黄碱类化合物具有典型的 C_6-C_3 的苯丙素类结构，其生物合成途径源于苯丙氨酸。

苯甲醛是由苯甲酸还原而来的，苯甲酸则直接源于桂皮酸，桂皮酸是苯丙氨酸在苯丙氨酸脱氨酶（PAL）作用下脱氨得到的；苯丙氨酸来源于莽草酸途径。在焦磷酸硫胺的存在下，丙酮酸脱羧酶（EC 4.1.1.1）在 TTP 和镁离子的辅助作用下催化苯甲醛与丙酮酸（由葡萄糖酵解产生）发生缩合反应，失去 1 分子 CO_2，得到麻黄碱类化合物的直接前体 1-羟基-1-苯基-2-丙酮，在生成该前体的 1-OH 时可以形成两种对映异构体；接着，在转氨酶的作用下，两种对映异构体的酰基发生酰化，分别生成 （-)-去甲麻黄碱和 （＋)-去甲伪麻黄碱，之后，由蛋氨酸传递而来的一碳单位（甲基）使它们甲基化，从而分别得到 （-)-麻黄碱和 （＋)-伪麻黄碱。合成途径路线见图 7-13 所示。

（四）麻黄碱的生产技术

1. 微生物半转化生产麻黄碱

半转化原理如上述麻黄碱生物合成途径，技术关键是利用微生物的酶促反应获得高浓度的 R-PAC（苯基乙酰基甲醇），再由高浓度 R-PAC 还原胺化并拆分为麻黄碱。前一部分已经有科学家攻克，找到了获得高浓度 R-PAC 的方法，但后一部分需要依赖苛刻的化学条件才可获得麻黄碱，需要较高的成本，这也是制约着该成果产业化的主要原因。对降低麻黄碱成本的研究目前还在进行。

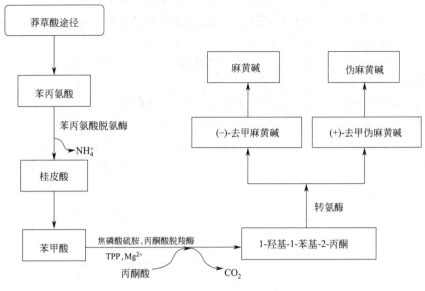

图 7-13　麻黄碱的生物合成途径路线图

2. 重组酵母生物合成麻黄碱

以酵母菌作为生物合成宿主，葡萄糖和 $NaNO_3$ 为底物，l-麻黄碱和 d-伪麻黄碱为目标产物，利用 Ar^+ 和 N^+ 注入介导野生麻黄总 DNA 在酵母菌中随机转化研究、检测鉴定获得稳定遗传的生物合成 l-麻黄碱和 d-伪麻黄碱的重组酵母。但单靠此法产出的麻黄碱产量较低，后来学者研究发现外源 L-phe 对重组酵母生物合成麻黄碱具有多重调控作用，通过外源 L-phe 调控，有望提高麻黄碱的产量。

二、乌头碱

乌头是指毛茛科（Ranunculaceae）乌头属（*Aconitum*）植物，乌头属植物是传统的药用植物，中国约有 36 种可供药用。乌头属植物中含有生物碱、黄酮、甾体、糖苷类等化学成分，其中乌头的主要有效成分和毒性成分为生物碱，乌头中生物碱主要是二萜类生物碱。乌头总生物碱包括双酯型生物碱、单酯型生物碱、氨醇型生物碱和其他类生物碱，乌头碱、中乌头碱和次乌头碱等为二萜类生物碱。

乌头碱又称附子精，可使迷走神经兴奋，对周围神经产生损害。中毒症状以神经系统和循环系统症状为主，其次是消化系统症状。乌头碱是存在于川乌、草乌、附子等植物中的主要有毒成分。其结构式如图 7-14 所示。

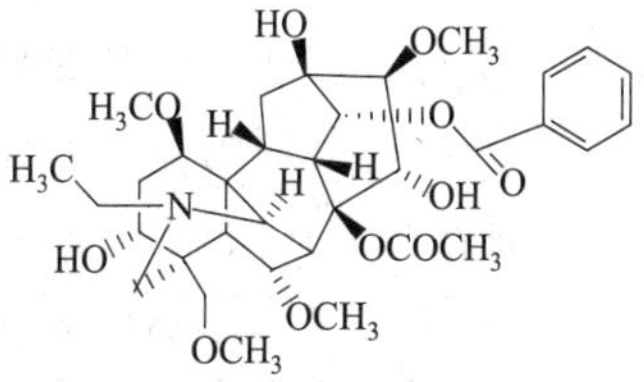

图 7-14　乌头碱的化学结构

（一）乌头碱的理化性质和天然分布

1. 乌头碱的理化性质

乌头碱为六方形白色至灰白色片状结晶，是一种双酯类生物碱，分子式为 $C_{34}H_{47}NO_{11}$，分子量为 645.737，熔点为 204℃，沸点为 717.2℃，比旋光度为 +17.3°，易溶于水、氯仿、苯、无水乙醇和乙醚，微溶于石油。水溶液对石蕊呈碱性；当水溶液（1：4000）加醋酸酸化，并滴加 0.2mol/L 高锰酸钾水溶液数滴，能产生红色簇晶。由于具酯键，还可以产生异羟肟酸铁反应。

酯类生物碱分子中的酯键是产生毒性的关键部分，水解后产生的氨基醇亲水性增加，毒性降低很多。将乌头碱于稀碱水溶液中加热，很容易除去 2 个酯键，生成乌头原碱。或将乌头碱在中性水溶液中加热，酯键也同样被水解。一般其水溶液在 100℃时，除去 1 分子醋酸，生成苯甲酰乌头碱，进一步加热至 160～170℃（需在加压情况下），苯甲酸酯也被水解，产生乌头原碱。苯甲酰乌头碱和乌头原碱的亲水性都比乌头碱强，毒性则小得多。乌头原碱几乎完全丧失了麻辣的味感，带苦味，为无定形粉末。

2. 乌头的天然分布

乌头属植物很多，有 250 多种，一般在中国云南东部、四川、湖北、贵州、湖南、广西北部、广东北部、江西、浙江、江苏、安徽、陕西南部、河南南部、山东东部、辽宁南部、越南北部也有分布。四川西部、陕西南部及湖北西部一带生长在海拔 850～2150m，在湖南及江西生长在 700～900m，在沿海诸省生长在 100～500m 间的地草坡或灌丛中，其中仅四川就有 46 种 11 变种，资源较为丰富，所含乌头生物碱类既具有毒性又有很高的药用价值；乌头属中牛扁亚属（Aconitum subgen. Lycoctonum）植物中主要含牛扁碱型和 C18-二萜生物碱类，毒性中等；而毒性较大的川乌、草乌［北乌头（A. kusnezoffi）块根］早在《神农本草经》中就已记载药用，止痛、抗炎作用非常显著，其毒性可以通过炮制而降低；中医临床广泛用于回阳救逆的附子［乌头（Aconitum carmichae）子根加工品］亦为炮制品，具有升压、强心、扩张冠脉等作用，毒性远较生川乌小。因此，乌头属植物的开发利用一直被人们重视。其中，利用生物技术快速繁殖乌头属植物或直接生物合成乌头生物碱类药用物质是获得这类活性成分的重要途径。

（二）乌头碱的生理活性

乌头碱有直接抗肿瘤的作用，对荷瘤小鼠可以免疫损伤；乌头碱可以通过 ROS/JNK 信号调节通路诱导骨肉瘤细胞凋亡，还可抑制小细胞肺癌中 USP 2a 的表达，调控小细胞肺癌的增殖情况及对顺铂的敏感性，这些研究都表明乌头碱具有明显的抗肿瘤功效。

乌头碱具有免疫调节、抗炎等活性，在乌头碱作用下，以浓度依赖性有效抑制类风湿关节炎成纤维样滑细胞的增殖活性并诱导凋亡，其凋亡机制可能与过度激活细胞自噬水平有关。观察附子理中汤灌肠对脾肾阳虚型溃疡性结肠炎（UC）相关炎症因子的表达影响，发现附子理中汤灌肠对脾肾阳虚型 UC 大鼠肠黏膜通过抑制 NF-κB 的激活，下调 TNF-α、IL-1β 的表达，达到抗炎和修复作用。

乌头被誉为"回阳救逆第一品药"，其生物碱外用可麻痹外周神经末梢，有麻辣感，呈局部麻醉和镇痛作用，内服或注射有降血压、驱寒、降体温作用。用量过高乌头碱会诱导心肌细胞钠离子通道内流，改变钾离子通道，可能导致心律失常，呼吸缓慢、困难。且有研究表明，乌头碱能够通过某种方式影响心肌细胞中肌丝蛋白的表达从而导致肌丝功能障碍，引发心脏毒性，故乌头碱毒性极大，人经口服 0.2mg 即中毒。

（三）乌头碱的生物合成途径

一般认为，阿替生型结构是牛扁碱型和乌头碱型生物碱的前体，在酶作用下阿替生型化合物发生去甲基化而失去 C_{17}，接着发生 Wagner-Meerwein 重排，得到 B 环扩为七元环、C 环缩为五元环、C_7 与 C_{20} 共价结合的中间体，然后通过生成希夫碱、烯醇离子环化等反应而得到牛扁碱型或乌头碱型的骨架。乌头碱型的 C_7—C_{17} 共价键（即阿替生型的 C_7—C_{20}）是在 Wagner-Meerwein 重排前发生 Mannich 反应后形成的，牛扁碱型的 C_7—C_{17} 由分子内的 Prins 成环反应生成，或者系由希夫碱参与的闭环反应而生成。在环化反应的同时，C_8 受 OH^- 或 CH_3COC^- 等亲核进攻而生成 C_8—OH，之后可以形成酯。

C_{20}-二萜生物碱光翠雀碱型、欧乌头碱型或 Atisine-veatch-ine 型结构可以重排为乌头碱型骨架，它们分子中的原 C_{16}＝C_{17} 双键重排后成为 C_{14} 所连接的甲烯基（即原 C_{17}），甲烯基可被氧化生成 C_{14} 酮基（失去原 C_{17} 而成为 C_{19}-二萜生物碱），然后还原为 C_{14}—OH，之后也可以形成酯。

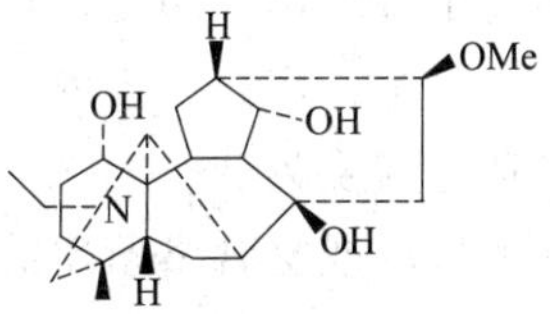

按照上述步骤，植物体内可以合成具有牛扁碱型或乌头碱型骨架的结构较为简单的化合物卡拉可林（即黄草乌碱乙）。

图 7-15 卡拉可林结构图

卡拉可林（结构如图 7-15 所示）若先发生 C_7 羟化、然后发生 C_6 羟化则得到牛扁碱型化合物（7 位有含氧基取代）；卡拉可林若先发生 C_6 羟化，则衍生为乌头碱型化合物（7 位无含氧基取代）。

三、长春花碱

长春花（*Catharanthus roseus*），别名金盏草、四时春、日日新，夹竹桃科、长春花属。中草药用途中，全草入药可止痛、消炎、安眠、通便及利尿等，全株具毒性。从长春花中已经分离得到的吲哚类生物碱有 70 余种，如长春（花）碱、长春新碱、长春碱酰胺（长春地辛）、去甲长春花碱（长春瑞宾）等。

长春花碱又称长春碱，为二聚吲哚类生物碱，是由夹竹桃科植物长春花中提取的干扰蛋白质合成的抗癌药物。它除了可引起细胞核崩溃，呈空泡状固缩外，还可以作用于细胞膜，干扰细胞膜对氨基酸的转运，抑制蛋白质合成，还可通过抑制 RNA 综合酶的活力而抑制 RNA 合成，通过多方面将细胞杀死。结构式如图 7-16 所示。

（一）长春花碱的理化性质和天然分布

1. 长春花碱的理化性质

长春花碱分子为 $C_{46}H_{58}N_4O_9$，分子量为 810.96。在甲醇中重结晶为针状结晶，熔点为 211～216℃，比旋光度为＋42°（氯仿）。味苦，有吸湿性，遇光或热变黄，溶于醇、丙酮、乙酸乙酯和氯仿，几乎不溶于水和石油醚。其硫酸盐 $C_{46}H_{60}N_4O_3S$ 为白色结晶性粉末，熔点为 284～285℃，无臭，有引湿性，遇光或热变黄，易溶于水，可溶于甲醇或氯仿，极微量溶解于乙醇中。

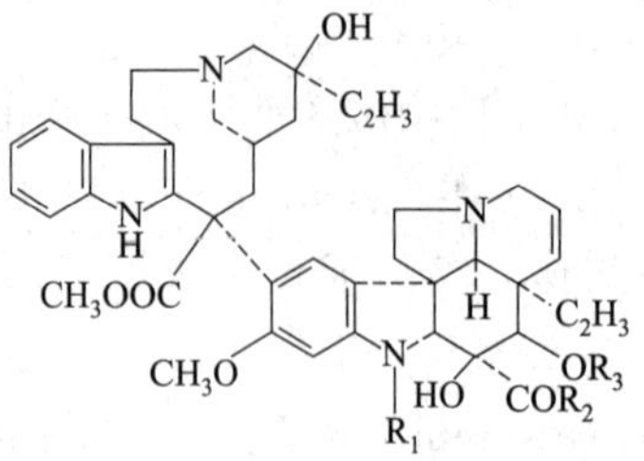

长春碱 R₁=H   R₂=OCH₃   R₃=COCH₃

长春碱 R₁=CHO R₂=OCH₃ R₃=COCH₃

长春地辛 R₁=CN₃ R₂=NH₂ R₃=H

图 7-16　长春花碱的化学结构

2. 长春花的天然分布

全株无毛或有微毛，叶膜质，倒卵状长圆形，聚伞花序，花红色，高脚碟状。原产地为地中海沿岸、印度、热带美洲。中国栽培长春花的历史不长，主要在长江以南地区栽培，广东、广西、云南等地栽培较为普遍。长春花性喜高温、高湿，耐半阴，不耐严寒，最适宜温度为 20~33℃，喜阳光，忌湿怕涝，一般土壤均可栽培，以排水良好、通风透气的砂质或富含腐殖质的土壤为好，花期、果期几乎全年。

（二）长春花碱的生理活性

1958 年，长春花叶提取物中首次分离出具有抗细胞增殖作用的天然生物碱——长春花碱，之后 Eli Lilly 制药公司开始此药的生产。长春花碱的抗肿瘤机制随着科学家们的研究慢慢被发现，如有研究发现高氧压可以通过激活 p38 信号通路，同时抑制 ERK 信号通路增强长春花碱对人宫颈癌 HeLa 细胞的增殖作用。在研究 S180 荷瘤小鼠注射长春花碱的不同制剂后的生存状况、肿瘤抑制率、组织病理切片等方面发现，长春花碱亲水基修饰阳离子脂质体的抗肿瘤作用最显著，证明了亲水基修饰阳离子脂质体具有协同增效作用。长春花碱在诱导肿瘤细胞凋亡过程中起着重要作用，阻断 caspase-3 途径参与调节的 NF-κB/IκB 信号转导途径，减弱长春花碱所诱导的肿瘤细胞凋亡和 IκB-α 磷酸化降解。除此之外，还有大量研究显示，长春花碱对多种人类肿瘤细胞株有明显的抑制作用。

长春花碱作用于 G₁、S 及 M 期，并对 M 期有延缓作用。能干扰增殖细胞纺锤体的形成，使有丝分裂停止于中期。并有免疫抑制作用，对何杰金氏病、绒毛膜上皮癌疗效较好。除此之外还可抑制微管蛋白的聚合，妨碍纺锤体微管的形成，使有丝分裂停止于中期。也可作用于细胞膜，干扰细胞膜对氨基酸的转运，使蛋白质合成受抑制，亦可抑制RNA 合成。

近来还有研究表明，长春花碱对德国小蠊的防治有一定的应用价值。

但长春花碱的应用也会带来一些副作用，如应用长春碱类药物后，常易引起周围神经病变，表现为肌肉软弱、肢体麻木或针刺感、下颌疼痛、深腱反射消失、腹痛便秘等症状，以寒证表现较多，故在保证药效的前提下要控制药物的用量。

（三）长春花碱的生物合成途径

来自莽草酸途径的色胺和甲羟戊酸途径的裂环马钱子苷，在异胡豆苷合成酶（STR）

催化下生成异胡豆苷。色氨酸脱羧酶（TDC）催化色氨酸生成色胺，裂环马钱子苷由异戊烯基二磷酸（IPP）衍生而来。在 IPP 存在的情况下，吲哚生物碱主要是通过甲基赤藓醇磷酸盐（MEP）途径在质体中合成。异胡豆苷通过多步羟基化和甲基化，并经中间体水甘草碱生成文朵灵、长春质碱、阿吗碱等。α-3,4-脱水长碱合成酶催化文朵灵和长春质碱形成 α-3,4-脱水长碱（AVLB），然后再衍生出长春花碱、长春新碱等双吲哚生物碱二聚体。合成路线图见图 7-17 所示。

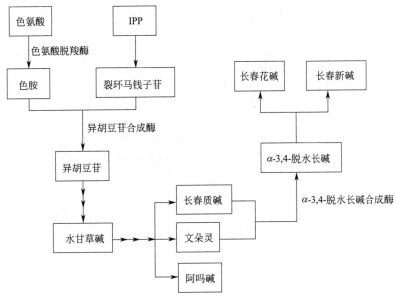

图 7-17　长春花碱生物合成途径路线图

（四）长春花碱的生产技术

在低温、过酸无水体系中将长春质碱的叔胺 N 氧化成 N 氧化物，用三氟乙酐处理发生环断裂，在 N_2 保护下与文朵灵连接，用 1,4-二氢嘧啶还原形成烯胺。在有 $FeCl_3$ 存在下，$-20℃$ 通空气将烯胺氧化，最后在 $0℃$、pH7.5～8.0 条件下用 NaBH 还原即可得到长春花碱。

思考题

1. 生物碱按按化学结构分类法进行分类可以分为哪些种类？
2. 生物碱的生物学活性主要有哪些？
3. 叙述常用的总生物碱提取方法。

参考文献

[1] 常景玲 . 天然生物活性物质及其制备技术 ［M］. 郑州：河南科学技术出版社，2007.
[2] 蒋燕，郭顺，邹悦，等 . 麻黄碱对 IL-17 诱导的人永生化角质形成细胞 HaCaT 分泌 CCL20 的影响 ［J］. 山东医药，2017，57（10）：24-27.
[3] 孔令义 . 高等天然药物化学 ［M］. 北京：人民卫生出版社，2021.

[4] 李俊，黎云清，卢汝梅，等．抗炎生物碱类成分的研究进展 [J]．广州化工，2020，48（1）：14-19.

[5] 李学涛，程岚，姜英，等．长春碱亲水基修饰阳离子脂质体对荷瘤小鼠的抗肿瘤作用研究 [J]．中国药房，2015，26（31）：4339-4341.

[6] 凌海秋，毛培宏，金湘，等．微生物方法生产麻黄碱和伪麻黄碱的研究 [J]．生物技术，2009，19（4）：94-95.

[7] 钱珍．附子多糖联用乌头碱对肝细胞肝癌的作用及机理初步研究 [D]．南京中医药大学，2015.

[8] 邵鑫，袁叶双，蒋先虹，等．乌头碱对类风湿性关节炎成纤维细胞样滑膜细胞增殖、凋亡及自噬的影响 [J]．中国免疫学杂志，2019，35（24）：3066-3070，3074.

[9] 苏永华，董慧娟，翟笑枫．从药物基原角度谈长春碱类药物药性归属 [J]．安徽中医学院学报，2006，25（5）：41-42.

[10] 杨玲，刘杰，李江平，等．麻黄碱介导 TSLP/OX40L 通路调节变应性鼻炎大鼠型免疫反应的作用研究 [J]．中国免疫学杂志，2022，38（3）：319-323.

[11] 杨秀伟．生物碱实用天然产物手册生物碱 [M]．北京：化学工业出版社，2005.

[12] 王贤，牛波，郑芳昊．麻黄碱对 PC12 细胞内 BDNF、PSD95 和 synapsin1 表达水平的影响 [J]．药学实践杂志，2021，39（6）：529-533.

[13] 阮汉利，张宇．天然药物化学 [M]．北京：中国医药科技出版社，2021.

[14] 张雷红，谢仲德．天然药物化学 [M]．4 版．北京：中国医药科技出版社，2021.

第八章

天然醌类化合物的开发与利用

第一节　概述

醌类化合物是指分子内含有不饱和环二酮结构（醌式结构）或容易转变成这种醌式结构的天然有机化合物。醌类化合物包括苯醌、萘醌、菲醌和蒽醌四类，其中苯醌又分为邻苯醌和对苯醌两类，邻苯醌不稳定，天然苯醌多为对苯醌。萘由两个苯环组成，蒽和菲由三个苯环通过不同方式连接而成。四种醌类化合物均含有两个氧原子和若干取代基团，包括羟基、烃基、甲氧基等。其中蒽醌及其衍生物的类型较多。

醌类物质广泛存在于各类植物中，如蓼科的掌叶大黄、何首乌、虎杖，茜草科的茜草，豆科的决明子、番泻叶，鼠李科的鼠李，百合科的芦荟，唇形科的丹参，紫草科的紫草，苦木科的凤眼草等，均含有醌类化合物，是这些天然药材的有效成分。醌类在地衣类和菌类等一些低等植物的代谢产物中也有存在，如棕色海藻。醌类化合物多数存在于植物的根、皮、叶及心材中，也存在于茎、种子和果实中。天然苯醌化合物多为黄色或橙色的结晶，天然萘醌化合物多为橙色或橙红色结晶。

醌类化合物在自然界为一类植物色素，具有广泛的生物活性，是一类很有前途的天然药物。从紫草中分离出的紫草素具有止血、抗炎、抗菌、抗病毒、抗癌等作用，是紫草膏的有效成分。丹参中的丹参醌类成分有抗菌及扩张冠状动脉的作用。由丹参醌 II_A 制得的丹参醌 II_A 磺酸钠注射液，临床上用于治疗冠心病、心肌梗死。总丹参醌可用于治疗金黄色葡萄球菌引起的疖痈、蜂窝织炎、痤疮等。醌类成分容易被还原转为二酚类化合物，氧化又还原为原来的醌类，从而起到了传递电子的作用。广泛存在于生物界的泛醌类能参与生物体内的氧化还原过程，是生物氧化反应的一类辅酶，称为辅酶 Q 类，其中辅酶 Q_{10} 已经被用于治疗心脏病、高血压和癌症。

第二节 醌类化合物的分类与结构

醌类化合物根据其所含有的苯环数量的不同可分为苯醌、萘醌、菲醌和蒽醌四种，其中苯醌含有一个苯环，萘醌含有两个苯环，菲醌和蒽醌含有连接方式不同的三个苯环。根据其连接氧原子位置的不同，苯醌分为对苯醌、邻苯醌；萘醌分为 α-(1,4) 萘醌、β-(1,2) 萘醌、amphi-(2,6) 萘醌；菲醌分为邻菲醌Ⅰ、邻菲醌Ⅱ、对菲醌；蒽醌只有一种构型。

四种醌类化合物都有许多不同衍生物，主要区别在于存在苯环上不同位置、不同种类的取代基团。

一、苯醌

苯醌分为邻苯醌和对苯醌，邻苯醌不稳定，天然存在的多为对苯醌。较简单的对苯醌多为黄色或橙黄色结晶，能随水蒸气蒸馏，常有令人不适的臭味，对皮肤和黏膜有刺激性，易被还原成相应的对苯二酚。邻苯醌和对苯醌结构如图 8-1 所示。

泛醌又称辅酶 Q，为苯醌衍生物，是生物体内广泛存在的脂溶性醌类化合物。不同来源的辅酶 Q 其侧链异戊二烯单位的数目不同，其苯醌结构能可逆地加氢还原成对苯二酚化合物，自然界内存在的是辅酶 Q6～Q10，人类和哺乳动物是 10 个异戊二烯单位，故称辅酶 Q10。泛醌结构如图 8-2 所示。

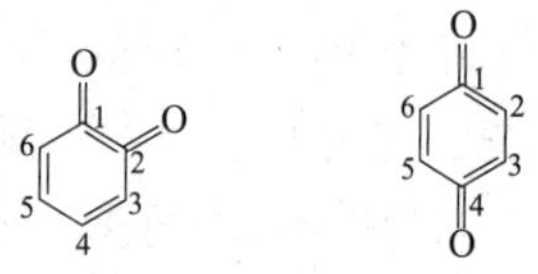

邻苯醌   对苯醌

图 8-1 邻苯醌和对苯醌的化学结构

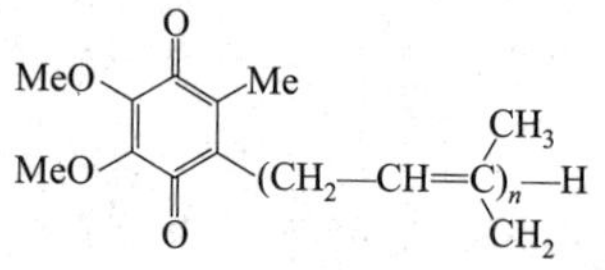

图 8-2 泛醌

二、萘醌

萘醌分为 α-(1,4) 萘醌、β-(1,2) 萘醌及 amphi-(2,6) 萘醌三种类型。自然界中绝大多数为 α-萘醌类。其结构如图 8-3 所示。

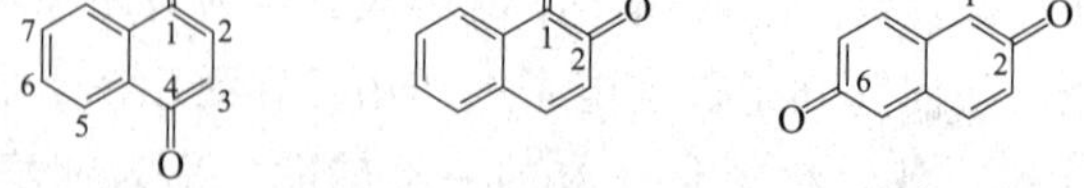

α-(1,4)萘醌 β-(1,2)萘醌   amphi-(2,6)萘醌

图 8-3 萘醌

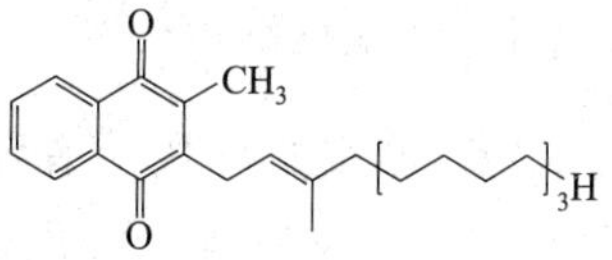

维生素 K 也属萘醌类化合物，具有促进血液凝固的作用，可用于新生儿出血、肝硬化及闭塞性黄疸出血等症，如天然广泛存在的脂溶性的维生素 K_1 和维生素 K_2。维生素 K_1 由植物合成，如苜蓿、菠菜；维生素 K_2 由微生物合成，如人体肠道细菌；但维生素 K_3、维生素 K_4 只能人工合成，且为水溶性。图 8-4 为维生素 K_1 的化学结构。

图 8-4　维生素 K_1

三、菲醌

天然菲醌衍生物包括邻菲醌和对菲醌两种类型，邻菲醌包括邻菲醌Ⅰ和邻菲醌Ⅱ两种类型，其结构如图 8-5 所示。

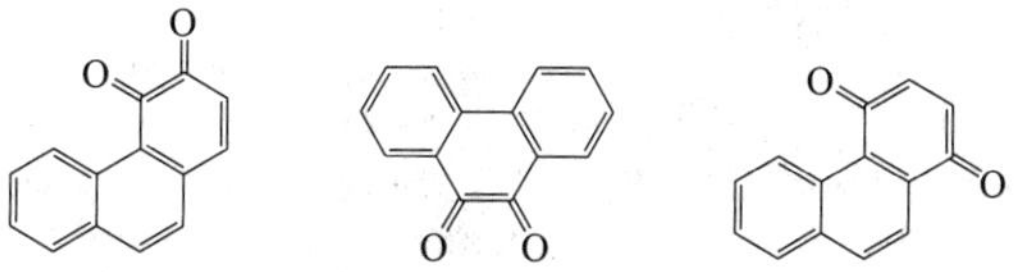

邻菲醌Ⅰ　　　邻菲醌Ⅱ　　　对菲醌

图 8-5　3 种菲醌衍生物

菲醌类化合物主要分布在唇形科、兰科、豆科、番荔枝科、使君子科、蓼科、杉科等高等植物中，尤其在唇形科的鼠尾草属、香茶菜属较普遍，在地衣中也有分离得到。常用中药丹参系尾草属植物，从其根中已分离得到数十种具有抗菌及扩张冠状动脉作用的邻菲醌类和对菲醌类化合物，其中由丹参醌ⅡA制得的丹参醌ⅡA磺酸钠注射液可增加冠状动脉流量，临床上用于治疗冠心病和心肌梗死。

四、蒽醌

蒽醌类是一类天然色素，曾用于染料工业，后发现它们具有泻下、抑菌、利尿、止血等多方面生物活性。自然界存在的蒽醌类包括了它们的还原产物，如氧化蒽酚、蒽酚、蒽酮以及蒽酮的二聚物等，相互之间结构的变化如图 8-6 所示。分布在高等植物中较多的有蓼科、豆科、茜草科、鼠李科、百合科，低等植物地衣类和菌类代谢产物中也有存在。常以游离状态或与糖结合成苷状态存在。其结合形式大多为 O-苷，亦有个别为 C-苷，如胭脂虫酸；其糖为葡萄糖、鼠李糖，也有阿拉伯糖、木糖等，多为单糖苷，少数是双糖苷。

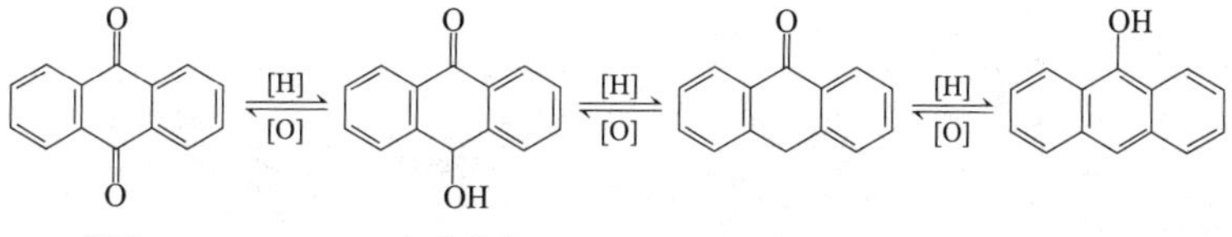

蒽醌　　　　　氧化蒽酚　　　　　蒽酮　　　　　蒽酚

图 8-6　蒽醌类化合物相互转化关系

9,10-蒽醌为最常见的天然蒽醌，整个分子结构形成一个共轭体系（图 8-7），C_9、C_{10} 处于最高氧化状态，因此比较稳定。

（一）蒽醌衍生物

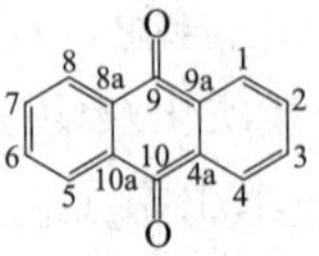

多数蒽醌的母核上有不同数目的羟基取代，其中以二元羟基蒽醌为多。在 β 位多有 —CH、—CH$_2$OH、—CHO、—COOH 等基团

1，4，5，8位为α位
2，3，6，7位为β位
9，10位为meso位，又叫中位

图 8-7　蒽醌类结构

取代，个别蒽醌化合物还有两个以上碳原子的侧链取代。根据羟基在蒽醌母核上的位置不同，可将蒽醌衍生物分为两大类。

1. 大黄素型

羟基分布于两侧苯环上，多呈黄色。中药大黄中的主要蒽醌化合物多属于大黄素型，其结构如图 8-8 所示。

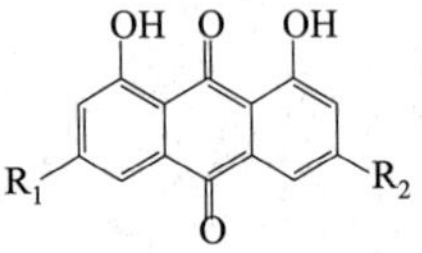

大黄酚：R$_1$=CH$_2$　R$_2$=H
大黄色：R$_1$=CH$_3$　R$_2$=OH
大黄素甲醚：R$_1$=CH$_3$　R$_2$=OCH$_3$
芦荟大黄素：R$_1$=H　R$_2$=CH$_2$OH
大黄酸：R$_1$=H　R$_2$=COOH

图 8-8　大黄素型蒽醌

大黄是多种蓼科大黄属的多年生植物的合称，也是中药材的名称。中药大黄具有攻积滞、清湿热、泻火、凉血、祛瘀、解毒等功效。

2. 茜草素型

羟基分布于一侧苯环上，颜色较深，多呈橙黄色至橙红色。茜草的根能止血又能活血，主治带痰咳嗽以及风湿性关节炎。其结构如图 8-9。

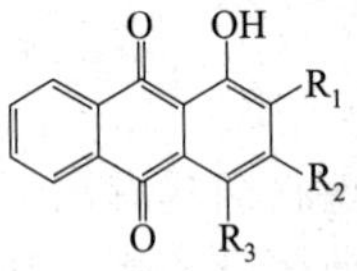

茜草素：R$_1$=OH　R$_2$=H　R$_3$=H
羟基茜草素：R$_1$=OH　R$_2$=H　R$_3$=OH
伪羟基茜草素：R$_1$=OH　R$_2$=COOH　R$_3$=OH

图 8-9　茜草素型蒽醌

（二）蒽酚（或蒽酮）衍生物

蒽醌在酸性条件下被还原，生成蒽酚及其互变异构体蒽酮。其反应过程如图 8-10 所示。

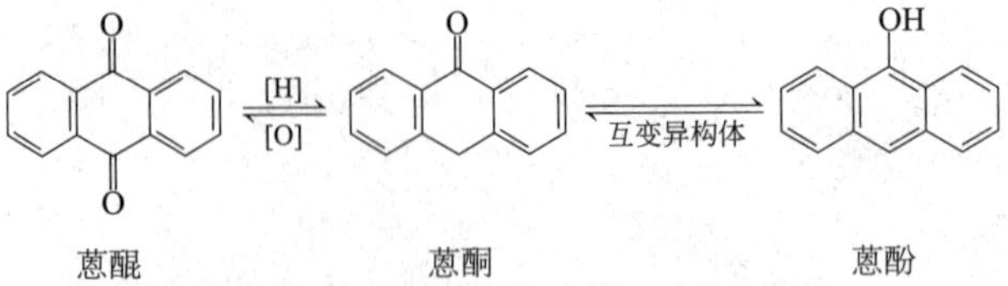

蒽醌　　　　　蒽酮　　　　　蒽酚

图 8-10　蒽醌、蒽酚和蒽酮三者之间转化过程

蒽酚（或蒽酮）一般存在于新鲜植物中，该类成分可以慢慢被氧化成蒽醌类化合物，如储存两年以上的大黄基本检识不到蒽酚。与其相反，蒽醌在酸性条件下被还原，可生成

蒽酚及其互变异构体蒽酮。羟基蒽酚类化合物对霉菌有较强的抑制和杀灭作用，可用于有效地治疗皮肤病，如柯桠素（Chrysarobin）治疗疥癣效果良好。其结构如图 8-11 所示。

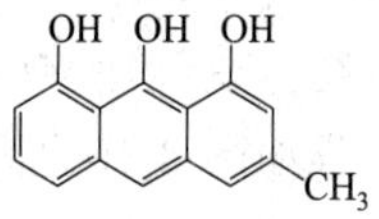

图 8-11　柯桠素

（三）二蒽酮类衍生物

二蒽酮类成分可以看成是两分子蒽酮通过碳-碳键相互结合的产物。又分为中位连接（C_{10}-C'_{10}）和 α 位相连（C_1-C'_1 或 C_4-C'_4），如大黄和番泻叶中的致泻成分番泻苷 A、番泻苷 B、番泻苷 C、番泻苷 D。番泻叶为豆科草本植物狭叶番泻和尖叶番泻的干燥小叶，是中医常用药材，主要用于润肠、通便。番泻叶中含蒽酮类衍生物约 1.5%，主要成分为番泻苷 A～D，以及大黄酸葡萄糖苷和大黄酚等。其苷元是由二分子大黄酸蒽酮通过 C_{10}-C'_{10} 相互结合而成。图 8-12 为番泻苷 A、番泻苷 B 的化学结构。

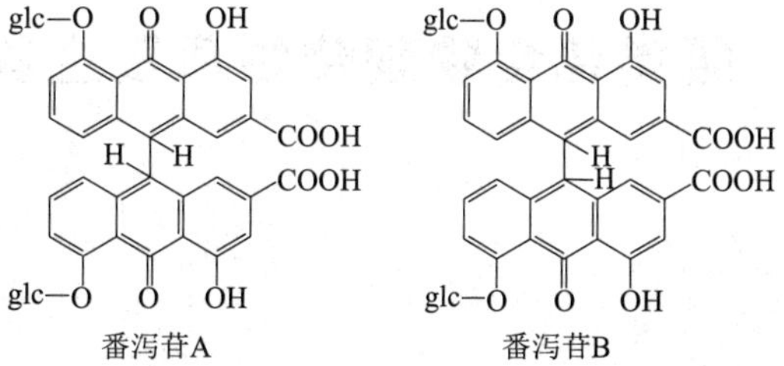

图 8-12　番泻苷 A 和番泻苷 B

番泻苷 C 和番泻苷 D 也是一对同分异构体，均由 1 分子大黄酸和 1 分子芦荟大黄素的蒽酮衍生物通过 C_{10}-C'_{10} 键结合而成。其结构如图 8-13 所示。

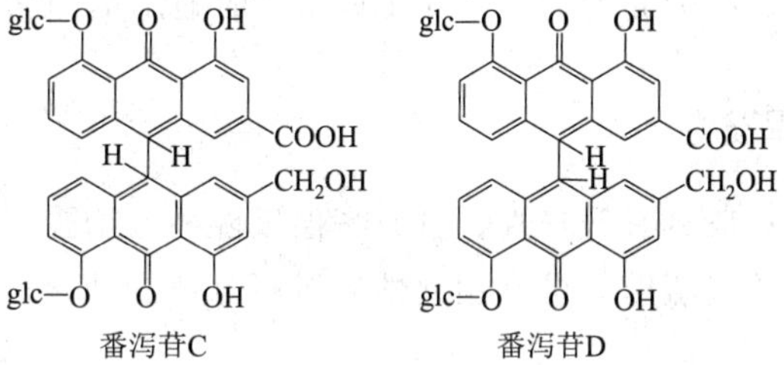

图 8-13　番泻苷 C 和番泻苷 D

二蒽酮类化合物的 C_{10}-C'_{10} 键与通常的 C-C 键不同，易于断裂，生成稳定的蒽酮类化合物。比如，番泻苷 A 在肠内可变为大黄酸蒽酮，反应过程见图 8-14。

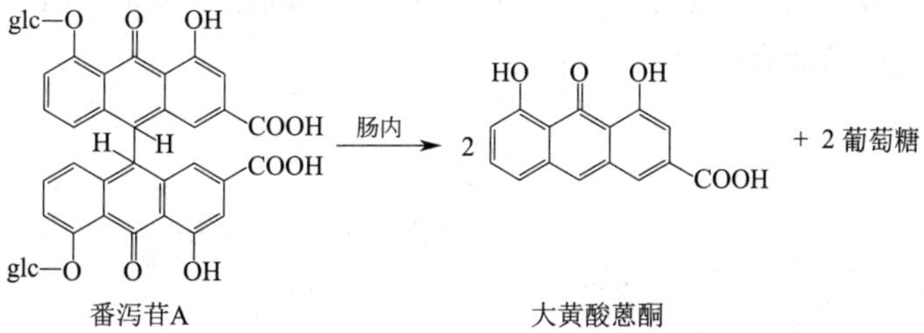

图 8-14　番泻苷 A 转为大黄酸蒽酮

此外，C_{10}-C_{10}' 键容易水解而断裂，生成较稳定的蒽酮游离基，继而氧化成蒽醌类化合物。一般随着植物原料储存时间延长，二蒽酮类含量下降，单蒽酮类含量上升。其反应过程如图 8-15 所示。

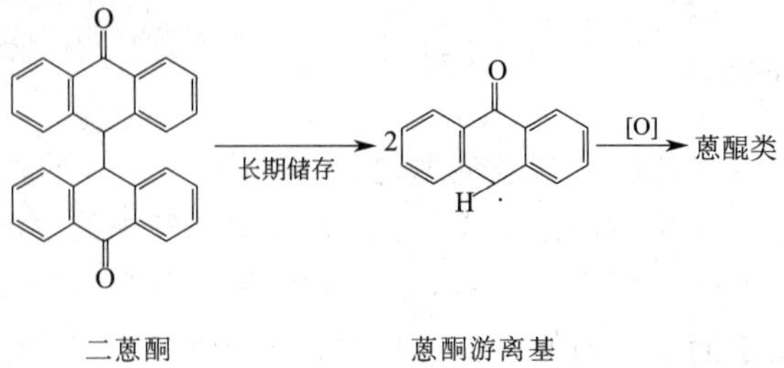

二蒽酮   蒽酮游离基

图 8-15　二蒽酮水解转化过程

第三节　醌类化合物理化性质及生物学活性

一、物理性质

（一）形状

天然存在的醌类化合物往往呈一定颜色，其颜色与母核上酚羟基等助色团的数目有关，取代的助色团越多，颜色就越深，有黄、橙、棕红色以至紫红色等。苯醌和萘醌多以游离态存在，较易结晶，而蒽醌一般以糖苷形式存在于植物体中，因极性较大难以得到结晶。蒽醌类化合物大多具有荧光特性，并在不同 pH 时显示不同的颜色。

（二）升华性及挥发性

游离的醌类化合物一般具有升华性，且升华温度随酸性增强而升高。苯醌类及萘醌类还具有挥发性，能随水蒸气蒸馏，可利用此性质进行分离和纯化。

（三）溶解性

游离醌类极性较小，易溶于甲醇、乙醇、丙酮、三氯甲烷、乙醚和苯等有机溶剂中，难溶于水。与糖结合成苷后极性增大，易溶于甲醇、乙醇，也可溶于热水，但在冷水中溶解度较小，几乎不溶于苯、乙醚、三氯甲烷等极性较小的有机溶剂。有些醌类成分对光不稳定，提取、分离以及储存时应注意避光。

二、化学性质

（一）酸性

蒽醌类化合物多带有 Ar-OH，一般在 2 个以上，因此具有酚类化合物的通性，呈弱酸性反应。可在碱性水溶液中成盐溶解，加酸酸化后转化为游离态而从水中沉淀出来（碱溶酸沉）。醌类化合物因分子中酚羟基的数目及位置不同，酸性强弱呈现一定差异性。一般而言，羟基蒽醌类化合物酸性强弱顺序排列如下：含—COOH＞含 2 个及 2 个以上 β-OH＞含 1 个 β-OH＞含 2 个或 2 个以上 α-OH＞含 1 个 α-OH。相应地，在碱性溶液中的溶解度顺序如下：$NaHCO_3 \leqslant$ 热的 $NaHCO_3 < Na_2CO_3 <$ 热的 $Na_2CO_3 < NaOH$。

（二）颜色反应

1. 菲格尔（Feigl）反应——各种醌类

醌类衍生物在碱性下加热能迅速与醛类及邻二硝基苯反应生成紫色化合物。其反应过程如图 8-16 所示。

在此反应中，醌类在反应前后无变化，仅起到传递电子的媒介作用。醌类成分含量越高，反应速率也就越快。试验时可取醌类化合物的水溶液或苯溶液 1 滴，加入 25％碳酸钠水溶液、4％甲醛及5％邻二硝基苯的苯溶液各 1 滴，混合后置于水浴上加热，在 14min 内产生明显的紫色。

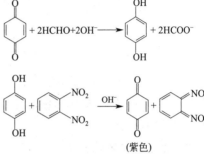

图 8-16 菲格尔反应

2. 无色亚甲基蓝显色试验

无色亚甲基蓝溶液为苯醌类及萘醌类的专属显色剂，用作 PC 法和 TLC 法的喷雾剂，苯醌类及萘醌类的样品呈蓝色斑点，可与蒽醌类化合物区别。

3. 碱液呈色反应（Borntrager's 反应）

羟基蒽醌类化合物在碱性条件下颜色加深，多呈橙、红、紫红及蓝色，是检识中药中羟基蒽醌成分的常用方法之一。其反应机理如图 8-17 所示。

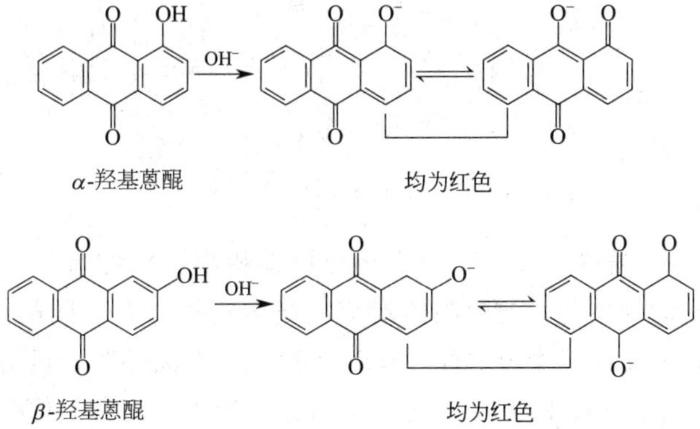

α-羟基蒽醌　　　　　均为红色

β-羟基蒽醌　　　　　均为红色

图 8-17 碱性条件下羟基蒽醌颜色反应

由于该显色反应与形成共轭体系的酚羟基和羰基有关，因此羟基蒽醌以及具有游离酚羟基的蒽醌苷均可呈色。但蒽酚、蒽酮、二蒽酮类化合物则需氧化形成羟基蒽醌类化合物后才能呈色。

用本反应检查中药中是否含有蒽醌类成分时，可取样品粉末约 0.1g，加 10％硫酸水溶液 5mL，水浴加热 2～10min，待冷却后加 2mL 乙醚，振摇，静置后分取醚层溶液，加入 5％ NaOH 水溶液 1mL，振摇。如有羟基蒽醌存在，则醚层由黄色褪为无色，而水层显红色。

4. 与活性次甲基试剂的反应（Kesting-Craven 反应）

苯醌及萘醌类化合物醌环上有未被取代的位置时，可在碱性条件下与一些含有活性亚甲基试剂（如乙酰乙酸酯、丙二酸酯和丙二腈等）的醇溶液发生 Kesting-Craven 反应，生成蓝绿色或蓝紫色产物，此反应常被称为与活性亚甲基试剂的反应。以萘醌与丙二酸酯的反应为例，先生成产物Ⅰ，再进一步变为产物Ⅱ而显色。其反应过程如图 8-18 所示。

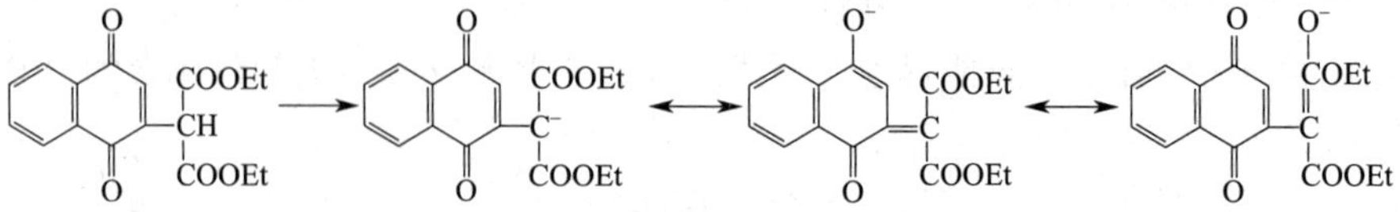

图 8-18　Kesting-Craven 反应

萘醌的苯环上如果有羟基取代，则 Kesting-Craven 反应会受到抑制。此外，蒽醌类化合物因醌环两侧有苯环，不能发生 Kesting-Craven 反应，故可用此反应区别苯醌（萘醌）类与蒽醌类化合物。

5. 与金属离子的反应

当蒽醌类化合物结构中有 α-酚羟基或邻二酚羟基时，则可与 Pb^{2+}、Mg^{2+} 等金属离子形成配合物。以乙酸镁为例，生成物可能具有如图 8-19 所示的结构：

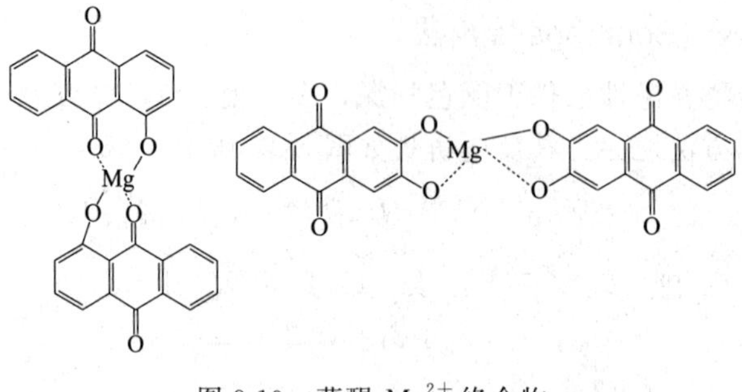

图 8-19　蒽醌-Mg^{2+} 络合物

与 Pb^{2+} 形成的络合物在一定 pH 值下还能沉淀析出，故可借此精制该类化合物。当蒽醌化合物具有不同的结构时，与醋酸镁形成的络合物也具有不同的颜色，可用于鉴别。如果母核上有 1 个 α-OH 或 1 个 β-OH，或 2 个-OH 不在同环时，显橙黄色至橙色；如已有一个 α-OH，并另有一个-OH 在邻位时，显蓝至蓝紫色，若在间位时显橙红至红色，在对位时则显紫红至紫色，据此可帮助决定羟基的取代位置。试验时可将羟基蒽醌衍生物的醇溶液滴在滤纸上，干燥后喷以 0.5% 的醋酸镁甲醇溶液，于 90℃ 加热 5min 即可显色。

三、生物活性

（一）泻下作用

致泻作用是蒽醌类化合物主要的生物活性。中药大黄的致泻作用早已被人们熟知，经过对大黄中各种蒽醌泻下活性的比较，发现其主要活性成分为具有二蒽酮类结构的番泻苷类成分，其它蒽醌类成分如芦荟大黄素、大黄酸及其 8-葡萄糖苷活性较低，而大黄酚、大黄素甲醚及大黄素则无效。另外，文献报道番泻苷类成分经回肠、盲肠和结肠中的细菌转化为大黄酸蒽酮，番泻苷类的泻下作用是通过其代谢产物大黄酸蒽酮而起作用。

（二）抗菌作用

蒽醌类化合物大多具有一定的抗菌活性，苷元的活性一般比苷类强。如大黄酸、大黄素、芦荟大黄素等对多种细菌具有抗菌作用。有些蒽酚类成分，如前面提到的柯桠素等具有较强的抗真菌作用，是治疗某些皮肤病的有效药物。

（三）其他作用

除上述两种生物活性外，有些蒽醌类化合物还具有较广泛的其它方面的生物活性。如对小鼠黑色素瘤、大鼠乳癌及艾氏腹水癌有明显的抑制作用，对 cAMP 磷酸二酯酶有显著的抑制作用，对异常高的免疫反应有强烈的抑制作用；某些蒽醌类成分甚至还具有抗真菌活性等作用。

第四节　醌类化合物的提取、分离、纯化及鉴定

醌类化合物结构不同，其物理和化学性质相差较大，而且以游离苷元以及与糖结合成苷两种形式存在于植物体中，特别是在极性及溶解度方面差别很大，没有通用的提取分离方法，但以下规律可供参考。

一、醌类化合物的提取与分离

（一）游离醌类的提取方法

1. 有机溶剂提取法

游离蒽醌类成分常用不同极性的溶剂顺次进行分级提取，并可得到初步的分离。但羟基蒽醌在石油醚、苯、乙醚及氯仿中的溶解度并不大，在石油醚中更低，所以提取时需花较长时间连续进行，提取液再进行浓缩，有时在浓缩过程中即可析出结晶。

2. 碱提取酸沉淀法

用于提取带游离酚羟基的醌类化合物。酚羟基与碱成盐而溶于碱水溶液中，酸化后酚羟基被游离而沉淀析出。

3. 水蒸气蒸馏法

适用于分子量小的苯醌及萘醌类化合物。由于具有挥发性可随水蒸气蒸馏出来，故可以用此法进行提取。例如白雪花中蓝雪醌（萘醌类）的提取，是将白雪花粗粉加水

浸泡，然后进行水蒸气蒸馏，馏出液放置后即有结晶析出，抽滤，用甲醇重结晶即得蓝雪醌。

（二）游离羟基蒽醌的分离

分离游离羟基蒽醌的方法主要包括 pH 梯度萃取法和色谱法。

1. pH 梯度萃取法

pH 梯度萃取法是分离含游离羟基蒽醌类化合物的经典方法，是根据化合物酸性强弱差别进行分离的。具体操作方法是将羟基蒽醌类化合物溶于三氯甲烷、乙醚、苯等有机溶剂中，再以 pH 由低到高的碱性水溶液依次萃取，从而达到使酸性强弱不同的羟基蒽醌类化合物得以分离的目的。其流程如图 8-20 所示。

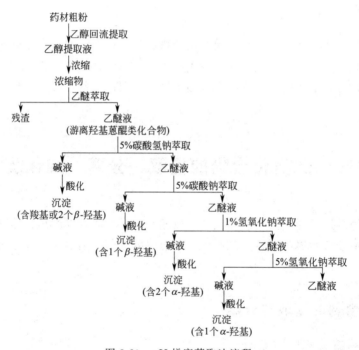

图 8-20　pH 梯度萃取法流程

pH 梯度萃取法适用于酸性差别较大的游离羟基蒽醌类化合物的分离。

2. 色谱法

该方法是系统分离羟基蒽醌类化合物最有效的方法，当蒽醌衍生物结构相近时，必须使用色谱方法才能得到彻底分离，而且经常需要多次色谱分离才能获得较好的分离效果。对于直接用色谱法难以完全分离的混合物，可将其制备成乙酸酯衍生物后再进行分离。

分离羟基蒽醌常用的吸附剂主要有硅胶和聚酰胺等。氧化铝因易与蒽醌类化合物的酚羟基作用生成配合物而难以洗脱，故一般不用氧化铝。另外，聚酰胺有时也被用作分离羟基蒽醌类化合物的色谱吸附剂。

（三）蒽醌苷类与蒽醌衍生物苷元的分离

蒽醌苷类与蒽醌衍生物苷元的极性差别较大，故在有机溶剂中的溶解度不同。如苷类在氯仿中不溶，而苷元则溶于氯仿，可据此进行分离。但应当注意一般羟基蒽醌类衍生物及其相应的苷类在植物体内多通过酚羟基或羧基结合成镁、钾、钠、钙盐形式存在。为充分提取出蒽醌类衍生物，必须预先加酸进行酸化处理，使之全部游离后再进行提取。同理，在用氯仿等极性较小的有机溶剂从水溶液中萃取蒽醌衍生物苷元时也必须使之处于游离状态，才能达到分离苷和苷元的目的。

（四）蒽醌苷类的分离

蒽醌苷类因其分子中含有糖，故极性较大，水溶性较强，分离和纯化都比较困难，一般都主要应用层析方法。但在层析之前，往往采用溶剂法或铅盐法处理粗提物，除去大部分杂质，制得较纯的总苷后再进行层析分离。

（1）铅盐法　通常是在除去游离蒽醌衍生物的水溶液中加入醋酸铅溶液，使之与蒽醌苷类结合生成沉淀。过滤后沉淀用水洗净，再将沉淀悬浮于水中，按常法通入硫化氢气体使沉淀分解，释放出蒽醌苷类并溶于水中，滤去硫化铅沉淀，水溶液浓缩，即可进行层析分离。

（2）层析法　是分离蒽醌苷类化合物最有效的方法。过去主要应用的是硅胶柱层析。但近年来葡聚糖凝胶柱层析和反相硅胶柱层析得到普遍应用，使极性较大的蒽醌苷类化合物得到有效分离。植物中存在的蒽醌苷类衍生物，只要结合使用葡聚糖凝胶 LH-20 层析、正相硅胶柱层析和反相硅胶柱层析，一般都能获得满意的分离效果。

应用葡聚糖凝胶柱层析分离蒽醌苷类成分主要依据分子大小的不同，大黄蒽醌苷类的分离即是一例。将大黄的 70％甲醇提取液加到凝胶柱上，并用 70％甲醇洗脱，分段收集，依次先后得到二蒽酮苷（番泻苷 B、番泻苷 A、番泻苷 D、番泻苷 C）、蒽醌二葡萄糖苷（大黄酸、芦荟大黄素、大黄酚的二葡萄糖苷）、蒽醌单糖苷（芦荟大黄素、大黄素、大黄素甲醚及大黄酚的葡萄糖苷）、游离苷元（大黄酸、大黄酚、大黄素甲醚、芦荟大黄素及大黄素）。显然，上述化合物是以分子量由大到小的顺序流出层析柱的。

二、醌类化合物的鉴定

（一）醌类化合物的紫外光谱特征

醌类化合物由于存在较长的共轭体系，在紫外区域均出现较强的紫外吸收。苯醌类的主要吸收峰有三个：①240nm，强峰；②285nm，中强峰；③400nm，弱峰。萘醌主要有四个吸收峰，其峰位与结构的关系大致如图 8-21 所示。

（二）蒽醌类的紫外光谱（UV）

蒽醌母核有四个吸收峰，分别由苯样结构及醌样结构引起，如图 8-22 所示。

羟基蒽醌衍生物的紫外吸收基本与上述蒽醌母核相似，此外，多数在 230nm 附近还有一强峰，故羟基蒽醌类化合物有五个主要吸收带。第Ⅰ峰，230nm 左右；第Ⅱ峰，240～

260nm（由苯样结构引起）；第Ⅲ峰，262～295nm（由醌样结构引起）；第Ⅳ峰，305～389nm（由苯样结构引起）；第Ⅴ峰，>400nm（由醌样结构中的 C=O 引起）。

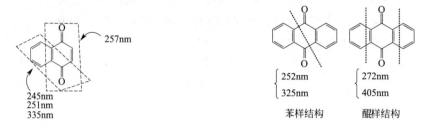

图 8-21　萘醌的峰位与结构关系　　　　　图 8-22　苯样结构及醌样结构

（三）醌类化合物的红外光谱（IR）

醌类化合物的红外光谱的主要特征是羰基吸收峰以及双键和苯环的吸收峰。羟基蒽醌类化合物在红外区域有 $V_{C=O}$（1675～1653cm^{-1}）、V_{-OH}（3600～3130cm^{-1}）及 $V_{芳环}$（1600～1480cm^{-1}）的吸收。其中 $V_{C=O}$ 吸收峰位与分子中 α-酚羟基的数目及位置有较强的规律性，对推测结构中 α-酚羟基的取代情况有重要的参考价值。

当 9,10 蒽醌母核上无取代基时，因两个 C=O 的化学环境相同，只出现一个 C=O 吸收峰，在石蜡糊中测定的峰位为 1675cm^{-1}。当芳环引入一个 α-OH 时，因与一个 C=O 缔合，使其吸收显著降低，另一个未缔合 C=O 的吸收则变化较小。当芳环引入的 α-OH 数目增多及位置不同时，两个 C=O 的缔合情况发生变化，其吸收峰位也会随之改变。当蒽醌环上有 α-OH 取代时，α-OH 可与邻位羰基形成分子内氢键，引起羰基伸缩震动发生较大变化（表 8-1）。

表 8-1　羟基蒽醌衍生物羰基红外光谱（频率）　　　　　　单位：cm^{-1}

	α-OH 取代情况	游离 C=O	缔合 C=O
	无 α-OH	1678～1653	
	1 个 α-OH	1675～1647	1637～1621
	2(1,4-OH 和 1,5-OH)		1645～1608
	2(1,8-OH)	1678～1661	1626～1616
	3(1,4,5-OH)		1616～1592
	4(1,4,5,8-OH)		1592～1572

（四）醌类化合物的 ^{1}H-NMR 谱

1. 醌环上的质子

在醌类化合物中，只有苯醌及萘醌在醌环上有质子，在无取代时化学位移值分别为 $\delta6.72$（s）（p-苯醌）及 $\delta6.95$（s）(1,4-萘醌）。醌环质子因取代基而引起的位移基本与顺式乙烯中的情况相似，无论 p-苯醌或 1,4-萘醌，当醌环上有一个供电取代基时，将使醌环上其它质子移向高场，位移顺序在 1,4-萘醌中为：—OCH$_3$＞—OH＞—OCOCH$_3$＞—CH$_3$。

2. 芳环质子

在醌类化合物中，具有芳氢的只有萘醌（最多 4 个）及蒽醌（最多 8 个），可分为 α-H 及 β-H 两类。其中 α-H 因处于 C＝O 的负屏蔽区，受影响较大，共振信号出现在低场，化学位移值较大；β-H 受 C＝O 的影响较小，共振信号出现在较高场，化学位移值较小。1,4-萘醌的共振信号分别在 δ8.06（α-H）及 δ7.73（β-H），9,10-蒽醌的芳氢信号出现在 δ8.07（α-H）及 δ6.67（β-H）。当芳环有取代基时，芳环上峰的数目及峰位都会发生变化。

3. 取代基质子

在醌类化合物中，特别是蒽醌类化合物中常见的各类取代基质子的化学位移值有如下规律。

① 甲氧基一般在 δ3.8～4.2ppm（s），呈现单峰。

② 芳香甲基（Ar-CH$_3$）一般在 δ2.1～2.5ppm（s），α-甲基可出现在 δ2.7～2.8ppm（s），均为单峰。若甲基邻位有芳香质子，则因远距离偶合而出现宽单峰。

③ 羟甲基（—CH$_2$OH）：CH$_2$ 的化学位移一般在 δ4.4～4.7ppm（s），呈单峰，但有时因为与羟基质子偶合而出现双峰，羟基吸收一般在 δ4.0～6.0ppm（s）。

④ 乙氧甲基（Ar—CH$_2$—O—CH$_2$—CH$_3$）与芳环相连的—CH$_2$ 的化学位移一般在 δ4.4～5.0ppm（s），为单峰。乙基中 CH$_2$ 则在 δ3.6～3.8ppm（q），为四重峰，CH$_3$ 在 δ1.3～1.4ppm（t），为三重峰。

⑤ 酚羟基 α-OH 与 C＝O 能形成氢键，其氢键信号出现在最低场。当分子中只有一个 α-OH 对，其化学位移值大于 δ12.25ppm。当两个羟基位于同一羰基的 α-位时，分子内氢键减弱，其信号在 δ11.6～12.1ppm（s）。β-OH 的化学位移在较高场，邻位无取代的 β-OH 在 δ11.1～11.4ppm（s），而邻位有取代的 β-OH，化学位移值小于 10.9ppm。

（五）醌类化合物的 ^{13}C-NMR 谱

^{13}C-NMR 作为一种结构测试的常规技术已广泛用于醌类化合物的结构研究。常见的 ^{13}C-NMR 谱以碳信号的化学位移为主要参数，通过测定大量数据，已经积累了一些较成熟的经验规律。这里主要介绍 1,4-萘醌及 9,10-蒽醌类的 ^{13}C-NMR 特征。

1. 1,4-萘醌类化合物的 ^{13}C-NMR 谱

1,4-萘醌母核的 ^{13}C-NMR 化学位移值（δ）如图 8-23 所示。

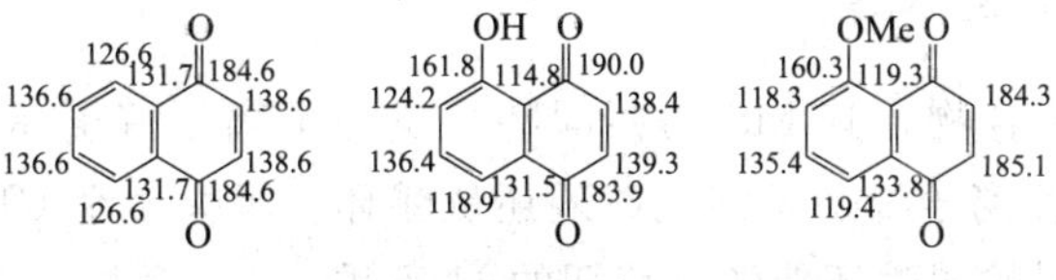

图 8-23　1,4-萘醌母核的 ^{13}C-NMR 化学位移值（δ）

当醌环及苯环上有取代基时，则发生取代位移：

① 醌环上取代基的影响：取代基对醌环碳信号化学位移的影响与简单烯烃的情况相似。例如，3-C 位有—OH 或—OR 取代时，引起 3-C 向低场位移约 20，并使相邻的 2-C 向高场位移约 30。

如果 2-C 位有羟基（R）取代时，可使 2-C 向低场位移约 10，3-C 向高场位移约 8，且 2-C 向低场位移的幅度随羟基 R 的增大而增加，但 3-C 则不受影响。

此外，2-C 及 3-C 的取代对 1-C 及 4-C 的化学位移没有明显影响。

② 苯环上取代基的影响：在 1,4-萘醌中，当 8-C 位有—OH、—OMe 或—OAc 时，取代基就会引起不同的化学位移变化。但当取代基增多时，对 ^{13}C-NMR 信号的归属比较困难，一般须借助偏振去偶实验、DEPT 技术以及 2D-NMR 技术，特别是 C—H 远程相关谱才能得出可靠结论。

2.9，10-蒽醌类化合物的 ^{13}C-NMR 谱

蒽醌母核及 α-位有一个 OH 或 OMe 时，其 ^{13}C-NMR 化学位移如图 8-24 所示。

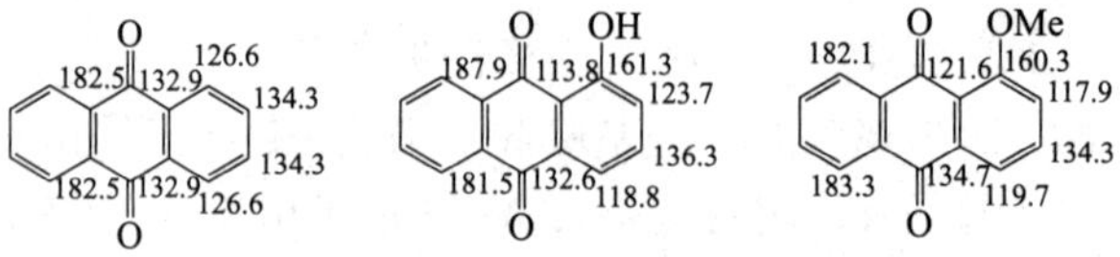

图 8-24　^{13}C-NMR 化学位移值（δ）

当蒽醌母核每一个苯环上只有一个取代基时，母核各碳信号化学位移值呈现规律性的变化。当蒽醌母核上仅有一个苯环有取代基，另一苯环无取代基时，无取代基苯环上各碳原子的信号化学位移变化很小，即取代基的跨环影响不大。

（六）醌类化合物的 2D-NMR 谱

应用 ^{13}C-NMR 谱分析醌类化合物的结构，虽然较 ^{1}H-NMR 谱大大提高了分辨率，但由于常规的 ^{13}C-NMR 谱主要应用化学位移（δ）一个参数，故一般需按有关经验规律加以计算，并和已知相似结构化合物比较确定结构，这样得不到取代基取代位置的直接证据。

现代 2D-NMR 技术的应用为醌类化合物的结构测定提供了强有力的手段。因为蒽醌类化合物中季碳较多，故 ^{13}C-^{1}H 远程相关谱和 NOESY 谱对确定蒽醌类化合物中取代基的取代位置具有决定作用。

（七）醌类化合物的 MS

对所有游离醌类化合物，其 MS 的共同特征是分子离子峰通常为基峰，且出现丢失 1～2 个分子 CO 的碎片离子峰。苯醌及萘醌还从醌环上脱去 1 个 CH＝CH 碎片，如果在醌环上有羟基，则断裂的同时还伴随有特征的 H 重排。

1. 对-苯醌的 MS 特征

① 对-苯醌母核的主要开裂过程如图 8-25 所示。

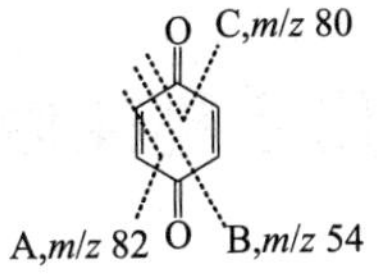

图 8-25　苯醌母核主要开裂过程

无取代的苯醌因 A、B、C 三种开裂方式，分别得到 $m/z82$、$m/z80$ 及 $m/z54$ 三种碎片离子。

② 连续脱去 2 个分子的 CO，无取代的苯醌将得到重要的 $m/z52$ 碎片离子（环丁烯离子）。变化过程如图 8-26 所示。

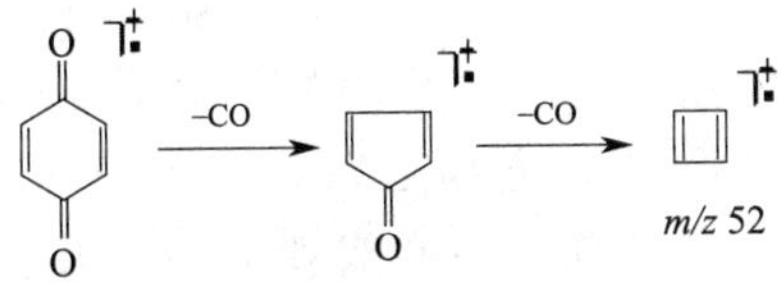

图 8-26　无取代苯醌脱 CO 过程

2. 1,4-萘醌类化合物的 MS 特征

苯环上无取代时，将出现 $m/z104$ 的特征碎片离子及其分解产物 $m/z76$ 及 $m/z50$ 的离子。但苯环上有取代时，上述各峰将相应移至较高 m/z 处。例如 2,3-二甲基萘醌的开裂方式如图 8-27 所示。

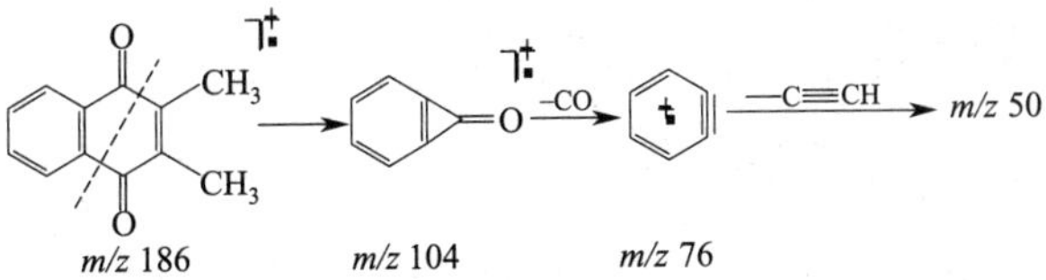

图 8-27　2,3-二甲基萘醌的开裂方式

3. 蒽醌类化合物的 MS 特征

游离蒽醌依次脱去 2 分子 CO，得到 $m/z180$（M-CO）及 $m/z152$（M-2CO）以及它们的双电荷离子峰 $m/z90$ 及 $m/z76$。蒽醌衍生物也经过同样的开裂方式，得到与之相应的碎片离子峰。其变化过程如图 8-28 所示。

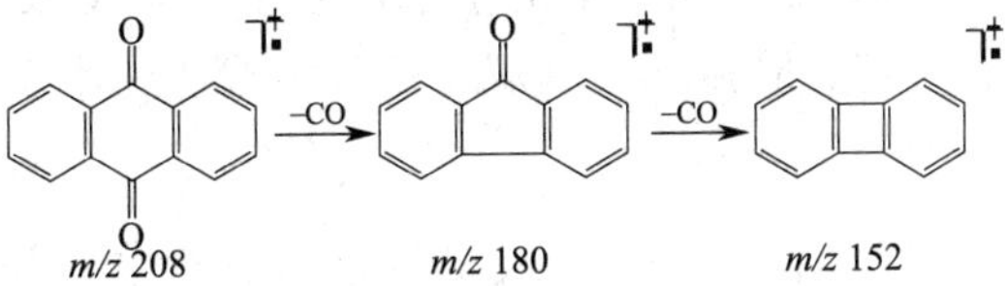

图 8-28　游离蒽醌脱 CO 过程

但要注意，蒽醌苷类化合物用常规电子轰击质谱得不到分子离子峰，其基峰一般为苷元离子，需用场解吸质谱（FD-MS）或快原子轰击质谱（FAB-MS）才能出现准分子离子峰，以获得分子量的信息。

第五节　典型醌类化合物生物资源的开发及利用

一、大黄蒽醌

（一）大黄蒽醌基本性质

大黄蒽醌类化合物主要存在于如蓼科的药用大黄、何首乌（*Polygonum multiflorum*）和虎杖（*Polygonum cuspidatum*）、库拉索芦荟（*Aloe vera*）等植物中，大黄蒽醌类化合物占大黄总含量约2%～5%，其中游离的羟基蒽醌类化合物仅占1/10～1/5，主要为大黄酚、大黄素、芦荟大黄素、大黄素甲醚和大黄酸（Rhein）等，这是5种较为重要的成分；而大多数羟基蒽醌类化合物是以苷的形式存在，如大黄酚葡萄糖苷、大黄素葡萄糖苷、芦荟大黄素葡萄糖苷、一些双葡萄糖苷及少量的番泻苷A、番泻苷B、番泻苷C、番泻苷D。

大黄中蒽醌衍生物的种类、存在形式、含量与品种、采集时间及储存时间均有关系，如新鲜大黄中含有还原状态的蒽酚及蒽酮较多，在储存过程中逐渐氧化为蒽醌。现代药理研究证明，大黄具有泻下、抗菌、解痉等多种药理作用，其游离蒽醌具有抗菌活性，而蒽醌类具有泻下作用，这是因为结合型的苷具有保护作用，可通过消化道到达大肠，再经酶或细菌分解为苷元，刺激大肠而引起肠的蠕动增加。

（二）大黄蒽醌代表性化合物

1. 大黄酚

大黄酚为橙色针状结晶，或六方形或单斜形结晶（乙醇或苯），分子式为$C_{15}H_{10}O_4$；分子量为254.23，熔点为196～197℃，能升华；几乎不溶于水，略微溶于冷乙醇，易溶于沸乙醇，溶于苯、氯仿、乙醛、冰醋酸及丙酮等，极微溶于石油醚；具有较明显的止咳作用，并有抑菌、促进肠管运动、缩短血液凝固和利尿的作用。

2. 大黄素

大黄素为橙色针状结晶（乙醇或1.60kPa下减压升华），分子式为$C_{15}H_{10}O_5$，分子量为270.23，熔点为256～259℃，几乎不溶于水，溶于乙醇及碱溶液；具有抗菌、止咳（强于大黄酚）、抗肿瘤、解痉、降血压、利尿、杀灭钩端螺旋体等作用。

3. 芦荟大黄素

芦荟大黄素为橙色针状结晶（甲苯），或土黄色结晶粉末，分子式为$C_{15}H_{10}O_5$，分子量为270.23，熔点为223～224℃，易溶于热乙醇，在乙醚及苯中呈黄色，在氨水及硫酸中呈绯红色；具有抑菌作用，对葡萄球菌和链球菌最敏感，还有泻下作用。

4. 大黄素甲醚

大黄素甲醚为金黄色针状结晶，分子式为$C_{16}H_{12}O_5$，分子量为284.27，熔点为203～207℃，溶于苯、氯仿、吡啶及甲苯，微溶于乙酸和乙酸乙酯，不溶于甲醇、乙醇、乙醚和丙酮；体外抗菌作用显著，对沙门菌 AT1535 试验具有致突变现象。

5. 大黄酸

大黄酸为黄色针状结晶（升华法），分子式为 $C_{15}H_8O_6$，分子量为 284.21，熔点为 $321\sim322℃$，几乎不溶于水，溶于碱和吡啶，略微溶于乙醇、苯、氯仿、乙醚和石油醚；具有抗菌、抗肿瘤、导泻和利尿的作用。

（三）大黄蒽醌的提取分离

从大黄中提取分离游离的羟基蒽醌时，可先用 20％硫酸和苯的混合液，在水浴上回流水解并使游离蒽醌转入有机溶剂中，然后采用不同 pH 的碱液进行分离，具体分离流程如图 8-29 所示。

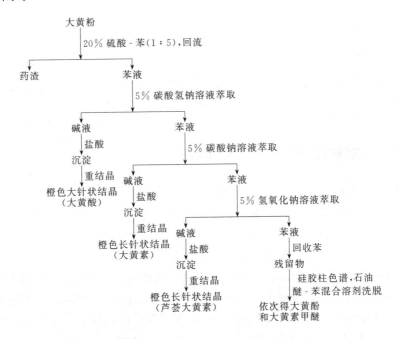

图 8-29　从大黄中提取分离游离羟基蒽醌的流程示意图

（引自吴立军主编《天然药物化学》，2011）

上述流程中除可使用硫酸-苯外，还可使用氯仿-硫酸或直接用乙醇、氯仿或苯提取，然后再用 pH 梯度萃取法进一步分离。

用硅胶柱色谱分离大黄酚与大黄素甲醚时，也可用石油醚-乙酸乙酯作为洗脱剂进行分离，或将大黄酚和大黄素甲醚的混合物上纤维素柱，用水饱和的石油醚作洗脱剂，也可得到较好的分离效果。

（四）大黄蒽醌的检识

大黄的有效成分主要是羟基蒽醌类化合物，故可用碱液显色反应、乙酸镁反应检识，还可用硅胶薄层色谱或纸色谱进行鉴定，结果如表 8-2 和表 8-3 所示。

表 8-2　大黄中几种蒽醌类化合物硅胶薄层色谱和纸色谱的比移值

化合物	硅胶薄层色谱	纸色谱
大黄酚	0.67	0.92
大黄素甲酯	0.58	0.89
大黄素	0.24	0.52
芦荟大黄素	0.17	0.15
大黄酸	0.17	0

注：1. 硅胶薄层色谱展开剂——石油醚-乙烷-甲酸乙酯-甲酸（1：3：1.5：0.1）和 0.5mL 水混合液上层。

2. 纸色谱展开剂——97%甲醇饱和的石油醚（45～70℃）。

表 8-3　大黄中几种蒽醌苷类化合物纸色谱法的比移值

化合物	展开剂 A	展开剂 B
大黄酚葡萄糖苷	0.86	0.79
大黄素甲酯葡萄糖苷	0.86	0.79
大黄素葡萄糖苷	0.83	0.26
芦荟大黄素葡萄糖苷	0.75	0.06
大黄酸葡萄糖苷	0.41	0

注：1. 展开剂 A——丙醇-乙酸乙酯-水（4：3：3）。

2. 展开剂 B——氯仿-甲醇-水（2：1：1）。

（五）大黄蒽醌的药理活性及其作用机理

1. 抗菌消炎作用

大黄对多种细菌有不同程度的抑制作用。对革兰氏阳性菌和革兰氏阴性菌均有抑制作用，其中对葡萄球菌、淋病双球菌最敏感。对无芽孢厌氧菌的作用以对脆弱类杆菌、多形拟杆菌的抗菌活性最强，对产黑色素普雷沃氏菌的抗菌活性较强。对多种真菌、溶组织阿米巴原虫也有抑制作用。大黄不仅本身具有广谱抗菌作用，还对其它抗菌药物有协同增效作用，且不易产生耐药性。主要的抗菌成分为 3-羧基大黄酸、羟基芦荟大黄素、羟基大黄素，以羟基芦荟大黄素最强，有效抑菌浓度为 $1.5\sim25\mu g/mL$。目前已知的抗菌机制为：抑制菌体糖及糖代谢中间产物的氧化、脱氢、脱氨，并能抑制蛋白质和核酸的合成。

动物实验已经证实大黄具有明显的抗炎作用。大黄素可明显抑制角叉菜胶引起的大鼠足趾肿胀及醋酸引起的大鼠腹腔毛细血管通透性增高，并呈量效正相关性。腹腔注射 $20\sim40mg/kg$，能明显抑制角叉菜胶引起的大鼠急性胸膜炎症早期的渗出、毛细血管通透性增高和白细胞游走等。研究显示，大黄酸可显著抑制巨噬细胞内白三烯 B4、白三烯 C4 的生物合成，其 IC_{50} 值分别为 $0.44\mu L/L$ 和 $2.78\mu L/L$；大黄酸还可显著抑制内毒素激发的巨噬细胞内钙升高，并促进细胞内 c-AMP 水平提高。因此认为大黄酸显著影响巨噬细胞脂类炎性介质活化过程，可能是大黄抗炎作用机理之一。

2. 抗病毒作用

大黄对多种病毒均有抑制作用，可减少病毒感染，即使是耐药性病毒，加用大黄后，其 ED_{50} 也明显增加。大黄通过诱生 IFN-γ，对流感病毒、肝炎病毒、伪狂犬病毒等均有灭活作用，对病毒颗粒有直接杀灭作用。大黄对艾滋病（AIDS）病毒 HIV-RT 具有明显的抑制作用，这种抑制作用比治疗 AIDS 的首选药 AZTTP（AZT 的三磷酸化物）还要强。近年来的研究还表明，大黄对霍乱毒素有对抗作用。

3. 泻下作用

大黄具有泻下作用，用于治疗大便燥结、热结便秘，一般在用药 $6\sim19h$ 可排出稀便。大黄可提高结肠中段和远端能力，增加肠推动性运动，使肠蠕动亢进，抑制大肠水分吸收，刺激肠黏膜分泌，促进排便。

实验证明，大黄泻下成分约 20 种，包括蒽醌类和二蒽酮类以及它们的苷类，其主要有效成分为番泻苷，以番泻苷 A 作用最强。其配糖体无泻下作用，但可保护苷元在胃内不被水解和氧化，将其输送至大肠而发挥泻下作用。有研究认为番泻苷水解后生成的大黄酸蒽酮有以下药理作用：具有胆碱样作用，可兴奋肠道平滑肌上的 M 受体，使肠蠕动增加；抑制肠细胞膜上 Na^+-K^+-ATP 酶，阻碍 Na^+ 转运吸收，使肠内渗透压增高，保留大量水分，促进肠蠕动而排便。

4. 抗癌作用

大黄具有独特的对癌细胞的"多药耐药性"（MDR）的作用，可通过对癌细胞的氧化、脱氢及酶酵解作用，逆转癌细胞的 MDR。大黄能部分逆转人乳腺癌细胞对阿霉素的抗药性，增加罗丹明 123 在癌细胞中的蓄积。大黄可通过降低 P-糖蛋白的功能和表达，提高抗癌药物在癌细胞中的浓度而增强抗癌效应。

有研究表明，大黄抗癌作用的主要成分为游离蒽醌类衍生物和糖类。蒽醌类衍生物可通过抑制肿瘤细胞的呼吸和物质代谢，抑制 DNA、RNA 的生物合成达到抗癌作用。大黄素和大黄酸对体外培养的宫颈癌细胞、小鼠黑色素瘤细胞、乳腺癌细胞和腹水癌细胞均有抑制作用。大黄素是某些激酶的强抑制剂，对活化致癌基因有选择性抑制作用。

5. 保肝利胆作用

动物实验和临床应用都证实大黄具有保肝利胆作用。其机理是：大黄可促进胆汁、胆汁酸和胆红素分泌，解除胆道括约肌痉挛，增强十二指肠和胆管舒张，疏通胆道和微细胆小管内淤积的胆汁；大黄对病毒有明显的抑制和灭活作用，它在肝细胞中起着类似库氏细胞的吞噬作用，从而使肝细胞的炎症消失，肝细胞得以保护。

6. 治疗肾病作用

已有研究表明，大黄素能抑制人肾成纤维细胞（KFB）增殖并能通过促进 c-myc 蛋白的高水平表达诱导细胞发生凋亡，抑制人肾小球系膜细胞分泌纤维连接蛋白（FN）；可降低 AngⅡ诱导的 KFB 分泌 AAI1 的活性；能抑制细胞 *c-myc* 基因的表达和阻断细胞增殖，而且大黄素能明显减少系膜细胞上纤维连接蛋白的沉积，减少了细胞基质的产生；能抑制肾脏肥大，减轻肾小球高滤过，减少蛋白尿，调解脂质代谢紊乱，抑制细胞外基质增加。

二、紫草萘醌

（一）紫草萘醌基本性质

紫草为紫草科多年生草本植物新疆紫草（*Arnebia euchroma*）、紫草（*Lithospermum*

erythrorhizon）或内蒙古紫草（*A. guttataBunge*）的干燥根，此外同科植物滇紫草（*Onosma paniculatum*）的根也作紫草用。紫草主要成分紫草素及其衍生物为萘醌类化合物，具有抗肿瘤、抗炎和抗菌活性，还有抗肝脏氧化损伤和抗受孕作用，并且作为天然色素应用于医药、化妆品和印染工业。其已被联合国食品添加剂法典委员会列入食品、化妆品、药品添加剂范围。

至今已从新疆紫草根中分离获得 30 余种萘醌类化合物，包括紫草素、去氧紫草素、乙酰紫草素、β-羟基异戊酰紫草素、β,β-二甲基丙烯酰紫草素、去氢阿卡宁（Dehydroalkanin）和 β-羟基异戊酰阿卡宁等物质。紫草萘醌这类化合物的母核多为 5,8-二羟基萘醌，具有异己烯边链（图 8-30），因其旋光性不同而将此类化合物分为 2 种光学异构体：紫草素型（R 构型）和阿卡宁型（S 构型）。

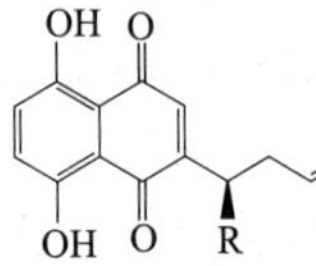

图 8-30　紫草素类化合物结构母核

（二）紫草萘醌代表性化合物

1. 紫草素（Shikonin）型（R 构型）

紫草中所含的萘醌类化合物母核多为 5,8-二羟基萘醌，具有异己烯边链，R-型紫草萘醌（紫草素类）异己烯边链 5 号位置的取代基空间构型为 R 构型。目前已从紫草中分离得到 15 种紫草素类化合物，取代基团各有不同，如有甲氧基、乙酰氧基、异戊酰基等，化合物信息见表 8-4。

表 8-4　紫草中分离得到的紫草素类化合物

序号	名称	R
1	紫草素	OH
2	去氧紫草素	H
3	甲基紫草素	OCH_3
4	乙酰紫草素	$OCOCH_3$
5	丙酰紫草素	$OCOCH_2CH_3$
6	异丁酰紫草素	$OCOCH(Me)_2$
7	异戊酰紫草素	$OCOCH_2CH(Me)_2$
8	β-羟基异戊酰紫草素	$OCOCH_2C(Me)_2OH$
9	β-乙酰氧基-异戊酰紫草素	$OCOCH_2C(Me)_2OCOMe$
10	α-甲基-正丁酰紫草素	$OCOCHMeCH_2CH_3$
11	β,β-二甲基丙烯酰紫草素	$OCOCH=CHCH(Me)_2$
12	2,3-二甲基戊烯酰紫草素	$OCOCH_2C(Me)=C(Me)_2$
13	乙基紫草素	OCH_2CH_3
14	肉桂酰紫草素	$OCOCH=CHPh$
15	3,4-甲二氧基-肉桂酰紫草素	$OCOCH=CHPh(COO)$

2. 阿卡宁（Alkannin）型（S构型）

紫草中所含的S-型紫草萘醌（阿卡宁类），与R-型紫草萘醌（紫草素类）的区别仅在于异己烯边链5号位置的取代基空间构型为S构型。目前从紫草中分离得到的阿卡宁类化合物共有10个，取代基与紫草素类化合物的取代基有所类似，化合物信息见表8-5。

表 8-5　紫草中分离得到的紫草素类化合物

序号	名称	R
1	阿卡宁	OH
2	去氧阿卡宁	H
3	甲基阿卡宁	OCH_3
4	乙酰阿卡宁	$OCOCH_3$
5	异丁酰阿卡宁	$OCOCH(Me)_2$
6	α-甲基-正丁酰阿卡宁	$OCOCHMeCH_2CH_3$
7	β,β-二甲基丙烯酰阿卡宁	$OCOCH=CHCH(Me)_2$
8	β-甲氧基乙酰阿卡宁	$COCH_2OCH_3$
9	β-羟基异戊酰阿卡宁	CH_2CMeOH
10	β-乙酰氧基异戊酰阿卡宁	$OCOCH_2C(Me)_2OCOMe$

（三）紫草萘醌的提取、分离及纯化

紫草萘醌类化合物的获得途径主要有3条：①从天然药物中提取精制，按照提取所用的溶剂和方法不同，主要有醇提法、植物油炒制法、石油醚提取和CO_2超临界萃取法等。其中醇提法最为常用，CO_2超临界流体萃取法对成分的破坏性最小且安全，而植物油炒制法安全性虽较高但炒制过程中温度过高会使部分化学成分遭到破坏；②化学合成法，自从日本学者Terada等文章发表以来，在10余年里已有10多个研究组分别报道了紫草素的外消旋体、左旋异构体或右旋异构体及其衍生物的合成方法，为紫草素及其衍生物的进一步研究奠定了基础；③采用生物技术制备，目前生物技术制备紫草萘醌类化合物的方法主要是细胞悬浮培养，日本在这一领域做过大量研究，三井石油化学株式会社早在1983年底即采用生物技术工业化生产紫草素。国内很多科研人员也对相关组培技术进行了大量研究。

紫草总萘醌的进一步分离纯化一般采用硅胶柱层析法。洗脱溶剂系统有正己烷-苯、氯仿-乙醚、环己烷-二氯甲烷-丙酮。另外，还可用凝胶色谱（Sephadex LH-20）进行分离。

（四）紫草萘醌的检识

用于测定萘醌总含量的经典方法有比色法、重量法和分光光度法。中国药典中对紫草含量测定用的是紫外可见分光法。因此，确定以紫草的成分羟基萘醌总色素作为检测指标。采用紫外-可见分光光度法，以左旋紫草素作为对照品建立羟基萘醌总色素含量测定方法。

20 世纪 80 年代以来，中国医学科学院药物研究所通过对紫草中萘醌化合物的分析研究，建立了反相 HPLC 法、薄层分离-分光光度法及薄层扫描法，应用于不同种属、不同产地的紫草植物及组织培养中紫草萘醌成分的测定。

（五）紫草萘醌的药理活性

1. 抑菌、抗病毒作用

紫草素对真菌如草本枝孢菌、白色念珠菌、酿酒酵母、新生隐球菌、皮肤毛孢子菌和烟曲霉等具有一定的抑制作用，对一些革兰氏阳性菌如金黄色葡萄球菌、巨大芽孢杆菌、树状微杆菌和黄微球菌有抑制作用；同时也能抑制一些革兰氏阴性菌如大肠杆菌、铜绿假单胞菌、中间耶尔森菌和柯氏柠檬酸杆菌等的生长。此外，乙酰紫草素对不同种类的口腔细菌如核梭杆菌、牙龈卟啉单胞菌和变形链球菌均有抑菌作用。进一步研究发现，乙酰紫草素对牙龈卟啉单胞菌的类胰蛋白酶和糖苷酶活性有抑制作用。

2. 抗肿瘤

从紫草中提取的天然萘醌类化学成分具有一定的抗肿瘤作用。研究表明，天然萘醌类化合物的抗癌活性强于某些合成类抗癌药。如紫草素、去氧紫草素、甲基紫草素、β,β-二甲基丙烯酰紫草素的抗肿瘤活性远强于阳性对照药物氨氯顺铂；甲基丙烯酰紫草素在体内外的抗肿瘤作用较好，且呈明显的量效和时效关系，其在体内外抗肿瘤作用可能与诱导细胞凋亡和抑制 NF.kBp50 的活性有关。

3. 抗炎、免疫调节

紫草素对急性期炎症和增生期肉芽肿均有抑制作用。研究表明，紫草素能降低晚期 II 型胶原诱导的关节炎小鼠的关节炎评分，紫草素免疫干预阻止了软骨破坏，降低了髌骨及邻近滑膜组织的 Th1 型细胞因子和炎症性细胞因子白细胞介素 6（IL-6）的 mRNA 水平，其机制可能为紫草素通过抑制 Th1 细胞因子的表达发挥了抗炎症的作用。

紫草素还可增强巨噬细胞的吞噬功能及自然杀伤细胞活性，增加淋巴细胞的数量，对小鼠特异性及非特异性免疫均有增强作用。

4. 其他作用

紫草萘醌类化合物还具有抗生育、降血糖、抗氧化、免疫调节、促进伤口愈合、消斑、促进角质异常恢复等作用，在临床上用于避孕，治疗糖尿病、肝脏脂质氧化性损伤、外伤、烧伤、烫伤、银屑病等。紫草素、乙酰紫草素、β,β-二甲基丙烯酰阿卡宁均在猪油中显示出抗氧化活性，同时与不同浓度的维生素 E 和柠檬酸还显示出协同效应。

思考题

1. 蒽醌类化合物分哪几类？举例说明。
2. 为什么 β-OH 蒽醌比 α-OH 蒽醌的酸性大？
3. 羟基蒽酮类化合物遇碱液显红色，其原理是什么？必要条件是什么？
4. 醌类化合物的酸性大小与结构中哪些因素有关？其酸性大小有何规律？
5. 简述大黄蒽醌提取分离的工艺流程及主要生理活性。

参考文献

［1］　曹亮，周建军．蒽醌类化合物的研究进展［J］．西北药学杂志，2009，24（3）：237-238.

［2］　邓丽红，谢臻，麦蓝尹，等．蒽醌类化合物抗菌活性及其机制研究进展［J］．中国新药杂志，2016，25（21）：2450-2455.

［3］　冯卫生，吴锦忠．天然药物化学［M］．北京：化学工业出版社，2018.

［4］　管鹏健，徐德锋，李绍顺．萘醌类化合物抗肿瘤活性研究进展［J］．中国药物化学杂志，2004，14（4）：249-256.

［5］　马琴国，李天庆．紫草化学成分及药理作用研究进展［J］．甘肃中医学院学报，2013，30（2）：78-80.

［6］　卜卓琳，余传明，林雯毓，等．蒽醌类化合物的合成研究进展［J］．合成化学，2019，27（9）：747-76.

［7］　徐静．天然产物化学［M］．北京：化学工业出版社，2021.

［8］　王尔泽，王欣，陈平．蒽醌合成工艺研究进展［J］．辽宁石油化工大学学报，2019，39（2）：15-20.

［9］　王亦君，冯舒涵，程锦堂，等．大黄蒽醌类化学成分和药理作用研究进展［J］．中国实验方剂学杂志，2018，24（13）：227-234.

［10］　王增涛，金光洙．天然来源萘醌类化合物抗肿瘤活性研究进展［J］．中草药，2008，39（9）：10002-10006.

［11］　张慧桢，廖矛川，郭济贤．中药紫草的化学成分和药理学研究进展［J］．天然产物研究与开发，2002，14（1）：74-79.

［12］　詹志来，胡峻，刘谈，等．紫草化学成分与药理活性研究进展［J］．中国中药杂志，2015，40（21）：4127-4135.

［13］　赵盼盼，佟继铭，田沂凡，等．蒽醌类化合物药理作用研究进展［J］．承德医学院学报，2016，33（2）：152-155.

［14］　郑言博，马卓．蒽醌类化合物抗菌与抗肿瘤活性的研究进展［J］．湖北中医杂志，2012，34（2）：74-76.

第九章

苯丙素类化合物的
开发与利用

第一节　概述

一、苯丙素类化合物的基本结构

苯丙素是天然存在的、由苯环与三个直链碳相连形成的苯丙烷作为结构骨架（C_6-C_3）的一类化合物（图 9-1），包括苯丙烯类、苯丙醇（醛）类、苯丙酸及其缩酯类、香豆素和木脂素。苯丙烯、苯丙醇（醛）和苯丙酸及其缩酯是苯丙烷的衍生物，称为简单苯丙素类；香豆素是在苯丙烷骨架的基础上，三个直链碳与苯环上的一个碳原子形成闭环内酯的衍生物；木脂素是两个、三个或者四个苯丙烷衍生物的聚合物，多为苯丙素的二聚体，少数为三聚体和四聚体。从生物合成途径来看，它们多数由莽草酸通过芳香氨基酸（L-苯丙氨酸和L-酪氨酸）经脱氨、羟基化、偶合等反应步骤而形成最终产物。图 9-2 为苯丙素类化合物生物合成途径示意图。

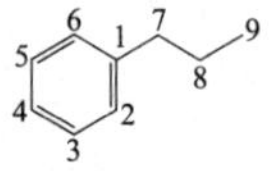

图 9-1　C_6-C_3
基本骨架

二、苯丙素类化合物具有植物生理活性物质

苯丙素类化合物都具有苯丙烷结构单元，结构相似、生源关系密切，均为莽草酸经苯丙氨酸脱氢衍化而来，有时共存于同一植物中，共同在植物中发挥生理调节作用。苯丙素类化合物具有较广泛的生理活性，主要的活性是调节植物生长和抗御病害侵袭，这也是苯丙素类化合物是很受重视的一类植物天然成分的原因。苯丙素类化合物一般具有酚羟基结构，属酚性物质，这一结构是其生理活性的重要来源。

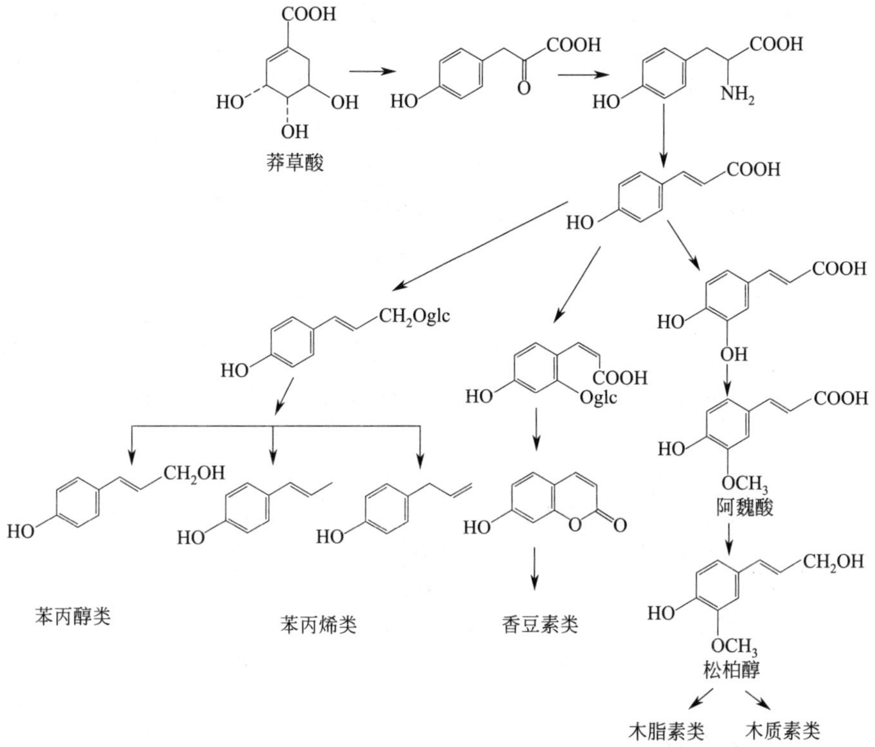

图 9-2　苯丙素类化合物的生源途径

三、苯丙素类化合物具有药用生理活性

苯丙素类化合物具有药用生理活性。简单苯丙素具有抗氧化、抗菌、抗病毒、抗肿瘤等功效；香豆素具有抗 HIV、抗癌、降压、抗心律失常、抗骨质疏松、镇痛、平喘及抗菌等多方面的生物学活性；木脂素具有清除体内自由基、抗氧化的作用，可干扰癌促效应，可能对乳腺癌、前列腺癌和结肠癌等有防治作用。

第二节　苯丙素类化合物的分类与结构

一、简单苯丙素的分类与结构

简单苯丙素包括苯丙烯衍生物、苯丙醇（醛）衍生物和苯丙酸及其缩酯衍生物。

（一）苯丙烯类

苯丙烯衍生物是以苯丙烯为结构单元的衍生物，苯环上的不同基团取代形成不同的衍生物，包括丁香挥发油的主要成分丁香酚，八角茴香挥发油的主要成分茴香醚，细辛、菖蒲及石菖蒲挥发油中的主要成分 α-细辛醚、β-细辛醚等（图 9-3）。

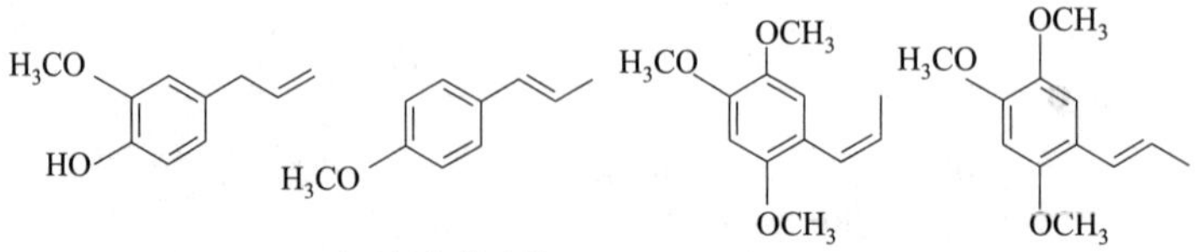

| 丁香酚 | 对丙烯基茴香醚 | α-细辛醚 | β-细辛醚 |

图 9-3　苯丙烯类

（二）苯丙醇（醛）类

苯丙醇（醛）类是以苯丙醇（醛）为结构单元的衍生物，苯环上的不同基团取代形成不同的衍生物，包括常见的松柏醇、从紫丁香中提取的紫丁香酚苷、从桂皮中提取的桂皮醛等（图 9-4）。

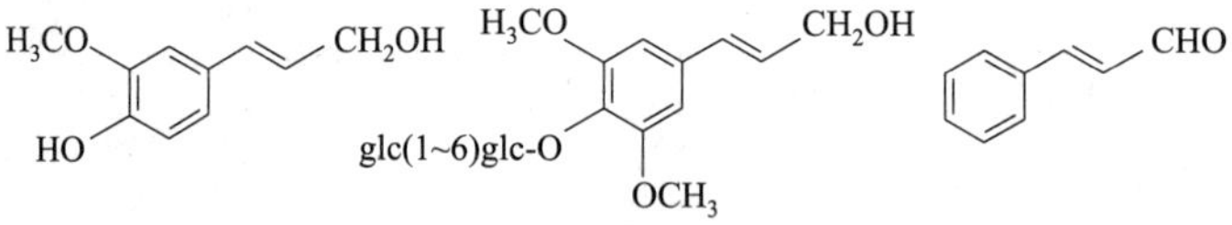

| 松柏醇 | 紫丁香酚苷 | 桂皮醛 |

图 9-4　苯丙醇（醛）类

（三）苯丙酸及其缩酯衍生物

苯丙酸类是以苯丙酸为结构单元的衍生物，苯环上的不同基团取代形成不同的衍生物，包括蒲公英中提取的咖啡酸、当归的主要成分阿魏酸、丹参活血化瘀的水溶性成分丹参素等（图 9-5）。

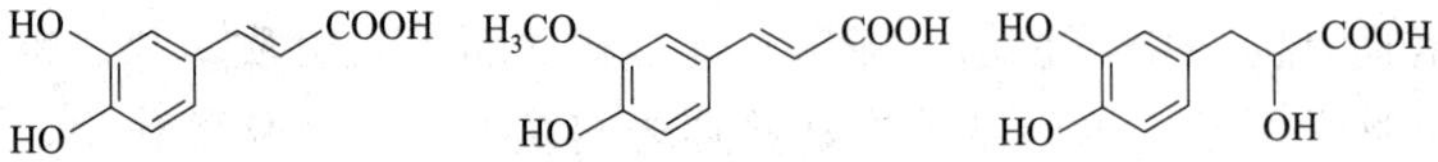

| 咖啡酸 | 阿魏酸 | 丹参素 |

图 9-5　苯丙酸及其缩酯衍生物

简单苯丙素类衍生物还可与糖或多元醇结合，以糖苷或酯的形式存在于植物中，此类化合物往往具有较强的生理活性，如绿原酸、沙参苷Ⅰ、迷迭香酸等（图 9-6）。

二、香豆素的分类与结构

香豆素是苯丙烷骨架的三个直链碳与苯环上的一个碳原子形成闭环内酯的衍生物，可看作是邻羟基肉桂酸的内酯的衍生物，具有苯骈α-吡喃酮母核的基本骨架。香豆素的化学别名有邻氧萘酮、香豆内脂、氧杂萘邻酮、1,2-苯并吡喃酮、1,2-苯并哌啶、苯并邻氧芭酮、邻羟基肉桂酸内酯。香豆素的很多化合物具芳香气味，因而俗称香豆素。香豆素广泛存在于芸香科、伞形科、菊科、豆科、瑞香科、茄科等高等植物中，也存在于动物及微生物代谢产物中，如黄曲霉（*Aspergillus flavus*）产生的黄曲霉素和发光真菌产生的亮菌素类都属于香豆素类。苯骈α-吡喃酮母核的基本骨架按顺序标记为 1～8 位，7 位一般

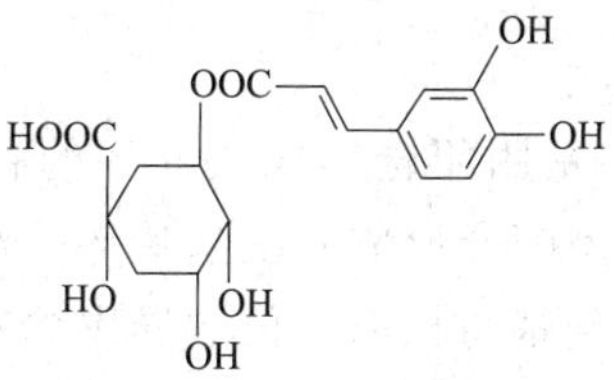

绿原酸 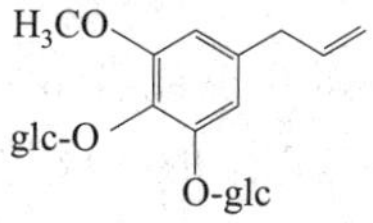   沙参苷Ⅰ

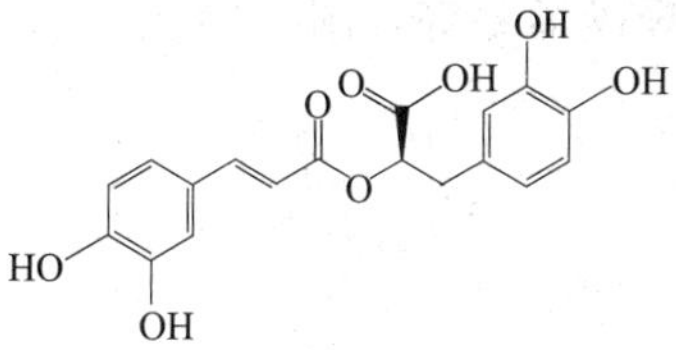

迷迭香酸

图 9-6 以糖苷或酯的形式存在的苯丙素类衍生物

都有酚羟基。7 位的酚羟基可以和相邻的基团闭合成环，构成并联的第三个环。根据取代基位置、在苯环上的 7 位酚羟基是否与相邻的基团闭合形成并联的第三个环，以及第三个环的结构、吡喃酮环的结构不同，香豆素分为简单香豆素、呋喃香豆素、吡喃香豆素、异香豆素和其他香豆素。7-羟基香豆素（伞形花内酯）、瑞香内酯、8-羟基-6-葡萄糖苷香豆素和 8-羟基-7-葡萄糖苷香豆素都可以看作香豆素类化合物的基本母核（图 9-7）。

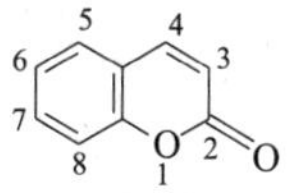

香豆素 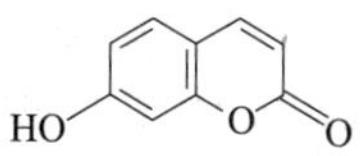   伞形花内酯 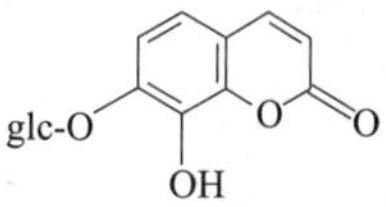   瑞香苷

图 9-7 香豆素类化合物母核

（一）简单香豆素

仅仅在苯环上有取代，且苯环 7 位羟基与相邻的 6 位或者 8 位上的基团没有形成呋喃环或者吡喃环的香豆素归类为简单香豆素。简单香豆素苯环上的取代基包括羟基、甲氧基、亚甲二氧基和异戊烯基等，七叶内酯、七叶苷、滨蒿内酯、蛇床子素、当归内酯、瑞香素等都属于简单香豆素（图 9-8）。

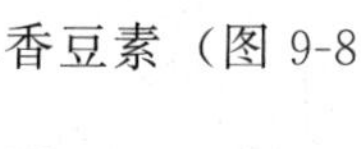

七叶内酯   七叶苷   滨蒿内酯

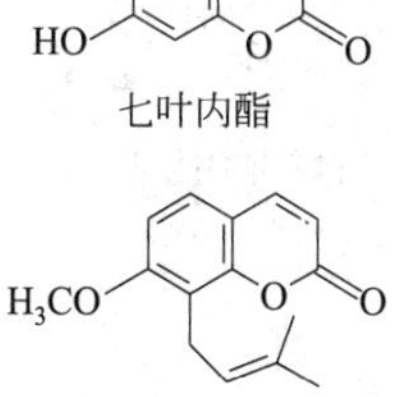

蛇床子素 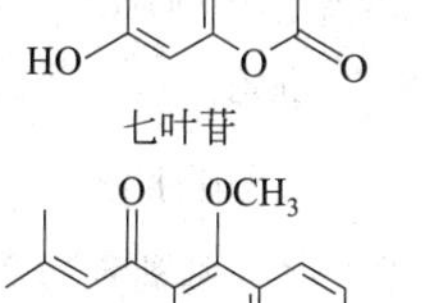   当归内酯 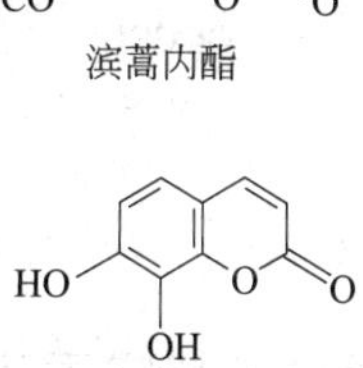   瑞香素

图 9-8 简单香豆素

（二）呋喃香豆素

苯环 7 位羟基与相邻 6 位或者 8 位的基团闭合形成呋喃环的香豆素归类为呋喃香豆素。苯环 7 位羟基与相邻 6 位的异戊烯基团闭合形成并联呋喃环的香豆素，因为三个环直线并联，称为线型呋喃香豆素；苯环 7 位羟基与相邻 8 位的异戊烯基团闭合形成并联呋喃环的香豆素，因为三个环并联成角，称为角型呋喃香豆素。呋喃香豆素的取代基包括羟基、甲氧基、亚甲二氧基和异戊烯基等（图 9-9）。

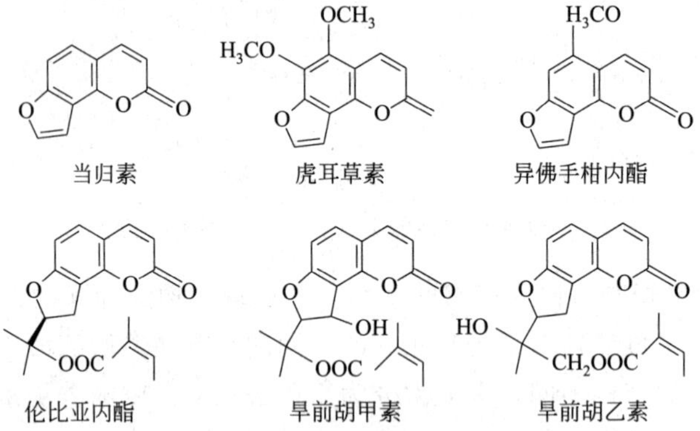

当归素　　　　　　虎耳草素　　　　　　异佛手柑内酯

伦比亚内酯　　　　　旱前胡甲素　　　　　旱前胡乙素

图 9-9　呋喃香豆素

（三）吡喃香豆素

苯环 7 位羟基与相邻 6 位或者 8 位的基团闭合形成吡喃环的香豆素归类为吡喃香豆素。与呋喃香豆素相同的原因，吡喃香豆素可分为线型吡喃香豆素和角型吡喃香豆素，吡喃环被氢化，称为二氢吡喃香豆素。吡喃香豆素的取代基包括羟基、甲氧基、亚甲二氧基和异戊烯基等（图 9-10）。

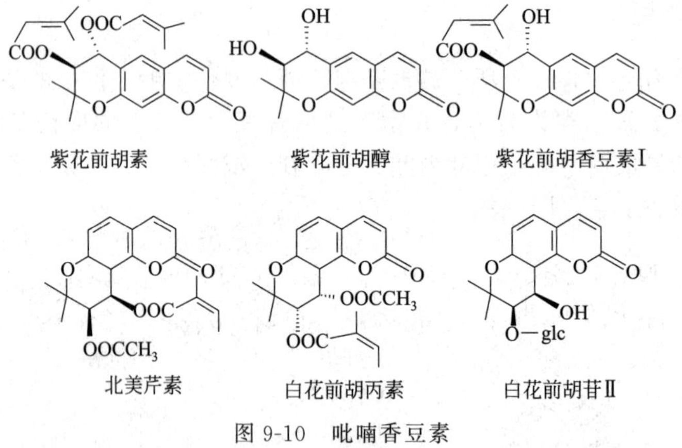

紫花前胡素　　　　　紫花前胡醇　　　　　紫花前胡香豆素Ⅰ

北美芹素　　　　　白花前胡丙素　　　　白花前胡苷Ⅱ

图 9-10　吡喃香豆素

（四）异香豆素和其它香豆素

异香豆素是香豆素的异构体，在植物体内往往是二氢香豆素的衍生物。其它香豆素是指 α-吡喃酮环上有取代基的香豆素类和香豆素二聚体、三聚体类。C_3、C_4 位常有苯基、羟基、异戊烯基等的取代。从藤黄科红厚壳属植物绵毛胡桐（*Calophyllum lanigerum*）中分离的一种吡喃型香豆素类化合物绵毛胡桐内酯 A、双七叶内酯属于其它香豆素，茵陈内酯属于异香豆素（图 9-11）。

绵毛胡桐内酯A　　双七叶内酯　　茵陈内酯

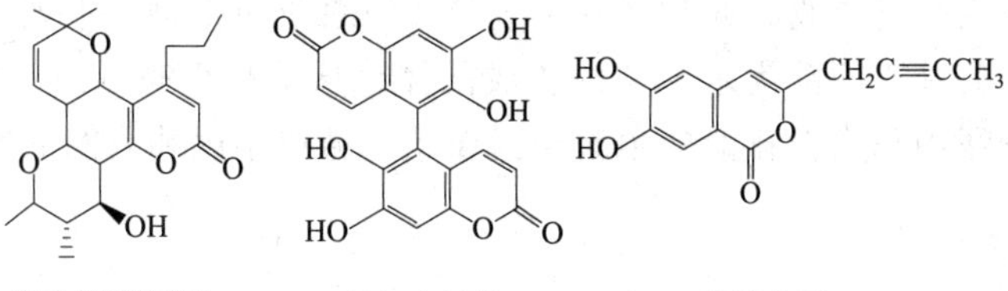

图 9-11　异香豆素和其它香豆素

三、木脂素的分类与结构

木脂素是一类由两分子苯丙素单体聚合而成的天然化合物，因最早在植物的木质部和树脂中被发现而得名。木脂素多数呈游离状态，少数与糖结合成苷。木脂素多为苯丙素单体的二聚体，少数可见三聚体、四聚体。组成木脂素的苯丙素单体主要有四种：桂皮酸、桂皮醇、丙烯苯、烯丙苯（图 9-12）。这些单体经引发剂催化的自由基相互缩合，形成不同类型的木脂素，分为木脂素类、新木脂素类、氧新木脂素类、寡聚木脂素类和其它木脂素类五大类。

桂皮酸　桂皮醇　丙烯苯　烯丙苯

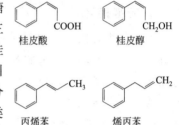

图 9-12　本脂素类化合物母核

（一）木脂素类

木脂素类是两个苯丙素分子的 8 位碳原子以 8-8′连接形成的二聚体，分为 6 个类型。

1. 二芳基丁烷类

二芳基丁烷类是最简单的木脂素类，是两个苯丙素衍生物分子单体的 8 位碳原子以 8-8′连接形成的二聚体。二芳基丁烷类包括二芳基丁烯、二芳基丁醇、二芳基丁酸类等。从蒺藜科植物查帕拉尔橡树中分离得到的具有抗氧化作用的内消旋化合物去甲二氢愈创木酸，从爵床科植物白鹤灵芝中分离得到的白鹤灵芝素等都归类为二芳基丁烷类（图 9-13）。

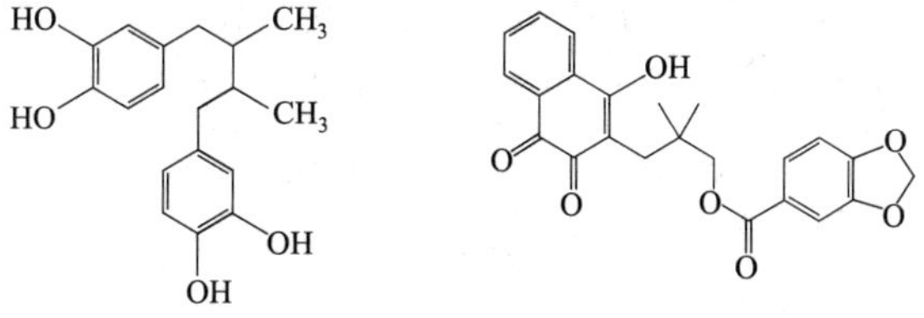

去甲二氢愈创木酸　　白鹤灵芝素

图 9-13　二芳基丁烷类木脂素

2. 二芳基丁内酯类

二芳基丁内酯类又称木脂素内酯，是两个苯丙素单体的 8 位碳原子以 8-8′连接形成二聚体后，8、9、8′、9′碳原子再成环形成内酯的化合物。二芳基丁内酯类除了两个苯丙素单体缩合形成的内酯化合物，还包括其单去氢或双去氢衍生物，下列三种二芳基丁内酯结构是生物体内二芳基丁内酯类木脂素的合成前体。从菊科牛蒡（*Arctium lappa*）种子中获得的具有抑制尿中总蛋白排泄的牛蒡子素属于二芳基丁内酯（图 9-14）。

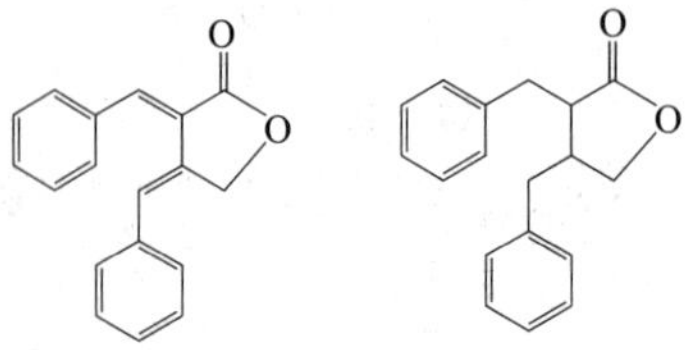

二芳基丁内酯类母核结构   牛蒡子素

图 9-14 二芳基丁内酯类木质素

3. 芳基萘类

芳基萘类是两个苯丙素单体的 C_7、C_8、$C_{7'}$、$C_{8'}$ 和其中的一个单体的苯环构成一个萘环的一类化合物，有芳基萘、芳基二氢萘和芳基四氢萘三种类型。芳基萘类是木脂素中分布较广、种类多，研究也较多的一类。由于该类木脂素中 C_9、$C_{9'}$ 通常构成一个 γ-内酯环，故又称环木脂素内酯。从大戟科叶下珠属植物锡兰叶下珠（*Phyllanthus myrtifolius Moon.*）得到的叶下珠木质素 B 为芳基萘类；从苔类多种植物中分离得到的溪苔酸为芳基二氢萘类；从小檗科鬼臼属（*Podophyllum*）及其近源植物中分出的鬼臼毒素为芳基四氢萘类，该类化合物多具有很强的抗肿瘤活性（图 9-15）。

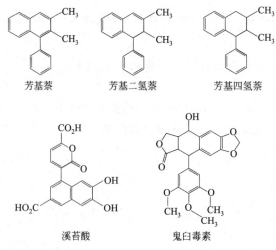

芳基萘   芳基二氢萘   芳基四氢萘

溪苔酸   鬼臼毒素

图 9-15 芳基萘类木质素

4. 四氢呋喃类

四氢呋喃类是两个苯丙素单体的 C_7、C_8、C_9、$C_{7'}$、$C_{8'}$、$C_{9'}$ 中的 4 个 C 原子和一个氧原子闭环构成一个四氢呋喃环的一类化合物，根据氧环连接的方式，可分为 C_7-O-$C_{7'}$、

C_7-O-$C_{9'}$ 和 C_9-O-$C_{9'}$ 三种四氢呋喃环类型。四氢呋喃类木脂素是木脂素中比较丰富的一类，来自榆绿木（*Anogeissus acuminata*）茎中的具细胞毒作用的榆绿木脂素 C 为 7-O-7′ 四氢呋喃环类型；从洋金花（*Daturae Flos*）根中分离得到的 5′-甲氧基落叶松脂醇为 7-O-9′ 四氢呋喃环类型；从荜澄茄（*Piper cubeba*）果实中得到的荜澄茄脂素则为 9-O-9′ 四氢呋喃环类型（图 9-16）。

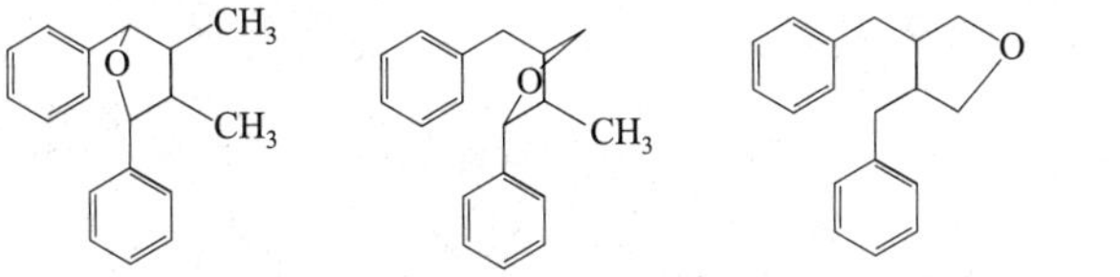

　　C_7-$C_{7'}$四氢呋喃环类型　　　C_7-$C_{9'}$四氢呋喃环类型　　　C_9-$C_{9'}$四氢呋喃环类型

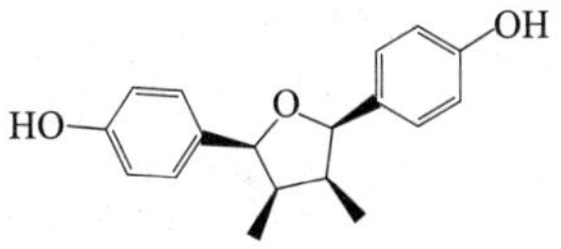

榆绿木脂素C

图 9-16　四氢呋喃类木质素

5. 双四氢呋喃类

双四氢呋喃类又称双环氧木脂素，是两个苯丙素单体的 C_7、C_8、C_9、$C_{7'}$、$C_{8'}$、$C_{9'}$ 的 6 个 C 原子和两个氧原子闭环构成两个并联的四氢呋喃环结构的一类化合物。从银蒿（*Artemisia argentea*）根皮和望春玉兰（*Magnolia biondii*）花蕾中分离得到的具有抗血小板聚集作用的阿斯堪素，从芸香科花椒属（*Zanthoxylum*）多种植物中分离得到的具有抑制中枢神经作用的柄果脂素等都属于双四氢呋喃类木脂素（图 9-17）。

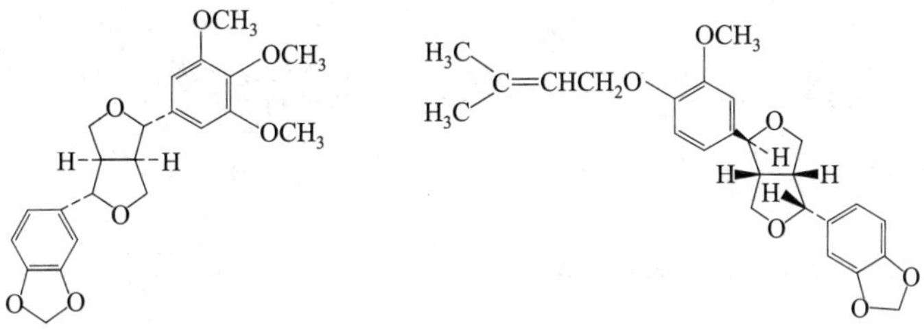

　　　　阿斯堪素　　　　　　　　　　　　柄果脂素

图 9-17　双四氢呋喃类木质素

6. 联苯环辛烯类

联苯环辛烯类，是两个苯丙素单体的 4 个碳原子 C_7、C_8、$C_{7'}$、$C_{8'}$ 和 4 个苯环上的碳原子闭环构成一个辛环结构的一类化合物。联苯环辛烯类普遍存在于木兰科五味子属和南五味子属（*Kadsura*）植物中，从五味子（*Schisandra chinensis*）果实中获得的五味子甲素、五味子乙素和五味子丙素是其主要的生理活性物质（图 9-18）。

（二）新木脂素类

新木脂素类是两个苯丙素分子以非 C_8-$C_{8'}$ 连接形成的二聚体，分为 4 个类型。

1. 苯骈呋喃类

苯骈呋喃类木脂素是一个苯丙素单元中的 C_7、C_8 与另一个苯丙素单元苯环上的两个碳原子相连闭环形成呋喃环的一类化合物，包括其二氢、四氢和六氢衍生物。如从胡椒科植物海风藤 *Piperkadsura* （Choisy） *Ohwi* 中分离得到的海风藤酮和胡椒中分离得到的山蒟素等，都是苯骈呋喃类木脂素 （图 9-19）。

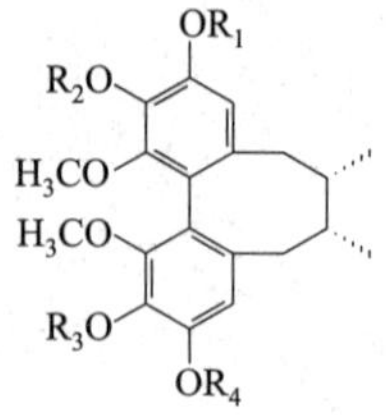

五味子甲素 $R_1=R_2=R_3=R_4=CH_3$
五味子乙素 $R_1+R_2=CH_2$, $R_3=R_4=CH_3$
五味子丙素 $R_1+R_2=R_3+R_4=CH_2$

图 9-18　联苯环辛烯类木质素

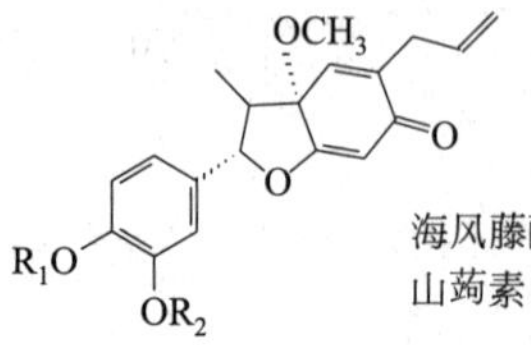

海风藤酮：$R_1=R_2=CH_3$
山蒟素：$R_1+R_2=CH_2$

图 9-19　苯骈呋喃类新木质素

2. 双环辛烷类

双环辛烷类木脂素是一个苯丙素单元中的 C_7、C_8 与另一个苯丙素单元苯环上的三个碳原子相连闭环形成五碳脂肪环的一类化合物。在双环辛烷类的结构中，8 个碳原子实际上组成三个脂肪环，一个新的五碳环、一个原来的六碳环、一个新的七碳环。从愈疮木中分离得到的愈疮木脂素 （图 9-20）属于双环辛烷类木脂素。

3. 苯骈二氧六环类

苯骈二氧六环类木脂素是一个苯丙素单元的 C_7、C_8 各通过一个氧桥与另一个苯丙素单元苯环上的 C_3、C_4 连接闭合形成二氧六环的化合物。从从菊科植物水飞蓟的干燥果实中分离得到的水飞蓟素 （图 9-21）就属于苯骈二氧六环类木脂素。

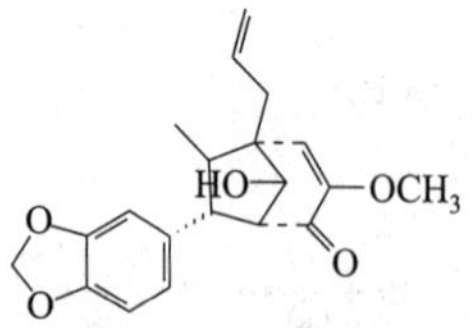

图 9-20　双环辛烷类新木质素愈疮木脂素

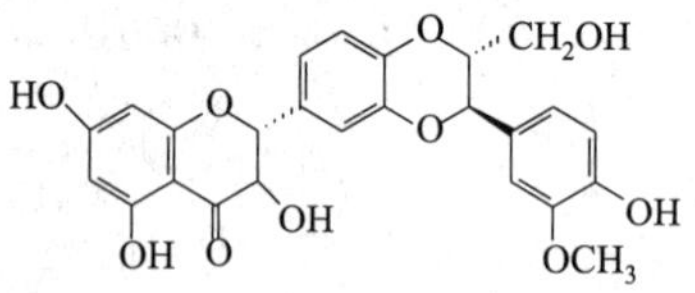

图 9-21　苯骈二氧六环类新木质素水飞蓟素

4. 联苯类

联苯类木脂素是两个苯丙素单元的两个苯环直接并联而成，多为 3-3" 位相连。从厚朴（*Magnolia officinalis*）树皮中得到的一对异构体厚朴酚与和厚朴酚都属于联苯类木脂素 （图 9-22）。

（三）氧新木脂素类

氧新木脂素类木脂素是一个苯丙素单元通过一个氧桥与另一个苯丙素单元连接形成的化合物，又称二芳基醚。从樟叶胡椒（*Piper polysyphorum*）中分离得到的具抗血凝作用的樟叶素就属于氧新木脂素类木脂素 （图 9-23）。

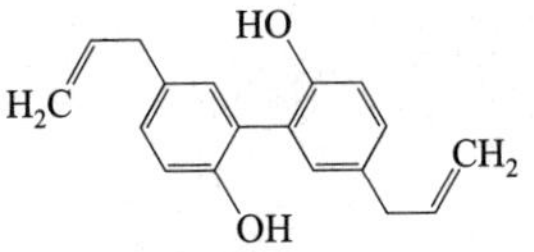

厚朴酚

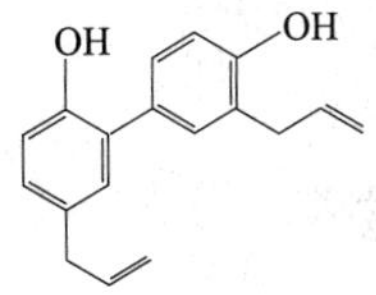

和厚朴酚

图 9-22 联苯类新木质素

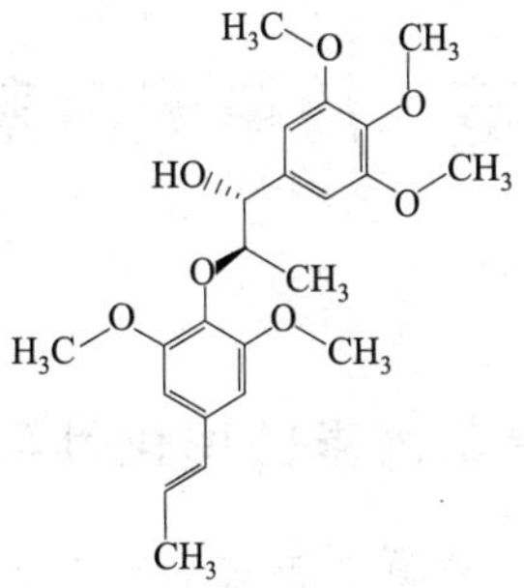

图 9-23 樟叶素

（四）寡聚木脂素类

寡聚木脂素类木脂素是 2 个以上苯丙素单元聚合而成的天然化合物，包括倍半木脂素（三个苯丙素单元）、二聚木脂素（四个苯丙素单元）和三聚木脂素（六个苯丙素单元）等。从牛蒡 *Arctium lappa* L. 果实和芜菁矢车菊 *Centaurea napifolia* L. 地上部分得到的牛蒡子酚 A 为倍半木脂素；从牛蒡中分离得到的牛蒡子酚 F 为二聚木脂素；从日本厚朴树皮中分离得到的木兰素为三聚木脂素（图 9-24）。

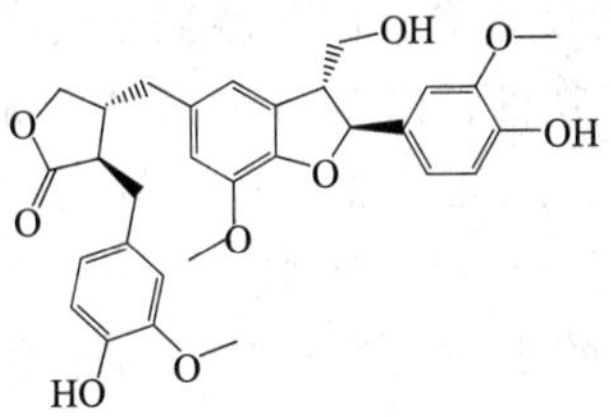

牛蒡子酚A

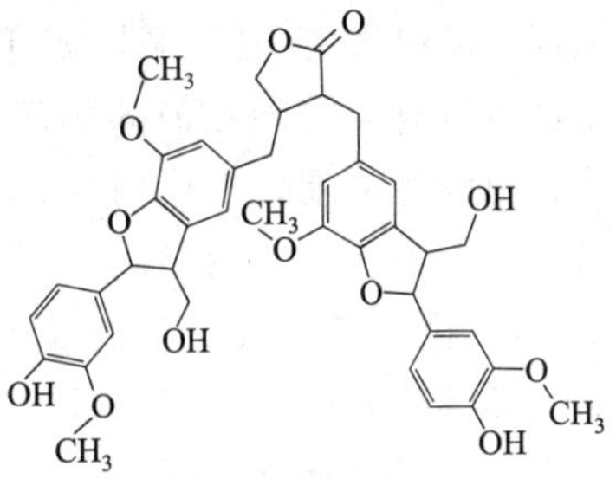

牛蒡子酚F

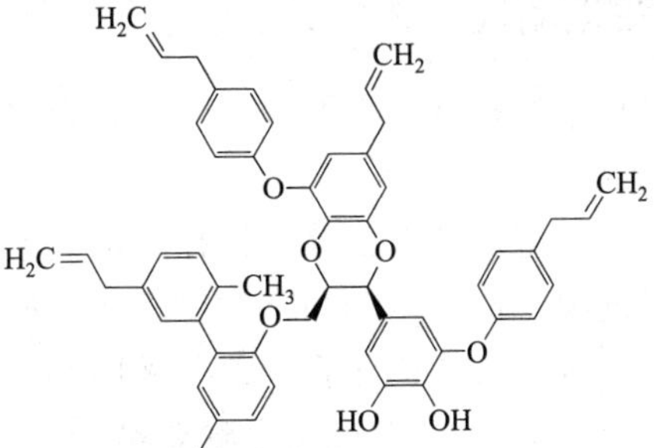

木兰素

图 9-24 寡聚木脂素类新木质素

第三节 简单苯丙素、香豆素和木脂素化合物理化性质及生物学活性

一、简单苯丙素的理化性质和生理活性

（一）简单苯丙素的理化性质

苯丙烯类简单苯丙素化合物大多在苯环含有甲氧基取代而成醚，如对丙烯基茴香醚、α-细辛醚、β-细辛醚，在甲醚取代的基础上还有羟基取代构成酚羟基结构。苯丙烯类因为苯丙烯基、甲氧基的存在，一般都不溶于水；但因为有酚羟基（或）甲氧基的存在，一般都溶于醚和醇。

苯丙醇（醛）类简单苯丙素化合物也大多在苯环有甲氧基取代，如对松柏醇、紫丁香酚苷，在甲醚取代的基础上还有羟基取代和糖苷取代。苯丙醇（醛）类也有苯甲氧基的存在，尽管有丙烯基末端的醇（醛）基团，但对其亲水性提升有限，一般都不溶于水；如果像紫丁香酚苷酚的羟基形成糖苷键，引入亲水性极强的葡萄糖，即可微溶于冷水、溶于热水。也因为有酚羟基和（或）甲氧基的存在，一般都溶于醚和醇溶剂。

苯丙酸类化合物的基本结构几乎均属于酚羟基取代的芳香羧酸。因为 C_3 末端有羧基，苯丙酸类化合物具有与羧酸相似的物理化学性质，如在水中有一定的溶解度，具有酸性，可与碱成盐、与醇生成酯，发生卤代、亚硝化反应等；因为酚羟基的存在，苯丙酸类化合物一般可以溶于乙醇。但由于苯环上的羟基数目、羟基排列方式、是否有甲醚基、C_3 单位的饱和度和氧化状态不同，苯丙酸类化合物之间的性质也有较大差别，可用于分离、鉴别。比如，咖啡酸有两个羟基、没有甲氧基，可溶于热水、微溶于冷水；但是，阿魏酸因为少了一个酚羟基、多了一个甲氧基，因而更不易溶于水；二丹参素有两个酚羟基、C_3 上还有一个羟基，可溶于水。

（二）简单苯丙素的生理活性

简单苯丙素类化合物因其结构含有酚羟基或甲氧基，大多该类化合物具有广泛的生理活性，是众多中药的有效成分。

苯丙烯类多有甲氧基或酚羟基，具有抗菌、镇痛、增强免疫力的功效。丁香酚具有抑菌、杀病毒的功效，可用于抗菌、降血压、局部防腐、牙医局部镇痛；对丙烯基茴香醚有明显的升高白细胞作用，促进骨髓细胞成熟和释放入外周血液中，可用于因肿瘤化疗、放疗所致的白细胞减少症，以及其他原因所致的白细胞减少；α-细辛醚和 β-细辛醚具有平喘、止咳、祛痰、镇静、解痉、抗惊厥等作用。

苯丙醇类的紫丁香苷是一种强的抗肝毒药物，其具有恢复微粒体酶系统的酶活性及抑制脂质过氧化作用。

在简单苯丙素中，苯丙酸类的生理活性最为广泛，具有抗氧化作用，属于天然抗氧化剂。咖啡酸具有较广泛的抑菌、抗病毒、抗响尾蛇毒活性，对牛痘和腺病毒抑制作用较强，其次为脊髓灰质炎Ⅰ型和副流感Ⅲ型病毒，但在体内能被蛋白质灭活；阿魏酸的抗氧

化作用显著，对过氧化氢、超氧自由基、羟自由基、过氧化硝基等都有良好的清除效果，能保护细胞膜不受氧化以及抑制血小板聚集和血栓形成，临床用其钠盐治疗动脉粥样硬化、血管栓塞性脉管炎、急性脑血栓和偏头痛症等。此外，阿魏酸对感冒病毒、呼吸道合胞体病毒和艾滋病病毒都有显著抑制作用。

二、香豆素的理化性质和生理活性

（一）香豆素的物理性质

香豆素苷元通常为固体结晶，多具芳香气味。分子量小的香豆素有挥发性，能随水蒸气挥发或升华；香豆素苷类多数无香味和挥发性，也不升华。香豆素不易溶于水，溶于多数有机溶剂，易溶于甲醇、乙醇、氯仿、乙醚等有机溶剂，可溶于石油醚。香豆素苷类能溶于水、甲醇、乙醇等极性大的溶剂，而难溶于乙醚、苯等极性小的有机溶剂。

香豆素具有发射荧光的性质。香豆素在可见光下为无色或浅黄色结晶，在紫外光下多可显示蓝色或紫色荧光。香豆素及其衍生物作为一种分子内电子云共轭化合物，所发射荧光的强弱与分子中取代基的种类和位置有关，C_7 位基团的推电子能力以及 C_3、C_4 位双键的电荷密度大小对于化合物的发光能力影响较大。当香豆素 C_7 位引入羟基后，可使荧光增强，即使在可见光下也能观察到荧光，羟基醚化后则荧光减弱；一般羟基香豆素遇碱后，荧光会增强，甚至变色，如7-羟基香豆素加碱后，荧光可从蓝色变为绿色，取代基醚化后，荧光减弱，并转变紫色；7-羟基香豆素在 C_8 位导入羟基，荧光消失，导入非羟基取代基也将减弱荧光；呋喃香豆素的荧光较弱，在苯环上具有两个烷氧基取代的呋喃香豆素自身带有黄色，在紫外光下可变为褐色。香豆素在遇浓硫酸时也能产生特征的蓝色荧光，因此人们比较容易发现它们的存在。

（二）香豆素类的化学性质

1. 内酯性质和碱水解反应

香豆素 α-吡喃酮环为不饱和内酯，在稀碱液中水解生成顺式邻羟桂皮酸盐（黄色），但这一过程很容易逆转，一经酸化，又可环合恢复为内酯。顺式邻羟桂皮酸不稳定，如果加热、长时间处于碱液中或紫外光照射，将不可逆地转变为稳定的反式邻羟桂皮酸，其反应过程见图 9-25。

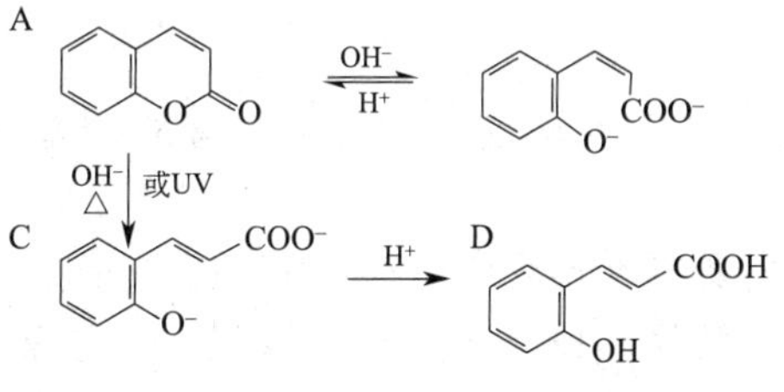

图 9-25　香豆素的内酯反应
A—香豆素；B—顺式邻羟基桂皮酸；C—反式邻羟基桂皮酸；D—反式邻羟基桂皮酸

2. 酸的反应

香豆素在酸性条件下可发生多种反应，如环化、醚键的裂解、双键加成、环氧化、酯键水解和羟基脱水等反应。

（1）取代基环化反应　若香豆素分子在酚羟基的邻位有异戊烯基等不饱和侧链，在酸性条件下能环合形成含氧的杂环结构呋喃环或吡喃环，在较温和的酸性条件下，几乎可定量地使异戊烯基侧链形成一含氧杂环（图 9-26）。此反应可用于确定酚羟基和异戊烯基间的相对位置。

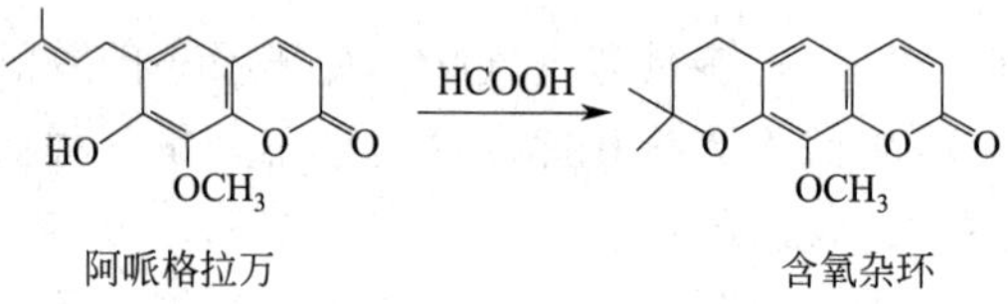

图 9-26　酸性条件下异戊烯基环台反应

（2）醚键的断裂反应　烯醇醚遇酸容易水解，如 6-甲氧基-7-异戊二烯氧基香豆素在酸性环境中水解生成东莨菪内酯（图 9-27）。

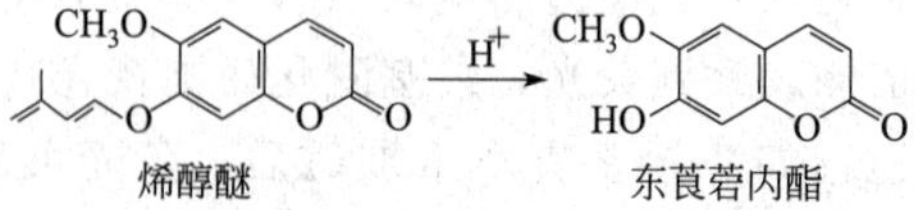

图 9-27　酸性条件下醇烯醚水解反应

3. 双键加水反应

香豆素类在酸接触下可使双键加水，如高毒黄曲霉素在酸接触下可使双键加水变成低毒的黄曲霉毒素（图 9-28）。

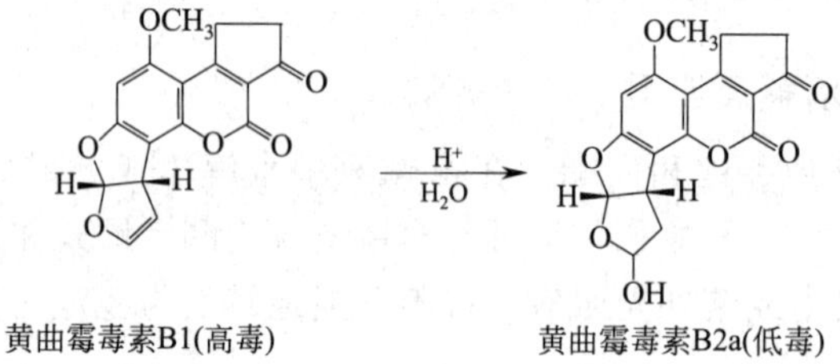

图 9-28　黄曲霉毒素加水反应

4. 显色反应

香豆素类可以与一些物质发生显色反应，主要有酚羟基的颜色反应和内酯的颜色反应。

（1）酚羟基反应　香豆素类成分常具有酚羟基取代，可与三氯化铁溶液发生络合反应产生绿色至墨绿色沉淀。若酚羟基的邻、对位无取代，可与重氮化试剂反应显红色至紫红色。

具有酚羟基的香豆素类化合物可与 Gibbs 试剂 [2,6-二氯（溴）苯醌氯亚胺] 在碱性条件下（pH9~10）内酯环水解生成酚羟基，如果其对位（C_6 位）无取代，与 Gibbs 试剂反应而显蓝色（图 9-29）。

具有酚羟基的香豆素类化合物还可与 Emerson 试剂（4-氨基安替比林和铁氰化钾）发生反应，生成红色缩合物（图 9-30）。

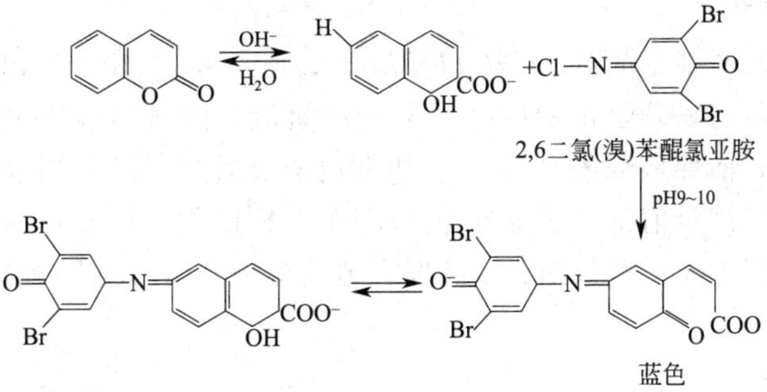

图 9-29　Gibbs 反应

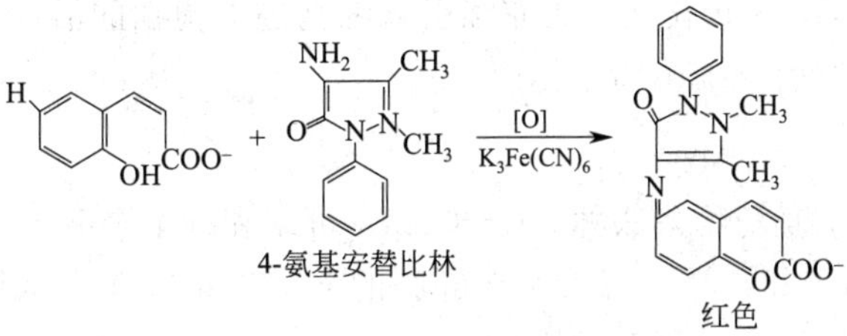

图 9-30　Emerson 反应

（2）内酯反应　又叫异羟肟酸铁反应，香豆素类成分具有内酯结构，内酯环在碱性条件下开环，与盐酸羟胺缩合生成异羟肟酸，在酸性条件下再与 Fe^{3+} 络合而显红色（图 9-31）。

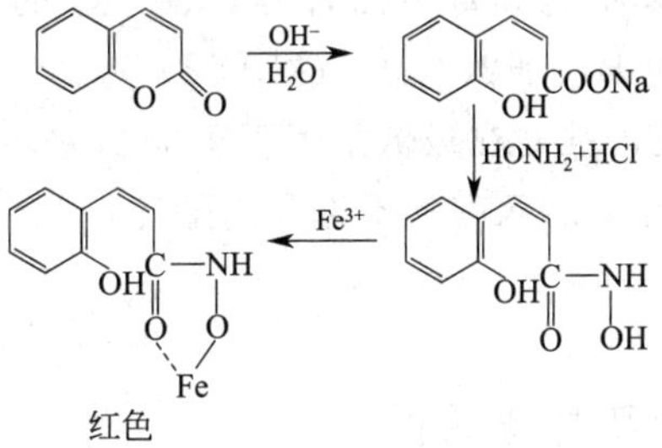

图 9-31　异羟肟酸铁反应

（三）香豆素的生理活性

对传统中草药的现代研究显示，香豆素是许多药用植物与中草药的有效成分，从天然药物中分离得到的香豆素类化合物具有多种生物学活性，具有抗病毒（抗艾滋病病毒）、抗肿瘤（抗癌）、抗炎等多方面的生物活性。许多中药材富含香豆素，其功效与现代研究得出的生理活性有相似之处，比如：伞形科植物白花前胡的干燥根用于清肺热、化痰热、散风邪；伞形科蛇床属一年生草本植物蛇床子的果实用于散寒祛风、温肾助阳、燥湿、杀虫、止痒。近年来，以香豆素为主要有效成分的中药和香豆素单体的制剂已广泛应用于多种疾病的临床治疗，主要的生理活性总结如下。

1. 抗菌、抗病毒活性

从藤黄科植物南革绵毛胡桐（*Calophyllum Lanigerum*）中分离出的角型香豆素绵毛胡桐内酯类香豆素具有显著阻止 HIV-1 的复制和繁殖、抑制 HIV-1 逆转录酶活性，已经得到了广泛的认同，活性最强的是（＋）-胡桐内酯类香豆素 A。胡桐内酯类香豆素可能成为新的具有潜在药用价值的一类非核苷 HIV-RT 抑制剂。从芸香科植物柠檬的叶，木犀科植物苦杨白蜡树的树皮及颠茄、曼陀罗、地黄植物分离出的七叶内酯及其苷都具有明显的抗菌作用。

2. 抗肿瘤活性

很多香豆素都具有抗肿瘤作用。研究显示，独活素能下调细胞周期进程，使细胞停留于细胞周期的 G_2/M 期，并导致细胞 DNA 片段化和凋亡；高剂量（$25\mu g/mL$）前胡内酯作用于细胞周期中的 G_1/S 转化期，具有强引导细胞进入凋亡的活性，并且，前胡内酯和独活素仅对生长细胞有引导细胞凋亡作用。

3. 抗凝血活性

双香豆素类似物抗凝药物华法林（warfarin）可以和维生素 K 发生拮抗作用，抑制维生素 K 参与的凝血因子 Ⅱ、Ⅶ、Ⅸ、Ⅹ 在肝脏的合成，是临床中常用的抗凝血药物，用以防止血栓的形成、防治血栓栓塞性疾病。

4. 冠状动脉扩张活性

凯林内酯类香豆素能通过钙离子拮抗作用而发挥显著的冠状动脉扩张作用，治疗心血管疾病。

5. 其他生理活性

黄曲霉毒素（AFT）是黄曲霉和寄生曲霉等霉菌产生的双呋喃环香豆素类毒素，有约 20 种衍生物，分别命名为 B1、B2、G1、G2、M1、M2、GM、P1、Q1、毒醇等，其中以 B1 的毒性最大、致癌性最强，在极低浓度下就能引起动物肝的损害并导致癌变。黄曲霉毒素致毒官能团是呋喃环上的双键和不饱和内酯环，双键的氢化或内酯开环均可使毒性大大降低。

三、木脂素的理化性质和生理活性

（一）木脂素的理化性质

木脂素通常为无色结晶，少数可升华；但新木脂素不易结晶，为粉末状。木脂素多数以游离形式存在于植物体内，分子结构中有两个苯环和非极性基团，具有亲脂性，能溶于苯、氯仿、乙酸乙酯、乙醚、乙醇等亲脂性溶剂，难溶于水，但具有酚羟基的木脂素可溶于碱性水溶液中；少数成苷后，引入多个亲水羟基使水溶性增大，并易被酶或酸碱水解。

多数木脂素有至少一个手性碳原子，所以具有光学活性，且遇酸或碱易发生分子碳架重排，使分子构型发生异构化，因此发生旋光性质改变，生物活性随之改变。木脂素类化合物从结构类型来看，没有共同的特征反应；但是，分子中常有醇羟基、酚羟基、甲氧基、亚甲二氧基、羧基及内酯等基团，因而也具有这些官能团的化学性质和化学反应，包括一些非特征性试剂可用于木脂素类化合物的薄层色谱显色。例如，三氯化铁或重氮化试剂可用于酚羟基的检查；用5%或10%磷钼酸乙醇溶液、10%硫酸乙醇溶液、茴香醛硫酸等试剂喷洒木脂素薄层层析板，100～120℃下加热数分钟，各类木脂素可呈现不同颜色；含有亚甲二氧基的木脂素加浓硫酸后，再加没食子酸，可产生蓝绿色的显色反应（Labat反应）。

（二）木脂素的生理活性

天然木脂素分子结构类型众多，并有种类繁多的取代基和立体异构体，因此，呈现十分广泛的生物活性。

1. 细胞毒活性及抗肿瘤作用

不少木脂素具有细胞毒作用，可以抑制肿瘤细胞的生长，已经作为临床抗肿瘤药物。其中鬼臼毒素是研究得较多的一种，它来源于小檗科鬼臼属的八角莲的根茎、小檗科山荷叶属的中华山荷叶和东北山荷叶的根茎（中药名窝儿七）等，属芳基萘类木脂素。从这些植物根茎中提取的树脂具有祛风除湿、活血祛瘀、解毒之功效，中国民间曾用作治疗痨伤、咳嗽、吐血、瘿瘤、跌打损伤、风湿痹痛、跌打损伤、月经不调、小腹疼痛、毒蛇咬伤、痈肿疮疖等的中药。现代研究发现其中所含的木脂素类成分具有抑制肿瘤细胞增殖的作用，鬼臼毒素即为主要活性成分。随后的研究将鬼臼毒素提纯并临床试用于治疗皮肤癌、湿疣等，但因毒性较大，未能在临床上推广应用。后经深入的衍生物分子结构研究，发现7、8、7′、8′-位的构型是重要的活性基团，天然的为7α、8β、$7'\alpha$、$8'\alpha$，假如异构化成苦鬼臼毒素，即8α，$8'\beta$后，细胞毒活性就大大下降。进一步研究发现，鬼臼毒素类的作用机理是抑制人DNA复制中十分关键的拓扑异构酶Ⅱ的活性，进而用这种酶进行活性粗筛，又从鬼臼毒素的衍生物中发现很多各有特色的抗肿瘤活性化合物。目前已经半合成一系列衍生化合物，其中VP-16和VM-26已在临床上广泛应用于治疗急性粒细胞白血病。

2. 抗病毒活性

多种类型的木脂素具有抗病毒活性。例如，从内南五味子中分离得到的联苯环辛烯类木脂素戈米辛G对HIV整合酶具有强抑制作用，并能够抑制HIV的逆转录过程；芳基萘类木脂素山荷叶素对辛德比病毒、鼠巨细胞病毒（MCMV）、囊状口炎病毒（VSV）有显著的抑制作用；芳基萘类木脂素鬼臼毒素对麻疹和1型单纯疱疹也有明显的抑制作用；二芳基丁内酯类木脂素牛蒡子素对甲1型流感病毒复制有较好的抑制作用；芳基萘类木脂素反式爵床脂素B、叶下珠霉素B是HIV逆转录酶的抑制剂。

3. 保肝作用

五味子属植物中所含的联苯环辛烯类木脂素五味子酯甲和五味子丙素具有降低肝炎患者血清谷丙转氨酶的作用，化学结构中的亚甲二氧基可能是重要的活性基团。在化学合成五味子丙素时发现中间体联苯双酯具有显著降低血清谷丙转氨酶和改善肝炎症状的作用，并开发出商品，具有增强肝脏解毒、减轻肝脏病理损伤、促进肝细胞再生、保护肝细胞的功能，用于治疗迁延性肝炎及长期单项谷丙转氨酶异常的慢性肝炎。

4. 对心血管系统的作用

海风藤为胡椒科植物细叶青蒌藤的藤茎，有祛风湿、通经络、止痹痛的功效。从海风藤中分离得到的木脂素成分对血小板活化因子（PAF）有拮抗活性，其中以苯骈呋喃类新木脂素海风藤酮活性最强；从异型南五味子（*Kadsura heteroclita*）分离得到的（＋）-戈米辛 M 等多种联苯环辛烯类木脂素、四氢呋喃类的大木姜子素、双四氢呋喃类的阿斯堪素和辛夷脂素等也都具有明显的拮抗 PAF 活性。

5. 保护中枢神经系统作用

从刺花椒中提取得到的双四氢呋喃类柄果脂素对中枢神经系统也有抑制作用。木兰科木兰属植物厚朴树皮、根皮、花、种子及芽有化湿导滞、行气平喘、肌肉松弛、祛风镇痛的功效，其镇静和肌肉松弛作用也与其含有的联苯类木脂素厚朴酚与和厚朴酚有关。

6. 抗氧化活性

五味子属植物中所含的联苯环辛烯类木脂素五味子酚具有对氧自由基引起大鼠脑突触体和线粒体损伤的保护作用，显著的抗脂质过氧化和清除氧自由基作用。这可能就是五味子作为传统滋补强壮中药的物质基础之一。

第四节　简单苯丙素的提取、分离、纯化及鉴定

苯丙素类化合物一般存在于植物体根茎叶花果实中，多数常温下较为稳定，提取之前一般都将植物体干燥、粉碎成细粉末，再根据苯丙素的具体种类的理化性质确定提取液的组分。具有挥发性的苯丙素，可用水蒸气蒸馏法提取，收集蒸馏液，再根据其溶解性进行萃取分离；苯丙素类化合物一般都能溶于乙醇，乙醇渗透性强，可以从植物干燥粉末直接提取大多数苯丙素类化合物，蒸发浓缩后再用其它有机溶剂萃取分离；水溶性苯丙素，如多数苯丙酸，可用水从干粉末提取后，再蒸发浓缩，用有机溶剂萃取。能够结晶的苯丙素先形成粗结晶，在用不同有机溶剂溶解后重结晶就可以得到纯度较高的纯品，不能结晶的可采用不同溶剂多次萃取、薄层层析、凝胶柱层析、液相色谱等方法提纯。各种苯丙素一般都有各自特征的紫外吸收光谱、呈色反应等理化性质，可用于各自的鉴定。

一、简单苯丙素的提取、分离、纯化

苯丙烯、苯丙醇、苯丙醛及苯丙酸的简单酯类衍生物多具有挥发性，是挥发油芳香族化合物的主要组成部分，可用水蒸气蒸馏法提取，再经萃取可与其它杂质分离。丁香酚、桂皮醛等具有挥发性，可以采用以上策略进行提取分离。

苯丙酸类大多具有一定的水溶性，可水提后再用乙酸乙酯从浓缩的水提物中萃取；在甲醇中也有较好的溶解度，也可用甲醇直接提取；还可直接用石油醚除蜡脱脂后再用乙酸乙酯热提；还可利用苯丙（烯）酸及其缩酯类含酚羟基的特点，用经典沉淀法提取，如用铅盐法使之形成不溶性铅盐沉淀出来。

苯丙酸类及其缩酯在提取过程中常常伴随着一些酚酸、黄酮苷、鞣质及其分解产物混在一起，分离有一定困难，一般要经纤维素、硅胶、大孔树脂或聚酰胺树脂等色谱法进行纯化。

各类简单苯丙素的挥发性、水溶性、有机溶剂溶解性、结晶性及提取分离策略如表9-1所示。

中药北升麻含有咖啡酸、阿魏酸、异阿魏酸等简单苯丙素类成分，其提取分离方法如图9-32所示。

表9-1　简单苯丙素类化合物的基本理化性质及提取分离策略

	种类	挥发性	水溶性	有机溶剂	结晶	提取分离策略
苯丙烯	丁香酚	挥发	不溶	醇、醚、氯仿、挥发油		蒸馏、萃取、色谱
	对丙烯基茴香醚	挥发	不溶	氯仿、醚、苯、乙酸乙酯、丙酮和醇		蒸馏、萃取、色谱
	α-细辛醚	挥发	不溶	乙醚、乙醇	白色结晶	蒸馏、萃取、结晶、色谱
	β-细辛醚	挥发	不溶	乙醚、乙醇	白色结晶	蒸馏、萃取、结晶、色谱
(醛)苯丙醇	松柏醇		不溶	乙醚、乙醇		水提、萃取、结晶、色谱
	紫丁香酚苷		热水溶	乙醇	无色晶体	水提、萃取、结晶、色谱
	桂皮醛	挥发	不溶	丙酮、乙醇、二氯甲烷、氯仿、四氯化碳		蒸馏、萃取、色谱
苯丙酸	咖啡酸		热水	乙醇、乙醚	白色针晶	热水提、萃取、结晶、色谱、色谱
	阿魏酸		水溶	乙醇、乙醚	无色簇晶	水提、萃取、结晶、色谱
	丹参素		水溶	乙醇	长针状结晶	水提、萃取、结晶、色谱

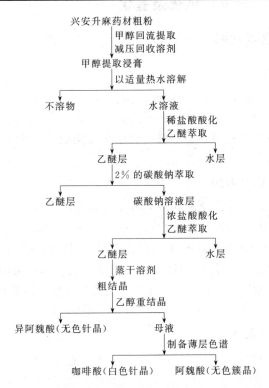

图9-32　中药北升麻简单苯丙素类成分的提取分离

二、简单苯丙素的鉴定

（一）显色鉴定

利用苯丙酸类化合物结构中酚羟基的性质进行鉴别。通常将样品溶液在薄层色谱或纸色谱上展开，显色。常用的显色剂有：

（1）$FeCl_3$ 试剂　1‰～2‰$FeCl_3$ 甲醇溶液，可根据不同的颜色鉴别芳香环上酚羟基数目和位置，如菊苣酸遇 $FeCl_3$ 试剂显绿色、遇丹参素显黄绿色等。

（2）Pauly 试剂　对氨基磺酸和亚硝酸钾各 0.5g 溶于 100mL 1mol/L 盐酸溶液中。检测时，先喷配置好的对氨基磺酸和亚硝酸钾溶液，再喷 1mol/L 的氢氧化钠。

（3）Gepfner 试剂　1‰亚硝酸钠溶液与同体积 10‰乙酸混合，喷雾后在空气中干燥，再用 0.5mol/L 苛性碱甲醇液处理。

（4）Millon 试剂　5g 汞溶于 10g 发烟硝酸（$d = 1.40$）中，加 10mL 水。喷雾后，100～110℃加热。

（二）荧光鉴定

在紫外线下，苯丙酸类化合物多具有荧光，并且用氨水处理后荧光颜色会发生变化。

三、香豆素的提取、分离、纯化及鉴定

（一）香豆素的提取分离

1. 溶剂提取分离法

多数香豆素能溶于甲醇、乙醇、丙酮、乙醚等，一般可用甲醇或乙醇从植物中提取，然后用石油醚脱脂，乙醚、丙酮、醇等溶剂依次萃取得到香豆素粗品。

一种天然药物中往往含有多种香豆素，对未知结构的香豆素成分，可用图 9-33 的工艺进行提取。

2. 超临界 CO_2 萃取分离法

利用超临界流体萃取香豆素类成分是一种有效的提取方法，特别适合对热敏感性强、容易氧化分解破坏的小分子或挥发性香豆素。对于小分子、小极性的游离态香豆素，仅用 CO_2 萃取即可；对于较大分子、较大极性的香豆素，需要混入适量的甲醇、乙醇等夹带剂改善萃取的效果。超临界 CO_2 萃取技术已成功用于从伞形科植物川白芷提取分离总香豆素、从芸香科植物飞龙掌血提取分离呋喃香豆素及从木犀科白蜡树属植物提取分离单羟基香豆素。

3. 酸碱开环闭环分离法

香豆素用溶剂法提取出来后，利用香豆素内酯遇碱能开环成盐、加酸能恢复闭环的特性进行进一步分离。加碱开环成盐可变为水溶性，除去水不溶杂质，再加酸闭环变为水不溶，从水中分离。具体步骤为：香豆素乙醚提取液先以 $NaHCO_3$ 水溶液分离酸性香豆素；再以稀冷的 NaOH 水溶液分离出弱酸性的酚性香豆素；剩余溶有中性香豆素的部分加热蒸发乙醚，残留物加 NaOH 或 KOH 水溶液进行开环反应，此时香豆素开

环成盐而溶在水中。再以乙醚抽提除去非香豆素的中性杂质成分后，加酸中和，香豆素环合析出。再用乙醚萃取出香豆素内酯成分。此法操作简单，无设备要求，是常用经典方法之一。

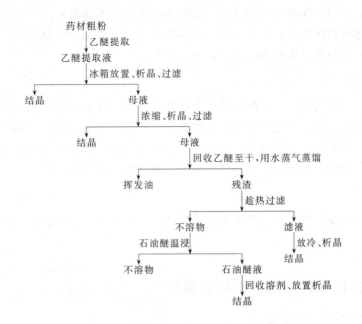

图 9-33 未知结构香豆素成分摄取工艺流程

（引自常景玲主编《天然生物活性物质及其制备技术》，2007）

（二）香豆素的纯化

色谱是目前最普遍、最有效的分离和纯化手段，常用柱色谱和薄层色谱，经常采用两种不同色谱配合使用，提高分离和纯化效果。

1. 制备薄层层析

小分子弱极性香豆素可用环己烷-乙酸乙酯作展层剂，极性较大的香豆素可用三氯甲烷-甲醇作展层剂。

2. 凝胶柱层析

硅胶柱色谱，常用的洗脱系统可用环己烷-乙酸乙酯、环己烷-丙酮、三氯甲烷-丙酮等；反相硅胶（Rp-18、Rp-8 等）柱色谱，常用的洗脱系统可用水-甲醇、甲醇-三氯甲烷；葡聚糖凝胶 Sephadex LH-20 柱色谱等。

3. 液相色谱

对小极性香豆素，一般用正相色谱（Si-60 等）或反相色谱，对香豆素苷类，一般用反相色谱（Rp-18、Rp-8 等）。

4. 不同色谱方法的配合使用

结构和性质相近的香豆素不容易相互分离，此时，组合两种不同凝胶色谱方法，相互配合使用，可以将它们分离开。不同的凝胶对不同的香豆素具有不同的分离特性，两种不同凝胶能很好地将结构和性质相近的香豆素相互分离开。

（三）香豆素的鉴定

香豆素有紫外吸收和红外吸收的性质，不同香豆素种类，紫外吸收和红外吸收光谱不同，可利用香豆素的这些性质进行分析，加上不同香豆素不同的荧光特性和呈色反应，将香豆素和其它化合物区分开，也可鉴定区分不同的香豆素种类。一旦确定香豆素种类，可采用液相色谱技术与香豆素标准品比较，进一步鉴定。

1. 荧光检识

香豆素本身荧光很弱，但它的羟基化合物在紫外光下显示蓝色荧光或紫色，在遇浓硫酸时也能产生特征的蓝色荧光。7-羟基香豆素类有较强的蓝色荧光，加碱后其荧光更强，颜色变为绿色。且香豆素分子结构上所连接的取代基种类、位置以及数目决定其有无荧光以及荧光强度，利用香豆素的这个性质，可进行香豆素的初步鉴定。

2. 显色反应

利用香豆素的酚羟基颜色反应和内酯颜色反应可对香豆素进行鉴定，且还可以对其具体取代基的位置进行判定。

四、木脂素的提取、分离、纯化及鉴定

（一）木脂素的提取分离

木脂素是 10 多种母核结构的衍生物，虽然多数木脂素能溶于乙醇、氯仿、乙醚，但缺乏共同的特征反应。木脂素多呈游离型，少数成苷，往往与种类繁多的树脂共存，这增加了木脂素提取分离的难度。游离木脂素是亲脂性物质，易溶于乙醇、氯仿、乙醚，可用乙醇或丙酮等亲水性有机溶剂提取得到提取物后再用氯仿、乙醚等溶剂依次萃取，得到游离总木脂素粗品。超临界 CO_2 配合适当夹带剂的萃取方法已经应用于木脂素提取分离。具有内酯结构的木脂素，可以利用碱液使其皂化成钠盐后与其它脂溶性物质分离，但碱液容易使木脂素发生异构化，此法不宜用于有旋光活性的木脂素。

（二）木脂素的纯化及鉴定

从化学结构类型来看木脂素并非一类成分，因此很难找到共同的特征反应进行特异性鉴定，纯化鉴定的方法也呈现多元化。

1. 纸层析

一些非特征性的广泛显色剂，如 5％磷钼酸乙醇液、30％硫酸乙醇液、盐酸重氮盐或 $SbCl_3$ 和 $SbCl_5$ 试剂等，可用于木脂素纸层析显色。纸层析中，将滤纸浸以甲酸铵为固定相，苯为流动相，展开后用显色剂显色即可用作初步纯化鉴定。

2. 柱层析

柱层析是分离纯化木脂素的主要手段，常用填充剂为硅胶、中性氧化铝，以石油醚-乙酸乙酯、石油醚-乙醚、苯-乙酸乙酯、氯仿-甲醇等溶剂系统为洗脱液。

3. 显色反应

二芳基丁内脂型木脂素在紫外光下呈蓝绿色荧光，薄层层析板可用碘显色，呈黄色斑点；芳基萘内酯型木脂素爵床脂素 C 和台湾脂素 C，常呈浅黄色，紫外光下有蓝色荧光，可与苯代四氢萘类区别。

4. 紫外吸收光谱

多数木脂素的两个芳环是两个孤立的发色团，两者紫外吸收峰位置相近，而吸收强度是两者之和，立体构型对紫外光谱没有影响。

紫外吸收光谱可用于区别芳基四氢萘、芳基二氢萘和芳基萘型木脂素，还可确定芳基二氢萘 B 环上的双键位置。以 α, β, γ-脱氢苦鬼臼毒素和脱氢鬼臼毒素为例，β-脱氢物的双键与两个苯环均无共轭，紫外吸收峰与鬼臼毒素相似，仅 α, β-不饱和内酯结构使得短波处的吸收峰强度增加。α-脱氢物、γ-脱氢物，由于共轭体系延长，吸收峰红移，其中 γ-脱氢物共轭体系最长，红外吸收峰的红移最显著。脱氢鬼臼毒素因 B 环芳香化，显示萘衍生物的吸收特征，其紫外吸收与前三者完全不同。

第五节　典型苯丙素类化合物生物资源的开发及利用

一、丹参素的开发及利用

（一）丹参素

丹参素属苯丙酸类苯丙素化合物，也是一种酚性芳香酸类化合物，气微，味苦，是从唇形科植物丹参（*Salvia miltiorrhiza*）、唇形科多年生草本植物甘西鼠尾草（*Salvia przewalskii*）的根的水溶性成分中的主要药效成分之一。丹参分布于我国大部分地区，包括辽宁、河北、河南、山东、山西、江苏、湖北、甘肃、四川等省区，野生的丹参常见于山坡、草丛、林下、溪谷旁。丹参干燥根和茎是我国传统中药，具有活血祛瘀、通经止痛、清心除烦、凉血消痈之功效，用于治疗胸痹心痛、脘腹胁痛、心烦不眠、月经不调、痛经经闭和疮疡肿痛等。

丹参素的体外和动物研究显示，丹参素可通过清除自由基、减少巯基氧化、抑制线粒体膜的渗透性和传输，减少线粒体膜上的脂质过氧化反应；能够显著地改善 H9c2 心肌细胞的细胞活力、减少 LDH 的释放。丹参素在许多生物过程中都可发挥活性作用，如改善微循环、抑制活性氧的产生、抑制血小板的粘连和凝集、在缺血情况下保护心肌、抗菌消炎及增强机体免疫、抗动脉粥样硬化及降血脂、抗血栓形成、治疗肝损伤、抗肿瘤、防治高原病、治疗银屑病等。

（二）丹参素化合物的提取

可用如图 9-34 所示的方法从丹参中提取分离丹参素化合物成分。

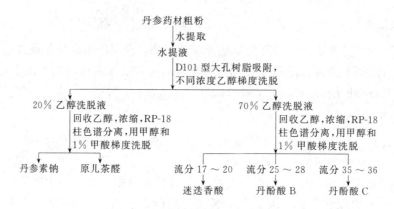

图 9-34 从丹参中提取分离丹参酚酸类成分的流程示意图

（引自罗永明主编《天然药物化学》，2011）

（三）丹参素的临床应用研究

丹参确定可治疗胸痹、冠心病心绞痛、妊高症，保护重症急性胰腺炎（SAP）并发肾功能损害，消除内毒素血症并抑制血栓素生成，舒张血管平滑肌，降低门脉压力，辅助治疗恶性肿瘤，改善妊娠肝内胆汁淤积症（ICP）围生儿预后。研究者认为，ICP 围生儿预后不良是因为胎盘血管发育和功能异常导致胎儿的供氧不足。丹参可通过增加内皮细胞的血管内皮生长因子表达，增强血管的通透性，使胎盘部位血流灌注增加，促进母胎之间血、氧交换，改善围生儿因血供不足而引起的缺氧窘迫、发育迟，从而改善了围生儿预后；治疗红斑性肢痛病、急性胰腺炎、慢性咽炎、皮肤病。

二、连翘苷的开发及利用

连翘（*Forsythia suspensa*）是掞花目木犀科连翘属落叶灌木植物连翘的干燥果实。药用连翘分青翘、老翘两种。青翘在果皮呈青色尚未成熟时采下，置沸水中稍煮片刻或放蒸笼内蒸煮后晒干；老翘在果实熟透变黄、果壳裂开时采收晒干。连翘具有清热解毒、消肿散结的功效，常用于治疗风热感冒、瘟病初起、痈疽等症。连翘为我国 40 种常用大宗药材之一，年用量 7000～9000 吨，其中老翘 2000 吨左右，青翘 6000～8000 吨。

（一）连翘苷

连翘苷是连翘中提取分离的双木脂素类化合物的葡萄糖苷单体化合物，是连翘药材的主要有效成分之一。连翘苷是存在于连翘叶、连翘果实里的生物活性物质，在连翘叶里含量可以达到 5% 左右。研究表明，连翘苷其具有明显的解热、发汗、抗炎、镇痛等作用。现代药理学研究证实，连翘苷同样具有多种生物活性，包括抗菌、抗病毒、降血脂、抗氧化、保肝、抗炎等作用。

1. 抗菌

研究发现，连翘苷对生物膜内细菌的代谢和生物膜形态均有明显的影响，如连翘苷对铜绿假单胞菌细胞的黏附性和生物被膜有较强的抑制作用。

2. 抗病毒

连翘为双黄连、银翘散等多种中药复方的重要成分，作为常用的清热解毒类中药，其中的有效成分连翘苷也具有较强抗病毒作用。研究结果证实连翘苷可以抑制甲型流感病毒 NP 基因转染后表达，显示了良好的病毒活性。

3. 降脂

连翘苷具有较好的降血脂作用，对于预防动脉粥样硬化和冠心病等疾病有一定功效。小鼠试验表明，连翘苷能降低营养性高血脂症小鼠的血浆总胆固醇、三酰甘油、低密度脂蛋白胆固醇等指标，升高高密度脂蛋白胆固醇水平，有效降低高脂血症动物的动脉粥样硬化指数。

4. 抗氧化

有研究表明连翘苷具有较好的抗氧化作用，可以抑制氧化产物丙二醇的积累，促进抗氧化酶 POD 和 CAT 的活性，提高了机体的抗氧化能力。

5. 保肝

连翘具有保肝作用，已有研究显示连翘苷是连翘保肝护肝的活性成分之一。连翘苷可有效减轻四氯化碳对肝组织的损伤作用，以四氯化碳诱导的肝损伤模型作为动物模型，通过实验研究证实了连翘苷可以有效地降低四氯化碳诱导的急性肝损伤小鼠的血清 AST、ALT 活性，升高胆碱酯酶（CHE）活性，提高肝组织中超氧化物歧化酶（SOD）活性和参与自由基清除的谷胱甘肽（GSH）含量，同时还能降低肝组织中氧化产物丙二醛（MDA）的积累。

6. 抗炎作用

大量的研究证实了连翘提取物具有抗炎、解热的功效。研究者以小鼠巨噬细胞（RAW264.7）为研究模型，探索了连翘苷对 LPS（革兰阴性菌细胞壁的主要成分）引起的炎症反应的影响及其可能存在的机制。研究证明了连翘苷可以剂量依赖性地抑制 LPS 引起的 RAW264.7 细胞多个促炎症因子和介质（IL-1、IL-6、TNF-α、NO、PGE$_2$）的释放，同时，证明了连翘苷是通过抑制 JAK-STATs 和 p38MAPKs 信号通路来减少上述促炎因子和介质的释放。

（二）连翘苷的提取

连翘苷是连翘的有效成分，也是主要成分之一，其常用的提取方法有多种，包括煎煮法、渗漉法、回流提取法、超声提取法、索氏提取法、微波提取法和半仿生提取法等，但方法各有优劣。

1. 煎煮法

连翘苷极性较大、易溶于水，因而可用煎煮法进行提取。研究表明，采用 10 倍量水、煎煮 3 次、每次 1h，可从连翘中获得连翘苷，得率为 0.135%（连翘苷含量 0.152%）。该法是我国最早使用的中药浸出方法，其操作方法简单便利，适用于有效成分能溶于水、对湿和热较稳定的药材，但该法浸提成分范围广，往往杂质较多，若只用来提取连翘苷，会给精制带来不便，且煎出液易霉败变质。

2. 渗漉法

渗漉法常用不同浓度的乙醇做提取溶剂。研究表明，乙醇浓度为 30％时连翘苷得率最高（0.09％），优于其他浓度乙醇的提取效果。此法操作简便，有效成分浸出完全，可直接收集浸出液，但提取连翘苷时需要不断添加新鲜溶剂，溶剂消耗量较大，且易挥发。

3. 回流提取法

研究表明，采用回流提取法提取连翘叶中的连翘苷，其含量较果实更高。在提取时间 2h、料液比 1∶20、提取 3 次的条件下连翘叶中连翘苷提取率高，且提取过程中所用乙醇、甲醇等溶剂可回收再利用，提取成本较低，被经常采用。

4. 超声提取法

超声提取法的特点为利用超声波产生高速、强烈的空化效应和搅拌作用，破坏植物药材的细胞，使溶剂渗入药材细胞，从而利于连翘苷从药材中溶出。有研究人员采用正交试验法筛选出连翘苷最优的提取条件，即 10 倍水、超声提取 3 次、每次 30min，连翘苷的平均得率达到 0.28％。

超声提取法具有提取时间短、效率高、条件温和等优点，因此，可以避免加热对连翘苷提取率的影响，是一种常用的连翘苷提取方法。

5. 索氏提取法

研究人员以甲醇做溶媒，采用索氏提取法提取连翘苷，但发现索氏提取法提取连翘苷得率明显低于超声提取法，因此该法不常用于连翘苷的提取工艺中。然而，索氏提取法提取效率虽不如超声提取法高，但工艺简洁、操作简便、耗能低，因溶剂可以反复回流提取而不增加用量，大大节约了提取连翘苷的溶剂用量。

6. 微波提取法

研究人员采用微波提取法提取连翘中的连翘苷，发现以 70％甲醇、微波功率 400W、提取温度 70℃、液料比 30∶1 为条件时结果较优。

（三）连翘苷的临床应用研究

在民间常用连翘嫩叶制作成保健茶饮用，认为有较好的减肥降脂作用，现代药理研究证明，连翘苷有较好的减肥作用，是连翘叶中具有减肥作用的活性成分之一。

思考题

1. 为什么可用酸碱开环闭环分离法提取分离香豆素类成分？分析说明提取分离时应注意什么问题？

2. 写出异羟肟酸铁反应的试剂、反应式、反应结果以及在鉴别结构中的用途。

参考文献

[1] 常景玲. 天然生物活性物质及其制备技术［M］. 郑州：河南科学技术出版社，2007.

[2] 段珍，吴凡，闫启，等. 植物香豆素生物合成途径及关键酶基因研究进展［J］. 草业学报，2022，31（1）：217-228.

[3]　蒋挺大.木质素［M］.北京：化学工业出版社，2009.

[4]　孔令雷.香豆素类化合物药理和毒理作用的研究进展［J］.中国药理学通报，2012，28（2）：165-168.

[5]　孔令义.香豆素化学［M］.北京：化学工业出版社，2008.

[6]　孔令义.天然药物化学［M］.北京：中国医药科技出版社，2020.

[7]　罗礼阳，罗晓星，李明凯.香豆素类化合物的抗菌活性及其作用机制研究进展［J］.山东医药，2017，57（28）：102-105.

[8]　罗永明.天然药物化学［M］.武汉：华中科技大学出版社，2011.

[9]　权红，马和平，兰小中.鬼臼毒素的研究进展［J］.现代农业科技，2009（23）：111-112.

[10]　王华，鲁小梅，姚虎，等.香豆素及其衍生物的应用研究进展［J］.化工时刊，2009，3（8）：40-43.

[11]　魏晋宝，杨光义，陈欢，等.连翘苷的提取方法、药理毒理及药动学研究进展［J］.中国药师，2015，18（12）：2144-2148.

[12]　杨俊杰.天然药物化学［M］.北京：化学工业出版社，2018.

[13]　杨世林，严春艳.天然药物化学（案例版）［M］.2版.北京：科学出版社，2021.

[14]　阮汉利，张宇.天然药物化学［M］.北京：中国医药科技出版社，2021.

[15]　袁娅.中药有效成分鬼臼毒素提制分析及其质量控制新方法研究［D］.长沙：湖南大学，2011.

第十章

其他天然生物活性成分的开发及利用

天然生物活性物质来自植物、动物和海洋生物等。几千年来天然生物活性物质一直是人类发现活性成分或先导化合物的重要来源，是获得药物的主要途径。但是，天然生物活性物质是一个数量庞大、资源丰富的化合物库，由于生物代谢的多样性和生态环境的复杂性，导致每一种生物所含的化学成分都非常复杂，无法把所有天然活性成分都简单地归类。天然生物活性物质中除了糖和糖苷、生物碱、黄酮类、萜类、甾体类、醌类、香豆素和木脂素等化学成分外，还广泛存在鞣质、氨基酸、蛋白质和酶等其它类物质。此外，昆虫信息素以及海洋天然产物等也存在着大量具有重要生理活性的天然生物活性物质。现有的研究表明，这些天然生物活性成分虽不能简单地归类，但同样具有较强的生物活性，本章将对这些代表性的其他天然生物活性物质进行介绍。

第一节　氨基酸和蛋白质

一、氨基酸

氨基酸广泛存在于动、植物体中，除构成蛋白质的氨基酸外，其他游离氨基酸也大量存在于中草药中，有些氨基酸为中药的有效成分，例如，天冬、玄参、棉花根中的天门冬素具有镇咳和平喘作用（图 10-1）；三七中的田七氨酸具有止血作用（图 10-2）。

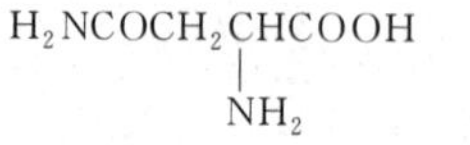

$$H_2NCOCH_2CHCOOH$$

图 10-1　天门冬素 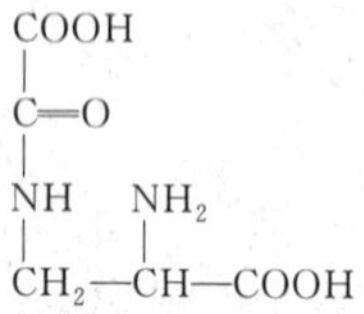　　图 10-2　田七氨酸

（一）氨基酸的基本性质

氨基酸为酸碱两性化合物，一般能溶于水，易溶于酸水和碱水，难溶于亲脂性有机溶剂。

1. 氨基酸显色反应

茚三酮反应：氨基酸的水溶液与水合茚三酮加热反应生成紫色混合物。反应灵敏，常用于鉴别氨基酸及薄层色谱法显色。

吲哚醌试验：用1％吲哚醌乙醇溶液与不同氨基酸反应，产生的颜色各异。如与亮氨酸反应产生红色，与脯氨酸反应产生蓝色，与苏氨酸反应产生棕色。

2. 层析检识

（1）薄层层析　薄层层析最常用的吸附剂为硅胶 G，其次是纤维素等。常用的展开剂有丙醇：水（7∶3）、正丁醇：乙酸：水（4∶1∶1）等。

（2）纸层析　在检识氨基酸时常用纸层析配合。其展开剂有正丁醇：冰醋酸：乙醇：水（4∶1∶1∶2），正丁醇：醋酸：水（4∶1∶5或4∶1∶1）等。

层析检识常用的显色剂有茚三酮试剂和吲哚醌试剂。使用茚三酮试剂时，喷后于110℃加热显紫色，个别氨基酸如脯氨酸显黄色。

（二）氨基酸提取

氨基酸一般采用以下提取分离方法。

1. 水提取法

将提取物用水浸泡，过滤，减压浓缩至 1mL，相当于 1g 生药，加 2 倍量乙醇沉淀蛋白质、糖类杂质，过滤，滤液浓缩至小体积，然后通过强酸性阳离子交换树脂，用 1mol/L 氢氧化钠或 1～2mol/L 氨水洗脱，收集对茚三酮呈阳性的部分即为总氨基酸。

2. 稀乙醇提取法

将提取物粗粉用 70％乙醇回流或冷浸，乙醇提取液经减压浓缩至无醇味，然后按水提法通过适当的阳离子交换树脂，即得总氨基酸。

（三）氨基酸分离

总氨基酸进一步的分离，一般是先用纸色谱检查含有几种氨基酸，然后再选择分离方法。氨基酸的分离方法有以下几种。

1. 离子交换法

这是分离氨基酸的常用方法，可直接将水或稀乙醇提取物通过装有阳离子交换树脂的交换柱。在酸性条件下，带正电荷的氨基与树脂上的磺酸基（—SO_3H）交换。由于氨基酸正电荷随溶液 pH 发生变化，同一氨基酸在不同 pH 和不同氨基酸在同一 pH 环境中所带的正电荷各不相同，与—SO_3H 上的氢离子交换能力强弱也不同，利用这种差别使相互分离。例如板蓝根中氨基酸的分离，在阳离子交换树脂柱上，酸性氨基酸的交换能力最弱，中性氨基酸较强，碱性氨基酸最强。

2. 成盐法

利用某些酸性氨基酸与重金属化合物如氢氧化钡或氢氧化钙生成难溶性盐，某些碱性氨基酸与一般酸成盐而与其他氨基酸分离，如南瓜中的南瓜子氨酸是通过与高氯酸生成结晶性盐而分离出的。

3. 电泳法

各种氨基酸所带电荷不同，若将混合氨基酸的水溶液置于电泳凝胶或纸片上，在一定的电场中，中性氨基酸留于中间原处，具净正电荷的氨基酸移向阴极，具净负电荷的氨基酸移向阳极。移动速度与溶液的 pH 有关，溶液的 pH 愈接近等电点，则氨基酸所带的净电荷愈低，移速愈慢，反之，则加快。因此，适当调节氨基酸混合液的 pH，可达到分离混合氨基酸的目的。

（四）氨基酸提取分离实例

南瓜子氨酸是一种碱性氨基酸，可与高氯酸（$HClO_4$）形成结晶性盐从稀乙醇液中析出。南瓜子氨酸提取分离方法如图 10-3 所示。

南瓜子
    | 压榨去油
渣饼
    | 采用水温 50℃ 浸提，4h 一次，浸提 3 次
浸出液
    | 强酸性阳离子交换树脂
树脂柱
    | 1% 氨水洗脱
洗脱液
    | 尽量去除 NH_3
残留物
    | 先溶于 2 倍量水，再用 6 倍量 95% 乙醇溶解
滤液
    | 加 $HClO_4$ 至 pH5 析晶
结晶（南瓜子氨酸高氯酸盐）
    | 水溶解，通过弱碱性阴离子交换树脂柱吸附高氯酸根离子
流出液
    | 减压浓缩、析晶
结晶（南瓜子氨酸）

图 10-3　南瓜子氨酸提取分离工艺流程

二、蛋白质

蛋白质大量存在于中草药中，在中药制剂的工艺中，大多数情况将其作为杂质除去。但近几十年来，随着对中药化学成分的深入研究，陆续发现有些中草药的蛋白质具有一定的生物活性。例如，天花粉中的天花粉蛋白有引产作用，临床用于中期妊娠引产，并用于治恶性葡萄胎；半夏鲜汁中的半夏蛋白具有抑制早期妊娠作用。

（一）蛋白质的基本性质

蛋白质是一种由氨基酸通过肽键聚合而成的高分子化合物，分子量可达数百万，分子

颗粒大小在胶体范围（1～100nm）之内。蛋白质链的尽头存在自由氨基和羧基，因而如氨基酸一样，具有两性，并具有等电点。

大多数蛋白质能溶于水，生成胶体溶液。少数蛋白质能溶于稀乙醇中。蛋白质的溶解度与溶液 pH 值有关。在等电点时溶解度最小。加热煮沸其水溶液，蛋白质即被凝固成块状，不再溶于水。根据其水溶液能产生似肥皂状泡沫，但煮沸后，蛋白质凝固，不再产生泡沫，中药制剂生产中常用水煮醇沉法即可使蛋白质沉淀除去。

（二）蛋白质的检识反应

1. 沉淀反应

蛋白质可与重金属盐类如氰化高汞、硫酸铜、醋酸铅等，酸性沉淀试剂如三氯醋酸、苦味酸、硅钨酸等反应产生沉淀。

2. 双缩脲反应

蛋白质分子中含有多个—CO—NH—，在碱性溶液中与稀硫酸铜溶液作用，显红色或紫红色。

（三）蛋白质的提取与分离

蛋白质在水和其他溶剂中的溶解度，因蛋白质种类的不同有较大的差异。白蛋白和碱性蛋白质在水中的溶解度较大，大多数其他蛋白质在水中的溶解度较低。有的可溶于稀无机酸或碱溶液或稀盐溶液中，如球蛋白类、谷蛋白类。

一般用水冷浸提取出总蛋白质，再加等量乙醇或丙酮，使蛋白质沉淀。也可加硫酸铵、氯化钠等析出蛋白质。蛋白质在常温下对溶剂不稳定，故操作应在较低温度下迅速进行，并需加以搅拌，勿使局部浓度过高。以上析出的沉淀是总蛋白质，其中带有部分杂质。经离心后分离出沉淀，加水溶解，再采用分级沉淀法、透析法、层析法、凝胶过滤法以及电泳法进行纯化。有时几种方法合并使用。

（四）蛋白质提取分离实例

天花粉蛋白的提取：天花粉是葫芦科植物中华栝楼（*Trichosanthes kirilowii*）或双边栝楼（*Trichosanthes rosthornii*）等同属多种植物的根。从新鲜天花粉中提取得到一种能中断中期妊娠，并用以治疗恶性葡萄胎和绒癌的蛋白质，称为天花粉蛋白，其提取方法如图 10-4 所示。

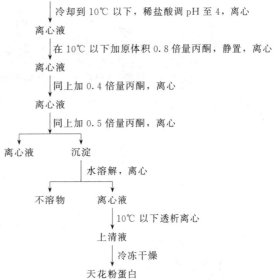

图 10-4　天花粉蛋白的提取工艺流程
（引自张继杰主编《天然药物化学》，1986）

第二节　植物激素、昆虫激素和农用天然产物

自然界的生命体内存在着各种各样的化学信息素，它是在个体之间传播信息的一种物质，运用于体内，操纵着从生到死的各个生命阶段，释放于体外，起着吸引异性、正常生活、繁衍后代、防卫自身和参与社会活动等生命现象的控制作用。生命和天然的化学信息素很可能是同根而生，可以说，化学信息素起着生命全过程的控制作用，达到体内和体外的高度协调和有机统一，控制目的不同，信息素的成分也不同。本节介绍几类重要的化学信息素。

一、植物激素

植物激素是由植物自身代谢产生的一类有机物质，并自产生部位移动到作用部位，在极低浓度下就有明显生理效应的微量物质，也被称为植物天然激素或植物内源激素。目前，主要的植物激素有 7 类（图 10-5）。此外，还有其他一些植物激素，包括对生长发育和生理过程起调节作用的植物整形素；能使茎或枝条的细胞分裂和伸长速度减慢，抑制植株及枝条加长生长的植物生长抑制剂，如矮壮素、脱落酸、青鲜素、甜菜碱等。

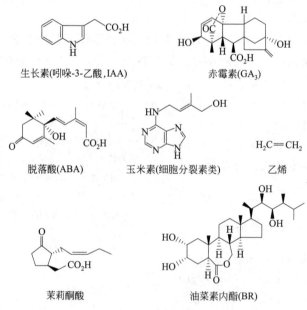

图 10-5　主要的植物激素

（一）生长素

生长素是一类含有一个不饱和芳香族环和一个乙酸侧链的内源激素，是调控植物生长的重要激素之一，在低等和高等植物中普遍存在。最早由 1928 年荷兰 F. W. 温特从燕麦胚芽鞘尖端分离出一种具生理活性的物质，称为生长素。

生长素主要集中在幼嫩、正生长的部位，如禾谷类的胚芽鞘，它的产生具有"自促作用"；双子叶植物的茎顶端、幼叶、花粉和子房以及正在生长的果实、种子等；衰老器官中含量极少。

（二）赤霉素类

1926 年日本黑泽在水稻恶苗病的研究中，发现感病稻苗的徒长和黄化现象与赤霉菌（*Gibberella fujikuroi*）有关。1935 年薮田和住木从赤霉菌的分泌物中分离出了有生理活性的物质，定名为赤霉素。

赤霉素是一种结构较复杂的物质，也是另一种调控植物生长的重要激素，其最显著的效应是促进植物茎伸长。高等植物中的赤霉素主要存在于幼根、幼叶、幼嫩种子和果实等部位。

（三）脱落酸

1963 年由美国的 F. T. Addicott 与大熊和彦等从 300kg 的棉籽中获得 9mg 结晶，该物质经英国的 J. W. Cornforth 等研究发现与植物的休眠现象有关。白桦和枫树，从夏季到初秋形成新芽，那些芽休眠到翌春。把诱导休眠的物质分离出来，就是脱落酸。

脱落酸最主要的作用就是抑制细胞分裂，促进叶和果实的衰老和脱落。此外，还有关闭叶片气孔抑制水分蒸腾的作用。另外，脱落酸还可由植物致病性霉菌类的尾孢菌（*Cercospora*）与灰孢霉菌（*Botrytic cinerea*）产生。脱落酸存在于植物的叶、休眠芽、成熟种子中。通常在衰老的器官或组织中的含量比在幼嫩部分中多。

（四）植物细胞分裂素

植物细胞分裂素能促进细胞的分裂与分化，这种物质的发现是从激动素的发现开始的。1955 年美国的 F. Skoog 等发现植物细胞分裂素类能促进植物细胞分裂。1964 年澳大利亚的 D. S. Letham 从 60kg 未成熟的玉米种子中分离出 0.7mg 玉米素。玉米素是具代表性的细胞分裂素，是第一个天然细胞分裂素。

植物细胞分裂素存在于植物的根、叶、种子、果实等部位。人工合成的细胞分裂素苄基腺嘌呤常用于防止莴苣、芹菜、甘蓝等在贮存期间衰老变质。

（五）乙烯

早在 20 世纪初就发现用煤气灯照明时有一种气体能促进绿色柠檬变黄而成熟，这种气体就是乙烯。但直至 60 年代初期用气相层析仪从未成熟的果实中检测出极微量的乙烯后，乙烯才被列为植物激素。因为乙烯具有促进苹果和香蕉等果实成熟的作用，实际上在香蕉生产中已被利用。

乙烯广泛存在于植物的各种组织、器官中，是由蛋氨酸在供氧充足的条件下转化而成的。乙烯主要作用为促进果实成熟、器官脱落和衰老。它的产生具有"自促作用"，即乙烯的积累可以刺激更多的乙烯产生。

（六）茉莉酮酸及其相关物质

1980 年大阪府立大学的加藤次郎等从多种植物中分离出能促使植物衰老的茉莉酮酸及其甲酯物质。1989 年北海道大学的吉原照彦等分离出能促进马铃薯块茎形成与糖苷相关的块根油酮酸。茉莉酮酸类具有丰富的生物活性，是植物激素的一种。

（七）油菜素内酯

1970 年由美国农业部研究中心农学家 Mitchell 在油菜花粉中发现。对作物的各生长阶段都有调节作用，具有促进细胞伸长和细胞分裂、促进维管分化、促进花粉管伸长而保持雄性育性、加速组织衰老、促进根的横向发育、顶端优势的维持、促进种子萌发等生理作用。油菜素内酯促进生长的效果非常显著，其作用浓度要比生长素低好几个数量级。油菜素内酯兼具赤霉素、细胞分裂素和生长素的综合功效，且其有着平衡植物体内上述这些内源激素的发展的功能。

二、昆虫激素

昆虫激素在昆虫的生命周期中起到重要的调控作用，如昆虫的生长发育、变态发育和生殖的过程。昆虫的许多生理活动，如生长、蜕皮、变态、生殖、滞育、迁飞等都表现出明显的周期性。这些周期性的生理活动既是进化过程中形成的遗传特性，又是激素调控能力的集中反应。昆虫激素分为昆虫外激素和昆虫内激素。

（一）昆虫外激素

也称为昆虫信息素，是指昆虫个体向外释放的能在昆虫间传递信息、引起同种个体间或种间产生生理或行为反应的微量化学物质。主要来源于昆虫体表的分泌腺体，借助空气和其他媒介传递，接受者以化学感受器或嗅觉、味觉等方法接纳，可表现为抑制作用，亦可表现为刺激作用。根据外激素的功能不同，可分为以下几类。

1. 性信息素

是研究最多、发展最快的外激素，也称性外激素，是成虫在特定时间里分泌和释放的、对同种异型个体有强烈引诱作用的信息化学物质。一般分为长距离吸引的性引诱信息素和近距离吸引的交配信息素。通常是雌性分泌引诱雄性。昆虫中第一个发现的性信息素为（10E，12Z）-十六碳二十烯醇（图 10-6）。

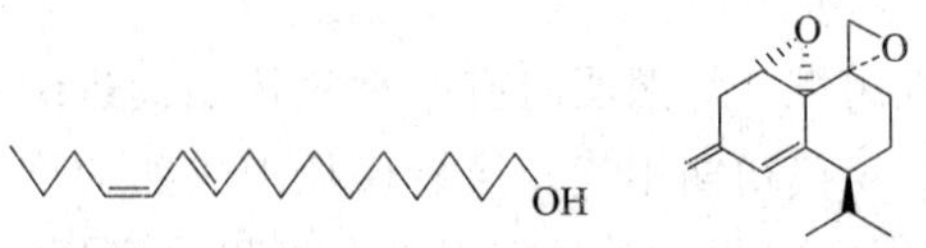

图 10-6　（10E，12Z）-十六碳二十烯醇分子结构

2. 聚集信息素

聚集信息素是引起同种两性的其他个体定向至释放源聚集进行取食、交配和繁殖的挥

发性信息化学物质。

3. 踪迹信息素

踪迹信息素是社会性昆虫分泌的、能表示其行踪的信息化学物质，使种内其他个体能追随其行踪，以找到食物或返回巢穴。这类信息素的持续时间短，有效范围窄。

4. 警戒信息素

警戒信息素是社会性昆虫释放的、向同种其他个体通报有敌害来临，诱导产生疏散、聚集或防御行为的挥发性化学物质，持续时间短。不同昆虫对警戒信息素的反应不同，大体可以分为惊慌警戒和聚集警戒两类。前者的行为反应是慌乱地散开或紧急跌落，如蚜虫、角蝉、蜱；后者则是兴奋地向警戒信息素源聚集，进入戒备状态，并能产生群体攻击行为，如蜜蜂、胡蜂和一些蚂蚁。

5. 标记信息素

标记信息素是指昆虫在其产卵场所、食物源或巢穴附近所留下的、有提示作用的信息化学物质。但寄主标记信息素也会给释放者带来不利的影响，如信息盗用和盗寄生现象。

（二）昆虫内激素

昆虫内激素是由内分泌系统分泌的，主要包括脑激素（BH）、蜕皮激素（MH）和保幼激素（JH）三大类。

1. 脑激素

脑激素又称活化激素、"促激素"，是由昆虫脑神经分泌细胞分泌的，属多肽类物质。脑激素主要有促前胸腺激素（PTTH）、咽侧体活化激素（AT）和咽侧体静止激素（AS），这些激素统称为神经肽。

2. 蜕皮激素

蜕皮激素又称昆虫变态激素、蜕皮甾醇，是由前胸腺分泌的，最初是在昆虫体内发现，有 α-蜕皮素和 β-蜕皮素两种。蜕皮激素有促进细胞生长作用，刺激真皮细胞分裂产生新的表皮，有使昆虫蜕皮的能力，对人体有促进蛋白质合成的作用。目前，在很多植物中发现了类蜕皮素化合物，如牛膝、川牛膝含有的蜕皮甾酮、20-羟基蜕皮酮等，这些类似物统称植物蜕皮素。

昆虫变态激素为甾体化合物，结构中 A/B、B/C、C/D 环的骈合为顺式、反式、反式。C_6 位常为羰基，C_7、C_8 位为双键，构成 α、β 不饱和酮结构。另外 C_{17} 位连接的侧链由 8～10 个碳组成，且含有羟基（图 10-7）。

3. 保幼激素

保幼激素的作用，顾名思义主要是抑制变态以维持幼虫的形态。昆虫变态过程不仅通过变态激素来调控，更主要的原因是在此过程中保幼激素的缺失。保幼激素还有许多其他作用，如控制间歇期、卵蛋白的合成、卵巢的发育、蝗虫和蚜虫的发育期、决定蜜蜂中从蜂后到工蜂的各个等级、控制信息素的产生及对其反应等。

保幼激素为含 17～18 个碳原子的"倍半萜烯甲基酯类"化合物，现已鉴定出 4 种

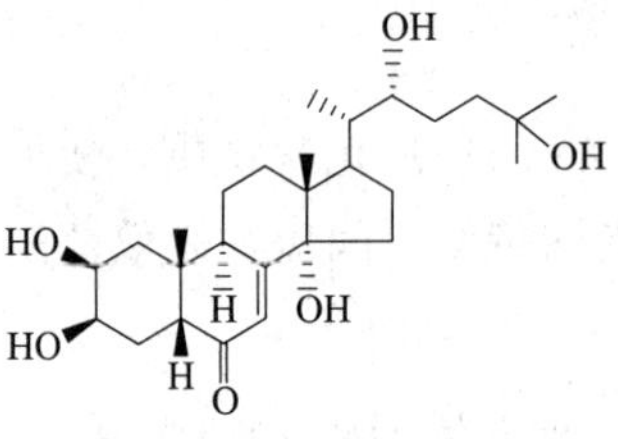

蜕皮酮(α-蜕皮酮) 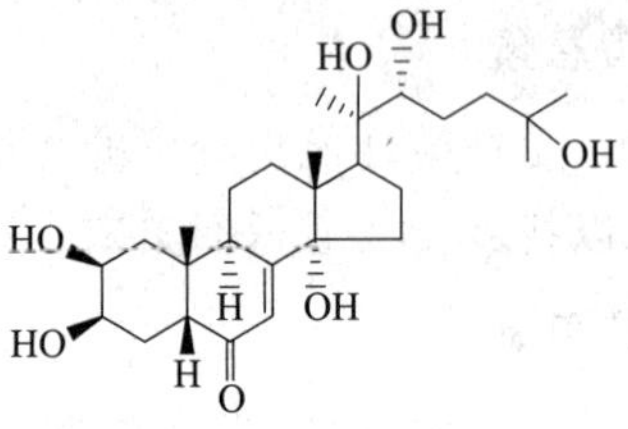   20-羟基蜕皮酮(β-蜕皮酮)

图 10-7　部分蜕皮激素分子结构

结构：被称为 0 号 （C19JH0）、Ⅰ 号 （C18JH1）、Ⅱ 号 （C17JH2）、Ⅲ 号 （C16JH3）（图 10-8）。

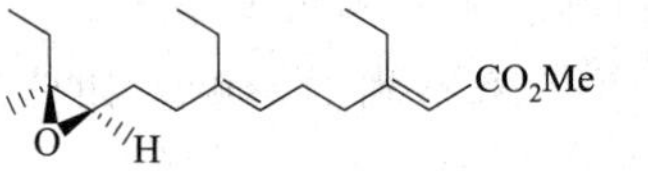

JH0 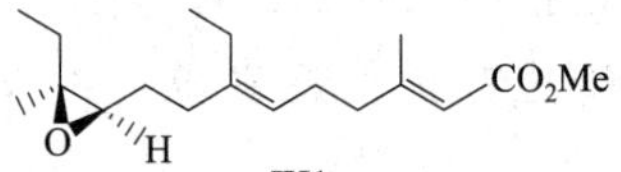   JH1

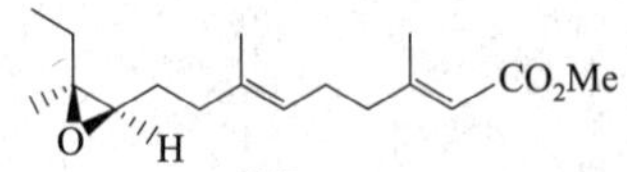

JH2 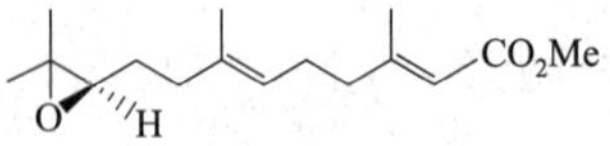   JH3

图 10-8　保幼激素 4 种结构

三、农用天然生物活性物质

指直接利用生物活体或生物代谢过程中产生的具有生物活性的物质或从生物体提取的物质作为防治病虫害的农药。其狭义概念指直接利用生物产生的天然活性物质或生物活体作为农药。广义概念还包括按天然物质化学结构或类似衍生结构人工合成的农药，主要包括除虫菊酯、毒扁豆碱及其他农用天然生物活性物质。

（一）除虫菊酯

除虫菊酯是来源于菊科植物除虫菊 （*Pyrethrum cineraefolium*） 干花的提取物，是具有极强活性的 6 种杀虫物质的总称。这类物质是通过菊酸部分的偕二甲基和醇部分侧链上的不饱和部分嵌入神经膜受体的"锁眼"位置而起作用 （图 10-9）。除虫菊酯的杀虫谱比较广，能够杀灭许多卫生和农林害虫，并且无耐药性，对人和其他温血动物的毒性也很小，无残毒污染环境。它的缺点是对光的稳定性差，一遇到阳光的照射就容易分解、失效，所以只适合在室内用于防治蚊、蝇，以及蟑螂等卫生害虫，不宜作为农药在田间进行喷洒使用。

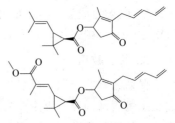

图 10-9　除虫菊酯分子结构

从 20 世纪 20 年代开始，化学家对除虫菊酯进行了提取、分离等研究，到了 40 年代就已经基本上弄清了它的分子结构。经过科学家们的研究和改造，人们研制出了更加稳定、高效、低毒的拟除虫菊酯杀虫剂，现已在世界范围内被应用于农林生产和家庭园艺中。近年来，研究者通过一系列醚、酮、烃等非酯类以及含氟、硅或杂环类除虫菊酯的开发，提高拟除虫菊酯的杀螨效果，降低其对水生生物的毒性。目前世界上合成的拟除虫菊酯主要可以分为第 1 代和第 2 代两类。第 1 代拟除虫菊酯是一种菊酸衍生物和醇所形成的酯，并带有一个呋喃环以及末端的侧链基，它们对光、空气和温度都十分敏感。因此这类物质主要应用于控制室内害虫。第 2 代拟除虫菊酯一般是各类 3-苯氧基苄醇衍生物，它具有优良的杀虫效果和环境稳定性，所以在世界范围内被广泛用于控制农业害虫。

（二）毒扁豆碱

毒扁豆碱为毒扁豆中的剧毒物质，是 1864 年从非洲西部的毒扁豆种子中分离得到的一种生物碱（图 10-10），具有很好的生物活性。毒扁豆碱具有与新斯的明相似的可逆性抑制胆碱酯酶的作用，对中枢神经系统，小剂量兴奋，大剂量抑制。临床主要用于治疗青光眼、阿托品中毒和有机磷中毒，还可用于治疗阿尔茨海默病（DA）。

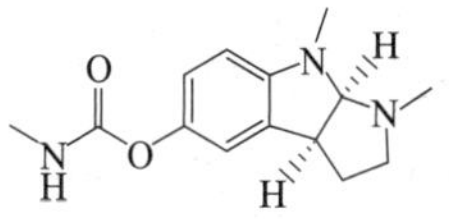

图 10-10 毒扁豆碱
分子结构

目前，以毒扁豆碱为先导化合物，合成了一大类氨基甲酸酯类杀虫剂，如除虫菊酯、瓜菊酯和茉莉菊酯（图 10-11），并发展成了杀虫农药中的 3 大类之一。这类杀虫剂通过抑制乙酰胆碱酯酶，使在神经冲动传递过程中传递介质乙酰胆碱难以分解而起作用。

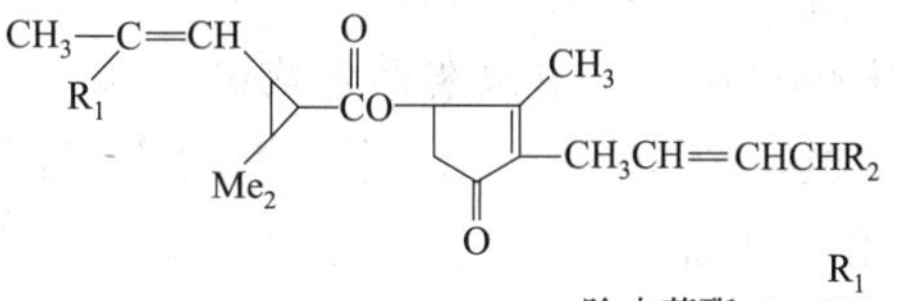

		R_1	R_2
除虫菊酯	1	CH_3	CH_2
	2	$COOCH_3$	CH_2
瓜菊酯	3	CH_3	CH_3
	4	$COOCH_3$	CH_3
茉莉菊酯	5	CH_3	CH_3
	6	$COOCH_3$	CH_3

图 10-11 氨基甲酸酯类杀虫剂分子结构

（三）其他农用天然生物活性物质

其他一些重要的农用天然生物活性物质如赤霉素类化合物，在 20 世纪 30 年代发现，它是一种强烈影响植物生长和发育的植物内源激素，它能引起稻秧疯长直到枯萎，同时还有促进植物雄化、阻止老化和单性结果等作用，适当应用则可使果实肥大，打破蔬菜休眠期，促进花卉开花。另一方面，人们也开发出不少抑制赤霉素生物活性的阻滞剂，如矮壮素之类生长调节剂以使植物节间缩短起到增产作用。20 世纪 80 年代以来，从油菜花粉中分离得到的一类含七元环的甾醇内酯被发现具有增加植物营养体的生长和促进受精作用，对农业增产有明显的效果。

从某种意义上讲，自然界本身亦是创制农药的最好设计师。已经知道有 400 多种植物含有天然抗拒昆虫进攻的物质，还有几百种天然的植物含有这样那样的生长调节活性物质。人类对生物界的了解还很不深透，但所取得的成果已经能导致农业生物学的一次次革命，增加产量、提高质量的同时留下一个更美好的地球环境。不可否认的是，自然界的各种因素十分复杂，基础研究工作还做得远远不够，还有大量的事情要做，如植物病毒也是造成农作物减产和品质劣化的重要原因之一，杀植物病毒剂的研究也和杀虫剂、除草剂一样开始活跃起来。细胞激素作为一种内源激素可促进细胞分裂，具有刺激生长发育和防止衰老的作用。化学杂交剂可阻止植株发育和自花授粉，从而通过异花授粉来获取植物杂交种子。绿色植物在进行光合作用的同时还进行着吸收氧气、放出二氧化碳的另一种呼吸作用，这种光呼吸作用使碳素损失、净光合率下降，导致作物产量下降。利用有机化合物，对光呼吸作用进行化学控制的研究报道也逐年增加。一门研究生物体如何利用化学信息素进行种属内部和不同种属之间相互作用的新兴学科——化学生态学已经兴起，其基本内容即有关化学信息素的分离、结构鉴定和合成及应用。

第三节　鞣质

鞣质（Tanning）又称为鞣酸或单宁，是存在于植物界的一类结构比较复杂的多元酚化合物。鞣质能与蛋白质结合形成不溶于水的沉淀，故可用来鞣皮，即与兽皮中的蛋白质相结合，使皮成为致密、柔韧、难以透水且不易腐败的革，因此称为鞣质。

鞣质广泛存在于植物界，存在于多种树木（如橡树、漆树）的树皮和果实中，特别在种子植物中分布很普遍，也是这些树木受昆虫侵袭而生成的虫瘿中的主要成分。鞣质存在于植物的皮、茎、叶、根果等部位，约 70% 以上的中草药含有鞣质的成分，尤以在裸子植物及双子叶植物的杨柳科、山毛榉科、蓼科、蔷薇科、豆科、桃金娘科和茜草科中为多。

多年来，鞣质成分在医药领域被认为仅有收敛及蛋白质凝固作用，临床上用于各种止血、止泻及抗菌、抗病毒。近十年来，由于新技术、新方法的应用，人们对植物中鞣质的研究取得重大进展，除发现其有抗菌、抗炎、止血药理活性外，还发现具有抗突变、抗脂质过氧化、清除自由基、抗肿瘤与抗艾滋病等多种药理活性。尤其在抗肿瘤治疗中显示出了诱人的前景。

一、鞣质的分类

根据鞣质的化学结构及其是否被酸水解的性质，可将鞣质分为两大类，即可水解鞣质和缩合鞣质。

（一）可水解鞣质

这是一类由酚酸及其衍生物与葡萄糖或多元醇通过苷键或酯键而形成的化合物，存在于五味子、没食子、柯子、石榴皮、大黄、桉叶、丁香等生药中。可水解鞣质可被酸、碱、酶（如鞣酶、苦杏仁酶等）催化水解，依水解后所得酚酸类的不同，又可将其分为没食子酸鞣质和逆没食子酸鞣质。

1. 没食子酸鞣质

这类鞣质水解后可生成没食子酸（或其缩合物）和（或）多元醇（图 10-12），水解后产生的多元醇大多为葡萄糖。

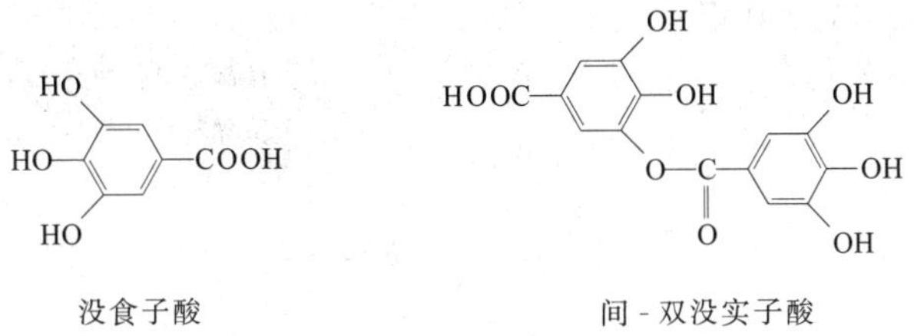

没食子酸　　　　　　　　　间 - 双没实子酸

图 10-12　没食子酸鞣质水解产物

2. 逆没食子酸鞣质

这类鞣质水解后产生逆没食子酸和糖，或同时有没食子酸和其他酸生成。有些逆没食子酸鞣质的原生物并无逆没食子酸的组成，其逆没食子酸是由鞣质水解所产生的黄没食子酸或六羟基联苯二甲酸脱水转化而成（图 10-13）。

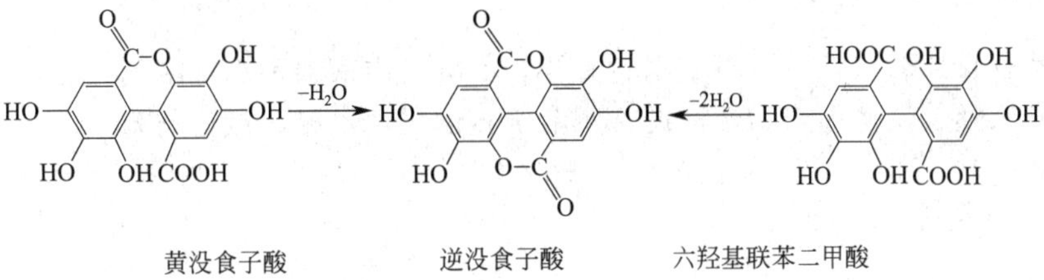

黄没食子酸　　　　逆没食子酸　　　六羟基联苯二甲酸

图 10-13　逆没食子酸鞣质水解产物

例如，中药诃子含 20%～40% 的鞣质，为逆没食子酸型混合物，水解后可产生 1mol 黄没食子酸和 2mol 葡萄糖，前者脱水即生成逆没食子酸。

（二）缩合鞣质

缩合鞣质是一类由儿茶素或其衍生物棓儿茶素等黄烷-3-醇化合物以碳-碳键聚合而形成的化合物。通常三聚体以上才具有鞣质的性质。由于结构中无苷键与酯键，故不能被酸、碱水解。缩合鞣质的水溶液在空气中久置能进一步缩合，形成不溶于水的红棕色沉淀，称为鞣红。当与酸、碱共热时，鞣红的形成更为迅速。如切开的生梨、苹果等久置会变红棕色，茶水久置形成红棕色沉淀等。含缩合鞣质的生药更广泛，如儿茶、茶叶、虎杖、桂皮、四季青、桉叶、钩藤、金鸡纳皮、绵马、槟榔等。

缩合鞣质的化学结构复杂，组成缩合鞣质的基本单元是黄烷-3-醇，最常见的是儿茶素。例如大黄鞣质是由表儿茶素的 4 位和 8 位碳碳结合，而且结构中尚存在没食子酸形成的酯键（图 10-14）。

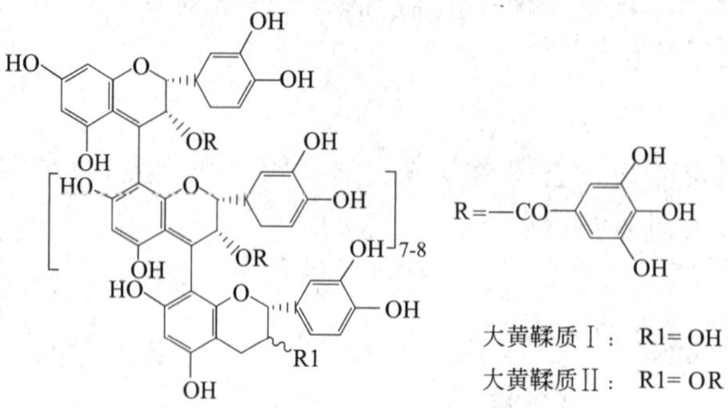

大黄鞣质Ⅰ: R1= OH
大黄鞣质Ⅱ: R1= OR

图 10-14　大黄鞣质

二、鞣质的性质

（一）性状

鞣质多为无定形粉末，仅少数为晶体。味涩，具收敛性，易潮解，较难提纯。分子量在 500～3000 之间；呈米黄色、棕色、褐色等；具有吸湿性。

（二）溶解性

鞣质具有较强的极性，可溶于水、甲醇、乙醇、丙酮等亲水性溶剂，也可溶于乙酸乙酯，难溶于乙醚、氯仿等亲脂性溶剂，不溶于石油醚、乙醚、氯仿与苯。

（三）还原性

鞣质是多元酚类化合物，易氧化，具有较强的还原性，能还原多伦试剂和斐林试剂。

（四）与蛋白质作用

鞣质可与蛋白质（如明胶溶液）结合生成沉淀，此性质在工业上用于鞣革。鞣质与蛋白质的沉淀反应在一定条件下是可逆的，当此沉淀与丙酮回流，鞣质可溶于丙酮而与蛋白质分离。实验室一般使用明胶沉淀鞣质，这是用以检识、提取或除去鞣质的常用方法。

（五）与三氯化铁作用

鞣质的水溶液可与三氯化铁反应呈蓝黑色或绿黑色，通常用于鞣质的检识反应。蓝黑墨水的制造也是利用鞣质这一性质。但在煎煮和制备生药制剂时，应避免铁器接触。

（六）与重金属盐作用

鞣质的水溶液能与醋酸铅、醋酸铜、氯化亚锡等重金属盐产生沉淀反应，这一性质通常用于鞣质的提取分离或除去中药提取液中的鞣质。

（七）与生物碱作用

鞣质为多元酚类化合物，由于具有酸性，故可与生物碱结合生成难溶于水的沉淀，常作为检识生物碱的沉淀试剂。

（八）与铁氰化钾的氨溶液作用

鞣质的水溶液与铁氰化钾氨溶液反应呈深红色，并很快变成棕色。

三、鞣质的生物活性

1. 收敛作用

内服可用于治疗肠胃出血，外用于创伤、灼伤的创面，鞣质可使表面渗出物中的蛋白质凝固，形成痂膜，保护创面，防止感染。

2. 抗菌、抗病毒作用

鞣质因其能凝固微生物体内的原生质，以及对多种酶的作用，对多种细菌、真菌、酵母菌都有明显的抑制能力，抑制机理针对种类不同的微生物有所不同。例如，某些鞣质对霍乱菌、金黄色葡萄球菌、大肠杆菌等常见致病菌都能起到很强的抑制作用。鞣质可作胃炎和溃疡药物成分，抑制幽门螺杆菌的生长。睡莲（*Nymphaea tetragona*）因其所含水解鞣质的杀菌能力，可治喉炎、白带、眼部感染。

此外，有些鞣质还有抗病毒作用，如中药贯众鞣质可抗流感病毒；石榴皮可治疗生殖器疱疹；水解鞣质，尤其二聚鞣花鞣质（如月见草素 B，仙鹤草素）可作口服剂用来抑制 AIDS。

3. 解毒作用

由于鞣质可与重金属盐和生物碱产生不溶性沉淀，有些具有毒性的重金属或生物碱被人体吸收后，可用鞣质作解毒剂，减少有毒物质被人体吸收。

4. 降压作用

从槟榔中分离出的一种鞣质，对高血压大鼠口服或注射均有降压作用，而对正常血压无影响。

5. 驱虫作用

试验研究结果表明，石榴皮鞣质具有驱虫作用；槟榔的驱虫有效成分主要是长链脂肪酸，但槟榔中的缩合鞣质具有协同作用。

6. 抗脂质过氧化

虎杖、肉桂、杜仲等所含鞣质可抑制脂质过氧化而保护肝肾。葡萄籽可显著降低高胆固醇饮食大鼠的血清。主要成分为葡萄籽提取物中的原花色素的一个制品，经动物实验确认具有减轻氧化性应激，抑制动脉硬化、胃溃疡、白内障等效果，最近的临床实验又确认其有抑制运动氧化应激产生的活性氧效果。

7. 抗肿瘤癌变

鞣质作为多元酚类化合物，具有很强的抗氧化作用，其抗癌机理有些就是与其抗氧化作用相关。病毒也是导致肿瘤的原因之一，越来越多的研究也表明大环二聚体鞣质的抗肿瘤活性较强，并且大部分不是单纯的细胞毒作用，而是具有选择性，对正常细胞影响较小。对 DNA 拓扑异构酶-Ⅱ 的抑制作用也是鞣质类化合物的抗肿瘤机制之一。

8. 其他作用

近代药理试验研究表明有些鞣质还具备清除体内自由基的能力，对神经系统具抑制作用，可降低血清中尿素氮的含量，具有抗变态反应和抗炎作用等。

四、鞣质的提取与分离

（一）鞣质的提取

用于提取鞣质的最好的原料是刚刚采摘的原料，未变质的气干原料也可应用。采摘的新鲜原料宜立即浸提，也可以用冷冻或浸泡在丙酮中的方法贮存。浸提用溶剂应该对鞣质有优良的溶解能力，不与鞣质发生化学反应，浸出杂质少，易于分离。

水是鞣质的良好溶剂，可采用含亚硫酸钠、亚硫酸氢钠的水溶液提取石榴皮中的鞣质。有机溶剂和水的复合体系（有机溶剂占 50％～70％）使用更为普遍，可选的有机溶剂有乙醇、甲醇、丙醇、丙酮、乙酸乙酯、乙醚等，一般常用 95％乙醇作为溶剂，采用冷浸或渗漉法提取，提取液减压浓缩成浸膏。丙酮-水体系对鞣质溶解能力最强，能够打开鞣质-蛋白质的连接键，减压蒸发易除去丙酮，是目前使用最普遍的溶剂体系。

（二）鞣质的分离

鞣质粗提物中含有大量的糖、蛋白质、脂类等杂质，加上鞣质本身是许多结构和理化性质十分接近的混合物，需进一步分离纯化。

通常用热水溶液提取的浸膏滤除不溶物，滤液用乙醚等亲脂性有机溶剂除去脂溶性成分，再用乙酸乙酯从水溶液中萃取鞣质，回收乙酸乙酯，加水溶解，在水溶液中加入醋酸铅或咖啡碱沉淀鞣质，经处理后再用色谱法进一步分离。

葡聚糖凝胶柱色谱法也是分离鞣质的常用方法，以水、不同浓度的甲醇和丙酮作洗脱剂。依次用水洗脱糖类成分，10％～30％甲醇的水溶液洗脱酚性苷类成分（如黄酮苷），40％～80％甲醇的水溶液洗脱分子量为 300～700 的鞣质。100％甲醇洗脱出分子量为 700～10000 的鞣质，50％丙酮的水溶液可洗脱分子量大于 10000 的鞣质。

薄层色谱、纸色谱和高效液相色谱也广泛用于鞣质的分离。柱色谱是目前制备纯鞣质及有关化合物的最主要方法，可选用的固定相有硅胶、纤维素、聚酰胺、聚乙烯凝胶、葡聚糖凝胶等，其中又以葡聚糖凝胶 Sephadex LH-20 最为常用。

五、鞣质的检识

鞣质一般可用三氯化铁反应、溴水反应、乙酸铅反应、香草醛-浓硫酸反应、二甲氨基苯甲醛反应、甲醛浓盐酸-硫酸铁铵反应等检识。如果三氯化铁反应无色提示无鞣质或有单取代酚羟基的缩合鞣质；三氯化铁反应显蓝色一般为具邻三酚羟基化合物，可分为水解鞣质和没食子儿茶酸缩合鞣质；三氯化铁反应显深绿色，一般具邻二酚羟基化合物，可分为邻二酚羟基的黄酮和儿茶素类缩合鞣质。如果溴水反应有黄或橙红色沉淀为缩合鞣质。如果乙酸铅反应有沉淀且沉淀溶于乙酸的为缩合鞣质。如果香草醛浓硫酸反应与对二甲氨基苯甲醛反应呈红色，说明存在儿茶素类缩合鞣质。如果甲醛浓盐酸-硫酸铁铵反应有樱红色沉淀，为缩合鞣质。

第四节　海洋天然产物

　　海洋面积约占地球表面积的 70％左右，海洋中的动物和植物远比陆地上多，计有 30门 50 万种以上。由于海洋生物生存环境的特点，海洋生物在其进化过程中产生了与陆地生物不同的生理代谢系统，在海洋中形成的天然产物也与陆地上的有很多差异。人们对陆地上的天然产物的研究已经有 200 多年历史，但对海洋天然产物的大规模研究，直到1969 年发现柳珊瑚中含有丰富的前列腺素后才受到全面重视，这可能与在海洋中采集动植物样品比较困难和大部分海洋天然产物结构的复杂性有关。随着分离分析仪器和结构快速测定方法的改进提高，特别是进入 20 世纪 80 年代以来，对高极性有机化合物的分离纯化技术和新颖生理活性试验方法的开发和手性有机合成技术的进步，使包括海洋微生物代谢产物在内的海洋天然产物的研究取得了长足的进步。

　　地球上有 80％的生物生活在海洋中，但已被研究过的还只有百分之几。研究海洋生物活性物质是海洋药物研究的主导方向。海洋生物活性物质主要包括生物信息物质、各类活性成分、海洋生物毒素、生物功能材料等。近年来，国际上出现了大量涉及药物、食品（包括功能食品）、化妆品、酶制剂等的海洋天然产物专利产品。一大批具有高效抗菌、抗病毒、消炎、抗肿瘤、镇痛功能的海洋生物活性物质被发现，多数化合物具有新药开发潜力，其中部分次生代谢产物已进入临床研究阶段，如抗肿瘤药物 Bryostatin 1、Dolastatin10，抗炎药 Manoalide、Luttarinllolu，抗病毒药 Ara-A、Cnneol、glycotipicles 和影响微循环过程的药物 Latruenlin A、Purealin 等；还有一部分则作为生物工具药得以开发利用。因此，对海洋天然生物活性物质的研究不但能促进生物学的发展，也能不断发现具有新型结构的化合物，提出更合理的生物合成途径，促进食品和医药、农药领域的发展。

一、海洋天然生物活性物质的生物学活性及药物开发

　　许多海洋化合物显示多种多样的生物活性，其中以抗肿瘤、抗炎和细胞毒性尤为突出。

1. 抗肿瘤

　　对海洋生物活性物质的研究，特别是海洋抗肿瘤物质的研究主要集中在鲨鱼、海鞘、海绵、海兔、海绵和藻类，这些抗癌药的显著特点是毒副作用小，疗效确切，有的已进入

临床应用阶段（表10-1）。

表 10-1　临床用的抗肿瘤海洋药物

化合物	临床目的	作用机理	临床研究进展
Citarabin(海绵)	白血病、淋巴肿瘤	抑制 DNA 合成	临床
Bryostatin 1(苔藓虫)	临床试验	PKC 调节	临床Ⅰ/Ⅱ期
Dolastatin 10(海兔)	临床试验	微管抑制、促进凋亡	临床Ⅱ期
Ecteinascidin 743(海鞘)	临床试验	DNA 烷基化	临床Ⅱ期
Aplidine(海鞘)	临床试验	抑制细胞分裂、蛋白质合成抑制	临床Ⅰ/Ⅱ期
Halicondrin B(海绵)	临床试验	作用于微管，抗有丝分裂	临床前
Discodermolide(海绵)	试验中	稳定微管	临床前
Cryptophycin(蓝绿藻)	试验中	Bcl-2 高磷酸化	临床前
Eleutherobin(软珊瑚)	试验中	抗有丝分裂	临床前

资料来源：摘自吴立军主编《天然药物化学》（2008）。

具抗癌作用的海洋生物活性物质还有甲壳质、牛磺酸、蛤素、海洋贝类提取物、扇贝糖蛋白、乌贼墨素、藻蓝蛋白、海参苷、刺参苷、刺参黏多糖、海星皂苷、海胆提取物、螺旋藻多糖、凝集素、珊瑚前列腺素类、角鲨烯、海鞘环肽、草苔虫素、海兔毒素、蜂海绵毒素等。

2. 抗炎

1983 年，美国斯克里普斯海洋研究所的 Fenical 研究小组在对海洋生物进行生物活性筛选时，从巴哈马海域的一种加勒比海柳珊瑚（*Pseudopterogorgia elisabethae*）中提取了一系列能有效抗炎的化合物假蕨素 A（图 10-15），后被用于皮肤过敏性疾病的治疗。

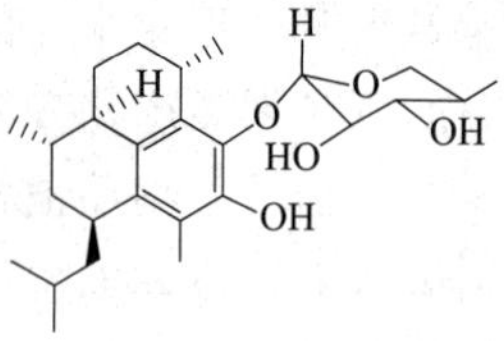

图 10-15　假蕨素 A

3. 抗病毒

抗病毒活性物质主要存在于海绵、珊瑚、海鞘、海藻等海洋生物中，活性成分主要有萜类、核苷类、生物碱和其他含氮多糖杂环类化合物。虽然从海洋生物次生代谢产物中已筛选出一批抗病毒活性成分，但能进入临床或临床前研究的先导化合物仍不多。第一个抗病毒海洋药物是阿拉伯糖苷 Ara-A（图 10-16），它对单纯疱疹和水痘带状疱疹病毒有活性，于 1955 年被 FDA 批准用于治疗人眼疱疹感染。Ara-A 为嘌呤核苷，系抗病毒药，其抗病毒的确切机制尚未完全阐明，主要与抑制病毒的复制有关。Ara-A 及其代谢物通过抑制病毒的 DNA 多聚酶，从而阻断病毒 DNA 的合成。

4. 神经系统、心血管系统药物的开发

在海洋生物中，存在一类高活性特殊代谢成分，即海洋生物毒素。海洋生物毒素具有结构奇特、活性广泛且强等特点。许多高毒性海洋毒素对生物神经系统或心血管系统具有

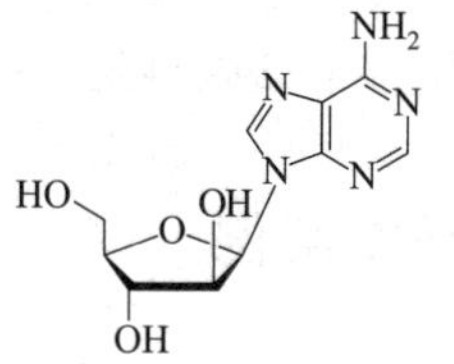

图 10-16　阿拉伯糖苷 Ara-A

高特异性作用，可发展成为神经系统或心血管系统药物的重要先导化合物。

如河豚毒素（TTX），是从鲀鱼类（俗称河豚鱼）中分离出来的一种生物碱（图 10-17），是治疗麻风患者神经痛的强镇痛剂，具有高度专一性。河豚毒素为氨基全氢喹唑啉型化合物，是自然界中所发现的毒性最大的神经毒素之一，曾一度被认为是自然界中毒性最强的非蛋白类毒素。毒素对肠道有局部刺激作用，吸收后迅速作用于神经末梢和神经中枢，可高选择性和高亲和性地阻断神经兴奋膜上钠离子通道，阻碍神经传导，引起神经麻痹而致死亡。

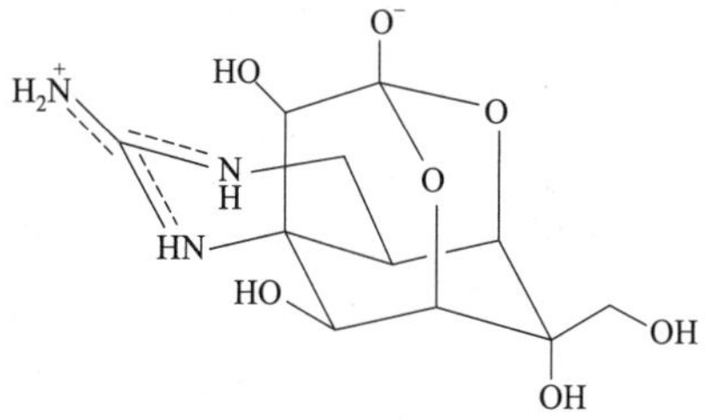

图 10-17　河豚毒素分子结构

河豚毒素化学性质和热性质均很稳定，盐腌或日晒等一般烹调手段均不能将其破坏，只有高温加热 30min 以上或在碱性条件下才能被分解。220℃加热 20～60min 可使毒素全部被破坏。

河豚毒素作用缓慢而且持久，曾代替吗啡、杜冷丁等治疗神经痛，无成瘾性，比常用麻醉药强万倍以上。作为"分子探针"，TTX 因其高选择性、高亲和性地阻断神经兴奋膜上 Na$^+$ 通道而成为鉴定、分离和研究 Na$^+$ 通道的重要工具药。

5. 海洋功能活性物质的开发

海洋功能食品被誉为 21 世纪食品。目前国内外已将牛磺酸用于老年保健方面，如抗智力衰退、抗疲劳、抗动脉粥样硬化、抗心律失常以及改善充血性心力衰竭等。国外也有将牛磺酸用于儿童保健食品中。鱼油不饱和脂肪酸和磷脂具有明显的降血脂、降血糖和改善心脑血管功能的作用，对肝病和肿瘤也有一定的辅助治疗作用，可刺激机体增强免疫功能。如 DHA（二十二碳六烯酸）、EPA（二十碳五烯酸）和 DPA（二十二碳五烯酸）是天然海洋营养补品中常见的主要成分。其中，DPA 可能是一种有效的抗动脉粥样化因子，DHA 可参与具有电活动的组织即心脏、眼和脑的组成；EPA 则可参与花生酸或二十烷酸的合成，从而有益于健康。EPA 和 DHA 在缓解血管病、自身免疫性疾病和 2 型糖尿病中发挥了重要作用。

此外，海洋生物中含有丰富的活性多糖，并具有抗癌、提高机体免疫和降血糖等特殊生理活性。膳食纤维、海藻酸、卡拉胶、琼胶等具有预防与消化道、心血管和内分泌失调有关的多种疾病的功效。甲壳素和壳聚糖具有增强免疫、抗肿瘤、降胆固醇、止血、抑制癌细胞转移和抑制细菌及真菌的生长，加快伤口愈合等多种作用，适合于开发成各种保健食品和手术缝线及人造皮肤。在药物制剂、食品添加剂、化妆品等领域也有着广泛应用前景。

此外，螺旋藻也是海洋功能活性物质开发的热点。螺旋藻富含高质量的蛋白质、γ-亚麻酸、类胡萝卜素、维生素，以及多种微量元素如铁、碘、硒、锌等，是自然界营养成分最丰富、最全面的生物。在天然药物开发中，螺旋藻具有保健作用，例如降胆固醇作用、抗肾毒作用、抗癌作用、防辐射作用、干细胞再生作用和免疫调节作用。

二、海洋天然生物活性物质开发实例

1. 海参皂苷的分离

海参皂苷 A 是分布最广的一种从海洋生物中分离的皂苷（图 10-18），存在于海参属（*Holothuria*）和辐肛参属（*Actinopyga*）两种属所有的 26 种海参中，具有抗肿瘤、抗真菌及抗辐射等多种作用。

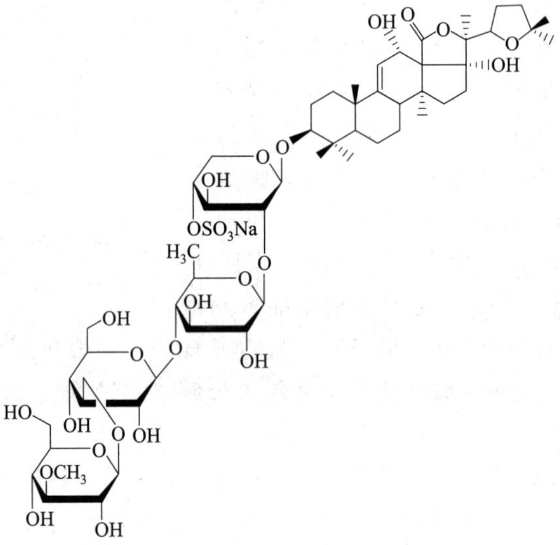

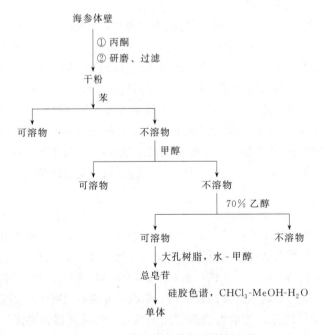

图 10-18　海参皂苷 A 分子结构

图 10-19　海参皂苷的提取分离流程

具体分离时，首先将新鲜海参体壁用丙酮浸泡，除去色素的同时磨碎、过滤，所得到的干粉用苯和甲醇提取除去色素和脂质，再用70％的乙醇提取，所得提取物悬浮于水中，大孔树脂（Amberlite XAD-2）柱分离，先用水洗脱无机盐，再用含水的醇洗脱得到粗总皂苷，再采用硅胶色谱柱分离，$CHCl_3$-MeOH-H_2O 混合溶剂洗脱，分离得到海参皂苷（图 10-19）。

2. Ecteinascidin 743 的分离

1972 年，美国伊利诺斯大学实验室发现加勒比海红树海鞘（*Ecteinascidia turbinata*）提取物含有抗肿瘤活性物质，随后开展了抗肿瘤活性成分的分离和结构鉴定工作，并于 1990 年发现 Ecteinascidin 743（Et-743）。该化合物为大环内酯生物碱（图 10-20），利用 NMR 及 X-射线衍射法确定化合物结构，1996 年实现化合物的全合成。目前，该化合物已进入 Ⅱ 期临床试验。

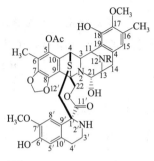

图 10-20　Ecteinascidin 743（Et-743）分子结构

Et-743 的提取、分离流程如图 10-21 所示。新鲜采集红树海鞘的样品，在采集地速冻，解冻后粉碎、过滤，固体物用甲苯萃取脱脂，水溶液二氯甲烷萃取，浓缩回收二氯甲烷，再将所得活性物质进行柱色谱分离，经 HPLC 纯化得到 Et-743。

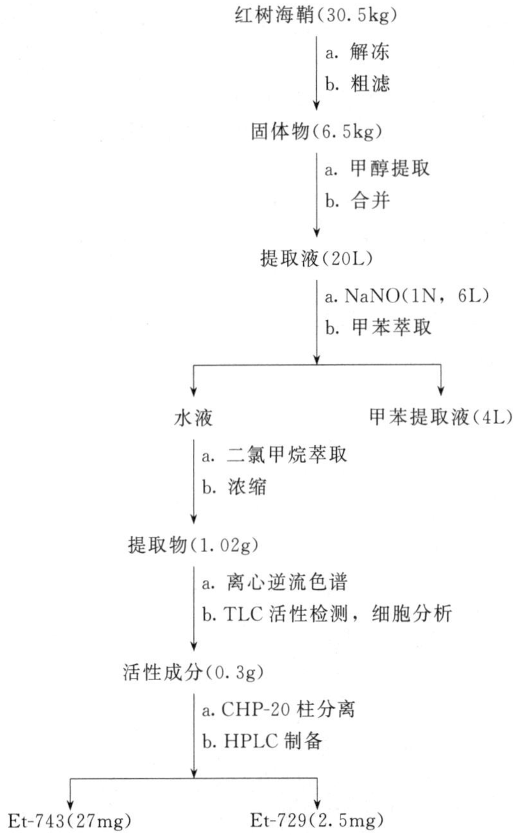

红树海鞘(30.5kg)

　　a. 解冻
　　b. 粗滤

固体物(6.5kg)

　　a. 甲醇提取
　　b. 合并

提取液(20L)

　　a. NaNO(1N, 6L)
　　b. 甲苯萃取

水液　　　　　　　甲苯提取液(4L)

　　a. 二氯甲烷萃取
　　b. 浓缩

提取物(1.02g)

　　a. 离心逆流色谱
　　b. TLC 活性检测，细胞分析

活性成分(0.3g)

　　a. CHP-20 柱分离
　　b. HPLC 制备

Et-743(27mg)　　　　　Et-729(2.5mg)

图 10-21　Ecteinascidin 743（Et-743）的提取分离流程

思考题

1. 什么是氨基酸的等电点？氨基酸在等电点时有何性质？

2. 昆虫内激素分为哪三类，各有什么功能？

3. 什么是鞣质，分为几类，主要存在于哪类天然产物中？

4. 什么是昆虫信息素，分为哪两类？

5. 目前研究发现的海洋天然产物中结构特殊、生理活性明显的化合物主要有哪几种类型？主要表现出什么生物活性？

6. 简述海洋天然活性物质药物研发的意义。

参考文献

[1]　鲍光明，蒋晓慧，田敏卿，等.目前处于临床研究的抗肿瘤活性海洋天然产物 [J].天然产物研究与开发，2007，19（4）：731-740.

[2]　常景玲.天然生物活性物质及其制备技术 [M].郑州：河南科学技术出版社，2007.

[3]　邓松之.海洋天然产物的分离纯化与结构鉴定 [M].北京：化学工业出版社，2007.

[4]　董飒.昆虫激素的研究现状及发展 [J].世界农药，2012，34（3）：31-34，52.

[5]　顾可权.拟除虫菊酯 [M].上海：华东师范大学出版社，1984.

[6]　刘湘，汪秋安.天然产物化学 [M].2版.北京：化学工业出版社，2010.

[7]　汪河滨，杨金凤.天然产物化学 [M].2版.北京：化学工业出版社，2016.

[8]　马倩，金尚卉.植物激素概论 [M].北京：中国农业科学技术出版社，2020.

[9]　史清文，李力更，霍长虹，等.海洋天然产物研究概述 [J].中草药，2010，41（7）：1031-1047.

[10]　吴立军.天然药物化学 [M].5版.北京：人民卫生出版社，2008.

[11]　许智宏.植物激素作用的分子机理 [M].上海：上海科学技术出版社，2012.

[12]　许智宏，李家洋.中国植物激素研究：过去、现在和未来 [J].植物学报，2006，23（5）：433-442.

[13]　杨宏建.天然药物化学 [M].郑州：河南科学技术出版社，2007.

[14]　于广利，谭仁祥.海洋天然产物与药物研究开发 [M].北京：科学出版社，2021.

[15]　张继杰.天然药物化学 [M].北京：人民卫生出版社，1986.

第十一章

天然生物活性物质
的研究与开发

第一节　天然活性成分的研究开发程序

在 21 世纪新的世纪里，具有我国传统文化特色和独特优势的中药，正面临着前所未有的发展机遇和挑战：一方面，随着社会的发展，人类疾病谱已悄然发生改变，医疗模式已由单纯的疾病治疗转变为预防、保健、治疗、康复相结合的"大健康产业化"模式，各种替代医学和传统医学正发挥着越来越大的作用。生存环境的不断恶化，人类"回归自然"的呼声越来越高，传统医药备受青睐。另一方面，随着全球经济一体化进程的加快，特别是我国已经正式加入 WTO 后，中国医药市场融入国际医药大市场的广度和深度将进一步加剧，将面临强大跨国医药集团的激烈竞争以及日本、韩国、印度等亚洲国家传统医药产品和德国、法国等欧洲国家植物药的巨大冲击，我国生产的众多传统中药产品由于尚不能符合国际医药市场的标准和要求，国际市场销售份额被打压并逐步萎缩的局面。然而我国是世界上植物资源最为丰富的国家之一，约有 30000 余种高等植物。我国有从热带、亚热带、温带到寒带的多种植物资源，其中特有种占 50％以上，其丰富的生物多样性是世界上其他国家所不能及的，蕴藏着巨大的开发潜力。这些都为从事天然药物研究提供了丰富的研究材料。

天然生物活性成分的来源有两种。一是可从天然药物中分离得到，如从中药青蒿中分离出具有抗疟有效成分的青蒿素。二是以现有的药物作为先导物进行改造获得，包括：①由药物副作用发现药物活性成分，如吩噻嗪类抗精神病药氯丙嗪及其类似物，是由结构类似的抗组胺药异丙嗪的镇静副作用发展而来；②通过药物代谢研究得到，如抗抑郁药丙咪嗪和阿米替林的代谢物去甲丙咪嗪和去甲阿米替林，抗抑郁作用均比原药强；③以现有突破性药物作先导，如兰索拉唑及其他拉唑的研究是以奥美拉唑为先导的，其活性比奥美拉唑活性更强。

一、天然生物活性药物的注册分类

根据药品注册管理法，药品注册分类对化学药品、中药、天然药物、生物制品都

257

做出了明确规定和要求。与天然生物活性药物相关的中药、天然药物的注册分类如下。

（一）未在国内外上市销售的从天然物质中提取的有效成分及其制剂

指国家标准中未收载的从植物、动物、矿物等物质中提取得到的天然的单一成分及其制剂，其单一成分含量应该占提取物的 90% 以上。

（二）新发现的药材及其制剂

指未被国家药品标准或省、自治区、直辖市地方药材规范（统称"法定标准"）收载的药材及其制剂。

（三）新的中药材代用品

指替代国家药品标准中药成方制剂处方中的毒性药材或处于濒危状态药材的未被法定标准收载的药用物质。

（四）药材新的药物部位及其制剂

指具有法定标准药材的原动、植物新的药用部位及其制剂。

（五）未在国内上市销售的从天然物质中提取的有效部位及其制剂

指国家药品标准中未收载的从单一植物、动物、矿物等物质中提取的一类或数类成分组成的有效部位及其制剂，其有效部位含量应占提取物的 50% 以上。

（六）未在国内上市销售的中药、天然药物复方制剂

指中药复方制剂、天然药物复方制剂和中药、天然药物和化学药品组成的复方制剂。

（七）改变国内已上市销售中药、天然药物给药途径的制剂

指不同给药途径或吸收部位之间相互改变的制剂。

（八）改变国内已上市销售中药、天然药物剂型的制剂

指在给药途径不变的情况下改变剂型的制剂。

（九）仿制药

指注册申请我国已批准上市销售的中药或天然药物。

二、现代创新药物研究开发过程

天然生物活性物质药物可能以①原生药、②粗提取物或浸膏、③有效成分或活性成分

单体共三种不同形式入药。

第一种形式如供患者煎煮服用的中药饮片等。医生可根据病情发展及个体差异辨证施治，故针对性强、灵活机动、效果较好，但因种种原因质量难以保证，更难长期保存，作为商品流通有诸多不便。

第二种形式系吸取传统加工经验，或在搞清有效部位的基础上将天然药物或中药经过一定程度的加工提取，去粗取精，做成某种标准提取物或浸膏制剂形式，作为医药商品进入市场流通。

第三种形式系在搞清有效成分或活性成分的基础上，采用现代科学方法从中药或天然药物中直接提取、分离出有效单体，或进行人工合成，再做成适当剂型入药。其生产过程及质量监控均有严格的管理措施，投产上市前按国际惯例经过了极其严格的报批审查过程，故可确保用药质量。

因此，根据生物活性物质及国际上开发新药的成熟经验，结合我国近年医药行业发展的国情，从中药或天然药物活性成分开发成一类新药的大致过程如图11-1所示。

一类新药开发是一个非常复杂的高技术密集系统型的业务，其范围涉及化学、制剂、药理研究、毒理研究、临床医学等多学科领域。一类创新药物从活性化合物筛选到临床上市，成功率极低、难度极大、风险极高，周期长达10年或数十年，经济投资上亿。即便以中药或天然药物为先导物，凭借千百年的临床实践经验，可能会缩短一些过程，提高成功率，但是工作量之大、投入之多也是可想而知的。

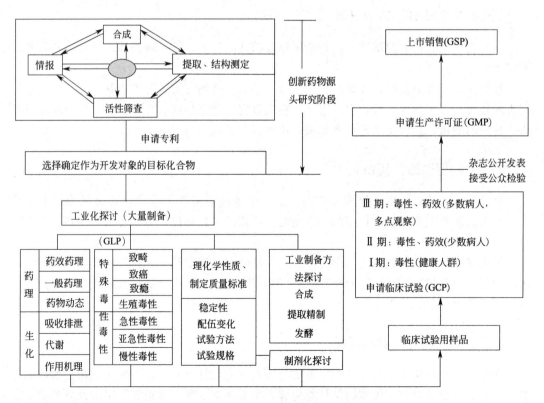

图 11-1　现代创新药物研究开发的大致过程

三、从天然药物或中药中开发新药的六种方式

（一）经验积累、历史传承

中国医药学已有数千年的历史，这是我国人民长期同疾病作斗争的极为丰富的经验总结，对于中华民族的繁荣昌盛有着巨大的贡献，是中华民族智慧的结晶。由于药物中草类占大多数，所以记载药物的书籍便称为"本草"。据考证，秦汉之际，本草流行已较多，但可惜这些本草都已亡佚，无可查考，现知最早的本草著作称为《神农本草经》。以后每隔一定时期，由于药物知识的不断丰富，便有新的总结出现。如宋代的《开宝本草》《嘉祐补注本草》，都是总结性的。明代的伟大医药学家李时珍（公元1518—1593年），在《证类本草》的基础上进行了彻底的修订，"岁历三十稔，书考八百余家，稿凡三易"，编成了符合时代发展需要的本草巨著——《本草纲目》。

（二）已知成分、亲缘替换

已知某种成分或某类成分具有药用价值或已经成为新药，根据动植物的亲缘关系，寻找含有这种或这类成分的动植物，进而将其开发成新药。例如，黄连/黄柏具抗菌消炎作用的主要成分为黄连素。黄连/黄柏为贵重药材，资源有限。研究发现三颗针内含黄连素，于是将同样含有黄连素的三颗针开发成新药。

（三）未知成分、有效开发

在不明确有效成分的基础上，将临床疗效明确的经方、验方或经药效学研究具有开发价值的复方中药开发成新药。

根据此法开发的新药，优缺点较为明显。缺点是药物有效成分不明确，药品的质量控制难度较大，许多药理、毒理需要进一步临床研究。优点是现有生产工艺开发成本相对较低，开发周期短，能快速满足患者需求，比较符合我国国情。

（四）剂型改造、简单有效

对已上市的药品，根据给药方式的改变及市场和消费者的需求，通过剂型规格等改造，是目前新药上市最快、最多的一个途径。可按照《药品注册管理办法》中的"中药8类"进行注册申报。

剂型发展过程：传统剂型（第一代）、常规剂型（第二代）、缓控释剂型（第三代）、靶向剂型（第四代）、时间脉冲释药剂型（第五代），正在孕育的随症调控式个体化给药剂型可谓之第六代。

（五）明确药理、新药开发

在基本上搞清楚了有效部位和有效成分的基础上，将有效部位开发成新药。如地奥心血康，系从黄山药根茎中提取的甾体总皂苷，主要含有8种甾体皂苷，用于预防和治疗冠心病、心绞痛等症。再如银杏叶制剂，主要含黄酮苷、银杏内酯和白果内酯等，是心脑血管系统植物药的领先品种。

（六）发现活性、单体开发

通过对天然药物有效成分或生物活性成分的研究，从中发现有药用价值的活性单体或潜在药用价值的活性单体（先导化合物）。如从黄花蒿中发现青蒿素，合成蒿甲醚和蒿乙醚，其抗疟效果分别提高 6 倍和 3 倍。

第二节　天然生物活性成分研究的方法

一、有机概念图及其应用

（一）有机概念图的基本原理

有机概念图理论，最早是 1930 年由日本学者藤田在《有机分析》一书中首次提出。该理论把共价键结合的非极性部分称为有机性，以相当于离子键结合的极性部分取代基（或官能团）称为无机性。将有机化合物的有机性和无机性定量地表示出来，即为有机性值（O 值）和无机性值（I 值）。若在直角坐标图上表示出来，即以 O 值为横坐标，以 I 值为纵坐标，则构成有机概念图。

为简化计算，该理论规定：有机化合物中，无论碳原子与何种原子连接，也不管连接方式如何，每个碳原子的有机性 O 值为 20。无机性 I 值的确定，则是建立在比较取代基对沸点影响大小的基础之上。如每一个羟基化合物与对应的母体烷烃沸点平均增加 100℃，由此确定—OH 的无机值是 100。一些基团的无机性 I 值兼有机性 O 值见表 11-1 所示。

表 11-1　一些基团的无机性 I 值和有机性 O 值

无机性	I 值	有机性兼无机性	数值	
			O 值	I 值
轻金属盐	500 以上	R_4Bi—OH	80	250
重金属盐、胺及铵盐	400 以上	R_4SB—OH	60	250
—AsO_3H_2，AsO_2H	300	R_4As—OH	40	250
—SO_2—NH—CO—，—N=N—NH_2	260	R_4P—OH	20	250
N—OH，—SO_3H， —NH—SO_2—NH—	250	—OSO_3H—	20	220
—CO—NH—NH—CO—NH—CO—	250	>SO_2	40	170
S—OH， —CO—HN—CO—NH	240	>SO	40	140
—SO_2—NH—	240	—CSSH	100	80
—CS—NH—＊， —CO—NH—CO＊—	230	—SCN	90	80
=N—OH， —NH—CO—NH—＊	220	—CSOH，—COSH	80	80

无机性	I 值	有机性兼无机性	数值	
			O 值	I 值
$=N—NH*$，$—CO—NH—NH_2$	210	$—NCS$	90	75
$—CO—NH—*$	200	$—NO_2$	70	70
$\equiv N{\rightarrow}O$	170	$—Bi<$	80	70
$—COOH$	150	$—Sb<$	60	70
内脂环	120	$—AS<$，$—CN$	40	70
$—CO—O—CO$	110	$—P<$	20	70
蒽核、菲核	105	$—O(CH_2—CH_2—)CH_2—$	30	60
$—OH$	100	$—CSS$	130	50
$—Hg$（共价结合）	95	$—CSO$，$—COS$	80	50
$—NH—NH—$，$—O—CO—O—$	80	$—NO$	50	50
$—N—(—NH_2,—NH,—N)$	70	$—O—NO_2$	60	40
$—C=O$	65	$—NC$	40	40
$—COO$ 萘核，喹啉核	60	$—Sb=Sb—$	90	30
$>C=NH$	50	$—As=As—$	60	30
$—O—O—$	40	$—P=P—$，$—NCO$	30	30
$—N=N—$	30	$—O—NO$，$—SH$，$—S—$	40	20
$—O—$	20	$—I$	80	10
苯核（一般芳香单环）环（非芳香单环）	15	$—Br$	60	10
环（非芳香烃）	10	$=S$	50	10
三键	3	$—C1$	40	10
双键	2	$—F$	5	5
$P=O$	80	支链＊＊	−10	0
$—P{\rightarrow}O$	80	支链＊＊	−20	0

注：＊适用于非环部分，＊＊适用末端部分。规定每个芳环的无机性为15，稠环芳烃的重合边如按 KeKule 结构式为双键的，无机性值须另加 30。

在有机概念图上，有机性和无机性相等的线称为分画线，无机性值恒定的线称为同系列线，无机性、有机性比率相同的化合物构成的线称为同比率线。同系列线和同比率线上的化合物溶解性相似。根据化合物的物理性状，可将有机概念图分成不同的区域，如图 11-2 为黄酮类化合物在有机概念图上的分布。

黄酮类化合物在有机概念图上的分布相对集中在三个区。Ⅰ区域，共 57 种，大多为黄酮苷元类，I/O 值大多在 1.08 以下，靠近分划线（$I/O=1$）左右，多不溶于水，而溶于有机溶剂，结晶态多为黄色针状结晶。功能主要有抗氧化、抗癌、抗菌、镇咳祛痰等。Ⅱ区域，共 29 种，多为黄酮苷类，I/O 值大多介于 1.4～2.3 之间，结晶态复杂，包括针状、片状黄色结晶，溶于水及极性有机溶剂。功能主要表现为降血脂、解毒、利胆利尿等。Ⅲ区域，共 22 种，为苷类及双黄酮类，I/O 值多在 2.2 以上，有黄色结晶，也有白色针状结晶和粉末状态，溶于水，在有机溶剂中的溶解性复杂。功能主要表现为心血管功能，还有杀菌、抗炎、着色剂及甜味剂等功能。

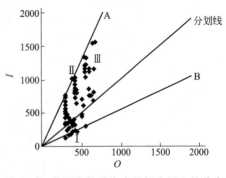

图 11-2　黄酮类物质在有机概念图上的分布

（二）有机概念图的应用

根据有机物在坐标图中的位置，可判断其性质及用途，目前已经在化学分析、色谱分析、溶剂选择、界面化学、环境化学、食品医药等方面有所应用，日益为人们所重视。例如，运用有机概念图原理和计算机技术绘制了抗烟草花叶病病毒（TMV）农药的有机概念分布图，用来选择抗病毒活性较高的农药。再如，根据头孢菌素在有机概念图上的位置，预测其肾小管主动分泌的情况。

1. 天然生物活性成分物理性质的分类

生物碱和挥发油是两类重要的中药有效成分，图 11-3 和图 11-4 为 140 种已知结构的生物碱和 180 余种挥发油及萜类的有机值和无机值计算后绘制成的有机概念图。从图中可以清楚地看出这些物质在常温下的形态、溶解性、挥发性以及晶体形状等物理性质的分布。

从图 11-3 中可以看出，绝大多数生物碱分布在 I/O 值为 0.44 和 1.48 的两条同比率线 A、B 之间。位于分画线左上方的生物碱是水溶性的，而且越靠近占线水溶性越强；而位于分画线右下方的生物碱则具有脂溶性，越靠近 A 线脂溶性越强。分画线附近的生物碱具有双重溶解性，既能溶于水又能溶于脂类溶剂。大多数生物碱呈结晶状态；晶体的形状是针状，少数混有板状结晶，极少数呈粒状。如以针状晶体存在的莨菪碱 (O, I) 值为 (340，260)，它正好分布在针状结晶区。可卡因的 (O, I) 值为 (340，225)，位于结晶区，并且处于挥发界限线下方，这与可卡因是微挥发性白色晶体的事实相符。个别生物碱，如石榴皮碱 (160，145) 和槟榔碱 (160，142)，常温下是液体。值得注意的是有相当多的生物碱处于气味界限线和挥发界限线下方，它们具有一定的挥发性，尤其是位于气味界限线下方的生物碱挥发性较强，因此在提取、储存或剂型设计时应予重视。

图 11-4 是挥发油和萜类在有机概念图中的分布情况。其中三七挥发油和人参挥发油以及单萜和大部分倍半萜都在液体界限线下方，部分倍半萜处于板状结晶区，但它们都在气味界限线下，具有较强的挥发性，而且越是靠近气体界限线挥发性越强。除少量二萜和三萜位于气味界限线和挥发界限线之间外，其他大部分萜类没有挥发性，其晶体形状以针状和粒状为主。冰片（龙脑）的 (O, I) 为 (200，120)，位于双液体界限线之间，临近板状结晶区上限；这与冰片是白色片状结晶、具有升华性的特点非常吻合。与众不同的四萜类 α-胡萝卜素具有较高的有机值（740～760）和较低的无机值（34～42），属于脂溶性较强的色素，而且具有微弱的挥发性。

2. 天然生物活性物质提取溶剂的选择

有机概念图中，I/O 值相同叫作同一比值。同一比值线上的物质它们能相互溶解。

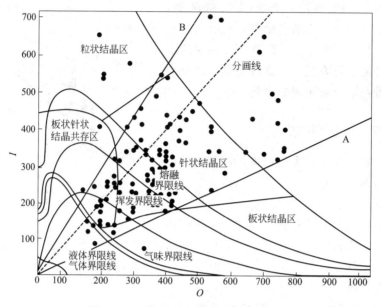

图 11-3　生物碱在有机概念图上的分布

（引自刘建文主编《生物资源中活性物质的开发与利用》，2005）

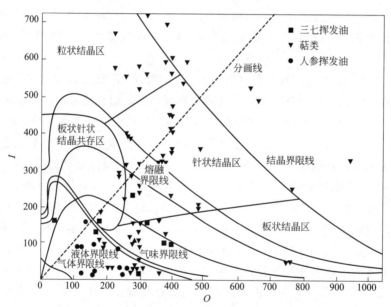

图 11-4　挥发油类成分在有机概念图上的分布

（引自刘建文主编《生物资源中活性物质的开发与利用》，2005）

进一步研究发现，I/O 值不同，但相差不大的（一般不超过 10%）及 I/O 值近似的化合物也能互溶。

　　传统的天然生物活性物质提取多采用乙醇或水作为溶剂，对多数生物活性有效成分而言是可行的；但对于在水或乙醇中溶解性较差，并且有效成分含量较低的就需要选择适宜的溶剂。根据有机概念图中同比率线、同系列线及其平行线上的物质具有相似溶解性的原则，可以选择适合被提取物质的溶剂。例如，18 种人参皂苷的平均 I/O 为 1.72，11 种三七皂苷的平均比率为 1.88；它们都接近于饱和正丁醇的 I/O 1.91，因此通常选择饱和正丁醇作为提取皂苷类的溶剂。再如，绝大多数生物碱在有机概念图中分布于分画线（比率为1）附近，所以不难理解多数生物碱溶于丙酮（比率为1.08）的事实。

二、天然生物活性成分的分离研究方法

（一）基本思路与方法

早期天然生物活性物质的分离与活性测试多分为两个阶段进行，即在分离得到纯品后再进行活性测试，测试样品的数量有限，且多由药理学工作者配合进行。测试结果比较易于判断。但分离工作的盲目性较大，如分离方法设计不当，分离过程中活性成分很容易丢失，特别是那些活性很强的微量成分丢失的可能性更大，故目前已渐少采用。

现在从天然生物药物中分离活性化合物时，多在确认供试样品的活性之后，选用简易、灵敏、可靠的活性测试方法作指导，在分离的每一阶段对分离所得各个馏分进行活性定量评估，并追踪其中活性最强的部分。这种方法因为两个分离（物质分离与活性分离）同步进行，如果选择的活性测试方法得当，一般在最终阶段总能得到某种目的活性成分。又由于分离过程中没有化合物类型的限制，只是以活性为指标进行追踪，故发现新化合物的可能性也很大。另外，分离过程的某一阶段，如因分离方法或材料选择不当，导致活性化合物的分解变化或流散时，还能迅速查明原因，并可采取相应措施进行补救。但是应用这种方法时，活性测试的样品及工作量均大大增加，需要有良好的配合工作条件。有时因配合不便不得不由分离工作者自己进行，故往往需要同时配置分离及活性测试两个方面的设备及仪器，研究者必须具备两方面的知识，花费也大大增加。尽管如此，对天然活性化合物的分离来说，可以说是一种较好的方法。

（二）天然生物活性成分的分离提取实例

1. 艾叶中止咳平喘有效成分的研究

艾叶为菊科植物艾（*Artemisia argyi*）的干燥叶，具有驱蚊虫、抗菌等作用，民间用其挥发油治疗慢性气管炎。经研究发现其中的主要有效成分为 β-丁香烯（β-caryophyllene），其口服制剂在临床上疗效良好，但当其制成气雾剂时，则失去了平喘作用。经对其在体内的代谢研究发现，β-丁香烯在胃中很快被代谢成 β-丁香烯醇。经体外活性测试表明 β-丁香烯在体外对支气管平滑肌没有作用，但 β-丁香烯醇具有很强的作用，说明 β-丁香烯为一个前体药物。通过对 β-丁香烯醇的结构修饰研究，从中发现了一个作用持久、毒性更小的治疗慢性气管炎的新药 β-丁香醇（图11-5）。

2. 青蒿中抗疟活性成分研究

青蒿亦称黄花蒿，系菊科植物青蒿的全草，民间用其治疗疟疾效果良好。经研究发现其中治疗疟疾的有效成分为青蒿素。青蒿素生物利用度低，影响其疗效的发挥，故以其为先导化合物对其构效关系进行了研究，从数十种衍生物中研究开发出治愈率高、退热时间短、疟原虫转阴快、复染率低、毒副作用小的油溶性抗疟新药蒿甲醚和水溶性抗疟新药青蒿琥珀酸单酯等（图11-6）。

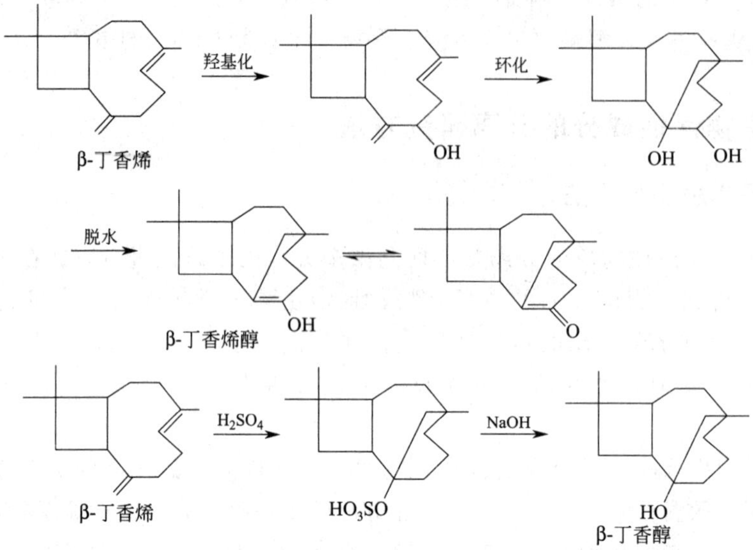

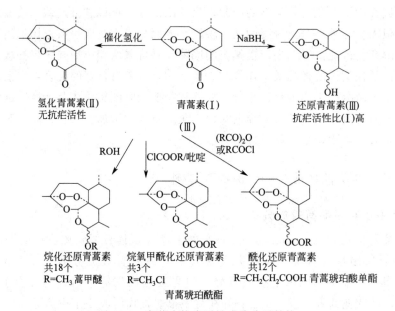

图 11-5　艾叶有效成分化合物分子结构

图 11-6　青蒿中抗疟活性成分分子结构

第三节　天然化合物的合成、结构修饰与改造

　　天然化合物的合成、对天然化合物的结构进行化学修饰与改造，是新药创制的重要途径之一。从天然药物筛选、追踪到活性成分，只是创新药物研究的前期阶段。即便已经找到了天然的活性成分物质，但是从成功分离、确认结构到真正开发用药还有很长一段的路要走。而天然化合物往往存在因含量偏低，难以直接从天然原料中提取；或是因为存在某

些缺陷如药效不理想或存在一定毒副作用；或因为结构过于复杂，合成也十分困难，往往导致该天然成分无法直接被开发利用。我们只能利用它们为先导化合物，经过一系列化学修饰或结构改造后，才有可能发现比较理想的活性化合物，进而开发成为新药上市。因此，以天然化合物为先导，通过合成手段进行药物的开发和生产，是一个很重要的途径和手段。

一、天然化合物的合成

（一）全合成

一些结构复杂的天然化合物，随着化学合成学科的发展，通过新的合成方法、合成试剂、催化剂，尤其是不对称合成方法和手性分离技术的突破，给天然化合物合成带来新的机会。目前许多天然药物都可以采用全合成方法合成，如维生素 A、维生素 C、四环素、麻黄碱、黄连素等。全合成的方法研究使天然化合物产业化生产成为可能，也同时促进天然化合物为先导的新药创制。

（二）半合成

使用天然化合物或其类似物为中间体原料，经过若干步化学合成来制备有用的天然化合物及其衍生物的方法被称为天然化合物的半合成。可以解决一些结构复杂用合成方法难以直接制备，或是因为反应复杂、收率低、没有产业化价值的天然化合物合成。半合成不仅是天然化合物获取的常用办法，也是无数有药用价值天然产物类似物的主要来源的技术手段之一。

二、天然化合物的结构修饰与改造

天然化合物是药物的一个重要组成部分，其之所以能够预防、治疗疾病主要是由于其中含有有效活性成分，但是在研究过程中发现许多天然化合物都局限于它们原有的化学结构，表现出诸多不利因素。因此，我们经常采用结构修饰的方法对天然药物结构进行改造，以达到改善其不利因素的目的。这种保持天然化合物基本结构，仅在某些功能基上作一定的化学结构改变，称为化学结构修饰。

（一）天然化合物化学结构修饰方法

1. 磺化在天然化合物结构修饰中的应用

磺化是磺酸基或者磺酰氯基引入有机分子的一种反应过程。磺化反应可以在多种天然化合物结构修饰中起重要作用。天然化合物经磺化后构象往往发生了改变，继而使得药物的活性发生变化，可能产生一些新的活性功能。如研究槲皮素的衍生物时由于槲皮素的水溶性差，用磺化和金属离子螯合的方法增强其水溶性，结果显示槲皮素磺酸盐具有抗菌、抗 DPPH 的生物活性，为此类化合物开发成新药提供了一定的实验依据。

2. 氨基酸及短肽在天然药物结构修饰中的应用

在天然药物中引入氨基酸或短肽后，使其成为盐类，在很大程度上增加了药物的溶解性，提高了抗炎、抗菌、抗病毒、抗肿瘤的效果，并降低其不良反应。

黄芩素是从黄芩中提取出的具有抗肿瘤、抗病毒、抗菌、抗炎症等作用的天然活性物质。但是其水溶性差的缺点抑制了其临床应用。研究人员在黄芩素 6 位引入氨基酸侧链，结果显示黄芩素的氨基酸衍生物不仅提高了其水溶性，并且提高了其体外抗肿瘤的活性。

3. 聚乙二醇在天然药物结构修饰中的应用

聚乙二醇是一种无毒、具有良好水溶性和生物相容性的药物高分子载体，在药物结构上引入聚乙二醇可以改善药物的水溶性、增强其稳定性、延长半衰期、提高生物利用度并减少不良反应。

4. 糖基化在天然药物结构修饰中的应用

糖基化反应可以使许多化合物的理化性质与生物活性发生较大变化，增强产物的水溶性和生物活性。

青蒿素是一种具有抗疟作用的活性成分，在临床上得到广泛的应用，但由于其油溶性和水溶性均较差，很难制成合适的剂型，限制了其临床应用。研究人员将双氢青蒿素经半乳糖糖基转移酶催化制得半乳糖基化青蒿素衍生物，结果显示半乳糖基化青蒿素可以显著提高水溶性及抗肿瘤活性。

5. 各类取代基团在天然药物结构修饰中的应用

川芎嗪化学名为四甲基吡嗪，具有抑制血小板聚集、抗血栓形成、抗氧化作用，还可增加冠脉流量，起到保护心脏的功能。魏莎对川芎嗪母核和侧链进行改造。结果表明，川芎嗪母核结构修饰后的川芎嗪 1-N-氧化物和 1,4-N,N-二氧化物对血小板聚集的影响明显降低，而侧链取代物 2-羟甲基-3,5,6-三甲基吡嗪、3,5,6-三甲基吡嗪甲酸均具有与川芎嗪类似的抗血栓形成及抗血小板聚集的作用。最为值得注意的是，氘代川芎嗪（6D-TMP、12D-TMP）的生物活性较川芎嗪有明显的提高。

（二）天然化合物结构修饰的意义

1. 提高药物活性强度

对药物结构的修饰作用能使天然化合物原有的活性增强。研究孔石莼多糖及其磺化衍生物时发现孔石莼多糖和磺化孔石莼多糖在体外具有很强的结合胆固醇和胆盐的能力。对孔石莼多糖进行化学结构修饰后，对脂肪的结合能力减弱了，但对胆固醇和胆盐的结合能力显著增强。并且孔石莼多糖中硫酸基的含量是影响其吸收脂类和胆固醇的重要因素。磺化对多糖分子进行修饰和结构改造，提高多糖的活性具有重要的意义。

2. 提高药物选择性作用

通过对天然化合物的结构改造从而使药物在特定的组织器官富集，减少其在其他部位的作用从而达到使药物作用增强、减少毒副作用的效果。香豆素是广泛存在于自然界的内酯类化合物，具有抗肿瘤、抗血管硬化、抗菌、抗氧化等作用。研究香豆素及其衍生物对人静脉内皮细胞及癌细胞的毒性时发现，在 4 位引入氰基能够明显提高其对人静脉内皮细胞的选择性。

3. 改善药物的稳定性性质

许多天然化合物因为各种原因诸如易氧化分解、见光分解、贮藏的过程中不稳定等需要对药物的结构进行改造。如二氢杨梅素又名双氢杨梅素，具有预防酒精肝、脂肪肝，抑制肝细胞恶化、抗高血压、抑制体外血小板聚集和体内血栓的形成以及抗肿瘤等作用。二氢杨梅素为多酚羟基双氢黄酮醇，具有一定的亲水性和较弱的亲脂性，但二氢杨梅素溶液易发生氧化，稳定性较差。通过选择性对二氢杨梅素 B 环上的 $3'$-、$4'$-、$5'$-位连酚羟基结构和 3、5、7 位的结构进行修饰，进而获得改善脂溶性和增强稳定性的效果。

4. 改善药物溶解性性质

许多天然化合物的溶解性很低，限制了其临床应用，通过化学修饰的方法使其水溶性增强从而提高药物利用度。姜黄的主要活性成分姜黄素为多酚类衍生物，具有抗炎、抗动脉粥样硬化、抗氧化、抗病毒、抗肿瘤等诸多药效。但姜黄素水溶性差、口服生物利用度低及体内代谢迅速等缺点致使其至今尚未开发成新药。研究人员通过单甲基聚乙二醇和姜黄素相连可以提高药物分子的水溶性，延长血液循环半衰期，减小毒副作用。

5. 改善药物药代动力学性质

通过天然化合物修饰的方法，改变药物代谢和排泄速率，延长药物的半衰期，增强药物在体内停留的时间从而提高药效。白藜芦醇是一些种子植物受伤时产生的植物抗毒素。白藜芦醇有多种药理活性，如抗菌、抗氧化、抗癌、抗血小板凝聚、保护肝脏等。研究人员研究认为，白藜芦醇的多酚性羟基是强抗氧化剂，可作为自由基清除剂和酶氧化活性抑制剂。然而白藜芦醇的这种高活性也使局部外用受到限制。研究人员合成了白藜芦醇三磷酸盐，该化合物在皮肤组织内酶的作用下，先发生脱磷酸化作用，延缓了白藜芦醇活性的释放。白藜芦醇三磷酸盐作为白藜芦醇的前药，涂布在皮肤上，在角质层和有活力的表皮内分布后，生物利用度较直接在表皮上涂白藜芦醇有所提高。

6. 消除或降低药物毒副作用和不良反应

鬼臼毒素又叫鬼臼素，是从鬼臼类植物中分离得到的天然抗肿瘤活性成分。其与秋水仙碱有类似的抗肿瘤作用机理，所以对人体有严重的毒副作用。研究人员通过对它进行适当的结构改造寻找低毒的衍生物。国内外研究表明 C_4 位芳氨基、烷氨基、烷硫基、酰氨基等取代后的 $4'$-去甲基鬼臼毒素的抗肿瘤活性超过依托泊苷，有些此类衍生物已经进入临床试验阶段。

（三）天然化合物结构修饰获得的其他代表性新药

经天然有效成分进行结构改造后创制的新药有：简化新型抗癫痫药胡椒碱的结构合成新药抗痫灵；以从山莨菪中提取山莨菪类生物碱时的副产物红古豆碱为原料合成了红古豆苦杏仁酸酯等（图 11-7）。

总之，对天然化合物的全合成、半合成、结构修饰和改造，得到理想的新药绝非易事。没有天然药物开发工作者与合成药化、药理学、毒理学、临床医学等研究者为了一个共同的目标进行全力、长年坚持不懈的奋斗，是不会有所成就的。为了发展我国民族中药、制药工业，适应国际化药品专利的形势需求，我们应建立自主研发新药的队伍，根据

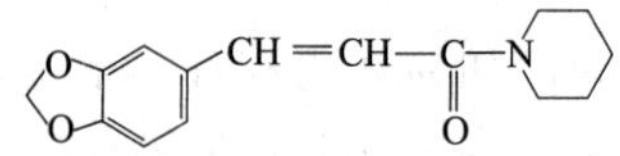

胡椒碱

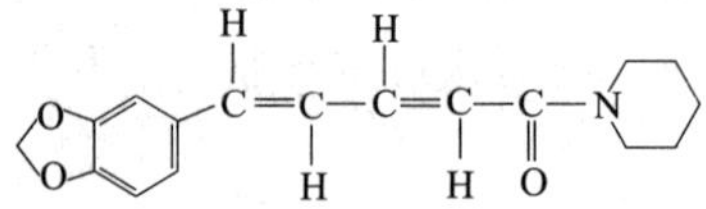

抗痫灵

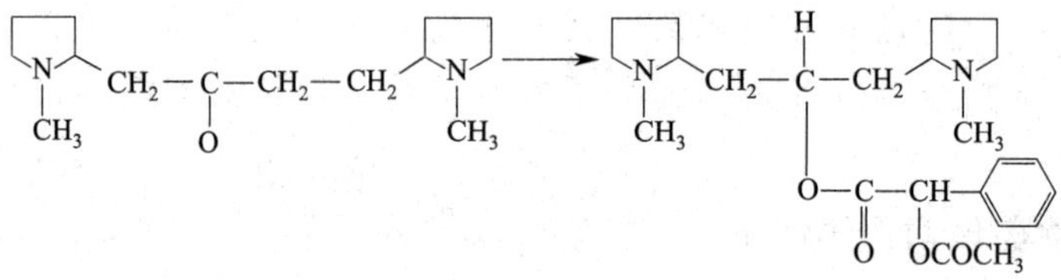

红古豆碱　　　　　　　　　　红古豆苦杏仁酸酯

图 11-7　部分天然有效成分结构改造创造的新药

国情加大中药及天然药物开发的研究，争取为人民做出更多的贡献。

思考题

1. 研究天然药物活性成分的意义和目的是什么？研究天然药物活性成分应从何处入手？

2. 寻找天然药物活性成分，提取分离的一般步骤有哪些？

3. 为什么要进行天然化合物的结构修饰，具体方法有哪些？

参考文献

[1] 常景玲. 天然生物活性物质及其制备技术 [M]. 郑州：河南科学技术出版社，2007.

[2] 陈爱华，焦必宁. 有机概念图在黄酮类物质研究中的应用 [J]. 天然产物研究与开发，2006，18（3）：441-444.

[3] 董小萍，罗永明，郭玫，等. 天然药物化学 [M]. 北京：中国医药科技出版社，2015.

[4] 付炎. 天然药物化学史话：天然产物研究与诺贝尔奖 [J]. 中草药，2016，47（21）：3749-3765.

[5] 李绍顺. 天然产物合成 [M]. 北京：化学工业出版社，2005，1.

[6] 刘建文，贾伟. 生物资源中活性物质的开发与利用 [M]. 北京：化学工业出版社，2005.

[7] 马军刚，张业旺，曲蓓蓓，等. 有机概念图在中药提取和剂型设计中应用 [J]. 大连理工大学学报，2001，41（6）：671-675.

[8]　汪茂田，谢培山，王忠东. 天然有机化合物提取分离与结构鉴定［M］. 北京：化学工业出版社，2004.

[9]　王昱珩. 探讨天然药物化学的研究与新药开发［J］. 医药，2015（13）：132.

[10]　陈小平. 新药研究与开发技术［M］. 北京：化学工业出版社，2020.

[11]　杨宏健. 天然药物化学［M］. 郑州：河南科学技术出版社，2007.

[12]　姚新生. 天然药物化学［M］. 3 版. 北京：人民卫生出版社，2001.

[13]　雍妍，王茹静，黄青，等. 天然药物化学成分结构修饰研究进展［J］. 中药与临床，2015，6（6）：55-60.